鲸鱼海豚有文化

探索海洋哺乳动物的社会与行为

[加] 哈尔·怀特黑德 [英] 卢克·伦德尔 著

葛鉴桥 译

生活·讀書·新知 三联书店

图书在版编目（CIP）数据

鲸鱼海豚有文化：探索海洋哺乳动物的社会与行为／（加）哈尔·怀特黑德，
（英）卢克·伦德尔著；葛鉴桥译. —北京：生活·读书·新知三联书店，2023.4
（新知文库）
ISBN 978 - 7 - 108 - 07370 - 9

Ⅰ．①鲸…　Ⅱ．①哈…②卢…③葛…　Ⅲ．①鲸－研究②海豚－研究
Ⅳ．① Q959.841

中国版本图书馆 CIP 数据核字（2022）第 045835 号

责任编辑　吴思博
装帧设计　陆智昌　刘　洋
责任印制　宋　家
出版发行　生活·讀書·新知 三联书店
　　　　　（北京市东城区美术馆东街 22 号　100010）
网　　址　www.sdxjpc.com
图　　字　01-2022-5458
经　　销　新华书店
印　　刷　河北松源印刷有限公司
版　　次　2023 年 4 月北京第 1 版
　　　　　2023 年 4 月北京第 1 次印刷
开　　本　635 毫米 × 965 毫米　1/16　印张 31.5
字　　数　403 千字　图 22 幅
印　　数　0,001－6,000 册
定　　价　78.00 元
（印装查询：01064002715；邮购查询：01084010542）

158

新知
文库

XINZHI

The Cultural Lives of Whales
and Dolphins

新知文库

出版说明

在今天三联书店的前身——生活书店、读书出版社和新知书店的出版史上，介绍新知识和新观念的图书曾占有很大比重。熟悉三联的读者也都会记得，20世纪80年代后期，我们曾以"新知文库"的名义，出版过一批译介西方现代人文社会科学知识的图书。今年是生活·读书·新知三联书店恢复独立建制20周年，我们再次推出"新知文库"，正是为了接续这一传统。

近半个世纪以来，无论在自然科学方面，还是在人文社会科学方面，知识都在以前所未有的速度更新。涉及自然环境、社会文化等领域的新发现、新探索和新成果层出不穷，并以同样前所未有的深度和广度影响人类的社会和生活。了解这种知识成果的内容，思考其与我们生活的关系，固然是明了社会变迁趋势的必需，但更为重要的，乃是通过知识演进的背景和过程，领悟和体会隐藏其中的理性精神和科学规律。

"新知文库"拟选编一些介绍人文社会科学和自然科学新知识及其如何被发现和传播的图书，陆续出版。希望读者能在愉悦的阅读中获取新知，开阔视野，启迪思维，激发好奇心和想象力。

生活·讀書·新知三联书店
2006年3月

哈尔·怀特黑德（Hal Whitehead），大学教授，任教于加拿大新斯科舍省（Nova Scotia）哈利法克斯（Halifax）的达尔豪斯大学（Dalhousie University）生物学系。卢克·伦德尔（Luke Rendell）受到海洋科技联盟（Marine Alliance for Science and Technology）的资助，是苏格兰圣安德鲁斯大学（University of St. Andrews）海洋哺乳动物研究中心和社会学习与认知进化中心的生物学讲师。

谨以此书献给已故的克里斯·伦德尔（Chris Rendell）
以及弗兰基·怀特黑德（Frankie Whitehead）

目 录

鲸鱼海豚有文化：探索海洋哺乳动物的社会与行为

第 1 章

海洋中的文化？

充满歌声的海洋

我们热爱荒野，因为它是地球上人类影响甚少的地方之一。在这个星球上，有太多的地方都被人类侵蚀、污染和主宰着。当然，这些也不都是人类直接所为。这种恶化并非由于人类的实体存在数量过于庞大而造成，但人的确做了些不好的事情，我们的生产物，我们开发利用土地、植物和动物的方式，还有工业制造产生的污水、废气，以及我们建造出来的那些东西，都导致了一些恶果。所有这些都是人类文化的结果，是经过每一代人的继承、发扬，以及萦绕在人类生活中每时每刻的那些知识、技能、习惯和物质材料的主体所造成的结果。我们生来具有智人（Homo sapiens）的基因模板，然而，如果我们不从彼此身上互相学习，就不能变成完整、彻底的人。人类的文化不断累积，好的文化可以变得非常非常好，比如，一个世纪前还很致命的疾病，现在都已经有了常规的治疗方法。而坏的文化，比如我们对地球和大气的污染，也可以变得更糟糕。很大程度上，正是因为人类社会的这个特征，我们才显得如此独特。人类的文化影响着整个地球，几乎无处不在。但在这颗星球的表面，有一块尚未明显受到人类文化影响的最主要的地方，那就是深洋大海。

正因如此，我们热爱在大海中扬帆航行。除非是穿过一条航道、一座渔场，或是一团布满垃圾的中央海洋环流，我们在自己 12 米长的航船之外，几乎看不到人类的痕迹。在那里，我们很容易相信，自己已经设法逃离了人类文明在地球上制造出的混乱。然而现实是，我们并没有。海里的海龟、鲨鱼和鲸鱼远比从前少得多——即使是和一百年前相比，也就是早在人们掌握高效杀掉这些动物的方法之前。深海海水比从前有更多的污染，更具酸性。但人还是会觉得那里很像荒野，因为我们并不能直接看到海洋生命的减少，或注意到海洋中的污染物。

远在海洋之中，我们逃脱了人类文化影响的强大主宰，尽管为了达成这种逃脱，我们不得不使用人类世代积累起来的航海知识与技巧。这种积累始于公元前 5000 年，当时出现了已知最早关于航船的描绘（见插图 1）[1]。发展中国家的渔民们今天仍在使用的那种简单的帆船（基本上就是一排原木加上几块可以兜住风的材料）几千年来都没怎么变过。但是在中世纪晚期，帆船变成了人类文化中最先进的技术元素，使人类的移动能力大幅提升。如今，我们自己在做研究时驾驶的那种快艇，其玻璃纤维的外壳、不锈钢的配件，以及涤纶的船帆，从技术方面来说，都属于这些船只的后代（见插图 2）。它们是一个累积性的文化演化系统的产物，让人类可以相当安全地横渡大洋，对陆地哺乳动物而言，这绝对是一项了不起的成就。

在航行时，每过半小时我们就会通过一只水听器聆听海洋中的声音。水听器是水下的麦克风，通过一条百米长的缆线拖在我们的船后。我们听得到波浪，有时还能听到海豚的声音。经常还能听见船只深沉的隆隆之声。我们能听到的船比我们所能看到的船距离自己要远得多，各种船只隆隆之声，意味着海里并不像表面上看起来那么像"荒野"。

尽管如此，在最近一次穿越北大西洋西部的马尾藻海（Sargasso Sea）的航行中，我们听到了另外一种类型的声音，要比海豚的哨声（whistle）或船只的震动声都更为频繁。那不是一个声音，而是有着非凡变化范围的一系列声音，猛击般的高音尖叫、俯冲般的低音、吠叫

鲸鱼海豚有文化：探索海洋哺乳动物的社会与行为

声以及齿轮转动般的嗒嗒声。所有的这些都是座头鲸歌声的一部分。2008 年 2 月在跨越百慕大和安提瓜之间两千公里海域时，我们每半小时听一次的水听器基站里 45% 的情况下都能听到座头鲸的声音。正如我们稍后会解释的，我们认为座头鲸的歌声是非人类文化（non-human culture）的一种形式。一头座头鲸是从其他座头鲸那里学到这些歌曲，然后将其薪火相传下去的。有些人将其比作人类的音乐，还有些人将其比作鸟类的歌唱，其实它兼具二者的要素。在我们从水听器所能听到的频率范围以及上千公里的海洋里，座头鲸的文化主宰了海洋的声学环境，正如它在过往的上百万年里一样。人类在地球表面的文化霸权是最近才出现的，而且还不完全。如果我们能听到频率更低的声音，低过人类耳朵的极限，那么我们将会听到来自其他鲸类——长须鲸和蓝鲸——的隆隆浅吟和低鸣。它们的歌声在最低的声音频段里与最近才出现的船舶声互较高下。这些歌声会不会是其他的非人类文化呢？

这本书是关于鲸鱼和海豚——总称为"鲸类"（cetaceans）——的文化生活。它们的文化是什么？其文化真的存在吗？如果存在的话，为什么会存在呢？它又有什么意义？这本书也涉及我们对非人类社会不断发展的了解，并试图经由对它们的理解，搞明白身为人类又意味着什么。我们坐在全世界科学家对海洋那来之不易的真知灼见所构成的木筏上乘风破浪。

"文化改变了一切"

对像我们这样的生物学家来说，文化就是一股在动物之间传递的信息流[2]。信息的移动是生物的基础。因为信息的转移，生命才能发生，生物也由此演化。生命的每一个新的组成，都是基于其他生命的模板而建造起来的。这些模板大部分都是基因的，并且我们已经从专注于基因方面的生物学家那里学到了很多。然而，还有其他让信息四处移动的方式。伟大的演化生物学家约翰·梅纳德·史密斯（John

Maynard Smith）指出，文化的继承，也就是从他者那里进行学习的过程，是地球生命史上距现在最近的重大演化转变。他将其称为对基于基因的演化理论"最重要的调整"[3]。当一只动物会去吃一种特定的食物，在很大程度上可能是由于编码在基因中的偏好，也可以是因为它从他者那里知道，这种食物挺好吃的。一只动物也可以经由个体性学习（individual learning）而产生偏好，比如，通过它自己的试验而摸索出某样东西好吃。实际上，基本所有通过文化过程到处传播的信息都起源于这种方式。但是，个体性学习本身并不涉及生命体之间的信息转移，因此这种方式无法像文化传播那样改变整个生物群体。

这些过程能够以不同的方式产生相互作用。一只鸟可能受到基因驱使本能地进行迁徙，却从他者那里学到了迁徙路线。有一些行为则可以通过任意一种渠道习得。比如布谷鸟（以及很多其他鸟类）的叫声在没有社会性输入的大部分情况下也能发展出来，而金丝雀等雀类，以及鸣禽亚目的其他鸟的歌声，则至少有某些方面是从他者那里学到的。因此，它们的歌声是文化的一种形式[4]。不过，基因决定性与社会性学习从本质上来说是截然不同的过程。很明显的是，鸣禽的文化性歌声相比于基因驱使的非鸣禽的叫声，一般都要更加复杂，有时候会复杂很多，并且更加多样化。

我们在这里使用"基因决定性"（genetic determination）这个短语来形容行为，之后也会继续这样用。然而需要说明的是，我们这样做只是为了简化表达。我们真正想要说的是一个大体由基因来遗传的因果成分。基因并不对行为编码，它们是对蛋白质编码，并且控制这些蛋白质的产生。基因对行为的影响则是一个复杂的过程，这与发育、母体影响以及环境经历等其他因素紧密交织在一起，是一个我们至今还未完全搞清楚的系统。生物学家们把"先天的还是后天的"这个争论搁置一旁是有原因的，我们也无意在这里把它拎出来煽风点火[5]。遗憾的是，要想讨论一只动物发生了怎样的改变，以至于做出现在的行为，如果不用一些简化表达就会显得非常啰嗦。研究者发现，几乎所有曾被细致研究过的行为都需要某种形式的经验才能得以恰当发展。也确实存在一些物种的典型行为，即使是在那些被隔离饲养的动物身上也能发生，而且这些行为在不同群体之间变化的方式与一种大体由基因来遗传的因果成分完全一致。以上就是我们所称的"基因决定性"。它可以与那些必须有一个显著的社会性输入才能充分发展起来的行为形成对比。这并不意味着我们应该期待找到一个"属于"那个行为的基因。和你们可能在大众媒体上读到的有所不同，事情远比那样复杂得多。

人类语言是另一个这种复杂相互作用的例证。尽管人们目前还对其细节有所争论，但是大部分研究语言演化的人都推断，我们生来就具备能让自己在1岁到4岁之间毫不费力学会语言的基因模板，然而到底能学会哪种语言，则是由在此期间的社会性输入决定的——也就是说，我们是从其他人那里学会的语言[6]。这是我们文化的一部分。

动物（也包括人类在内）获得文化的方式和获得基因的方式从根本上就是截然不同的。在有性生殖中，来自双亲的基因塑造了新的后代，在无性生殖中则只有单亲。这些基因在生命的最初就呈现了出来，直到死亡或是继续传递之前，基本上都保持不变。相反，文化则可以在任何年龄，从一个很大范围的模仿群那里获得，包括双亲、兄弟姐妹、同行、老师、偶像；也可以在我们这个基于物质的文化中，从书本以及网络服务器等媒介中获得。很多情况下，是接受者在主动选择文化的给予者。不同来源的文化信息可以被组合在一起，有所改变，然后以不同的形式或不同的内容继续传递。一位母亲教给她的女儿一个烤蛋糕食谱，通过看电视上的厨师烹饪以及和朋友们交流，女儿在食谱里加入了新的配方。有一天，她不小心用了更高的温度来烤蛋糕，结果烤出来更好吃了。这个被改良过的蛋糕食谱继而传给了她的儿子。与之相反，儿子从他母亲和父亲那里获得的诸如决定眼睛颜色的基因，以及他母亲从自己父母那里获得的这类基因，则基本上完全一样。再举另一个例子，我们用以研究海洋里抹香鲸的许多方法，比如，通过照片来识别个体，运用定向水听器来追踪鲸群，都可以追溯到我们的同事乔纳森·戈登（Jonathan Gordon）在 20 世纪 80 年代所做出的发明。有乔纳森在船上，海上航行就变成了修修补补、摆弄东西的衬托背景，因为他要鼓捣出一些技术方法，好能让我们开始了解鲸鱼。乔纳森会爬上桅杆给平行于地平线的鲸鱼拍照片，然后进行测量——这是行得通的。他还会在船上安装水下相机来观察鲸鱼在水底的活动——这就行不通了。乔纳森的许多技术都受到十几年前美国科学家罗杰（Roger）和凯瑟琳·佩恩（Katherine Payne）研究露脊鲸和座头鲸时引入的田野方法的启发，而他俩的这些技术则来源于像珍·古道尔（Jane Goodall）那样研究陆地动物的科学家。从 20 世纪 80 年代以来，基于照片的个体识别和对抹香鲸的追踪这二者的效率已经有所提高，这得益于经验的积累和技术的发展——比如数码相机、人们在船上对声音的处理加工，以及引入像收集脱落皮肤来进行基因分析这样的新研究方法。这些也是我们向自己的学生所展示的技术，学生则会在未来几十年里进一步发展这些技术。烤蛋糕、抹香鲸科学以及大部分其他人类行为都是由各种文化输入的复杂混合体发展而来的。

因此，信息的文化传播比基因的繁殖有灵活性得多——至少是很有潜力。基因产物的改变，其时间尺度仅在代际之间。对文化而言，在某些情况下，特别是当一种文化是墨守成规的，并且大部分是从父母那里学到的时候，它可以像基因的产物一样稳定。例如，犹太教的要素在几千年来几乎不曾改变，但很少有人会认为宗教信仰可以不通过文化传播而存在。在标尺的另外一端，当文化主要是从同辈那里学到时，它可能非常短暂，传播很快，且消亡更快——想想流行音乐或时尚风潮吧。这样的文化——无论是一支男孩乐队还是一种"当季装扮"——在很短的时间里能对行为产生巨大的影响，然后就消失了。将文化进行融合，并在其传播开来之前进行修改的能力，使一些不同凡响的文化产物迅速演化：比如大型喷气式客机与互联网、嘻哈音乐与新派烹饪。即使是在文化尚未获得累积时，它还是非常有用，本质

鲸鱼海豚有文化：探索海洋哺乳动物的社会与行为

上是因为其他个体都是丰富的信息宝藏，这些信息往往关于什么能行得通、什么则行不通[7]。

所以，当文化加载到一个物种上时，一切都改变了。非凡的新思想在旧思想中发展出来，并被传递下去。人类因此而创造出新事物。这些事物可以是技术、艺术、语言，或者政治制度。随着新事物的出现，人与环境的互动方式也会发生变化。新的开采、污染或保护地球的方式出现了，国家与民族形成了。这全都反馈到了遗传演化中，因为可以更有效处理所有信息及其后果的人做得更好、活得更长，有更多的后代存活下来[8]。不仅如此，用彼得·理查森（Peter Richerson）和罗伯特·博伊德（Robert Boyd）的话说，人类"对文化的极度依赖从根本上改变了演化过程的许多方面。文化的演化潜力让前所未有的适应性成为可能——就像我们现代的复杂社会建立在毫无关联的人们之间的合作基础上，这也带来了几乎同样惊人的不适应现象（maladaptation）——例如现代社会生育率暴跌"[9]。结果造成现代智人与过去1万至2万年完全不同的演化轨迹和生态学轨迹。文化是人类与其他物种如此不同的主要原因。但是，就文化的意义而言，我们和所有其他物种有这么大的不同吗？

关于"鲸鱼文化"这个概念

20世纪60年代，人们开始研究野外的鲸鱼和海豚，花费大量时间观察它们的行为[10]。在接下来的20年里，人们对鲸类的了解有所增加，而这些许的增加足以让人们开始猜测文化在它们生活中的作用。在这些先驱中最突出的是肯·诺里斯（图1.1）。这位美国动物学家激励和启发了许多朋友、同事、学生（这些学生就是下一代的鲸鱼和海豚科学家，其中许多都受到他的指导）以及感兴趣的公众。他给了我们一个新的视角，就是将鲸类看成高度社会化的动物[11]。诺里斯是一位杰出的博物学家、优秀的科学家和慷慨的老师，他一生花了很大一

图 1.1　肯·诺里斯（Ken Norris），科学家、博物学家，有创见的思想者。他是第一个深入思考鲸鱼和海豚文化的人。在这里，他正在用他标志性的独创方式庆祝自己的生日。图片来源：弗利普·尼克林 / 明登图片

部分时间在野生或圈养的鲸鱼和海豚身上。他仔细观察，发明了看待这些动物的新方法。他的说解不仅深入浅出，而且清楚严谨。1980 年，诺里斯提出，海豚的"学习潜能"使它们在自然界的生活有着高度灵活性，这又被转化成了群体行为中的局部变异，也就是可以被称作文化的东西[12]。到 1988 年，他更进一步得出结论说，他所观察到的一些社会性模式是"清晰的文化"[13]。

　　鲸类的社会性模式具有文化属性是一个崭新的概念，然而尽管诺里斯有着雄辩与洞见之才，"鲸类的文化"这个想法在 20 世纪余下那些年的大部分时间里还是停留于鲸类学（即研究鲸鱼和海豚的学科）的视野之外。不过，过去数十年来，关于鲸鱼文化的想法已经在科学界占有了一席之地，并且获得了一般公众的关注[14]。这个想法可能已

　　　　鲸鱼海豚有文化：探索海洋哺乳动物的社会与行为

经声名在外，然而它的范围和意义却不清晰。我们在 2001 年发表了一篇科学综述，题为《鲸鱼与海豚中的文化》[15]。这篇文章收到了来自不同领域学者的 39 篇评论，视角很广，从"'鲸'奇故事：称之为'文化'无济于事"（A whale of a tale: calling it culture doesn't help）到"鲸类之间的文化具有重要的哲学意义……［它们］现在应该加入我们，组成一个扩展版的道德社群"（Culture among cetaceans has important philosophical implications …［they］should now be included with us in an extended moral community）[16]。这些反应既体现出一些科学家与我们对证据解读的分歧，同时也体现出如果这个想法被接受了的话，其潜在的深刻意义。

从诺里斯的观察开始，对鲸类行为的科学研究迅速发展，研究者不断将海洋和陆地的行为演化进行比较和对照。比如，海豚智能的概念之所以如此引人入胜，部分是因为它是在与诞生了人类智能完全不同的环境中演化和运作的[17]。将其和人类智能进行类比和对比，既让我们更了解海豚，也让我们更了解人类本身。同样地，将猿类和海豚的社会性行为进行对比，可以帮助我们理解我们自己，以及这些动物的社会演化背后的那股作用力[18]。我们将以同样的方式提出主张，也就是说，我们认为一些鲸鱼和海豚有着某种文化形式，而这种文化在一个截然不同的环境中演化而来，并持续运作，其和人类文化有着某些惊人的相似性，但也同样有着深刻的差异。我们相信，这种文化是鲸鱼之所以是鲸鱼的一个重要因素。正确地理解这一点，不仅可以让我们了解鲸鱼，也可以让我们了解人类自身。

这本书讲的是什么

在这本书中，我们考量关于鲸鱼和海豚文化的实例。第 2 章探讨"文化"一词是如何被使用、被定义和被研究的。在第 3 章中，我们把鲸鱼和海豚当成深海的哺乳类殖民者来探讨，它们把什么带到了海洋里，它们在海洋里演化出了什么？这些适应性又是如何引导出文化的？在第 4—7 章里，你可以看到我们的证据，在某些情况下，这些证据十分直接清晰，在另一些情况下，则是指示性的。受到对动物文化的批评家们的启发，我们把这些证据在第 8 章中做了详细审视。从我们的角度来看，大部分的证据都是成立的，但我们仍然尽力列出那些由于不同视角而可能导致不同结论的地方。第 9—11 章论述了鲸鱼和海豚的文化对于文化能力的演化，对于更广泛层面基因和文化的协同演化，以及对于海洋生态保护的意义。最后一章讲的是，无论如何鲸鱼文化都关乎人类看待与对待鲸鱼和海豚的方式。

这本书不讲什么

这本书不是对鲸鱼的颂歌。对鲸鱼和海豚的研究曾经有过令人遗憾的历史，比如未经证实地宣称它们有更高的智能，以及对"跨物种交流"的伪科学尝试。如今，这种张力依然持续，因为这些动物在现代人类文化中具有很强的象征意义，几乎没有其他动物能像它们那样让人类着迷。像我们这样的科学家被鲸鱼和海豚吸引也是因为许多同样的特质。我们认为这种吸引力是有充分理由的，但这些理由是基于科学证据，即数据和观察的（由一群和我们一样着迷的科学家艰苦地记录下来）。这个科学家群体从具有误导性的神秘主义中努力挽救了对鲸类行为的研究，而这本书也是这些努力中的一部分，因为我们试图将对鲸类文化的研究置于坚实的科学基础之上。我们的目标之一就是将这些证据介绍给更广泛的人群——既有科学家，又有非科学家——其中某些人可能对这些想法曾经存有正当的怀疑。我们也不至于那么天真，不至于没有意识到把鲸鱼和海豚与诸如"文化"这样煽动性的词语搭配起来是冒了风险，可能会让人把我们混同于那些声称海豚"比任何人类男性或女性都更聪明"的人[19]。因此，我们试图尽可能把我们的证据（科学文献）与我们认为这些证据意味着什么的观点分清楚。而你，我们的读者，将因此能够拒绝我们的观点，而不是去否定这些证据（尽管一小部分情况下可能会更棘手，因为有时收集到这些数据的正是我们！）正如我们将要描述的那样，一些有洞察力的科学家已经做到了这一点。显然，我们会提出我们的观点，但我们的终极愿望是通过证据吸引你加入到一场进行中的、跨越许多研究团体的辩论中来，并说服你相信我们是正确的。

这本书也无关除鲸类之外的非人类动物文化。本书将涉及其他动物群体，特别是在第 12 章中，比如讨论灵长类动物社群内的行为，以及鸟类歌声的文化传播，但它们并非此书的焦点。这些动物有着迷人且重要的文化行为，我们将指出你在哪里可以找到更多关于它们的信息。对于非人类文化的一次全面的讨论，必然需要包含这方面的知识，但那并非此书的目标。对我们而言，光是谈论鲸鱼和海豚的世界就已经有很多东西了。

注释

[1] 在这本书中，我们将使用这样的注释来指明我们的信息来自何处，而且有时还将为某一特定观点提供更多的背景信息。在此处，我们参考了卡特（Carter, 2006）对古代船舶的考古学研究。

[2] 我们不知道"文化改变了一切"这句话起源于哪里。它在互联网上传得相当广泛，但似乎也是先于互联网而出现的。

[3] Maynard Smith 1989, 12.

[4] Catchpole and Slater 2008.

[5] 为了理解为什么生物学家放弃了对先天/后天的争论，我们推荐这份参考文献：Bateson and Martin 2000。

[6] Pinker 1994.

[7] Richerson and Boyd 2005, 12–13.

[8] 正如理查森和博伊德所说，"文化已经导致我们物种对自然选择进行反应的方式发生了根本性的改变"（Richerson and Boyd 2005, 12–13）。人类基因组

计划现在已经开始揭示这一说法背后令人震惊的真相，随着人类遗传学家对我们的 DNA 中一个又一个的位点登记在册，统计证据显示出它在过去 2 万年中经历过强烈的选择。这些选择压力最有可能的来源是人类文化本身（Laland, Odling-Smee and Myles, 2010）。这些位点的大多数基因要么与消化有关（反映了对于畜牧业、农业和烹饪等的文化性传播的实践方式给我们饮食所带来的变化的反应），要么就是在大脑中表达（反映了自从人类有能力传播和积累大量文化以来，对我们的信息环境的过度膨胀之需求所做出的反应）。

9   Richerson and Boyd 2005, 115.

10   Samuels and Tyack 2000.

11   1998 年肯·诺里斯去世后，科学杂志《海洋哺乳动物科学》（*Marine Mammal Science*）专门用一份增刊纪念他［由威廉·佩林（William Perrin）编辑，第 15 卷，第 4 期，1999 年］。

12   Norris and Dohl 1980, 253.

13   Norris and Schilt 1988. 我们无意暗示他会赞同我们这本书中的所有观点。我们想指出的是，比我们更敏锐的头脑一直都在沿着这些思路进行着思考。

14   这其中一部分是由于对大猿（great apes）文化的考量日益突出（例如，McGrew 1992; van Schaik et al., 2003; Whiten et al., 1999）而派生出来的，另一部分则是由于有一些论文专门提到了鲸鱼和海豚的文化（Noad et al., 2000; Rendell and Whitehead, 2001b, 2003; Yurk et al., 2002），还有 2001 年在不列颠哥伦比亚省的温哥华举行的海洋哺乳动物生物学双年会上，一场出席人数众多的关于海洋哺乳动物文化的研讨会。

15   Rendell and Whitehead 2001b.

16   Premack and Hauser 2001; Fox 2001.

17   Reiss 1990.

18   Pearson 2011.

19   Lilly 1978, 1.

第 2 章

关于"文化"的是是非非

在我们解开缆绳，启程出海，去探索鲸鱼和海豚的文化之前，我们的水手行囊中需要先备好一个概念，即我们所说的"文化"是什么意思。你可以试着自己来回答这个问题：什么是文化？你的答案很可能会和以下某些观点，甚至所有观点截然不同。似乎文化的概念曾经如此不言而喻，以至于它被认为是人类所独有的，许多早期对"文化"的定义甚至包括了"人"或者"人类"这些字眼。当人类学家开始用自然选择的演化理论看待文化时，人类和其他动物之间所隐含的演化连续性，使得一些人开始清晰地认识到，文化并非如此。自那之后开始的争论至今仍非常活跃。尽管如此，我们依旧需要明确给出对文化的定义，否则接下来的讨论将无的放矢，随心所欲，而且我们需要的是一个不会把自己绑在"人类中心主义"（anthropocentrism）码头上动弹不得的关于文化的定义。

什么是"文化"？

文化的定义比比皆是。这些定义从非常简单直白的"通过行为手段进行的信息转移"到十分冗长的"（文化是）习得的和传播的一大堆运动反应、习惯、技术、想法和价值观——以及它们所诱发的行为"，抑或是爱德华·泰勒（Edward Tylor）被广为引用的："（文化）是一个包含知识、信仰、艺术、道德、法律、习俗，以及人类作为社群中的一名成员而获得的其他能力和习惯的复杂整体"[1]。在口语中，"文化"主要有两种用法：一种非常普通，是指"我们做事的方式"；另一种自命不凡，是指"智力的和艺术的活动"[2]。前者的特征相当简单，比如我们如何问候彼此、如何进食，以及我们在路的哪一侧开车，还有我们的语言。文化的"高级"概念［有时被称为"高级文化"（high culture）］多局限于宗教、诗歌、歌剧之类。第二种文化通常被认为是一种"精致老练"（sophistication）的标志。在我们看来，这种高级文化是普通文化的一个子集。可以说，它比靠狩猎－采集者用以狩猎和采集的方法更加复杂，但从生态和演化的视角来看，它却更不重要。文化的基本理念似乎是关于相互学习的，但可能也会有其他额外要求，具体取决于一个人对文化概念的定义。坚果谷物麦片（granola）的配方是一种文化吗？做物理作业时第4题的解答方法是一种文化吗？又或者，你岳父发现的那条可以避开拥堵而开进城里的驾车路线算是文化吗？

　　一些学者沉迷于对文化进行定义——这是一种职业性危害。许多学科的学者研究文化，而它的定义之所以重要，是因为它勾勒出了哪些东西包括或不包括在研究当中。文化是人类学、艺术史的核心，也是心理学和考古学中某些领域的核心。但也有社会学家、生物学家、经济学家和历史学家研究它。学者对文化进行的定义通常突出了他或她所研究的内容。因此，实验心理学家往往坚持，传递知识的特定心理机制（即模仿和教学）是文化的必要条件[3]。他们研究模仿和教学，但很少去关注在日常真实世界的文化传播中这些机制究竟多久才被用到一次。文化人类学家旨在展示出"不同人类群体的成员，其信念和行为的各种变化是如何被人类作为社会的成员所获取的成套的习得的行为和思想而塑造的"，因而将文化定义为"人类作为社会的成员所获得的成套的习得的行为和思想"[4]，然后研究不同人类群体之间的行为

鲸鱼海豚有文化：探索海洋哺乳动物的社会与行为

差异。这暗示着对文化的研究基本上是文化人类学家的领域，而人类是其唯一的载体。不同学科间的这些区别有时似乎反映出一种"学术上的地盘之争"，因为在跨学科的交流中，学者们经常害怕别人不想去使用"他们的"定义。

一个关于文化概念的定义要对我们有用处，必须与可被观察到的事物有关，而不必须知道其内部的状态或构造（比如，信念或价值观）。它必须至少允许非人类文化存在的可能性，并且不应排除那些我们通常认为在人类中属于文化的事物。我们不是在把文化当成自己最喜欢的东西或是学术兴趣目标，而是，用凯文·莱兰（Kevin Laland）及其同事的话说[5]，在用另一种方法来寻找"最有用的方式去定义文化"。他们和其他生物学家、一些社会学家、一小部分人类学家，以及运用数学模型来研究文化的人一起使用如下定义："在一个依赖于社会性习得的和社会性传播的信息的社群中其成员之间共享的行为模式。"[6]

你会注意到这是一个非常宽泛的定义。许多人类文化的学者认为它过于包容，因而不屑一顾。然而这样的宽泛定义还是很有用的，主要是因为它有助于我们了解人类和其他物种的文化根源和传播。文化的许多类型和许多等级都包含在这个定义中了。这些类型和等级很重要也很有趣，但更重要、更有趣的是整个文化现象[7]。这个定义巧妙地抓住了到底是什么使文化成为一种演化的过渡（evolutionary transition），即独立于基因遗传的信息流。另一个我们所喜爱的定义来自文化理论家彼得·理查森和罗伯特·博伊德："文化是通过教学、模仿和其他形式的社会性传播，能够影响个体从它们物种的其他成员那里所习得的行为的信息。"[8]

这些定义之间的主要区别在于文化是否是影响行为的信息，还是文化是由信息导致的行为。理解知识与行为之间的这种区别、我们所知和我们所做之间的区别，是文化演化学者一直在努力弄清楚的[9]。尽管人类文化可以被储存在书籍、字节或是建筑物里，大部分文化信息以及那些实际上影响着我们行为的重要部分则存在于大脑之中[10]。我们认为文化既可以是信息（例如科学知识），又可以是行为（例如某种舞步）。由此：

文化是共享于一个社群内部的信息或行为，是通过某种形式的社会性学习（social learning）而从同种个体那里习得的。[11]

如你所见，这个定义与莱兰、理查森和博伊德的那些定义真是非常相似，实际上可以说是能互换的。在这本书里，正如在正常的语言交流中，"文化"有时指的是行为（"踢足球是我们文化的一部分"或者"歌声是鲸鱼文化的一部分"），有时指的是信息（"我对建筑的品位来自我的文化"或者"鲸鱼的文化包含了歌曲演变的规则"）。

我们的首选定义与对文化的非科学概念大体一致，即把一般文化看成"我们做事的方式"[12]。那么，文化就是具有两个主要属性的行为或信息：它是通过社会性学习来获得的，并且是在社会群体中共享的。虽然我们对文化已经给出的两个定义限定了文化只能在一个物种的内部进行传播，但是对小型森林鸟类的绝妙实验已经显示出，筑巢的偏好可以在物种之间传播，因此未来在这方面可能还会进行再论与调整[13]。从根本上说，与基因遗传相比，文化是一种信息从一只动物到另一只动物的传递方式[14]。

在这一章的剩余部分，我们将考虑文化的现象：首先它植根于社会性学习，然后是它的背景环境——社群。我们将讨论文化的多样性；讨论它是如何变化的；我们（即哈尔和卢克）是如何思考和研究文化的；文化是怎样，以及为何愈演愈烈于某一个物种（即智人）之中的；最后是关于非人类的文化中有争议的问题。

什么是社会性学习?

现代人类生活在一个"信息时代"，这不仅是指现代互联网时代。

鲸鱼海豚有文化：探索海洋哺乳动物的社会与行为

自从文化起源于史前的迷雾之中，特别是自从我们能够记录它以来，它就一直是我们适应地球上每一个陆地栖息地的能力之核心[15]。个体所积累的信息是他或她成功的关键，无论这成功是经济上的、繁衍上的还是总体幸福上的。我们生来就带有一些信息，主要编码于我们的基因之中，但也有一些信息是以"母亲效应"的形式存在的（例如一个健康或酗酒的母亲），以及其他经由血缘关系而来，可能是经济和社会方面的传承[16]。然而，这些传承并不能造就一个人。我们在一生之中持续收获着大量其他重要信息。这些信息有些是经由个体性学习到的，但至少对人类来说更多是通过社会性学习而获得的。我们模仿（即试着完全照搬别人的做法）他人，或通过努力实现目标来效法他人，还可以被别人教导。仅仅通过与他者在一起，我们就能做出重要发现，这些发现是我们独自一人无法做到的。所有这些都是社会性学习的形式，是文化的基石。人类的社会性学习倾向给了我们文化及其衍生物，有时人们还会这样想：正是其他动物身上缺乏复杂的社会性学习能力，特别是模仿和教学能力，才使它们的生活不具有"复杂文化特征"[17]。然而，社会性学习并非起源于人类——这是一种已经在动物王国的不同物种那里都被发现过的好把戏，并且有很多不同的形式。

我们所知道的对"社会性学习"最简洁的定义是"受到对另一只动物或其产物进行观察或与之互动的影响的学习"[18]。社会性学习的学习部分其实并没有什么特别之处，是来自其他动物或其产物的影响让它有所不同。社会性学习导致行为或信息从某一个体（我们可以称之为演示者，demonstrator）转移到另一个体（观察者，observer）。通常情况下，它会导致观察者的行为变得更类似演示者的行为，但并非必须如此。这样的描述可能会让人想到"复刻"（copying）或"模仿"（mimicry）之类的词。然而，请记住，社会性学习也可以通过他者的产物发挥作用。例如，生活在以色列松林中的黑鼠几乎完全依靠它们从松果中取得的种子过活。由于种子受到松塔坚硬的鳞状外壳保护，这些鼠类使用一种复杂的技术来获取种子：有条不紊地沿着围绕松塔的一条螺旋线来啃掉保护性的鳞片，直到只剩下包含种子的裸轴[19]。如果你带一些这种鼠类到实验室繁殖，然后把整个松果呈现给在隔离中出生的年轻一代，它们永远也学不到这项技能。然而，如果你让成年鼠把松塔啃好一部分，然后把这些半开的松塔给年轻一代，那么许多小黑鼠就能学到获取种子的过程，即使它们没有见过任何一只成年黑鼠剥松塔[20]。这仍然属于社会性学习。

因此我们可以思考（心理学家已经思考了很多）在观察者和演示者的行为和心理层面都发生了什么，让观察者的大脑能够获得与演示者相同的信息。首先，让我们来看看观察者。通过与一名演示者，或者与演示者行为的产物进行社交互动，观察者的行为能通过多种方式被改变。我们在表 2.1 中列出了其中可能涉及的过程。表中内容很多，但请不要把这些条目当成对于社会性学习的明确、完整分类。这些分类在很大程度上仅仅是基于概念推理和某些实验得来的，这些实验在一些受限的情形下对发生社会性学习所需要的东西进行了探索。我们仍未弄清楚学习在神经元水平上是如何完成的，所以社会性学习的类别仍有待完善。像模仿、效仿之类的过程之所以出现在列表中比较复杂的一端，是因为人们觉得它们要依赖于有关世界的、相对更精妙的心理模型，模型中能够纳入自我和他人的概念，以及其他人可能有着跟我们不同经历和动机的观念。鉴于表 2.1 中所列条目的详细程度，以及对其中哪些过程可能支持着人类文化的主张，你可能会以为我们很清楚人们在获得自身文化时是如何使用这些学习过程的，然而事实并非如此[21]。

表 2.1 社会性学习过程（按照复杂程度和认知需求排序）

学习过程的名称	定义	运作示例
刺激增强 （Stimulus enhancement）	演示者的行为把注意力引导到一种特定的刺激上	一头海豚看着另一头海豚探查它们栖息地沙质底部的小坑且没有任何明显的结果。观察者海豚开始注意到这些特征，发现一条扁平的鱼从一个小坑中冒出来，然后想出一种方法，把小鱼从坑里吓唬出来。在这种情况下，观察者并不是直接从演示者那里学到行为，而是因为与演示者待在一起，激发了新的行为
局地增强 （Local enhancement）	演示者将观察者的注意力吸引到一个特定的地点，在那里引导观察者学习这个地点及其特性	跟随母亲来到一个特定摄食地（feeding ground）的鲸鱼幼崽将很有可能了解该地及其资源。到了那里之后，如果它们独立于其他动物进行学习，那么就只用到了局地增强，然而它们也可能从在该地觅食的其他鲸鱼那里用其他社会性学习方法增强自己的行为
观察条件作用 （Observational conditioning）	观察者通过观察其他动物对刺激的反应来学习刺激和行为之间的关联	当听到虎鲸的叫声时，成年抹香鲸迅速组成紧密的防守队伍。年轻的抹香鲸注意到这种现象，在听到虎鲸的叫声时也做出同样的行为
对食物偏好的社会性增强 （Social enhancement of food preferences）	观察者因一个演示者吃特定的食物而获得线索	这种学习过程的一个特别明显的形式可能是伪虎鲸将刚捕获的食物在彼此之间来回传递（Norris and Schilt 1988）
反应促进 （Response facilitation）	个体更有可能在另一名个体做某事之后也去做此事。于是观察者可以学到该行为在何种情境下是适宜的，后果是什么	一头年轻雄性在观察到一头老年雄性的求爱行为后，可能也会发起求爱行为。它因此了解了不同情境下求爱的后果。基本的求爱行为本身可能是本能的、个体性学习的，或者通过其他社会性学习机制学到的
社会性促进 （social facilitation）	如果仅仅因其他个体的存在就使某些行为更可能发生，那么这就能够影响观察者的学习过程	一头幼年海豚可以通过在其他海豚旁边游泳来学习"搭便车"（drafting, Weihs 2004），即只要待在其他海豚身旁，就能花最少的力气调整自己的位置和动作

学习过程的名称	定义	运作示例
观察反应－强化学习（Observational response-reinforce learning）	通过观察演示者，观察者意识到行为及其后果之间的关系	海豚在观察到其他同类的行为之后，可能会意识到，用嘴去探查看起来有个小坑的水底沙地是有益的，因为有时这种行为可以让一条藏起来的鱼暴露出来。注意，在这种情况下，海豚将探查行为与奖赏联系了起来
情境模仿（Contextual imitation）	如果一只动物知道如何去做某件事，那么它可以通过观察其他同类，意识到关于这种行为是适用于何种特定情境的	在这个案例中，年轻的雄性海豚看到雌性海豚在何时会对其他雄性的示爱行为有反应，并在雌性的反应可能更有利的时候做出自己的求爱行为
产出模仿（Production imitation）	一只动物观察到某种自己之前从未采取过的行动，或行动的后果，并开始重复它所观察到的东西	座头鲸对歌声的学习基本上就是产出模仿
效仿（Emulation）	效仿是指去复刻一种行为的目标，而非其特定的形式	尽管一头海豚可能会模仿另一头海豚，把海绵放在吻上，这样就可以在洞穴中四处游荡驱赶猎物而不被刮伤，但效仿者可以观察到这种行为，然后通过用嘴叼住一根棍子来达到类似的效果

注：在每一种学习过程的下面，我们都给出了一个例子来说明这一过程是如何在鲸鱼和海豚之中进行的。这些例子来自现实，但并不必然就是其佐证。这份列表遵循了生物学家威廉·霍皮特和凯文·莱兰（William Hoppitt and Kevin Laland, 2008）最近的分类。关于社会性学习，还有其他很不一样的分类［比如怀滕等人 2004 年提出的分法（Whiten et al., 2004）］，这表明不同类型的社会性学习之间的划分并非总是清楚的。

通过所有的这些机制，观察者才有可能学习。但演示者又是怎样做的呢？演示者可以忽略其他动物，做出就像他者不存在般的行为，但它也可以改变自己的行为来加强学习的过程，或者甚至是去压制这个学习过程。如果演示者改变其行为来加强学习，那么这就是教学，至少在某些定义中是这样[22]。因此，观察者的不同的社会性学习机制可以通过演示者的教学行为得以加强（我们将在第 7 章中更详细地讨论教学相关的话题）。例如，如果一位母亲把她的幼崽带到了一个她不会轻易去到、具有潜在重要性的地方，这就是她在通过局地增强（local enhancement）进行教学；如果她比平时更频繁地重复一种行为，那么她很可能是想创造出更多机会，让幼崽有可能模仿她的行为或效仿她的目标。

社会性学习可以是一个复杂的过程——只要想想你以前是如何学会阅读的，或者是如何在特定的社会环境中学会举止得体的。比方说，当一位年长的亲戚送你礼物时。学习其中的每一样任务可能都要涉及我们在表中列出的好几个学习过程，它们之间还会相互发生作用，有时，这些学习还会通过父母或其他人的教学而得到加强。有效的社会性学习可以很艰苦。因此，我们用一系列捷径来帮助自己学得大致正确即可，还要在学习的同时考虑学习的情境和背景[23]。当我们对自己在当前境况下的行为技能不满意时，可能会积极参与社会性学习。人们可以根据一种行为在社群中被用到的频率来选择是否要去模仿它，也许这正如成语"入乡随俗"所说的。然而，在一小部分情况下，例如，当几乎每个人都在挨饿时，模仿罕见的行为（比如，吃不寻常的植物根茎）可能同样是有意义的。我们可能也会选择特定的演示者去模仿，一般会优先选择像我们自己的个体，或者我们的亲属、有声望者、成功者，或是占据统治地位的个体。

社会性学习可能会很棘手，但有了这个过程往往要比让你自己去解决问题要容易。这也是为什么我们会进行社会性学习。况且有时它也不那么地棘手；我们会发现自己可以毫不费力地获取信息，就像可以哼唱那些已经在无意识之中进驻到大脑里的旋律一样。

不过社会性学习也有缺点。当你用试错法来自己搞明白某件事时，常常可以很确信自己做对了，或者说做得基本正确。但是，从别人那里学到的东西却并不能给你这样的保证，而你可能到头来只学到一些毫无用处的东西，或者甚至学到一些有害的东西。我们可能会陷入所谓的"信息瀑布"（information cascades），也就是说，每个人无论出于何种缘由都更喜欢模仿别人而不是相信自己的判断，从而导致不正确的信息在一整个社群内传播开来[24]。当这种情况发生在金融交易员的社群之中时，能让整个经济体都为之折腰。因此，充分利用社会性学习的潜力对学习者来说是相当大的挑战，无论是对人类还是鲸鱼都是如此，对于那些试图理解社会性学习的人来说同样是相当大的挑战[25]。尽管如此，如果我们真想去理解物种的文化，了解其社会性学习是我们必须面对的挑战。

社群是什么？

我们对文化的定义包含了"社群"（community）一词。所谓"社群"，指的是一群个体的集合，其中的每个个体基本上行为独立，且多数个体能与其他大部分个体进行互动，或具备互动的潜力[26]。因此，一个"社群"是由将其联系在一起的社会关系所定义的。对于任何社会性的人类、鲸鱼、昆虫或鼠类来说，其社交互动与社会性学习中的绝大多数经验都是与它们社群中的其他成员进行的。其后果就是，经由社会性学习到的信息可以部分地，甚至完全地保留在一个社群内部。这种在社群内部的保留性可能会让社群中的个体之间有更相像的行为，而更不像其他社群的个体。因此，社群可以发展出奇特的文化。正如我们稍后将要讨论的，从众行为（conformity）可能会加强不同社群之间的行为差异，进而发展出能够突显社群边界的文化性族群标记（ethnic marker）。

某一个体可以同时是两个或两个以上社群的成员，其中每个社群是基于其社交互动的类型而定义的。这些社群之间可以相互嵌套，例如，就人类而言，其国家（美国）身份之内又有城市群落（匹兹堡）身份，或者，对虎鲸来说，其部族（clan）身份之中又有氏族（pod）身份，但这些社群也不必须互相包含。社群可能以不同方式有所交叠。我们通常都是若干个并非相互嵌套的社群成员，各个社群可以是基于家族、地理、职业、兴趣，或者突发奇想而建立。所以你可以是加拿大信仰天主教的教师，业余时间自己组装模型飞机，支持多伦多枫叶冰球队。尽管枫叶冰球队支持者里的非加拿大人很少，但这些社群之间并没有相互嵌套的关系。

有时一个种群不能被划分为社群，也许是因为其社交生活非常多变。或者因为其中的个体有着静态的家庭范围，并且是和那些家庭范围与他们重叠的个体互动。如果在栖息地中没有大的障碍物，那么也就没有地方可以给社群划出界限。那还能有文化吗？能有，但在以上这些情况下，整个种群都变成了一个社群。我们预计种群内部不会存在明显的文化差异，但他们的很多行为可能都是文化性的。可能会有渐变群（cline），其中一部分成员多一些这种行为，另一部分成员又多一些那种行为。这些高度相像的文化可能很难被识别为文化。很明显，我们开车沿路的哪一边行驶是文化方面的事，因为尽管某个特定社群的所有成员都始终在一边开车，但到底沿哪一边开，在不同社群之间是有所不同的，而那些移居的个体（比如说，从靠左行驶的英国到了靠右行驶的美国）做出改变则非常迅速。无论是遗传因素还是个体的自主学习，都无法产生这样的一种模式。然而假使全世界所有人都沿路左边开车，那么这种模式虽然可能是文化上的，但也可能是出于人们要绕开右侧其他人的本能。当我们都做同样的事情时，就很难找出其潜在的机制。

随着时间的推移，人类社群的形态和动力学已经发生了改变。狩猎者－采集者的社群通常定义明确，且规模相当小。随着农业化、城市化和工业化的发展，社群变得越来越大、越来越复杂。人类社群从部落、村落，到城邦，再到联邦，一路走来，形成许多不同的变体和形式。现在，互联网和社交媒体正极其迅速地改变我们社群的形态和本质[27]。多元文化社会的发展意味着文化社群不必整齐地对应到地理上。有些文化社群（比如那些拥护涂鸦艺术的社群）只需在任何一个地理社群中有少数几个狂热分子，就可以在世界各地发展起来。如果我们搬到一个新的国家，会发现自己要和有着完全不同文化传承的人相邻而居。因此，实际上，文化偏好可以创造出新的社群。

鲸鱼社群也非常多变。须鲸社群看起来庞大、松散，以地理为基础，而一些大型齿鲸的社群则是紧密、多层次，围绕母系而排布。海豚社群间差异相当大，有时甚至在同一个研究区域之内也是如此[28]。尽管这些社群的形态变化速度不太可能像现代人类那样快，但是对像抹香鲸这样高度社会化的物种来说，大规模捕鲸可能已经对它们的社会和社群结构产生了深远的影响。在本书第4—6章的每章开头，我们分别总结了须鲸、海豚以及大型齿鲸所形成的社群的类型。

在一个社群之中，很有可能包含多个物种。海豚就经常形成混合物种的集群[29]。然而，我们猜想这些集群通常是短暂的，而且其中来自不同物种的个体之间的行为互动往往也并不会被重复或被个体化。因此，同一集群的跨物种成员并不属于同一社群，且物种间的文化传播可能也不重要。和以往一样，这当然也有例外，其中包括了我们在第5章会讨论到的人类–海豚的捕鱼合作——在那里，信息似乎在物种内部和物种之间都能流动。

多姿多彩的文化形式

文化呈现出许多形式，这些形式是由文化的传递过程塑造的。正如我们所设想的那样，文化可以通过我们之前讨论过的任何一种形式（也可以是不同形式的组合）的社会性学习加以同化。前文提到，有些科学家不同意这种观点，认为只有模仿和效仿这样的"复杂"过程才能支撑住文化[30]。然而，这些科学家在哪些特定过程很重要，或者如何区别这些过程的重要性等方面并未达成一致。而且关于人类文化仅仅是由这些复杂过程所支撑的证据充其量只让人将信将疑。

学习者和演示者之间的关系也很重要："垂直"（vertical）文化是指从父母那里学习的；"斜向"（oblique）传播是指从老一辈的其他成

员那里传来，以一种已经被制度化的信息传递的形式，比如在学校这样的地方；年龄相仿的同辈人则进行着"横向"（horizontal）文化的交换。垂直文化可以非常稳定。例如，宗教仪式和语言可以追溯到几千年前。就语言来说，垂直传播可以非常稳固，以至于像基因从父母到孩子的传递一般，并且能导致遗传多样性和语言多样性之间的联系[31]。相反，横向文化（比如时尚和流行音乐风格）移动速度更快，变化也非常迅速，而且通常也更短暂[32]。极端情况下，时尚在一代人的某个社群中用很短的时间出现、传播，然后消失。

文化也可以根据受其影响的行为类型进行分类，不论它是影响了你的发声行为（例如你的语言或口音），你的觅食行为（你所吃食物的种类），还是你的社交行为（比如对初次见面的人适当问候的方式）。文化几乎影响着人类的每一种行为，从走路、吹口哨到哲学。这是导致人类文化显得如此重要的部分原因。文化很可能对任何其他动物的行为都很重要。为了评估非人类文化的重要性，我们需要了解它在哪里起作用。

文化的这些不同属性对其所有者有着重要的影响。我们将在后面的章节中拿出证据，表明鲸鱼和海豚拥有各种各样类型的文化，对其许多行为有着广泛影响。这其中包括在世代之间忠实传播的稳定的垂直文化，以及在不到一代人的时间内就产生、消亡的横向传播的时尚。本书将描述我们所认为的文化是如何影响这些动物的交流、工具使用、社会行为以及觅食的。

文化的演化

文化在演化。与某个社群有关联的文化会随着时间的推移而发生变化，在多种力量的推动下，文化会往这边或往那边走[33]。比如，一首曲调也是文化的一种形式。它可以被发明、修改，也可以被弄错，并且最终可能会从哼唱它的社群中消失。文化随着时间的推移在内容上的变化被称为文化的演化[34]。

近来对这种变化的研究中最重要的见解是认识到，文化的变化与遗传演化在某种程度上是相似的。因此，通过适当的量体裁衣，文化的变化可以用人们用来研究基因演化方式的那些工具进行研究和建模。这有助于我们理解文化演化与基因演化有怎样的相似之处，同时又能让我们理解它们的不同之处在哪里。例如，你只能有两个遗传学的父母，他们将其遗传基因传授给你一次，也就是在你这个受精卵形成的时候。然而，你可以有多个文化上的"父母"，可以在生命中的任何时间点上从他们那里继承文化信息。仅此一点就可以显著地改变系统的演化动力学[35]。我们将用两个例子（人类宗教和鲸鱼之歌）来说明这些演化之力。

变异（variation）既是文化演化也是遗传演化的原材料。例如，一名狂热的先知有一个奇怪的幻象，它成了宗教教义的一部分；或者，一头鲸鱼不小心唱出了歌中一个句子的新版本，这被其他鲸鱼所欣赏，这个句子便被写入了这些动物的歌声之中。当信息在个体之间传递时，会发生错误。人类的抄写员可以在宗教文本中引入错误，例如，在英皇詹姆士（King James）钦定版的《圣经》中，所罗门国王有多少间马厩给他的马呢？是四万（《列王记·上》4：26）还是四千（《历代志·下》9：25）间？这种明显的矛盾很可能是由于数字上的抄写错误所导致，相当于漏掉了一个"0"[36]。类似地，鲸鱼也可能会数不清它们歌声中的一个段落已经重复了多少遍。这样的变化导致了文化的演化：宗教仪式和歌曲内容在随机突变的影响下逐渐改变。

假使这些新的变体在普遍的选择压力下既没有优势也不处于劣势，那么演化之力可能或多或少是随机的。在这种情况下，新变体的命运主要取决于随机取样的影响：如果一头鲸鱼唱出了一首新歌，但没有其他同类碰巧在听，那这首新歌也不会有多大前途。当种群的遗传结构以这种方式改变时，我们称其为"遗传漂变"（genetic drift），而在有些文化领域的表现似乎也类似。例如，时尚人士所谓"in"（时髦）的颜色似乎是随机飘忽的，至少对我们这些非时尚人士来说是这样。然而，文化的改变并非必须随机。有些文化变异可以通过多种方式而

　　　　鲸鱼海豚有文化：探索海洋哺乳动物的社会与行为

被优先采用和传播。其中最明显的就是罗伯特·博伊德和彼得·理查森所说的"引导变异"（guided variation）[37]。改变可以由对内容的偏好而被传导，尤其当这种偏好的对象是那些看似获得了成功的文化变体时。例如，如果雌性鲸鱼看起来更青睐雄性鲸鱼之歌中的押韵，那么雄性鲸鱼则可能会更偏爱歌唱那些押韵更好的变体[38]。同样，使物质财富合法化的现代宗教看起来很有吸引力，它们以牺牲那些更简朴、更苦行僧的变体为代价，并迅速传播开来，而要求人们奉献牺牲的宗教，事实上经不起时间的考验。

与其说是简单地偏好于一种文化变体，不如说是在各种不同变体的传播中都存在偏差，才导致另一类演化之力。一种文化变体的内容确实可以让它更有可能被传播。例如，鲸鱼之歌中声音更响亮的段落可能比声音安静的部分更快速地被接受，而福音派宗教则可能比沉思派宗教传播得更快："宣告主"相较于"默想着主"传递更快且更远。这些都是基于内容的传播偏差的例子。

其他因素也会导致传播偏差。在基于模仿样本的偏差中，我们关注是谁在演示着行为。鲸鱼更喜欢一首歌，可能不是因为它响亮或常见，而是因为它是由另一头看起来在吸引配偶方面取得巨大成功的雄性所演唱的。我们也许更倾向接受一种新的宗教，不是因为它有实用明了的教义，或者它的赞美诗有优美的曲调，也不是因为它是国家宗教，而是因为我们喜欢的一位电影明星宣称他将献身其中。

在取决于重复频率的偏差中，普遍常见的变体有极大可能被传播开来。座头鲸看起来趋向去唱和其他同类都在唱的歌。在某些社会中，信奉国家宗教（不管它是什么）是必需的。从众，是指个体特别地偏爱其社群中最常见的行为。我们之所以从众，有两个主要原因：我们可能认为大多数通常是对的，因此，从众是找到最佳行为方式的一条捷径。这被文化理论家称为"从众的传播"（conformist transmission）[39]。另外一种可能性是，在规范从众（normative conformity）中，从根本上说，从众是因为我们想做其他每个人都在做的事情，无论是对是错：从众本身要比实际的行为更重要。在某些情况下，规范从众中所应用的行为是作为一个社群的象征性标志，这赋予了文化特殊的效力。那些以语言、服饰、仪式和其他符号为标志的社群在社会上变得更加明显，在文化上也更加可区分。无论是人类的国家、宗教还是足球队，这些文化社群首先积极竞争着人群中每个成员大脑里的空间，而且积极竞争着人群的资源。从众一般被认为是用来稳定文化演化的，然而如果一个新的文化变体因其他原因跨过某种流行门槛，它也能促成文化的快速改变[40]。

　　文化演化的最后一种力量是老生常谈的自然选择。那些使用特定文化变体的个体生存得更好，并且因此更有望成为楷模。一种促进繁殖力的宗教可能会增加信徒的数量。一种避免有毒食物的文化特质会传播开来，因为种群中有这种特质的那部分会趋于增加，没有这种行为的个体存活和繁衍的可能性更低。例如，人类学家乔·亨里奇（Joe Henrich）和纳塔莉·亨里奇（Nathalie Henrich）展示了斐济村庄孕妇和哺乳期妇女的饮食文化禁忌，是针对会造成中毒风险的鱼类的，他们估算，这些饮食文化的禁忌将孕妇或哺乳期妇女遭受鱼类中毒的概率降低近60%[41]。

　　文化演化的自然选择、漂变和至少某种形式的偏差传播在遗传演化中有着相似之处，但是"引导变异"却没有[42]。对现有文化变体进行选择、过滤、改变和组合的能力使文化可能具有强大的力量，但运用这种灵活性来获得力量可能会很难。想想当你选择一份职业时，有多少种不同的甚至相互冲突的文化影响，还有仅仅是今天你已经接触过或马上要接触的文化影响。充分利用所有那些建议和信息并不容易。正如我们稍后所要讨论的，在这方面能有效运作的大脑可能会成为具有丰富社会性信息的环境中一份优质的资产。

　　以上这些都是影响文化传承和文化演化的力量。但是现在引入了基因之后，就有了两种信息流在文化群体中流动。两种流之间可以相互作用，当它们相互作用时，演化就变得更加复杂。这些相互作用被称为"基因–文化协同演化"（gene-culture coevolution）。由基因决定的性状，其自然选择影响着基因的出现频率，由文化所决定的性状，其

　鲸鱼海豚有文化：探索海洋哺乳动物的社会与行为

自然选择则影响着文化变体的分布，但基因也可能影响文化的演化，而且文化可以反馈到那些影响遗传演化的选择中。著名的生物学家、思想家爱德华·威尔逊（E. O. Wilson）将基因–文化协同演化的研究称为"一个未经探索的伟大科学领域"[43]。让我们来简要地以人类历史上两项翔实的研究为例说明这些观点吧。

第一个例子是乳糖不耐受，这是一种让大多数成人都无法消化乳糖的状况（表2.2），而例外的人群所在的国家或地区通常有奶牛养殖文化史。为了消化乳糖，年幼的哺乳动物产生乳糖酶。成年个体的乳糖不耐受实际上是哺乳类动物的常态，因为一旦断奶就不需要乳糖酶了，成年哺乳动物通常也不食用奶制品，所以产生乳糖酶的基因就被关闭了。而这并不会成为一个问题，因为在成年哺乳动物的饮食中没有乳糖。但是，一些史前人类驯养了奶牛，发展出一种畜牧业文化，使每个人都能轻而易举地获得含有丰富乳糖的营养来源。这种文化带来的结果就是，在控制产生乳糖酶的基因中的微小变化能让乳糖酶基因的"开关"保持打开，直至人们进入成年期[44]。对这些基因转换的分析表明，在欧洲和非洲有奶牛养殖历史的文化中，携带活化的乳糖酶基因进入成年期的个体受到强烈的自然选择青睐，他们比乳糖不耐受的成年人多繁衍出从1%到20%不等的后代。从演化的角度来看，这是非常强的正向选择，几千年来，它导致这些遗传变化在牧民群体中变得非常普遍[45]。这实际上是人类社会基因–文化协同演化的典型案例。

表 2.2　基因与文化之间的演化相互作用：乳糖不耐受的例子

基因	文化	
	没有奶牛养殖	有奶牛养殖
成年人中产生乳糖酶的开关关闭	祖先的状态：几乎所有的哺乳类动物在断奶后都会停止乳糖酶的生产	基因–文化协同演化：乳糖不耐受个体因不能使用乳制品而处于选择劣势
突变导致乳糖酶在成年人中持续产生	自然选择抑制乳糖酶持久产生，以防止酶的生产被浪费	基因–文化协同演化：能消化乳糖的成年人比不耐受乳糖的个体有营养优势

在我们的第二个例子中，文化实际上导致了人口灾难[46]。巴布亚新几内亚的东部高地是福尔人（Fore）的家园。20世纪60年代早期，南部福尔人的总人口数约为7000，后来他们遭到了一种名为库鲁病（kuru）的传染病袭击。在1957年到1977年间，库鲁病夺走了2500人的生命，几乎全部是成年妇女。可以想象，这对当地人口带来了毁灭性的后果。库鲁病是一种神经系统疾病，与人类形式的疯牛病（克雅氏病）密切相关。在疫情暴发前的某个时候，由于不得而知的原因，福尔人从他们的邻邦采纳了食用亲属尸体这种文化习俗。同样出于不得而知的原因，该族群的成年男性没有参与其中。然而很明显的是，通过食用她们死于库鲁病的亲属的脑组织，这种疾病已经在福尔人的女性人群中传播开来。所以无论是对福尔人还是他们的基因来说，这都是因文化传播的实践行为导致的灾难。

基因和文化的协同演化能以各种方式发生，但其受到文化传播方式的影响尤其强烈。基因只有一种遗传方式，但文化有很多途径。你可以从父母那里获得你的文化。这种垂直文化与基因并行地进行传播，因此在这种情况下，基因-文化的协同演化非常类似于基因连锁（gene linkage），即不同的基因元素由于在染色体上的邻近性，或者由于其产物的相互作用而被一起遗传。在第10章中，我们将探讨这一过程在鲸鱼和海豚中的一些可能的例子。然而，当基因和文化通过不同的途径传播，比如一个老师传播文化的对象是她的学生，而非她的孩子（"斜向的"传播），那么协同演化系统就可以变得格外复杂。通过把时间和精力集中在教学上，她的思想可能会很好地传播开来，但那些时间和精力并不能用来抚养孩子，因此她的基因可能没有传播得很好。当文化的变体具有改善其传播却会损害基因的属性时，复杂性也会增加。独身牧师会有更多的时间来传福音，且为了主而放弃性爱可能会让他们成为很有感染力的教导者（毕竟，独身是一个非常诚恳的奉献于主的信号，因为多数人都更喜欢性爱），然而他们的基因则没什么前途。相对地，基因可能具有促进其自身传播的属性，却会降低持有者作为

鲸鱼海豚有文化：探索海洋哺乳动物的社会与行为

一种文化模式的价值，例如，有些男人相信这样一种错误观点：金发白肤的女人被认为是高于平均质量水平的伴侣，因为她们看起来很有吸引力而且头脑不怎么灵光。这种对金发白肤女性的认识都是不合理的。然而，如果男人按照这些观念行事，金发白肤女性的基因就会得到传播，而她们头脑中的想法则没有[47]。

以上这些相互作用会导致演化走上奇怪的道路。例如，文化上的从众自然而然会降低群体内行为的变化性，使群体之间的差异更鲜明[48]。然后演化生物学家会为此竖起耳朵，因为这些群体成了"群体选择"的可能单元——"群体选择"（group selection）是一个尚存争议的理论，认为通过自然选择而演化所进行的那种选择，其选择对象的单元并非个体或基因，而是群体。从本质上讲，在由个体所组成的群体中，如果成员的行为是"为了群体的利益"，而不是为了他们的私利，这会使得群体繁荣昌盛，也让利他主义的特征蔓延开来。遗传的群体选择存在一个问题，就是"作弊"。一个生活在"好群体"当中，得到了群体的利益，却并不帮助别人的个体，会比那些利他的群友们过得更好，所以作弊的基因也传播开来，最终摧毁了好的群体。因此，尽管近年来，在理论方面，遗传的群体选择在考察某些特定情境时有些卷土重来的意味，但在很大程度上，从 20 世纪 70 年代以来，它已经被演化生物学家否定了[49]。

从理论上讲，文化的群体选择更为可行。有若干因素可以防止作弊，其中包括从众、惩罚，以及模仿格外有声望的个体的愿望[50]。从众还确保了在群体之间的个体迁移不会打破群体之间的差异，因为个体可以在生命过程中改变自己的文化行为，而在遗传的情况下，即便是极低的迁移率，也会迅速侵蚀群体间的遗传差异。文化的群体选择解释了在不相关的人类之间的大规模合作，这些人为了群体的利益牺牲了自己的某些利益，逐渐形成了政党和军队这样的结构，而根据标准的基因演化理论，这会被认为没有多大意义。彼得·理查森和罗伯特·博伊德总结："关于文化变异的群体选择是人类演化中一种重要的力量。"[51]

对文化的其他视角与观点

由于文化对人类至关重要，学者们围绕文化的研究安排了一整套学科：历史学、社会学、人类学、艺术史、政治学、传媒学，等等。对于什么是文化、如何研究文化，所有这些学科都有独特的视角和观点。历史学家一般研究书面记录，考古学家研究实体文物，文化人类学家则研究人类社会。在这些学科之间和学科内部，对于如何推进研究，学者们往往聚讼纷纭。人类学的一个主要分支通常被称为文化人类学，然而有一些后现代人类学家却质疑"文化"一词的真正价值[52]。鉴于所有这些都是看待人类文化的潜在方式，面对非人类的文化，我们又该采取什么样的方式呢？

我们是否应该去关注人类学，这个有时把自己看成"文化的科学"的学科[53]？金·希尔（Kim Hill）是最注重演化视角的人类学家之一，也是少数真正愿意探讨动物文化的人之一，他指出："不是人类学家的人在没有与文化人类学家进行深刻交流的情况下就去重新定义'文化'一词，在智识上似乎是不合适的，这就好比如果文化人类学家重新定义'基因'一词时没有认真地让分子生物学家参与到这个问题上一样。"[54]就算文化人类学家承认我们这些非人类文化的研究者做的事是有效的，他们也会让我们从人类"文化"的角度审视动物的"传统"。这在考察黑猩猩或倭黑猩猩（人类的近亲）时或许有一定的合理性，然而按照他们的观点，其他生物会被贬低，仅被看成"人类的前身"，而不是复杂而独特、本身就有其正当性的物种，也不会被认为具有与众不同、正在进行的演化史[55]。对于生活在跟我们完全不同的栖息地的鲸鱼和海豚来说，它们处在非常漫长、实际上是独立的演化轨迹的尽头，如果把人类的所作所为当成一种典范来看待，鲸鱼和海豚似乎就大错特错了。在某些情况下，人类是有用的模范，比如，在本

鲸鱼海豚有文化：探索海洋哺乳动物的社会与行为

章前面讨论的社会性学习机制或文化演化之力的列表中，收录的都是人类的例子。之后，我们还将比较人类和鲸类的文化。然而，我们的重点始终是鲸类为它们自己做了什么。

反对将人类学作为对其他动物文化研究的基础，还有另一项论据，就是人类学自身的内部混乱：从外面来看，人类学这整个领域都立足于"文化"，然而，有人认为，现在，文化的概念对这个领域已经没什么用了[56]。文化人类学家本身也很难解释有关文化的问题。正如他们中的一员拉尔夫·格里洛（Ralph Grillo）所指出的，"人类学的内部辩论"似乎"陷入了一圈又一圈的不断争论和反争论，而让关于'文化'的真正问题湮没无闻"。[57]尽管如此，我们对文化的定义依然与写在文化人类学入门教科书中的定义没有太大的不同[58]。

文化传播是与基因传播既有相似性又有不同点的过程。毫无疑问，它受到遗传学的影响，反过来，它本身也会影响遗传学。文化的传播就像遗传学一样，是一种种群现象，因为文化可以是一个种群的特征，而且在一个种群内部还可以有所不同。与过去几十年来在某些社会科学领域中的分歧乃至深仇大恨形成鲜明对比的是，生物科学一直是相当和谐且成果颇丰的[59]。生物学家的研究对象范围极广，从基因的生物化学到海洋生态的复杂性，普遍认同"现代综合论"（modern synthesis）是他们工作的基础。现代综合论发展于20世纪30、40年代，是一个融合了查尔斯·达尔文（Charles Darwin）的自然选择和格雷戈尔·门德尔（Gregor Mendel）的遗传学理论与实证的集合体，它已经在过去70多年里成为生物学非凡进展的基石[60]。

现代综合论还在不断地被审视与改进。非基因的生物遗传性（如表观遗传效应）正在被添加到该综合论中[61]。文化也是这样。将文化看成遗传的一种形式这个观点可以追溯到达尔文，他有的时候并没有明确区分我们现在所认识到的基因遗传和文化遗传[62]，不过这是由于达尔文对遗传学一无所知，这当然是可以理解的。20世纪70年代，理查德·道金斯（Richard Dawkins）用演化的方法和他所创造的"模因"（memes，相当于文化中的"基因"[63]）催化了对文化的研究。虽然模因可以帮助人们思考文化的演化，但我们认为模因的概念过于严苛，因为文化通常并非以离散、类似于基因的一揽子组合形式出现[64]。它更为复杂和混乱。罗伯特·博伊德和彼得·理查森在他们对文化演化的探索中用种群生物学（population biology）的方法和思想捕捉到了这种混乱的精髓[65]。他们构想了一个广泛的文化传播过程，它控制着一组广泛的文化变体，这些文化变体还受到彼此的相互作用，以及遗传演化的相互作用。因此，文化"是生物学的一部分"[66]。这种方法我们之前已经部分地描述过了，它被称为双重遗传理论或基因–文化协同演化[67]。它试图弥合各种学科的不同观点：大部分社会科学家认为只有文化决定人类行为，而以生物学为导向的社会生物学家和演化心理学家则用基因演化来解释人类的行为。尽管也有其他拥护者，但这种看待文化的方式在博伊德和森开创性的著作《文化与演化的过程》（*Culture and the Evolutionary Process*），以及他们近期出版的技术含量稍少一些的著作《不仅仅是基因》（*Not by Genes Alone*）中被阐述得淋漓尽致[68]。

爱德华·威尔逊曾经宣称"基因将文化拴在遛狗绳上"[69]。当然，在一个层面上是这样的：如果没有基因来构建一个能够进行社会性学习的大脑，就不用再谈什么基因–文化的协同演化了。不过一旦你有了这些基因，图景就改变了。我们可以通过想象一个名叫"吉因"的铲屎官牵着他的狗狗"伦勃朗"来将这一切构想出来。虽然这二者（铲屎官和狗狗）显然有着千丝万缕的联系，但这幅图景并没有告诉我们，吉因到底是一个成年的健身爱好者，还是一名 6 岁儿童，也没告诉我们伦勃朗是一只吉娃娃还是一只大丹犬。而这一点（如许多养狗人都能作证的那样）对于我们了解它们在演化公园里散步的动态非常重要。基因–文化协同演化理论为我们提供了量化"吉因"和狗狗之间关系的工具，让我们开始逐渐了解是谁在遛谁，以及在什么时候遛。就像遛狗时经常会发生的那样，绳子的牵拉是双方向的，可以是铲屎官拉着狗狗，也可以是狗狗拉着铲屎官。

生物学家，尤其是那些研究种群的生物学家，在阅读博伊德和理查森的著作时经常会发现自己频频点头表示赞同。许多人类行为中的奇怪元素（比如军队和独身牧师）从自然选择的遗传演化角度来看是说不通的，然而把文化的演化也考虑进去时，它们就变得不那么难以理解了。遗憾的是，相对而言，很少有社会科学家愿意将这种演化的观点放进他们的研究之中。

我们喜爱博伊德和理查森的作品。他们的书里包含了精确的理论，这些理论通过心理学、人类学、历史学、语言学、农业、宗教，以及许多其他学科的观点和案例被层层阐明。然而，他们将这些工作看成关于人类的，并认为"所有其他动物，包括离我们最近的猿类，与我们相比，也只具有原始的文化能力"[70]。我们不确定这一论断的真实性，所以要观察鲸鱼的行为，并对相关数据加以测量，试着估算基因和文化在我们所看到的变化性之中的相对重要性。我们思考鲸鱼文化的演变，以及更根本的——它们对于文化的能力的演变。我们思考遗传和文化的演化会如何相互作用，同时扪心自问，某些鲸种的文化是否已经变得如此具有支配性地位，以至于文化已经接管了它们大部分的遗传演化，接管了它们与世界的生态互动，定义了它们到底是什么。

文化研究

对于我们这些研究文化的人来说，一系列定义构建着我们的研究。然而大自然并不在乎我们对类别范畴的热爱，任何定义都应该仅仅被看成帮助我们专注于理解自然界正在发生之事的工具。这就引出了凯文·莱兰及其同事的观点，即我们应该对文化使用这样一种定义或概念，它能促进和激发出范围最广泛的研究。狭义的定义将人们的注意力引向关于这种或那种行为是否是文化，这个或那个物种是否具有文化的无谓争论。而我们的广义定义——文化是由社群共享的信息或行为，是通过某种形式的社会性学习从同类身上学来的——则把我们引向更有趣、更重要的问题[71]。文化为什么演化了？什么是不同种类的文化？为什么物种在使用文化的方式上有所不同？文化如何影响生态学？文化如何影响遗传演化？

广义的定义也将注意力引向一种特定的研究风格。不少研究非人类文化的科学家将他们的工作构建在对"零假设"（null hypothesis）的实验或统计验证之上。这里的"零假设"为"物种 X（根据我的定义）不具有文化"或者"行为 Y（根据我的定义）不是文化"，而其备择假设（alternatives）为该物种具有文化或该行为属于文化。这种基于哲学家卡尔·波普尔（Karl Popper）的思想来验证零假设的传统科学方法，正在逐渐被认为是无效且有缺陷的，甚至是危险的[72]。相反，科学家们正越来越多地使用各种技术来直接揭示大自然的结构，无论这种结构是什么，没有零假设或备择假设。例如，由日本统计学家赤池弘次（Hirotsugu Akaike）等人发展的信息论方法旨在找出一组模型中哪一个最接近实际被观察的过程[73]。贝叶斯方法利用我们对一个过程的已有了解，使用新的信息来更新、升级我们的知识。我们相信，对野生动物来说，这样的技术是看待广义定义下的文化演化、文化多样性、文化范围和影响的最好方法。当然，我们也必须承认自己并没有走得很远。

对于鲸鱼文化的研究来说，更需要对其采用广义的定义和广泛的研究方法。我们不能把这些动物控制起来，关在圈养环境中研究，而只让极少数人在野外环境下做提供丰富信息量的实验。我们要观察、收集数据，试图将碎片拼凑成一张图。我们有太多不知道的东西，任何零假设／备择假设的设置都几乎肯定会让我们错失对鲸鱼所做之事的丰富性，让我们缺乏对其本质的理解。作为鲸鱼科学家，我们最初只是跌跌撞撞地进入鲸鱼文化的研究领域，我们的发现在很大程度上仍然是长期大规模的观测，以及（许多）偶发事件共同作用的结果。

这本书零星散布着一些奇闻逸事，比如，我们观察到鲸鱼们和海豚们（或者有时是一头鲸鱼或一头海豚）做了某件事。在行为科学中，"逸事"是一个不好界定的术语。它一般指的是那种"一次性"的观察，而这些"一次性"的观察长期以来一直被质疑能否作为科学推断的基础。不过，逸事也有各种不同的风味，有一些是被在行为观察领域里没什么经验的人看到了，然后经常讲起，有时会讲很多次；还有一些来自经验丰富的科学家对特定物种的行为观察记录，其中可能包括对该事件的视频或声音记录。这两种逸事并不相同。认为后者实际上是极其有价值的信息来源的人并不只有我们[74]。鲸鱼文化通常是没法来做对照实验的，而且对大规模数据集的统计分析只适用于某类行为，例如有声方言及运动模式。对于奇怪的类型比如游戏行为、工具使用和与道德有关的迹象，通常只会留下一些逸事[75]。有些文化形式，比如道德，只是偶尔在行为中外显地表现出来；其他一些文化形式，如身体问候仪式，在鲸类做出这些行为时却很难正好被看到或识认出来。所以我们很少看得到这些文化的外显行为表现，手上就只留下一些逸事。这本书中的逸事是"一次性的"，但并非不可靠的——至少我们希望如此。我们只使用有可靠来源的逸事，它们通常是由对被观测物种颇具经验的观察者在观测时记录下来的信息。因此我们知道这种行为至少发生过一次。这些逸事告诉我们，至少有些鲸鱼和海豚能做到这些事，从而为动物的能力设定了一条最低标准线。如果有好几件逸事都是关于类似行为，那么这表明该行为可能相当广泛，且这种行为对应的能力几乎是鲸鱼和海豚普遍具备的。

最令人满意的对鲸鱼或海豚文化的科学证据来自对其随空间、时间和社会结构而产生的行为变化的定量分析。鲸鱼和海豚是发声非常多的动物，相比于从视觉上观察水生生物的行为，记录其声音则要容易得多，因此我们掌握的许多行为数据都是声学方面的。对座头鲸的歌声、虎鲸的叫声和抹香鲸的嘀嗒声的这类声学研究是我们对鲸类文化所知之识的根基[76]。也有相当出色的定量数据是关于鲸类运动的，涉及许多种类的鲸。然而，运动一般不被视为像方言和工具那样同等程度的文化特征，这大概是因为在运动中可能涉及的社会性学习的种类（比如局地增强）没有像模仿类的社会性学习那么"先进"[77]。我们怀疑这种观点是错误的，而且由于有关鲸鱼运动的数据集尚未得到充分研究利用，关于海洋中运动模式的文化传播的见解还有待发现。还有一些细致谨慎的定量研究是关于其他"文化"现象的，例如最近关于鲨鱼湾（Shark Bay）海豚戴海绵行为的研究[78]。只不过，当摆脱了声音和方言做研究时，我们所得出的结论大部分来自那些并非为识别文化而进行的研究。

人类文化的关键属性与可能的关键属性

人类文化非同寻常。当你走过一座现代化的城市，甚至一座狩猎者–采集者的村庄，都会被人类文化的产物所包围：人类用有生命或无生命的物体所制造出来的东西；人类的声音，无论是言语、歌曲、乐器或工具发出的声响；这些东西和声音在空间和时间上组织起来的方式；人类自身是怎样的行为举止；以及他们怎样走路，外表如何，还有如何互相问候。所有这些都是文化。我们的文化包括语言、美食、宗教、技术、政治制度、文学、艺术、社会习俗，以及许许多多。

和鸣禽从邻居那里学到的一部分求爱歌曲相比，人类文化似乎是一个截然不同的世界。为什么人类文化能像病毒一般扩散？人类文化的关键要素是什么？学者们已经从多个立场对这些问题进行了探讨。对一些人来说，这来自对人类文化本身的迷恋。其他一些人则是对现代人类的起源感兴趣。从我们与黑猩猩的共有祖先中，现代人类出现了，他们运用文化的普遍能力，或是运用特定文化元素（如语言或使用火）的普遍能力发生了改变，这些改变在现代人类的出现之中到底扮演了什么样的角色呢？还有一些人是对人类文化和其他动物文化之间的差异和相似性着迷。在这些学者的著作中，我们找寻着人类文化的"关键属性"，找寻着构成如此强大和多样化的人类文化的底层要

鲸鱼海豚有文化：探索海洋哺乳动物的社会与行为

素，这些关键属性和要素赋予我们一种不同于任何其他物种的生态角色，以及不同于任何其他物种的世界观。

在我们的找寻之中发现的最有帮助的资料之一是凯文·莱兰和杰夫·加利夫（Jeff Galef）撰写，出版于 2009 年的《动物文化的问题》（*The Question of Animal Culture*）一书 [79]。莱兰和加利夫邀请一系列考察过非人类文化的学者从多种不同角度为该书各自撰写一章。他们嘱咐这些作者（包括本书的作者之一哈尔）要设法解决五个关键问题，其中包括以下三个：如果你觉得文化的一个定义对研究动物文化会有所帮助，这个定义是什么？哪些动物（如果有的话）表现出了文化？动物文化和人类文化有哪些相似性和不同点？最支持动物文化的观点在那本书的前几章，大部分是由动物学家撰写的。对于一个热衷动物文化的人来说，这本书的调子是越读越让人觉得暗沉下去了，后面的章节越来越不青睐动物文化这种想法。尽管如此，我们还是发现最后几章（主要是由人类学家撰写的）特别有助于确定人类文化的关键属性。虽然书中全部章节所采用的对文化的定义（正如我们的定义一样）包括了要经由社会性学习的传播和分享这个要素，但写出最后几章的人类学家增加了额外的要求，他们认为正是这些增加的东西使人类文化变得特别，这也正是他们认为动物没有文化的原因。

这其中涌现出的关键属性有：技术、随时间推移而积累起来的文化（以至于大家所做之事不是一名单独的个体能在一生之中合乎情理地发明出来），道德、经由文化传播的象征性的族群标记，以及文化影响生物的适应度的方式。这里的"适应度"（fitness）是指个体或群体自我复制的速度，这种自我复制可能是个体基因的功能及其文化的功能 [80]。然而请注意，"适应度"这个术语用在演化的背景下并没有被赋予像我们日常使用这个词来描述某人身体状况时的那种积极含义①。个

---

① 适应度（fitness）一词，用于描述身体状况时，表示"健康、健美、健壮"等积极含义。——译者注

体可以通过如强奸或谋杀竞争对手等我们认为的道德上令人发指的行为，而在生物学意义上变得更加"适应"，当然也可以通过如合作狩猎这样更容易被接受的行为而变得更具适应度。我们将在这里对这些关键属性中的每一个进行一点点讨论，并在本书的最后探究鲸类文化与这些属性是怎样匹配的。

语言差一点就登上了"关键属性"的清单。我们把语言放进去，又拿出来，又放进去，又拿了出来……让我们陷入两难境地的部分原因是，目前关于语言本身多大程度上是人类文化的产物而不是其组成部分的争论仍在持续进行之中。在那些研究语言演化的学者里，有一个学派，由诺姆·乔姆斯基（Noam Chomsky）所带领，他们认为语言（包括向上到语法结构这样的语言层次）主要是由我们的遗传决定的，也就是说，我们拥有一种"普遍语法"（universal grammar），而其中唯一的文化输入是以词语的形式，我们是在孩童时期接入这套语法系统之中的[81]。从这个角度来看，很容易将语言当成文化的先决条件。不过这一观点近年来受到了西蒙·柯比（Simon Kirby）等语言学家的挑战。他们承认语言演化是生物因素和文化因素的复杂相互作用过程，不过更加强调文化传播本身在语言演化中的作用，他们认为成熟的语言需要一段重要且长远的文化传播历程，而且此前需要经历被柯比称为"迭代学习"（iterated learning）的过程[82]。如果他的论点是对的，那么文化传播才是成熟的语言的前提，而不是反过来。我们并不确定这场辩论的哪一方最终会被证明是正确的，不过既然有争论存在，就说明现在就断言语言是文化的关键组成部分似乎是有问题的。诚然，试图在不谈论语言的情况下描述人类文化是徒劳的，但是这不代表我们有明晰的理由将语言列入核心属性清单，至少对我们来说是这样的。所以我们要搪塞一下——我们会把语言作为"可能的关键"，稍后，当我们将鲸鱼和海豚与人类文化的关键属性相匹配时再来提它。

心理学家迈克尔·托马塞洛（Michael Tomasello）曾做过一项颇有影响力的研究，阐述了人类文化的特殊之处，并且列举了他自己的

"人类文化的关键特征"：普遍性（universality）、统一性（uniformity）和历史性（history）。其中，"普遍性"是指有些文化传统几乎被一个社群中的每个人践行着，比如一种语言或一个宗教；"统一性"是指社群内的个体以同样的方式来做出文化行为；而"历史性"则是指行为随着时间的推移而累积的变化模式[83]。"历史"（正如托马塞洛在他的语境中用"累积的文化"所表示的那样）已经在我们的清单上面了。普遍性和统一性似乎本质上没那么重要。人类文化的某些要素，比如语言和宗教，在一个社群内往往都是普遍和统一的（尽管在许多现代社会中显然并非如此）。但是我们文化中的其他重要部分——例如医疗技术和武器，却不是这样的。所以我们把普遍性和统一性从我们的清单上去掉了。

当我们环顾一座现代化的城市，或者甚至是之前提到的那座狩猎者–采集者的村庄时会发现，技术是文化的主要表达方式[84]。我们看到、摸到、听到和闻到的大部分是人类技术或人类技术的产物。科技改变了人类的环境和地球的生态。它已经从根本上改变了地理分布、种群规模和生活史，改变的不光是人类的基因流动，还有许多其他物种的基因流动。如果没有科技，人类将无法生活在北极或南极，无法跨越大洋，不太可能活过80岁，永远无法与出生在成百上千公里外的人结婚。技术包括了工具、技法，以及我们所学到的手艺。技术让我们能够建立自己的生态位，从而改变我们的环境[85]。技术本身不必是文化性的。个体可以通过自学掌握技术。比如加拉帕戈斯（Galápagos）树雀用细枝或仙人掌刺从树上撬出虫子，但它们似乎是独自学会这项技术，而非相互学习的[86]。然而，几乎所有的人类技术都是通过社会性学习而传播开来的，因此技术也成了人类文化的一部分。一位陶工通常会通过观察或者直接教学从另一位陶工身上学习，造一辆公共汽车涉及的大量信息则要经过许多个体多种路径的大规模信息流通，包括教学、阅读、模仿，以及其他形式的社会性学习。

人类技术之所以如此强大有效，是因为它在不断积累。文化传统是经由社会性习得的，它建立在个体性学习和创新的基础上，或者是通过将社会性习得的不同信息组合起来，然后传递下去，棘轮般一点点推着文化向着更加复杂、通常在某些方面更加有效的方向发展下去。所以我们有潜水艇、交响乐团，还有法国美食，并且建立图书馆来保存庞大的文化积淀，因为这些积淀早已超出了我们可怜的大脑所能负荷的记录能力。尽管这种积累在精细技术的构建中最为显而易见，但它对人类文化许多其他部分的发展也是必要的：从故事到园艺方法，再到政治制度。没有这种累积的特性，文化的复杂性就只能局限于单独的个体，完全靠自己，而不是利用其他人的知识去发现事物。非累积性的文化对生物学其他领域的影响将会相对较小。迈克尔·托马塞洛在考虑非人类文化时最先指出了积累对于人类的重要性，他认为"还没有令人信服的证据可以证明，对于黑猩猩或任何其他非人类动物来说，存在棘轮效应（ratchet effect），抑或它们有任何其他形式的累积性的文化演化"[87]。人类如何成就了累积性文化，至今仍然是一个悬而未决的问题。托马塞洛认为其关键在于，人类是以独一无二的方式相互学习的［包括使用联合注意（joint attention）的方法］。这意味着我们的文化以一种格外高保真的模仿形式得以传递；而教学也在我们传递文化的过程中发挥着作用[88]。没有这种极高的保真度，累积的文化是不可能存在的。阐明人类与其他灵长类动物相比面对谜题时如何获得了累积性的解决方案，以及与累积性文化运作的数学模型进行的比较，都是对托马塞洛所持立场的支持[89]。这些都是有力但并非唯一的论证。累积性文化的达成也有可能仅仅是因为有足够多的人在周围，或者这些人的学习策略中保守主义和统一性占据了相对优势[90]。人们已经撰写了那么多书籍，并将继续就这个迷人的问题进行研究。我们则接着进一步强调，毫无疑问，累积性的文化是现代人类文化的一个关键特征。

我们可以把道德看成一种感觉，感到有些事情是"对"的，有些事情是"错"的，并就此而做出行为[91]。道德使合作和亲社会行为在

　　　　　鲸鱼海豚有文化：探索海洋哺乳动物的社会与行为

更大程度上成为可能。生物学家能预见动物会对其亲属友好，是因为我们所称的"亲缘选择"——我们的亲属共享着我们的基因，因此一个可以让携带者援助其亲属的基因可以帮助它自身并传播下去[92]。在小型社会中则可以发展出互惠约定：我帮助你，所以你帮助我。然而，一个广泛（尽管不是普遍）的观点是，在没有单倍体这样奇怪的遗传效应的情况下[93]，无论亲缘选择，还是直接的互惠，都不可能导致大型社会中的那种大规模的合作，很多时候，这种大规模合作正是人类的一个关键特征[94]。到底是什么导致了这种大规模合作？肯定还有些别的东西在其中运作着。

惩罚是一种可能的答案：如果每个人都知道，要是擅自逃走，将被射杀或吊死在船的横桅上的话，许多不相干的人就可以组成一支稳定且有效的陆军或海军[95]。如果陆军或海军的成员相信他们的战斗是正义的，那么，相比于因恐惧而集结起来的队伍，他们的集结通常会更有效。1812 年战争开始时，初出茅庐的年轻美国海军在对阵庞大且历来不可战胜的英国皇家海军时取得了一些令人瞩目的胜利[96]。美国人取得意外成功的部分原因在于，他们的船是由愤怒的志愿者驾驶的，这些志愿者对皇家海军在战争前曾经有几次从美国商船上劫持水手的事件感到义愤填膺。相比之下，大多数英国水手都是新闻集团的受害者，相当于是被合法绑架来的。道德感可以引起非常大规模的、有时对个人甚至是危险的合作行为，像海军、陆军和传教士的远征。惩罚可以迫使人们做事，因此也强化了道德。如果惩罚是"做错事"而非违背权力意志的相应结果，那么惩罚的施与受可能会更有效。道德可以通过促进合作行为而改变一个物种的种群生物学，似乎也是人类社会基因–文化协同演化的一项重要产物[97]。

另一个实现有效大规模合作的途径是通过族群渊源（ethnicity）：不是通过"对"与"错"来管理行为，而是通过"我们"和"他们"。个人与那些属于"他们的群体"的人合作——他们认为这些人与自己相似——而与那些他们认为来自不同群体的人对立起来[98]。亲缘选择可以算是从家庭尺度上给出了自然的"我们"（亲属）和"他们"（非亲属）的区分，但这不涉及成百上千毫无关联的动物，除非是和上述某些非同寻常的基因系统有关。在由小到 30 人左右的小团体组织起来的人类社会中，它就失灵了[99]。在人类社会中，族群渊源是通过文化传播和象征性的标记来实现的：十字架、贝雷帽、大学的主题颜色、说话的口音、制服等[100]。因此，"人类社会是动物世界中一个壮观的反常现象，是建立在一个大型的、象征性标记的小集团的合作基础上的"[101]。族群渊源和道德当然还可以结合在一起，给人"我们"是"好的"、"他们"是"坏的"这样一种感觉。

就我们研究鲸鱼文化的渐进方法而言，一个至关重要的问题在于，文化行为是否影响适应度。具有某种文化变体的个体在演化过程中是否比有其他变体的个体要活得更好，从而更能传播它们的基因和思想呢？即使生活在同一地区，不同的宗教团体也可能以不同的速度繁衍开来[102]。美国在 19 世纪和 20 世纪的部分时间里，新抵达的天主教移民的出生率高于来得更早、生活在北方的新教移民，从而相应地增加了天主教徒在美国的比例，顺带增加了宗教信徒基因特征的出现。不仅是宗教，无论是现在还是史前，所有种类的文化特征都影响着人类的适应度。武器和医疗技术就是明显的例子。因此，如果文化影响适应度，那么它可以驱动演化沿着它本来不会走的道路发展下去。

可见，人类文化具有一些卓越非凡的属性。那么其他动物也有这些属性吗？人们对这些属性中的每一个都相当怀疑。在技术方面，其他动物和人类的这一差距似乎显而易见。不过威廉·麦克格鲁（William McGrew）在 1987 年提出，塔斯马尼亚土著人（也许是技术上最简单的人类群体）的工具制作与坦桑尼亚黑猩猩的工具制作之间几乎没有区别，这在当时引起了不小的轰动[103]。人类文化占据压倒性优势的原因经常会被认为是由于非人类文化缺乏累积性。例如，1988年人类学家乔·亨里奇和罗伯特·博伊德发现"没有证据表明非人类的传统随着时间的推移将累积性地改变，也没有证据表明非人类传统能让那种个体自身无法学到的行为逐渐发展出来"[104]。同样地，动物道德也经常被否定。我们早先在对文化进行定义时提到过人类学家金·希尔的思想，他在 2009 年宣称在任何非人类中都找不到关于"通过社会性学习而学到的习俗、伦理、仪式、宗教或道德"的证据[105]。然而，这并不是一个普遍的观点。例如，唐纳德·布鲁姆（Donald Broom）对道德的看法就与之大相径庭。从生物学家的角度来看，他在范围很广的动物物种中都找到了道德的证据，动物行为学家马克·贝科夫（Mark Bekoff）和哲学家杰西卡·皮尔斯（Jessica Pierce）也是如此，他们认为，以人类为中心的道德观实在过于狭隘[106]。灵长类动物学家弗朗斯·德·瓦尔（Frans de Waal）也认为，共情（empathy）作为道德的情感根源之一，其演化之根远比人类这个物种要深[107]。

研究哥斯达黎加卷尾猴（capuchin）的苏珊·佩里（Susan Perry）可能是所有人类学家中以最开放的思想思索非人类文化的人，她曾仔细考虑过族群标记。她所研究的动物中的那种非同一般的行为模式——例如用手指戳同伴的鼻子——很容易构成我们定义之下的"文化"[108]。她写道："在我看来，虽然有一些动物物种最终可能会被证明，它们的社会规范中展现出一些有限的群体间差异，以及强烈的群体认同感，但我更怀疑是否会有证据表明它们社会性习得的特质或符号与它们的群体认同感之间存在联系。"[109]

金·希尔摒弃了我们提出的最后一项关键属性——即文化影响非人类生物的适应性，他认为"对文化特质的群体选择"不会"以任何可察觉的速度在动物中发生"[110]。毫无疑问，文化的传播与动物物种的遗传演化之间有着显著的相互作用。生物学家彼得·格兰特（Peter Grant）和罗斯玛丽·格兰特（Rosemary Grant）花了几十年时间研究加拉帕戈斯树雀，他们的研究显示，经由父系一脉对歌曲和歌曲偏好所进行的文化传播在演化的改变中发挥了关键作用，这种文化传播甚至在这些演化论的标志性鸟类物种形成过程中扮演了重要角色[111]。然而，没有证据表明这可以导致前述理论中用以解释人类社会某些独特特征时提出的那种群体水平的选择。

最后，语言（在我们看来"可能的"关键属性）通常被认为是人类和所有其他生命形式之间的一个主要区别。用彼得·理查森和罗伯特·博伊德的话说："语言作为人类和其他动物之间的分水岭，常常被赋予首要地位。"[112] 虽然我们仍在探索动物之间的交流可以有多么复杂，但坦白讲，并没有证据表明任何非人类拥有我们所认为是语言的那种无限开放且递归循环的交流系统。

我们将在本书第 12 章把自己知道的鲸鱼和海豚的文化参照人类文化的这些关键属性进行对比。但是同时请时刻记得，鲸鱼与人类的栖息地和演化史都是完全不同的，所以，正如哲学家托马斯·怀特（Thomas White）所解释的那样，根据人类的特征来评价鲸鱼或海豚是极其片面的 [113]。我们还应该思考，反过来把人类文化参照鲸类文化的关键属性来进行对比又会怎样。这里有个问题就是，作为人类，我们会发现自己可能很难识别或表述那些对鲸鱼至关重要但却并非我们所共有的属性。

关于动物文化的争论

"文化对包括鲸鱼在内的非人类很重要"这一观点一直存在争议。20 世纪 30 至 40 年代，经由自然选择的演化赋予生物学强大的理论基础，自然选择最初是由查尔斯·达尔文和阿尔弗雷德·拉塞尔·华莱士（Alfred Russel Wallace）提出，后来，现代综合论又将基因作为自然选择的单元。现代综合论并非格外在意行为，只不过 20 世纪 70 年代前后，行为理论家意识到它可以应用于行为及形态学、生理学或解剖学特征。这一新兴领域被称为行为生态学（behavioral ecology），而在美国则一般被称为社会生物学（sociobiology）。行为生态学在威尔逊的《社会生物学》（Sociobiology）一书中得到了全面的提倡，并在《自私的基因》（Selfish Gene）一书中被理查德·道金斯雄辩地进行了总结，这本书很好地解释了动物为什么要做出它们所做之事[114]。它在人类行为中的应用过去和现在都有争议[115]。然而，对于非人类行为的研究，行为生态学变成了一种非常成功的科学范式。从20世纪80年代起，描述动物行为的科学论文总是一成不变地以该研究在行为生态学理论中处于何种位置开头和收尾。我们和多数科研同行都觉得该理论非常有吸引力，而且觉得它很好地解释了动物的行为。在动物行为的研究领域里，行为生态学变成了［用科学哲学家托马斯·库恩（Thomas Kuhn）的术语来说］"正常的科学"[116]。认为文化可以是非人类行为的主要驱动力让这种范式受到了挑战（按照库恩的说法，是使之成了"革命性的科学"），它也和其他挑战一样遭到了抵制。然而，与大多数其他科学革命面临的反对意见有所不同的是，这里的攻击并非来自"正常科学"的忠实拥护者。自他们的理论诞生以来，行为生态学家和社会生物学家基本上都接受了文化与基因在决定行为方面共同起到重要作用的可能性。例如，威尔逊与人合著了《基因、心智和文化：协同演化过程》（*Genes, Minds, and Culture: The Coevolutionary Process*），理查德·道金斯还发明了"模因"一词，即文化里的"基因"[117]。

这并不是说，将文化作为对动物行为的一种解释这一提议没有遭到我们最亲近的同事们的抵制，但他们仅仅是从质疑的角度提问：由某种社会信息导致一个特定行为的证据到底是什么？然而，现在有足够确凿的例证表明，事实上在许多物种中确实发生了这种情况，因为对社会性学习的研究正在被接受，它正在成为主流的动物行为科学中一个合理且不断成长的领域[118]。尽管行为生态学家可能质疑这些证据并提出其他解释，但他们通常不会对黑猩猩文化或鲸鱼文化这类观念感到震惊，他们不会的[119]。最激烈的批评声音大多来自人类学和心理学。在这些领域，令学者生厌的是"动物文化"这个概念本身，而非证据的本质。绝大多数社会科学的范式（在社会科学已经有范式的情况下）中的一部分就是，人类在拥有文化方面是独一无二的，或者至少，在被文化压倒性地影响方面是独一无二的。在这些学者看来，其他物种的文化，即便存在，也只是一种附生现象（epiphenomenon），并不是非常重要。正是对这种范式的挑战使其受到了抵制。

面对摆在眼前的证据，形形色色的批评者却表示反对。他们通过田野研究，逮住那些（必然）具有瑕疵的证据，认为各类行为模式也可能是由于遗传或环境相关性而产生。他们在实验室里做研究，发现黑猩猩并不相互模仿，老鼠也不为彼此做教学，因此他们得出结论：动物没有文化。作为争论的另一方，田野科学家确信，文化是他们研究的动物的生活当中一个重要的组成部分，但他们如何才能将这一点展现出来呢？

人们对非人类文化的思考由来已久[120]。亚里士多德说过，至少有一些鸟鸣是学来的。达尔文认为许多动物具有"继承而来的习惯"，尽管他并不知道这种继承到底是如何进行的，他关于继承的习惯的概念与我们现在所认为的文化非常相似[121]。达尔文之后，19世纪末20世纪初许多研究动物行为的人都确信，社会性学习的传统至少对于塑造鸟类和哺乳类动物的行为是很重要的。然而，在现代综合论中，一旦基因成为生物学的核心，关于文化可能在人类以外的动物身上发挥作用的想法就逐渐消失了[122]，有一段时间几乎所有的研究都是关于基因的。

第二次世界大战结束后，动物行为学家开始对动物的行为进行广泛且严谨的研究，反对非人类文化的趋向也开始逆转。这些研究刚开始就表明并展示出，在两种截然不同的动物中，（对于希望使用"文化"这个术语的人来说）社会性学习是决定动物真正做什么的重要因素。最明晰的例子是鸟鸣。对许多（也许是多数）早期动物行为学家，比如康拉德·洛伦茨（Konrad Lorenz）和尼科·廷伯根（Niko Tinbergen）来说，鸟类是他们的模式动物。鸟类行为有许多方面都很适合进行实验研究，尤其是它们的歌声。人们很快就搞明白了，许多鸟类歌声中的基本成分都是通过社会性学习得到的，而且社会性学习似乎是对蓝山雀（blue tit）打开英国奶瓶盖这一技巧广为传播的原因的最合理解释[123]。鸟类看起来是拥有文化的。

20 世纪五六十年代，另一种动物也开始被贴上文化的标签，它们就是灵长类。这一新发展首先出现在日本。在日本，无论是在社会上还是在科学家心中，人类和其他灵长类动物之间的对立都远没有欧洲的基督教传统那么严格。日本科学家注意到日本猕猴群体的社会性学习传统，其中最著名的是在幸岛（Koshima Island）上的猴子之间传播开来的甘薯清洗法。这些猴子在吃它们之前将甘薯块茎浸泡在海水里以除去上面的沙子[124]。日本和其他国家的科学家在讨论这些行为模式时通常很谨慎，将其称为"前文化"行为、"原初文化"或"传统"，而非名不符实的"文化"。

1978 年，威廉·麦克格鲁和多萝西·蒂坦（Dorothy Tutin）描述了不同的黑猩猩群体之间在握手理毛（grooming handclasp）活动中的差异，这项研究把对灵长类动物文化的研究带向了另一个层次[125]。与日本猴子的传统不同，握手理毛是"随意"的行为，不涉及资源开采利用，它能让麦克格鲁和蒂坦更直面文化问题。他们的结论是，关于握手理毛的证据满足了他们所列出的关于文化的 8 个条件中的大部分，但还不是全部[126]。在接下来的几年里，越来越多的灵长类动物的行为被称为"文化"，也就是不带任何限定词的那种文化。这段时期最重要的事情就是 1992 年麦克格鲁的《黑猩猩物质文化》（*Chimpanzee Material Culture*）一书的出版[127]。麦克格鲁在这本书里和其他论文中，展示了对不同社会群体，以及一系列不同类型的行为的系统性比较，这些研究都非常有价值，他自称用的是"人种学"（ethnography）的研究方法。对于几乎所有研究黑猩猩、红毛猩猩、卷尾猴和某些其他物种的野外生物学家来说，这种方法颇为合理。很明显，他们花了这么多时间和那些动物待在一起，它们之间在互相学习，也具有文化，比较在不同群体里或不同时期发生的事情，是审视动物文化的好方法。然而，并不是每一位学者都对麦克格鲁的人种学方法感到满意。

　　两位著名的心理学家抨击了这种把文化当成对黑猩猩和其他非人类的行为的重要影响因素的观点。杰夫·加利夫几乎没有发现任何证据表明非人类在教学或模仿，而且，在他看来，文化只能通过这些过程传播，他认为在这些过程中，人类与任何其他动物都有所不同，于是他得出结论，认为思考动物中的文化演化完全是误入歧途[128]。加利夫还强调，人类的文化和其他学者所认为的动物的文化是同功的（analogous），即二者是独立进化的，而不是所谓同源的（homologous），即二者来自共同祖先。尽管同源类比对于那些对黑猩猩文化感兴趣的人来说无疑是一个潜在的重要问题，但由于人类和黑猩猩有晚近的共同祖先，从我们的鲸类学角度来看，这是一个不必要的争论。人类和鲸鱼的共同祖先是一种小型的、可能相当孤独的哺乳动物，或许并没有太多的文化存在。鲸鱼的文化和人类的文化或黑猩猩的文化是同功但非同源的，它们独立进化的事实让它们的相似性和差异格外有趣。对非人类文化的第二次重大抨击来自迈克尔·托马塞洛。他证实了加利夫的论证，并补充了一个可能很重要的观点，即在所有的社会性学习过程中，只有模仿和教学才能导致文化的累积，正如我们已经指出的，这是人类文化最关键的属性之一。加利夫和托马塞洛都是出身于通过零假设进行验证的实验心理学背景。零假设类似于"黑猩猩不具备文化"，其中文化的定义就像是"通过模仿或教学传播的传统行为"。他们无法在自己或他人的实验研究中证明圈养的黑猩猩可以模仿或教学，所以没有否定零假设，因此，他们认为黑猩猩不具备文化。

　　"黑猩猩文化战争"已经打打了[129]。野外科学家做出了回应，其中最有代表性的一篇论文发表在 1999 年的《自然》杂志上。这项由心理学家安德鲁·怀滕（Andrew Whiten）领导的研究，在 7 个研究地点记录、描绘了 39 种黑猩猩文化行为的发生率，并得出结论称："这些行为模式的组合对每个黑猩猩群落本身来说都是非常独特的，而这是人类文化的一个特征。"[130] 他们之所以说这些行为是文化，根据在于一种被称为"排除法"的论证手段：这些行为似乎与生态学中的某些变化没有明显的关系——确实，有些生态学变化也能引导个体在不同的地方沿着不同的途径学习，而且这些行为也不能用明显的遗传差异来解释。随后，又有科学家对红毛猩猩和卷尾猴做了类似的研究[131]。

与那些人类学家不同的是，心理学家加利夫和托马塞洛对动物文化的批评非常具体。可他们提出了实际上是假设的论点，这些论点是可以被证伪的。例如，他们声称黑猩猩不会相互模仿，但这个说法可以被驳倒。在随后的一些研究中，它真的被驳倒了（因为黑猩猩确实能相互模仿），能推翻加利夫和托马塞洛说法的研究当中，也包括托马塞洛和自己同事的一些研究[132]。然而，加利夫和托马塞洛认为自己对动物文化的其他批评仍然站得住脚。例如，托马塞洛坚持认为，没有"令人信服的证据表明，黑猩猩或其他非人类动物中存在棘轮效应或任何其他形式的、累积性的文化演化"[133]。

表面上，这场文化论战的焦点在于普遍的非人类文化，可无论过去还是现在，它都高度聚焦于黑猩猩，并在一定程度上关注着其他灵长类动物。所有关于鸟类文化的证据，特别是对鸟鸣的详细研究，基本上都被不公平地搁置一边，也许是因为在非人类文化的拥护者和反对者看来，鸟类都只会"一招鲜"①，也就是只有一种文化行为——唱歌[134]。鲸鱼最初也不在讨论范围之内。

然而在 2001 年，我们写了一篇题为"鲸鱼和海豚的文化"（Culture in Whales and Dolphins）的综述文章，让鲸类也加入了论战[135]。我们的论文引来了黑猩猩文化论战中正反两方的评论。黑猩猩文化的支持者普遍对鲸类文化持肯定态度。例如，克里斯托夫·伯施（Christophe Boesch）写道："认为鲸鱼和海豚存在文化的

---

① one-trick ponies，英语俗语，原指马戏团里只会玩一种戏法的小马。常用来形容仅有一技之长的人或只具有一种特色的事物，类似于汉语里的"一招鲜"。——译者注

'大不敬'主张理应开启对其他动物文化的讨论，让我们能够发现人类文化中的独特之处。"[136] 还有安德鲁·怀滕，他是 1999 年那篇著名的黑猩猩文化论文的主要作者，他认为我们其实至少低估了某些鲸类的模仿能力[137]。

相比之下，那些不赞成黑猩猩文化的人远没有被我们关于鲸类文化的论证说服。人类学家蒂姆·英戈尔德（Tim Ingold）写道："看到关于奇妙的生物如此丰富的实证材料却被用来研究缺乏创意的理论性项目，真令人难过。"这里特指我们对"人种学"一词的使用，但从广泛的意义上来说，他似乎不赞成我们使用的双重遗传观点[138]。杰夫·加利夫在对黑猩猩文化的批判之后，在我们这里继续对人类文化的同功物和同源物的批判，并批评说，我们的研究缺乏动物进行模仿或教学的确凿证据[139]。我们进行了反击，某种程度上是在用玩笑话当标题回应这些评论，"鲸类文化：在文化论战的首次海战之后仍然浮于水面"[140]。

非人类文化怀疑者提出的一个重要批评就在于，要真正了解野生动物行为发展的原因是非常困难的[141]。文化传播可以引起一个物种当中动物的行为变异。然而，仅仅证明一个地方或一个群体中的动物与其他地方或群体中的动物行为有所不同是不够的。环境的变化同样会导致不同种群之间各式各样的行为差别。例如，如果动物们可以在没有社会性输入的情况下学会一种行为，那么在有特定食物或工具的地方，这种行为可能会有用武之地，而在没有特定食物或工具的社群里，这种行为将不复存在。这种行为的变异并不是文化，它是个体以不同方式自主学习的结果。遗传变异也会导致行为上的差异。以长臂猿的恋爱为例[142]，东南亚的长臂猿情侣们都会在清晨表演二重唱。在不同种群之间，这些歌曲有着系统性的差异。然而，这并不是文化传播的结果。种群间的遗传差异和嗓音差异之间有着很强的相关性。最关键的是，当不同种群的长臂猿互相配对时，它们的后代创作的歌曲是父母歌曲杂糅而成的结果。因此，文化传播在它们的这种发展中几乎没起作用。这一切使排除法成了我们的劲敌,为了自己的智力健康和安全,我们必须对采取"排除法"的论战对手格外小心!

在这场文化论战中,学者们进行过几次维和尝试[143],其中最有成效的要数凯文·莱兰及其团队所做的努力[144]。他们对该话题中持不同立场的双方都进行了批评和赞扬。莱兰是 2009 年出版的《动物文化的问题》一书的主编,该书将赞成和反对动物文化的科学家的观点集合在一起(尽管鸟类几乎完全被忽视了)。他们认为给文化一个宽泛、简单的定义(基本上就是我们所采用的定义)就可以了。这样的定义将学者们的注意力从某一特定行为类型是否满足"文化"的所有条件,转移到可能存在的各类文化行为上。然而,莱兰和他的团队也批评了赞同动物文化的科学家通过数据得出的一些推论,认为这些推论容易将人引向反对动物文化的一方。比如,莱兰等人提出,在黑猩猩的 39 种"文化"行为模式中有一些变异,这些变异可能至少有一部分是由生态或基因决定的,也就是说,经历了像我们前文所讨论过的那些过程[145]。他们提出了另一种策略,即强烈建议学界发展出更好的方法来研究动物文化,不只针对野生动物,也将圈养动物纳入研究范围。他们不失公允地提示道,学者得提醒自己,别把导致特定行为的潜在原因想得太简单。如果我们非要强行判定一种行为的成因到底是生态的、基因的,还是文化的,那么我们注定无法理解该行为是如何发展出来的[146]。例如,我们从自己的文化中获得的最大好处之一,就是能够灵活适应当前所处的生态环境,无论是在北极还是丛林中。在某些情况下,即使行为是通过文化传播的,我们也应该期待行为和生态之间存在关联。因此,我们需要摆脱"要么是文化,要么是基因,要么是环境"的三分法,转而去问,"文化、基因、环境"在行为发展中有多重要。然而,如果你面对的是大型野生动物,只能在部分时间里不完全地观察到它们——正如对多数鲸类那样,那么要搞清楚它们的行为发展就相当有挑战性了。莱兰及其团队在努力开发克服这一挑战的方法,我们自己也在这样做,本书稍后的篇章会介绍其中的一些技术[147]。

我们已经对"文化"的含义有了一个概念，也已经看到，非人类可能拥有文化的这种见解在某些领域是多么地充满争议。我们也看到学界对这些争论点的理解是怎样地瞬息万变。在获得辨别文化对野生动物的重要性的有效方法之前，我们还有一段路要走，但在过去的十几年当中，情况已经向着有利于拥有文化的部分非人类物种的方向转变。如果没有它们互相之间学到的那些信息，它们的行为将会大相径庭。我们希望今天的学者不要再认为"与其他动物物种不同，人类群体之间的许多变异是文化上的"[148]，像罗伯特·博伊德和乔·亨里奇这么有见地的学者可是在遥远的 1998 年才得出这种结论的。

在这一章里有很多东西要仔细消化。不过，希望现在，我们已经为自己建造了一艘不算太漏水的思想之船，载着我们去到乐趣真正开始的地方——在海上，同海豚和鲸鱼一起。

注释

[1] Bonner 1980; Kroeber 1948, 8; Tylor 1871.

[2] 《我们做事的方式》来自 McGrew, 2003。

[3] 比如 Galef, 1992。

[4] Schultz and Lavenda 2009, 9, 18.

[5] Laland, Kendal, and Kendal 2009.

[6] Laland and Janik 2006, 542.

[7] 关于文化的类型和等级的更多信息，见 Slater, 2001。

[8] Richerson and Boyd 2005, 5.

[9] Rendell et al., 2011a.

[10] Richerson and Boyd 2005, 61.

[11] Rendell and Whitehead, 2001a, 364. 为了清楚起见，我们在这里用"社群"代替原来的"种群或亚种群"。

[12] McGrew 2003.

[13] Seppänen and Forsman 2007.

[14] 除了遗传和文化之外，信息还有其他方式可以在动物之间传递。这其中包括了表观遗传效应（Tost, 2008），例如母亲效应（maternal effect）——母亲的属性通过卵子或母亲养育的特性而传递给后代（Mousseau and Fox, 1998）。

[15] 人类文化有多古老？这是个大问题，坦白说，我们不知道。如果问题是关于人类拥有我们所偏好的那种广义上的文化有多久了，那么答案几乎可以肯定是在我们真正成为智人之前。我们这个属（genus）的早期成员现在已经灭绝，他们似乎能够制造出被考古学家认为是最初的文化器物的东西，即通过分割大块燧石而做成的细刃石器（例如，de la Torre, 2011）。然而，无论其看起来多么有可能性，除了在对于考古遗址中这项技能显然是由新手在专家面前进行练习的描述之外（Fischer, 1989），几乎没有确凿的证据表明这种技能是经过社会性传播的。但是，我们拥有累积的、象征性的和规范性的、由语言来中介的文化又有多少年了呢？这是一个非常开放的问题，而我们将在第 8 章回到这个问题。

[16] 关于母亲效应的传承，见 Mousseau and Fox 1998。

[17] Richerson and Boyd 2005, 50.

[18] Box 1984, 231; Heyes 1994.

[19] Aisner and Terkel 1992.

[20] 然而，在野外可能很少有鼠类对这种技术的接触仅仅是部分剥脱的松球（Aisner and Terkel 1992）。

[21] 我们仍在进行争论，例如，对于通过社会性学习的文化传播的这一概念。以人类文化传播的典型案例——"敲打"燧石制作石斧的技术——为例。在青少年获得这项技能的过程中，究竟是什么在"传播"或"转移"？很明显，并没有字面意义上的转移，那种像 DNA 通过精子从男性到女性的转移。我们无法指出有从演示者移到观察者的物理实体。还是说，有吗？好吧，也许会有，比如说一块合适的锤石，可以从老师传递给学生。然而，这并不足够。你仍然需要传递这项技能——怎样以及在何处用锤石敲击燧石的知识，计划出如何打造一把可用斧头的预见性以及有效遵

循该计划的运动技能。一个思想学派认为，这一切都可以包装成一个概念单位——一个模因（meme）——并直接在个体之间传递，就像基因一样（Dawkins, 1976）。下意识地获得一个朗朗上口的曲调似乎符合这一点。而另一些人则强烈反对，认为学习过程在学习者的这边更为活跃，因为他们必须实实在在地自己来重建知识，而在这样做的过程中他们将不可避免地根据他们自己的需要、愿望或偏好来对其进行修改、调整或编辑（Sperber, 2006）。同样地，人们可以从直觉上想到一些相关的例子：在学习演奏乐谱上一首复杂的乐曲时一次快速的演示似乎会是让学习者快速理解乐曲的一剂良方。这些都是复杂的问题。

22 Hoppitt et al., 2008.

23 Rendell et al., 2011b.

24 Bikhchandani, Hirshleifer, and Welch 1992.

25 Rendell et al., 2011b.

26 来自 Goodall, 1968。我们还增加了"有互动的潜力"来包括非常大的社群，例如人类的民族国家或抹香鲸的部族，在这些群体中成员的很多可能的配对实际上并没有互动。

27 Wellman 2001.

28 例如 Connor 2007。

29 例如 Frantzis and Herzing 2002; Psarakos, Herzing, and Marten 2003。

30 例如 Galef and Laland 2005。

31 Cavalli-Sforza and Seielstad 2001.

32 见 Cavalli-Sforza et al., 1982。

33 我们关于文化的演化力量的清单来自 Richerson and Boyd, 2005, 68。

34 Mesoudi, Whiten, and Laland, 2006. 虽然"演化"（evolution，常被译为"进化"）一词最初在古希腊被使用，但它最早在现代学术话语中被用来描述社会应该不可避免地从不文明的"野蛮"到19世纪中叶欧洲开明世故的文明的进步的过程。尽管事实上这些社会的繁荣在很大程度上取决于对其殖民帝国的残酷奴役和掠夺，由于同样的这些社会在第一次世界大战中所表现出的野蛮行为以及他们在阻止第二次世界大战上面的集体无能，这种荒谬的想法就被搁置了。人类学家（当时唯一正式研究文化的学者）正确而全面地否定了这种对于文化演化的线性观点（Carneiro, 2003）。然而，遗憾的是，有些人一直无法或不愿承认这种演化观与达尔文的通过自然选择进行进化的惊人强大理论所代表的思想之间的区别。优生学——认为通过控制繁殖来"改进"人类种族的伪科学概念——的兴起并没有帮助到这一点，而这是在 20 世纪 30 年代时被一些不知情的演化生物学煽动出来的。这种对达尔文主义的扭曲也被认为是在让纳粹最堕落的野蛮行为合法化。演化生物学像人类学家拒绝演化的线性改进概念（即"进化"）一样全面地拒绝优生学，但怀疑依然徘徊不去。感情仍然高涨，而且在那些认识到达尔文理论将人类文化变化研究置于科学基础之上所具备的潜在力量的人，与那些在文化可能按照基因和物种相似的原则演化的暗示中嗅出了一丝殖民或优生学的诡异气味的人，他们之间的冲突有时非常激烈（Ingold, 2004; Mesoudi, Whiten and Laland, 2006）。作为每天接触达尔文理论，以及在我们自己的社会中看到许多不完美之处的生物学家，我们并没有嗅到这种气味。当我们彻底倒掉优生学的洗澡水时，把达尔文的孩子也扔出去是错误的。

35 Strimling, Enquist, and Eriksson 2009.

36 Harrison 2000.

37 Boyd and Richerson 1985, 82.

38 关于雌性座头鲸对雄性座头鲸押韵的偏好，参见 Guinee and Payne, 1988。

39 严格地说，从这个意义上讲的从众（conformity）是指个体采纳最常见行为的频率高于其在人群中实际流行程度的比率（Henrich, 2004a）。

40 当你得知文化演化的学者对人类文化事务中从众所扮演的角色提出质疑时，你可能不会感到惊讶。一些人认为这对特定的人类特征至关重要，比如维持合作（Richerson and Boyd, 2005）；而另一些人则质疑，如果我们如此循规蹈矩，我们还怎么可能有任何的文化演化（Eriksson, Enquist and Ghirlanda, 2007）。关于从众有助于稳定合作的观点，参见 Boyd and

Richerson 1985 和 Henrich and Boyd 1998。

41 Henrich and Henrich 2010.

42 引导变异、偏差传播和对文化变体的自然选择有时被称为心理选择，以区别于在基因频率上进行的自然选择（例如，Mundinger, 1980）。关于引导变异在遗传演化中缺乏类似性，参见 Richerson and Boyd, 2005, 116。

43 Wilson 1994. 这些相互作用是迷人的，但也被忽视了，也许是因为它们的复杂性。你可以在 Coyne（2010）和 Laland and Brown（2011）的书籍相关章节中找到更多信息。

44 例如，Enattah et al., 2002。

45 Tishkoff et al., 2007; Bersaglieri et al., 2004.

46 这个例子的细节可以在 Durham（1991）和 Lindenbaum（2008）的作品中找到。

47 尼古拉·戴维斯（Nicola Davies）（并非一个金发碧眼的人）指出，认为金发碧眼者更具性吸引力但智力更低的观点本身都是文化观念，这使得这个例子更加复杂。

48 Richerson and Boyd 2005, 162.

49 关于生物学家对这一理论的全盘否定，见 Trivers, 1985。关于特殊情况下遗传群体选择在近来的理论回归，见 Wilson and Dugatkin, 1997。

50 Henrich 2004a.

51 Richerson and Boyd, 2005, 162. 然而，这并不是一个没有争议的观点。若想了解非常技术性的辩论滋味，请参见 Boyd, Richerson and Henrich, 2011 和 Lehmann, Feldman and Foster, 2008。

52 参见，例如 Grillo, 2003。

53 McGrew 2003.

54 Hill 2010, 324.

55 关于黑猩猩或倭黑猩猩本身就是复杂和独特的物种，见 Boesch 2012。

56 McGrew 2009.

57 Grillo 2003, 158.

[58] 考虑以下这些由美国人类学家李·克朗克（Lee Cronk, 1999）收集起来的定义。这些定义来自 Bodley（1994），Ember and Ember（1990），Moore（1992），Peoples and Bailey（1997），分别是：

"一个**人类**社会共同的生活和学习方式以及**思想**。"

"一个特定社会或种群所特有的行为、**信念**、**态度**、**价值观或理想**。"

"我们作为成员从我们群体中学习到的行为和**信念**的复合体。"

"一些**人类**的群体所共享的社会性传播的知识和行为。"

在上述定义中，我们突出了那些需要我们了解研究对象内在精神世界的方面（例如信念、思想、态度、理想）以及对人类的具体提及。当把这些词删除后，这些定义变成了：

"一个……社会共同的生活和学习方式。"

"一个特定社会或种群所特有的行为……"

"……（个体）作为成员从（它们的）群体中学习到的行为的复合体。"

"一些……群体所共享的社会性传播的知识和行为。"

这些和我们的定义之间的相似性是显而易见的。对于文化从根本上是什么，我们和文化人类学家之间的差别并不像最初看起来那么大；也许主要的区别在于文化人类学家的思想中可以理解的那种固有的对人性的假设。

[59] Mesoudi, Whiten, and Laland 2006.

[60] 关于现代综合论的发展，见 Huxley 1942。

[61] Tost 2008.

[62] Richerson and Boyd 2005, 16–17.

[63] Dawkins 1976, 92.

[64] 尽管"模因"在公共领域引起了人们的注意，但它并没有产生太多有意义的研究计划，2005 年《模因学期刊》（*Journal of Memetics*）的关闭就证明了这一点（Laland and Brown, 2011）。不过，这个词在互联网时代被用来描述那些通常是滑稽可笑的、以惊人的速度在网络上传播并多样化的概括片段（译者注：即"梗"），例如，2013 年 8 月 17 日访问的"希拉里的文

本”一梗（http://textsfromhillary.com/）。

65 Boyd and Richerson 1985.

66 Richerson and Boyd 2005, 12–13.

67 关于对理解人类行为演化的不同方法的比较，见 Laland and Brown 2011。

68 Boyd and Richerson 1985; Richerson and Boyd 2005. 其他支持文献包括 Cavalli-Sforza and Feldman 1981。

69 Wilson 1979, 167.

70 Richerson and Boyd 2005, 16.

71 艾莉森·格雷戈（Alison Greggor, 2012）提出了非人类文化研究的一个“功能范式”，强调文化与社会性学习、生态学、社会系统和生物学之间有着怎样的关系。

72 Popper 2002. 零假设的检验被约翰逊（Johnson, 1999）和加拉姆谢基（Garamszegi, 2009）等人认为是没有实际价值和有缺陷的，而被齐利亚克（Ziliak）和麦克洛斯基（Ziliak and McCloskey, 2008）认为是危险的。

73 Akaike 1973; Burnham and Anderson 2002.

74 Bates and Byrne 2007.

75 然而，对鲸类使用工具的研究正变得越来越定量化，例如，Krützen et al., 2005; Martin, da Silva and Rothery 2008。

76 例如，Payne 2000; Rendell and Whitehead 2003; Yurk et al., 2002。

77 一个将运动认为是潜在的文化行为的定量化示例可见于 Whitehead and Rendell 2004。

78 Krützen et al., 2005; Mann et al., 2012; Sargeant et al., 2007.

79 Laland and Galef, 2009b. 另一个在我们寻找人类文化的关键元素时非常有用的指导是 Richerson and Boyd, 2005。

80 适应度可以是一个相当困难的技术概念。参见 Orr, 2009。

81 例如，Chomsky, 1965。

82 For example, Kirby, Cornish, and Smith 2008; Kirby, Dowman, and Griffiths 2007; Smith and Kirby 2008.

83 Tomasello 1994.

84 技术（Technology）可以被定义为"为解决一个问题或达到某种目的而对工具、技法、工艺、系统或组织方法的制造、使用和了解"（维基百科"技术"词条，最后修改日期为2014年2月9日，http://en.wikipedia.org/wiki/Technology）。

85 关于人类和其他有机体的"生态位构建"有着颇具启发性的文献，例如，Laland, Odling-Smee and Feldman, 2000。

86 Tebbich et al., 2001.

87 Tomasello 2009.

88 关于这些论点的整本书长度的论述，参见 Tomasello 1999a。

89 对于人类与其他灵长类动物相比如何面对谜题的证据，可以在迪恩等人的著作中找到（Dean et al., 2012）。关于累积性文化可能如何运作的数学模型，参见例如 Lewis and Laland 2012。

90 亚当·鲍威尔（Adam Powell）及其同事最近的一项建模研究表明，即使是容易出错的文化传播也能产生累积性适应，只需要有一个种群密度的阈值水平（Powell, Shennan and Thomas, 2009）。大洋洲传统岛屿社群的数据支持了这一点，数据显示，人口较多的岛屿比人口较少的岛屿拥有更大的工具包——即拥有更多的技术文化（Kline and Boyd, 2010）。其他人则认为，猿类和人类之间的区别可能与猿类——此处并没有政治倾向性——更为保守有关（Whiten et al., 2009）。

91 Broom 2003, 1.

92 Hamilton 1964.

93 在社会性的昆虫——蚂蚁、蜜蜂等——不寻常的单倍体遗传中，雄性由未受精卵发育而来，并且只有一套染色体。这增加了姐妹之间的亲缘关系，因为她们都从父亲那里得到了相同的基因。据推测，这种增加的亲缘关系会导致大型近亲群体之间的高度合作。

94 Fehr and Fischbacher 2003. 然而，我们再一次陷入了一个真正有争议的领域！与以往一样，这里存在着对立的观点。一些科学家断言，事实上，与你周围的人进行合作是一条普遍的经验法则，而这就是你需要解释的全部，并且这可以通过亲缘选择理论得到充分的解释（West, El Mouden and Gardner, 2011）。

95 关于惩罚与合作的关系，参见 Boyd, Gintis and Bowles 2010 以及 Fehr and Gachter 2002。

96 Orr 2009, 622–636.

97 Chudek and Henrich 2011; Gintis 2011.

98 Bernhard, Fischbacher, and Fehr 2006.

99 Hill et al., 2011.

100 Efferson, Lalive, and Fehr 2008.

101 Richerson and Boyd 2005, 195.

102 Richerson and Boyd 2005, 180–182.

103 McGrew 1987.

104 Henrich and Boyd 1998.

105 Hill 2009.

106 Bekoff and Pierce 2009; Broom 2003.

107 De Waal 1997.

108 记录了用指头戳同伴鼻子的研究是 Perry and Manson 2003。

109 Perry 2009, 266.

110 Hill 2010. 但请记住，这是否发生在人类身上也有争议。

111 Grant and Grant 1996. 他们记录了，例如，一只迁徙鸟抵达他们的主要研究岛，并设法与当地的雌性繁殖。不过，这只鸟学习当地歌曲的尝试只取得了部分成功，而他对他后代的歌声产生了充分的影响，以至于它们拒绝与除它们自己以外的任何其他个体繁殖，从而建立了一个小型的、繁殖隔离的种群，该种群被作者认为是一个端始种（Grant and Grant, 2009）。

112 Richerson and Boyd 2005, 144.

113 White 2007, 165.

114 Dawkins 1976; Wilson 1975.

115　关于将行为生态学应用于人类的争议性方面，参见 Laland and Brown 2011。

116　Kuhn 1962.

117　Dawkins 1976; Lumsden and Wilson 1981.

118　参见例如威廉·霍皮特（William Hoppitt）和凯文·莱兰（Kevin Laland）最近出版的书《社会性学习》（*Social Learning*, 2013）。

119　对于行为生态学家中质疑证据并提出其他解释的，参见 Tyack 2001。

120　以下内容大部分是基于莱兰和加利夫《动物文化的问题》的导论章节（Laland and Galef 2009a）的。这一部分的标题是《动物文化辩论之简史》（2–10）。

121　Darwin 1874. 关于文化作为特质继传承的中介，参见 Richerson and Boyd, 2005。

122　事实上，有些人甚至走到这种地步，去否认文化在人类行为中的重要性。今天，被我们或许描述为"硬核"的演化心理学所承认的文化传播的作用只限于它使得个体可以从一套在遗传上被编程和被禁用的备择行为模式的"自动唱机曲库"中来选择出适当的行为（Laland and Brown, 2011）。当生物学家们正在探索非人类中文化传播的广度和复杂性时，这一概念让我们觉得荒谬。

123　关于鸟歌中一个经由社会性学习而习得的元素，参见 Thorpe 1961。Fisher and Hinde 1949 描述了蓝山雀开奶瓶技术的传播。

124　Frans de Waal（2001）对日本科学家对于灵长类文化的认识做了特别好的描述。Kawai（1965）描述了猴子在幸岛上洗甘薯的过程。

125　McGrew and Tutin 1978.

126　他们将这些情况称之为"创新""传播""标准化""持久性""扩散性""传统性""非维持性"和"自然适应性"，而他们是在最后一个条件——即表现出这种行为的种群没有受到来自人类的重大影响——下才产生了怀疑，因为他们研究的小队是经过人类研究人员的长期存在之后习惯化了的。

127　McGrew 1992.

[128] Galef 1992.

[129] McGrew 2003, 2004.

[130] Whiten et al., 1999, 682.

[131] Perry and Manson 2003; van Schaik et al., 2003.

[132] Tomasello 2009.

[133] Tomasello 2009, 218.

[134] McGrew 2003. 正如我们在第 12 章所讨论的, 我们认为这对鸟类和鸟类学家都是不公平的。鸟歌的文化传播是迷人的, 而且仍然可以告诉我们很多关于促进向他者学习的演化过程的东西。值得庆幸的是, 近年来, 一系列关于鸟类智力的研究表明, "鸟脑"(译者注: bird-brained, 俚语中"愚蠢的"之意)现在应该被视为一种赞美, 而不是一种侮辱(例如, Emery and Clayton, 2004)。

[135] Rendell and Whitehead 2001b.

[136] Boesch 2001.

[137] Whiten 2001.

[138] Ingold 2001.

[139] Galef 2001.

[140] Rendell and Whitehead 2001a.

[141] Laland and Janik 2006.

[142] 这些信息来自 Thinh 和他的团队(2011)和 Geissmann, 1984。

[143] 吉姆·斯特林(Kim Sterelny)在《动物文化的问题》(2009)一书中的"文化战争中的维和"一章里给非人类文化冲突带来了更多的迷雾而不是和平, 我们的观点是: 他断言"真正的"文化的一个标准是个体"经由社会性而学习社会事实", 但却没能为这种断言提供一个令人信服的基本原理, 而且在我们看来, 也没能为它实际到底是什么以至于把座头鲸之歌排除在外而给出一个解释。

[144] Laland and Hoppitt 2003; Laland and Janik 2006; Laland, Kendal, and Kendal 2009.

鲸鱼海豚有文化: 探索海洋哺乳动物的社会与行为

[145] Laland, Kendal, and Kendal 2009.

[146] Bateson and Martin 2000.

[147] Hoppitt and Laland 2013; Laland, Kendal, and Kendal 2009; Whitehead 2009.

[148] Henrich and Boyd 1998, 215.

第 3 章

海洋哺乳动物

鲸鱼、海豹和美人鱼

哺乳动物从陆地上演化而来，所以没有多少哺乳动物在海洋中生存也就不足为奇了。深海是一个与陆地在几乎所有重要方面都形成鲜明对比的环境。就算是海岸附近的水域，虽然在某些方面更像是陆地，但也与邻近的海岸有很大的不同。哺乳动物偶尔到过大海——比如船上的老鼠，或无意间到过大海——比如木筏圆木上的小袋鼠，但在这两种情况下，它们都并非以海洋资源为生的哺乳动物。一些陆地哺乳动物在海洋中寻觅食物，例如新西兰托克劳群岛（Tokelau）的捕鱼猪，但这些动物被称为"特例兽"（oddities）[1]。在大约 5500 种哺乳类物种中，大约有 130 种能够真正地在海洋中生活。这 130 种动物来自四个目：灵长目（Primates）、食肉目（Carnivora）、海牛目（Sirenia）和鲸偶蹄目（Cetartiodactyla）。

今天主导海洋的哺乳动物是一种灵长类动物——人。人之所以占主导地位，并不是因为我们演化出的基因能有效适应海洋生活，而是因为我们的文化。皮划艇和远洋船舶是科技文化。驾驶独木舟或远洋船舶的导航技术，乃至出海捕鱼，也是我们信息文化的一部分。直到非常晚近的时候，人类对海洋的影响都仅限于沿海水域，但是现在，人类及其影响无处不在[2]。

海洋中排第二的是食肉目，食肉动物是包括猫、狗、熊、黄鼠狼、水獭和大熊猫在内的多种多样的哺乳动物群体[3]。这其中大部分的哺乳动物仅在陆地活动，但也有重要的特例。北极熊和海獭就以海洋为生，尽管它们通常栖息在靠近冰或陆地的地方。食肉动物目中主要的海洋成员是 33 种海豹、海狮和海象，它们被统称为鳍足动物（pinniped）。鳍足动物可以利用深海，但它们依赖陆地或冰面来繁殖，因此在远离陆地或南北极的地方鲜有存在。尽管如此，在一些海域中——尤其是较冷的那些海域中，鳍足动物是非常重要的。它们体型庞大，有些重达几吨，而且数量可以达到数百万只。

鳍足动物进入海洋的时间比其他两种主要海洋哺乳动物（海牛目和鲸类）要晚得多。大约 2300 万年前，它们从熊类祖先演化而来。鳍足动物保留了其他海洋哺乳动物已经失去的陆地特征，例如在水外分娩、身上有毛，有后肢，有相当整齐的哺乳动物的牙齿，而且鼻孔还保留在吻部，不像鲸鱼一样鼻孔移到了头顶。它们只是处在向真正海洋哺乳动物演化的途中吗？再过几百万年，今天的海豹的后代会更像鲸鱼吗？或者它们已经在演化中找到了自己的半水栖生态位，让自己也能从陆地上获得一些好处？它们在很少或根本没有天敌的栖息地繁殖出行动能力非常有限的幼崽，但它们很好地利用了海洋的丰富资源。演化一般趋向于特化——至少在诸如是陆生还是水生的一些重大问题上是如此，因此，尽管与海龟和海鸟有共同的生活方式，鳍足类动物所具有的这种颇为成功的双重生活方式一直是个谜[4]。

与鳍足动物不同，海牛目动物一辈子生活在水里。这个古老的目是象类生物的后代，它们在海洋哺乳动物中是独一无二的，因为它们是食草动物，吃藻类和海草。现生海牛目共有 4 个种：大西洋和加勒比有 3 种海牛（manatee），印度洋和太平洋有一种儒艮（dugong）。这些海牛目的动物大约 3 米长，身体壮实，最重可达 1500 公斤，它们的身体长成这样并非为了快速移动，而是为了高效地食用海草。在古代，长期缺乏女性陪伴的海员们将它们认作美人鱼，尽管它们壮实而平凡的体格与迪士尼《小美人鱼》中的爱丽儿公主相去甚远。曾经的第5个海牛物种——斯泰勒的海牛（Steller's sea cow）——要大得多，有的长达8米，但并没有长得更漂亮。这种海牛曾经生活在北太平洋北部，吃海藻为生。1768年，人类使这种海牛彻底灭绝了。

第四类海洋哺乳动物，鲸类动物（鲸鱼、海豚和鼠海豚）完全是海洋生物。与鳍足动物不同的是，它们几乎从不离开水到陆地或冰上去，除非海豚或虎鲸短暂地冲上海滩去捕捉海豹或逮住被它们驱赶上岸的鱼；它们如果暴露在水外，通常会搁浅死亡。与海牛这种食草动物不同的是，鲸类动物的生活范围并不限于沿岸的浅海水域。鲸类动物是鲸偶蹄目动物的一员，偶蹄目中也包括鹿、猪、骆驼和牛。与它们最接近的"陆生"亲戚很可能是河马。鲸类化石中所记载下的丰富的过渡形态使其在宏观和微观两种意义上都成了一个演化的原型范例。如果你有神创论的朋友（或者你自己也是一个！），那么好好留意记下来吧[5]。5000万年前，鲸类动物开始了它们的海洋之旅，潜入了温暖的特提斯海（Tethys sea，大致位于今天的中东）。它们的四肢变成了蹼状，接下来，为了适应海洋生活，身体的其他部位也有改变。和鳍足动物一样，它们的身体是高度流线型的，柔韧度也很强，这让它们可以游得很快。像海牛目一样，鲸类动物失去了后肢和几乎所有的毛发。它们的尾巴变成了能有效推进身体的尾鳍，前肢则僵硬化、变成了舵一般的胸鳍，鼻孔也移到了头顶，这样，在快速游泳时，就可以更轻松地呼吸。由此，它们变成了远海中光滑、流线型的捕食者，除了尾鳍呈水平状之外，表面上看，与大型鱼类很相似。

进入特提斯海以后，这些偶蹄目动物向外扩散，变成各种奇怪的形式——原鲸目动物、基龙、多龙和其他——以各种各样的方式在海洋中生存[6]。这些古鲸亚目大多数都灭绝了，但其中有一些留存了下来。它们随后继续扩散、变化，现存的鲸类成了哺乳动物中一个极其多样化的群体（见图3.1）。它们在体型上大小各异，从1.4米长的

　　鲸鱼海豚有文化：探索海洋哺乳动物的社会与行为

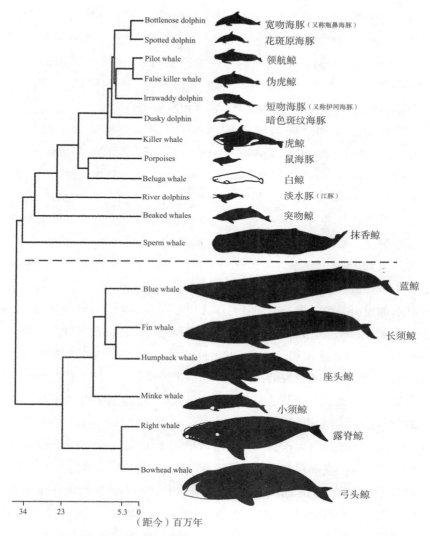

图 3.1　鲸类（即鲸鱼和海豚）的演化关系和多样性。这张图展示了现存约 87 个鲸类物种当中的 18 个种（或种群），也是我们在这本书中主要讨论的种。虚线将齿鲸亚目（或简称齿鲸，见图的上半部分）与须鲸亚目（或简称须鲸，见图的下半部分）分开［图中的种系发生史来自麦高恩（McGowen）、斯波尔丁（Spaulding）和盖西（Gatesy），2009］。埃迈谢·卡扎尔（Emese Kazár）拥有该图版权

赫克托海豚，到 32 米长的蓝鲸。鲸类已经进驻了几乎所有的海洋栖息地，除了最深的海底。独角鲸（narwhal）、白鲸（beluga）和弓头鲸（bowhead whale）在北极的冰层之间游动，座头海豚（humpback dolphin）则生活在南部红海中，那里有地球上最热最咸的海水。江豚分布在内陆如尼泊尔和玻利维亚，离大海有数千公里远。

在鲸类动物之间的所有反差当中，最本质的要数齿鲸与须鲸之间的区分。齿鲸（toothed whale），专家们称之为齿鲸亚目（odontocetes），包括约 73 种鼠海豚、海豚和鲸鱼，其中规模最大的是抹香鲸（sperm whale）[7]。须鲸（baleen whale）只有 14 种左右，其正式名称是须鲸亚目（mysticetes）。须鲸通常体型更大，其中最小的成年物种是 6 米长的小露脊鲸（pygmy right whale）。

大约 3500 万年前，齿鲸亚目－须鲸亚目分裂成两个种群。虽然它们都是流线型的身体、基本无毛，有位于头顶的气孔，有尾鳍和鳍状肢而没有后肢，但是它们各自演化出适应水生生活的独特功能。对于齿鲸亚目来说，其关键属性是回声定位系统，这种系统也是一种声呐[8]。齿鲸像许多蝙蝠一样会发出嘀嗒声（clicks），利用收到的回声感知自己的世界。抹香鲸的回声定位嘀嗒声非常强大，可以让它们在更大范围内（比视觉或其他感官在水下所能掌控的范围都要大）探察猎物和其他物体[9]。声呐也可以非常精确。海豚和鼠海豚具有更高频率的回声定位系统，可以建立对其周围环境的详细图景。声呐使用者可以感觉到海洋的底部和侧面——即岛屿、海山和海岸，并且感知到彼此，获取潜在猎物、社会伙伴和竞争对手的形状和内部结构的详细图景（就如人类怀孕时做的超声波扫描一样，超声波也是一种声呐）。声呐也能提醒它们注意捕食者的存在，不过齿鲸的声呐主要用于寻找食物。

表面上看，须鲸的主要适应方式和齿鲸非常不同，但二者有着相同的结果：更好地觅食。须鲸亚目的嘴发生了变化，牙齿脱落，发展出了从上颚两侧成排悬挂的纤维状鲸须板[10]。鲸须板可以很短——在灰鲸身上可以短至 0.5 米；也可以很长——在弓头鲸身上可以长达 4

米，但它们的基本功能是一样的。在嘴巴内部，它们是分离的纤维，而不同鲸须板上的纤维共同形成一个网，让鲸须的排列有点像一把上面黏满头发的梳子[11]。须鲸用这些"梳子"从水中过滤出食物。须鲸亚目一般有两种方法来使用它们的"鲸须过滤器"。撇渣派[包括弓头鲸、塞鲸（sei whale）和露脊鲸（right whale）]一边游泳，一边嘴巴微张，水通过前部的鲸须间隙进入嘴里，并通过鲸须排出嘴外。食物被拦在了鲸须内部，它们的舌头时不时会把这些食物铲入喉咙。吞咽派则包括蓝鲸（blue whale）、长须鲸（fin whale）、座头鲸（humpback whale）和小鳁鲸（minke whale），它们将下颌大张，把整个一群猎物，或者一大部分的猎物群都吞没入口，然后用舌头把水从鲸须里挤出来，而鲸须过滤器则把食物留在了嘴里。利用这两种机制，须鲸们能在短时间内从水中滤出成群的大量海洋动物。这样的巨口进食才能支撑须鲸那前无古人的庞大身躯，让它们在短短数月之内就获得一年所需的营养。

高度发达的觅食结构（齿鲸的回声定位系统和须鲸的鲸须系统）让鲸类动物如此特殊，也使它们能变得体型庞大。但这些非凡的动物还有很多其他的神奇之处。它们是许多海洋生态系统中的主要参与者，具有复杂的社会性、先进的认知能力，拥有地球上最大的脑。

哺乳动物：占统治地位的陆地动物

人类是哺乳动物，通过驯养其他动物，为自己提供食物、衣服，也为自己提供交通工具或运输产品，我们驯养其他动物，保护自身或自己的财产，甚至也可以让其他动物分享我们的家。我们养的动物大部分也是哺乳动物。人类所驯养的最有代表性动物包括但不限于狗、猫、奶牛、猪、绵羊、山羊、骆驼和马。我们在野外捕猎的大多数动物也是哺乳动物，我们最讨厌的一些"害人精"（比如浣熊或老鼠），以及发现的最有趣的野生物种（比如黑猩猩和大象）同样是哺乳动物。

人类默认的所谓"动物"就是哺乳动物。但哺乳动物真的是很奇怪的动物，它们与地球上或海洋里的大多数其他生物有着很大的不同。

大约 4 亿年前，在泥盆纪时期，一些鱼类（现代腔棘鱼和肺鱼的近亲）开始发展出使它们能够离开水转而利用陆地资源的特征（图3.2）。它们的胸鳍和腹鳍演变成腿，它们成为四足动物（tetrapods，字面意思就是"四条腿"），通过呼吸，从空气中获取氧气，而不是用鳃从水中获取氧气。这些早期的四足动物是两栖动物，它们仍然需要水作为产卵（没有外壳的卵）的媒介。大约 6000 万年后，一个重要的演化发展出现在其中一群四足动物身上。这些像蜥蜴一样的小动物（我们现在称之为羊膜动物）产下了带壳的卵。这些卵可以在陆地上存活，这使得羊膜动物可以走向更干燥的地区。

大约 2500 万年后，或者说大约 3.15 亿年前，羊膜动物内部发生了深刻的演化分裂。蜥形动物（sauropsids）后来演化出所有现存爬行动物，以及鸟类和恐龙，而下孔类动物（synapsids）则演化出了哺乳动物。最初的下孔类动物非常像爬行动物，但哺乳动物的特征逐渐演变了出来。它们的后代［即兽孔类动物（therapsids）］发展出了高效的下颌和特殊的牙齿，有了能稳定身体内部温度的能力，也长出毛发，能够快速直立行走，并且开始哺乳[12]。这些演变和其他的适应性变化使得兽孔类动物及其后代（约 2 亿年前出现的哺乳动物）进入了新的生态位。它们可以跑得很快，可以生活在寒冷的地方，可以悉心照顾少量子女，而不是在繁殖方面以量取胜、把希望寄托在许多卵中少数几个能活下来的后代。

大约 1.65 亿年前，哺乳动物内部就发生了一次重大的分裂。其中一个分支演化成单孔类动物，那是一种会产卵且可能有毒的奇怪哺乳动物。如今，单孔类动物所剩无几，其中扁喙的鸭嘴兽最为著名。另一个分支则演化出胎盘和胎产。这一脉有胎盘的哺乳动物在 1.48 亿年前再次分裂，产生有袋类哺乳动物和兽类哺乳动物。有袋类动物（袋鼠及其亲戚）的宝宝出生时很小，要在妈妈的育儿袋里生活很长一段

鲸鱼海豚有文化：探索海洋哺乳动物的社会与行为

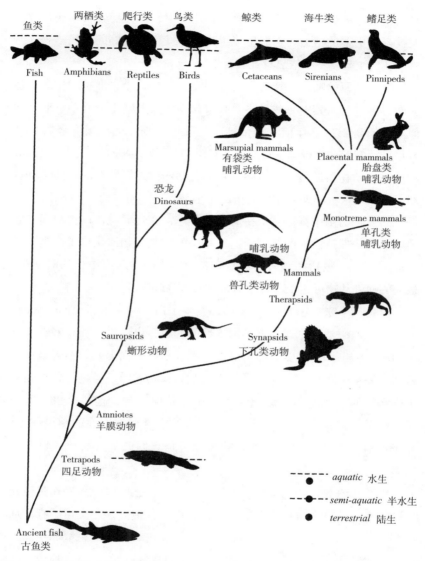

图 3.2 海洋哺乳动物的演化，图中展示了水生、半水生和大部分陆生物种的种群。埃·卡扎尔拥有该图版权

时间，通过吸吮母乳存活并发育。相比之下，兽类哺乳动物在怀孕方面投入了更多的精力。它们生下了更大、发育得更好的后代——这些后代从出生起就不必依靠育儿袋存活。

早期的原始哺乳动物兽孔类发展良好，在大小、形状和生态角色上变得多样化，其中一些最终看起来与现代大型陆生哺乳动物非常相似。它们是 2.75 亿年前占统治地位的陆地动物。但在接下来的 5000 万年里，蜥形动物行列中更具有爬行动物外形的物种——尤其是恐龙，让兽孔类动物黯然失色。最终，除哺乳动物以外，所有的兽孔类动物都灭绝了。这些早期的哺乳动物都是小型生物，而它们在接下来的 1.4 亿年的演化历史中都一直保持着这种状态：在恐龙统治的世界里，它们显然无法保持巨大的体型。这些小小的哺乳动物演化出了许多非常有用的特性，包括高频听力和特殊的牙齿[13]。在这段漫长的时间里，最大的哺乳动物可达 15 公斤左右，而大多数都小得多。

但是接下来，在 6500 万年前，发生了白垩纪–第三纪的大灭绝。人们一直在激烈争论这场灾难性事件的起因，也许是一颗或多颗小行星的撞击，也许是许多火山的爆发，也许是海平面上升。不管是什么原因，许多生命形式都受到了严重影响：植物、浮游生物、鱼类丧失了许多物种，生物量（biomass）减少。其他生物，包括昆虫、龟和蛇，则存活得很好。白垩纪–第三纪灭绝事件最戏剧性的结果在于，几乎所有恐龙都灭绝了。唯一的幸存者是它们的禽类后代，也就是鸟类。

没有了恐龙，哺乳动物就开始繁荣起来。它们回归到兽孔类祖先一度拥有过的巨大身体尺寸的生态位，以及其他许多生态位。它们从那些在恐龙面前匆忙跑开的小动物，发展成进入各类栖息地和生态位的，有时甚至是体型巨大的动物。有庞大的食草动物，也有顶级的捕食性动物。最大的陆地哺乳动物重约 17 吨，出现于大约 3200 万年前，与那些在演化历史上大部分时间都被恐龙压制的哺乳动物曾经小小的模样大不相同[14]。

今天，陆地哺乳动物生活在地表、地下、森林冠层、空中，还有湖泊和河流当中。在雨林、沙漠和山顶上都能找到它们，它们在北极冰层上逛荡，甚至成功进入太空。它们吃植物、昆虫和几乎所有其他形式的生物，包括其他哺乳动物。它们通过捕食、放牧、挖洞和踩踏改变了土地及其生态系统的基本性质。陆地哺乳动物可能是控制生态系统的"基石物种"——比如大象；或者生态系统工程师——比如海狸。早在人类之前，哺乳动物就统治了大部分土地。它们之所以能做到这一点，是因为它们在解剖和生理方面的适应性。和其他陆地脊椎动物一样，它们呼吸空气并拥有脊骨，但它们也是有毛发的温血动物，它们是胎生的，用母乳哺育幼崽，长着强有力的下颌。此外，哺乳动物还具有所谓的二阶特征：可以通过改变而适应，还可以投机取巧，它们具备高度社会性，有很高的智慧。

在所有被哺乳动物占据的栖息地中，没有一个像海洋那样极端。对于非常具有陆地导向性的动物来说，在海洋中取得成功是一个巨大的挑战。哺乳动物做到了。

海　洋

海洋覆盖了地球的大部分区域，为许多生物提供了赖以生存的家园，是地球生物圈的主要驱动力。生命从海洋中演化而来，并在那里继续演变。海洋是非常重要的地方，对它自己的居民来说，则真的是性命攸关的地方，而对陆地生物来说也是如此。

海洋最基本的特征是水。尽管水在化学上很简单（每个氧原子带两个氢原子），然而水有着不同寻常的重要特性。这些特性对海洋孕育可能的生命而言至关重要，并为海洋和海洋以外的生命的存在方式提供了一个机制。

水是稠密的，密度大约是空气的 840 倍——几乎和大多数生命形式一样稠密，因为这些生命主要就是由水构成。这意味着海洋生物不和地心引力做斗争，也不拥有任何我们在陆地上需要的结构以对抗地心引力。海洋里没有"树干"，最接近的类似物可能是海藻的叶柄，这让海藻可以形成"森林"。但是这些叶柄并不是将海藻托起来——它们只是为了把海藻固定在适当的位置，在枯潮时期海藻就会塌陷下去。同样地，海洋动物可以拥有灵活的骨骼或根本没有骨骼。这使得长得巨大这件事变得容易得多。海洋的密度所带来的最主要问题在于深度，在海洋的深处所有这些海水的重量会铺天盖地压下来，产生极其巨大的压强。

与密度相关的是黏稠度，或者说基本上是摩擦力。在空气中移动要比在水中移动容易大约 60 倍。这种摩擦力的重要性取决于某样东西的体积及其移动速度。这对小个子的生物来说意义要更大。因此，尽管虎鲸的巡游速度大约为每小时 10 公里，但体重约为 0.2 克的磷虾的巡游速度只能达到每小时 0.2 公里[15]。因此，在黏稠的海洋中，小个头的动物移动缓慢，这就让大个头的动物占了很大优势。那里没有飞窜来飞窜去的海洋昆虫。而一些中等大小的动物，比如飞鱼和跳跃的海豚，会在它们想要快速移动时离开水面。

水是所有常见液体中比热容[①]最大的。这就是为什么我们通常用它来冷却我们的汽车引擎，以及把它用在自家房屋的暖气里。这就是为什么在冰天雪地的日子里洗个热水澡是如此美妙，而掉进冰河里又是如此痛苦。在水中保持体温是一项艰苦的工作，特别是当身体和水的温度相差很大时。由于温度和热量是在整个身体里产生的，却通过身体表面耗散和获取，小个头的动物——一般每单位体积所拥有的表面积会更大——比大个动物要遭受更多的热量损失。唯一试图保持特定体温的海洋动物是某些较大的鱼类，如旗鱼，而海洋哺乳动物则无一例外，个头都不小。

---

① 此处原文是 heat capacity，热容；然而水应该是比热容（specific heat capacity）最大，有时候也简称比热，故推测为作者笔误。——译者注

水比任何其他常见液体都能更好地溶解其他物质。这让它可以作为动物体内运用激素来进行化学交流的媒介。海水中有各种各样的溶解物质，当然也包括盐。其中许多物质对海洋生命很重要，但没有一种物质具有氧气那种重要性——所有动物都需要氧气来为它们的身体供能。海水在表面的含氧量约为 0.5%—0.9%。大多数海洋动物用鳃把氧气纳入体内。较少的一些动物——包括海洋哺乳动物——则来到水面呼吸空气。到水面来可能需要花费时间、精力，或者容易受到捕食者的攻击，但这也有好处，主要是因为空气中含有 21% 的氧气。

海洋中很少有动物只是守株待兔，等待着好东西（比如食物或配偶）或是危险之物（比如捕食者）来到它们身边来。它们感知自己所处的环境并改变自己的生理或行为，而且彼此交流。动物们可以通过各种渠道感知和交流，主要是我们所说的五种感官：触觉、味觉、嗅觉、听觉和视觉。从空气中移动到水中改变了每个感官的相对优势。化学信号在水下不像在空气中那样广泛或可预测地散布开来，因此味道和气味对海洋动物的价值就降低了。一些企鹅似乎能够嗅到食物高产的区域，并从远处向它游过去，但是很显然，它们是通过所呼吸的空气闻到的，而不是通过它们游过的水而尝出来的，即使它们所追寻的高产区域是在水中 [16]。由于光被水吸收，海洋动物的视力也退化了。在海中几百米的深处几乎没有光。即使是在中午，即使是就在海面之下一点点，也很少能看超过 20 米远，这比一条蓝鲸的长度还要短。

在水下反而运行得更好的一种感官是听觉。它在水中的传播速度大约是空气中的 4 倍。更重要的是，与光相反，水对声音的衰减比空气要小。虽然有一些陆地哺乳动物的声音可以传播超过数公里——狮子的咆哮、大象的低吼，以及狼的嚎叫——但是大多数陆地哺乳动物发出的大部分声音在短得多的距离内就消散了。相比之下，海洋哺乳动物的许多水下声音可以在 1 公里以外的安静环境中听到，有些声音则传播得更远 [17]。因此，声音基本上是海洋中感知和交流的最佳方式，尤其是对几米以上的范围 [18]。这一简单事实深刻地影响了鲸鱼和海豚的演化。

对动物来说，陆地和海洋作为其栖息地的最明显区别在于它们的物理结构。地球的表面是坚硬的，遍布着丘陵、山谷、岩石和树木。一切都相当永久。它们一起形成了一道在坚固的基底和空气之间的边界。大多数陆地动物都是在这个二维的表面上过自己的生活。有的飞起来一些，还有的挖下去一些，但这些动作大部分都是在二维里面的。相比之下，海洋是三维的，而且在其底部之上几乎没有任何坚固的特征。甚至在海洋和空气之间的边界也经常处于运动之中。与深海相比，沿海水域是有着较多的固体结构、流动性较低、三维度也较低的中间水域，但其永久性仍然远不如陆地。

不同生命形式之间的关系取决于它们所生活的栖息地。一个流动的、三维的栖息地扼杀了所谓的控制。许多陆地哺乳动物有效地维持着它们的专属领地，此领地除了仍未独立的后代和间或出现的配偶，不允许同物种的其他成员进入。在海洋里，没有边界可以做标记，而且就算有，这些边界也会是巨大的。想一想巡视一个圆圈和巡视一整个碗状表面之间的区别。没有一种远海的动物去守护从地理上划定的领地。即使是去守护一些物体——例如鱼群或潜在的配偶——这在三维空间中通常也是相当困难的。这意味着，在海洋里的竞争通常是一场争抢——比的是谁在单位时间里能得到最多——而不是一场最终只有一名参赛者获得全部战利品的竞赛。在争抢比赛中，其重点从竞争对手自身转向了资源本身。可以料想到，在流动的三维海洋中，同一物种的成员之间的对立情绪会更少。

海洋的第三维度与其他两个维度的工作方式截然不同。在海面上通常要向北、南、东或西行进很长一段距离才会遇到一些以可预测的方式发生的变化，然而从水面只是下潜几十米，就会经过一系列对生命有着强烈影响的深度等级：压力增加、温度通常会下降——特别是当一个生物穿过温跃层（thermocline）时，这个温跃层可以在 50 米到几百米之间的任意位置。向海的更深处看去，光照水平下降，导致在深度超过几百米的地方没有光合作用，而且除了少数例外，也没有初级生产力[19]。黑暗海洋中的生命在很大程度上依赖于从水面那里下来的东西。几百米的深度同时也是氧气最低的层段，那里的溶解氧非常缺乏，以至于有鳃的动物——也是大多数海洋动物——陷入了困境。有些动物，像是吸血鬼乌贼，则已经演化出了生理机能来应对低氧水平，但所有生物都必须节约地去使用能源。

这些结构上的对比是陆地和海洋栖息地之间最基本、最明显的差异。其他的差异没有这么明显，但也很强烈。任何生物所处的环境都是以各种尺度在空间和时间上进行变化的。一只鹿可以移动几米，比如就可以挪到一棵树的阴影下面：在那里光照水平和温度可能都有所下降，湿度可能上升。如果它跋涉了几公里，遇到的变化可能会更大一些，但也可能不会太大。随着事件以分钟和小时这样的尺度推移，所遇变化的量可能是差不多的。事实上，一旦考虑到昼夜和季节等规律性的周期，陆地上的环境变化量在时间和空间的广泛范围内是非常相似的。这种模式——即在一系列尺度上的变异性是相似的——有时被称为白噪音，因为白颜色是等量的短波和长波电磁辐射的混合物。在海洋中，环境在小时和米这样的时空尺度上变化不大，但如果你等上几周或移动几百公里，情况可能会大不相同。在这里，较低的频率和较长的波长占据主导地位——正如红光本身那样，因此海洋也被称为有一个"更红"的结构[20]。这种基本的差别在食物链一路从下到上的各个层面上都产生了影响。在陆地上，资源往往在空间和时间上分布得相当均匀。在海洋中，尤其是深海中，它的繁荣和萧条则要多得多[21]。我们的航行有时好几天里几乎看不到任何海洋生物的踪迹，但随后就撞进了一片充满了潜入水中的鸟、跳跃的鱼和海豚的海域。就物理结构而言，沿岸浅海水域的变化模式往往介于陆地和深海之间。用颜色来做比喻的话，我们可以认为它们有些粉红色。

因此，海洋动物不得不去适应一个流动的、高度可变的、三维的世界：在这个世界里，重力被水的密度所抵消，压力随着深度的增加而迅速累积，所有的东西都在不断移动，热量很难保存，并且声音的传播要比光的传播好得多。在一个水的世界里体型变大有很多方面的优势：运动速度更快且更容易，能保留热量，潜在的捕食者更少，以及在每顿海洋饕餮之间的贫瘠时期里储存更多能量。在陆地上体型很大的一个主要缺点——对抗过多重力——在这里不复存在。因此，与陆地生态系统相比，大型动物在海洋生物总量中所占的比例大得多[22]。这些大型生物不仅构成海洋生物群系（biome）的很大一部分，而且常常支撑起这些海洋生物群系[23]。体型较大的海洋生物中许多都是哺乳动物。在我们考虑为什么海洋哺乳动物在海洋中如此成功之前，我们将从一个更基本的问题入手。它们最初在陆地上演化，又是怎样在截然不同的海洋世界中生存下来的呢？

哺乳动物如何在海洋中生存？

这看起来挺可惜的。花费数百万年演化，从两栖动物、羊膜动物、下孔类动物、兽孔类动物直至哺乳动物而形成的一系列非凡特征使得它们在陆地上如此有效，但是对海洋哺乳动物这一脉来说却得抛弃掉这里面的许多适应性改变重新来过。其中鲸类动物的损失最为严重，海牛类的损失居中，而鳍足动物的损失仅为一部分。哺乳动物已经发展出构造复杂的四肢，这让一些物种可以跑得很快，让另一些物种可以挖掘，还让一些物种可以在树上荡来荡去，甚至可以飞翔。而在鲸类中，后肢完全消失，前肢变成了僵硬的像桨一般的鳍状肢[24]。它们的嗅觉、外耳、外睾丸和几乎所有的毛发都消失了。哺乳动物中各种各样的牙齿"工具包"——可以撕开、研磨、刺穿——在鲸类中则退化成一排排几乎相同的锥形牙齿，而某些鲸类甚至根本没有牙齿。

以上这些损失中有的使这些动物变得更具流线型，而这是在黏性大得多的海洋中的一大好处。其他在海洋中几乎没有用处的属性，比如外耳，就干脆消失了。也有一些调整是为了适应黏性流体环境而改变的。鲸类和海牛类把它们的尾巴变成了能有效推进的尾鳍，因此它们行进时看起来很像大鱼，但是它们和大鱼之间的重要区别是它们的尾巴是上下摆动，而不是左右摆动的。它们基本没有毛发的皮肤的上皮细胞则以惊人的速度脱落，起到了"防污"的作用，可以抑制藤壶一样的海洋无脊椎动物在它们身上寄居。

尽管有这些改变，海洋哺乳动物仍然保留了一些陆地哺乳动物的特征，这些特征乍一想可能会被认为是海洋环境中的不利因素：其中最明显的是维持体温和呼吸空气。

为了维持体温，海洋哺乳动物要保持较大的体型，成年个体至少要有 30 公斤重，并且形成隔热的脂肪层[25]。这种脂肪层还有一个额外的好处，那就是能够储存能量，这样动物就可以在食物很少或几乎没有的情况下生存较长时间。热平衡问题对于体型比父母小得多的新生幼崽来说尤其严重，而对于鲸类来说则更糟糕，因为鲸类动物不像鳍足动物那样，它们是在海洋中分娩的。所有的海洋哺乳动物每次只生下一个相对较大的后代。在较小的鲸类动物中，新生幼崽的体重可达到其母亲体重的 20%。然而这是极端情况。很少有大型陆地哺乳动物生下的幼崽可以达到甚至超过母体重量的 15%[26]。初生的海洋哺乳动物幼崽的最小体型差不多是长 0.6 米、重 5 公斤左右[27]。

即使是有较大的体型和良好的隔热，维持较高体温依然消耗能量。鸟类或哺乳动物即使在休息中，其燃烧的能量仍是同类大小的蜥蜴或冷血鱼类的 5 到 10 倍[28]。海洋哺乳动物使用——因此也需要——很多的能量。它们已经发展了一系列觅食方法，以此帮助它们获得那些能量。对于鲸类来说，有两种主要的适应方式。正如我们在本章开头所描述的，齿鲸亚目发展了回声定位系统，而须鲸亚目则是过滤进食。

呼吸空气意味着定期浮出水面。水面可能离食物所在地很远，比如对于象海豹和抹香鲸，它们可以在水面以下超过 1 公里的地方觅食。离水面这么远的地方也是一个潜在的危险之处。水面捕食者——要么是呼吸空气的其他海洋哺乳动物（比如虎鲸），要么是利用水中高浓度溶解氧的比如鲨鱼——可以很容易地获得氧气，因此水面捕食者可以能量充沛、行动迅速。

海洋哺乳动物通过适应性来尽量减少呼吸空气带来的不利因素。生理上的改变让它们能更有效地利用氧气，并且下潜时间也能更长[29]。它们的肌红蛋白（肌肉中保存氧气的蛋白）变得带有更多电荷，可以更好地保存氧气，这让它们的肌肉成为巨大的氧仓[30]。这些改变在下潜最深的生物中尤其不同寻常，比如柯氏喙鲸（Cuvier's beaked whales）的两次呼吸可以间隔一个多小时[31]。还有其他的适应方法可以将呼吸空气的不利因素降到最低。例如，鲸类的呼吸孔移到头的顶部，因此鲸鱼和海豚在快速游动时依旧可以轻松呼吸。

但海洋哺乳动物仍然必须到危险的海面水域来呼吸。陆地哺乳动物利用树木和洞穴等结构来进行防护，有时还将其作为幼崽的安全窝。但是海洋里没有像这样的东西。就如那些没有巢穴也不能携带婴儿的陆地哺乳动物一样——比如马——鲸类动物产下早熟的后代，它们出生后能立即游泳，因此可以跟随它们的母亲穿梭于这流体的世界。对鲸类来说，在海洋中要想安全唯一可依靠的是其他鲸类。因此，鲸类变得非常社会化，比如，那些利用最开放和也许是最危险水域的鲸类展示出了最大的群体规模。用研究了海豚几十年的生物学家理查德·康纳（Richard Connor）的话说："也许没有其他哺乳动物群体是在这样一个全无庇护之地来免受捕食者侵害的环境中演化而来的。许多鲸类动物——特别是其中体型较小的远洋物种，它们除了彼此之外，没有什么可以让其藏身其后的。"[32]尽管其他一些陆地进化的动物部分地转回了海洋——比如海鸟、海龟和海蛇——但它们之中没有一种动物能像海洋哺乳动物，特别是鲸类那样完全做到这一点。而且，没有一个能像它们那样，因其自身的存在而成功地改变海洋生态系统[33]。

哺乳动物给海洋所带来的

海洋哺乳动物给海洋生态系统带来了一系列非同寻常的、有时甚至是独特的属性——这些属性在陆地上是有意义的，但在海洋中演化出来，可能是因为它们在半成形或未与其他特征结合时反而是妨碍。呼吸空气对海洋动物来说可能是一个不利因素——想想所有那些前往危险海面的"往返旅程"——但这是有很大补偿的。无论氧气是从水里还是从空气中而来，它都必须通过一些孔或膜而进入身体。由于身体所需的空气量与动物所使用的代谢能量成正比，而且代谢率随着体表面积增大而上升得更快，这意味着在较大的动物中，呼吸孔或鳃的尺寸要相对更大一些。尽管蓝鲸的呼吸孔巨大——一个人可以从一个气孔中滑下去，但它们仍然只是鲸鱼体表面积的一小部分。相比之下，大型鱼类的鳃，就像鲸鲨，则占据了它身体的很大一部分。因此，呼吸空气的动物在它们变大时受到的约束更少一些。鲸鱼就可以长得非常大。呼吸空气的效率使哺乳动物比乌贼或鱼更容易保持快速的新陈代谢和高体温。尤其在海洋中等深度的低氧海域更是如此：在那里它们比使用鳃呼吸的猎物、竞争对手和潜在捕食者有着更大的优势。通过像水肺潜水员一样随身携带氧气，它们实际上为自己在深海创造了一个专属的富氧生态位。其他要靠自己周围的水来维系氧气供应的物种根本一点儿机会也没有。海洋哺乳动物像是从氪星（planet Krypton）降临到它们中间，就像超人一样[1]。

陆生脊椎动物演化出一套完整的结构来让它们呼吸空气：鼻子、鼻腔以及肺。它们利用这些结构的适应性发出自己的声音，从人类的言语到鸟鸣，再到蝙蝠的回声定位。海洋哺乳动物则把这些气道带到了大海中，结果发现，它们在发出声音方面甚至更加有效。空气和水的密度非常不一样，这意味着在传播介质之间的膜的振动在水中传播

---

[1] 《超人》系列漫画中，超人是在氪星出生，在地球成长的。——译者注

得格外地好。因此，海洋哺乳动物擅长于在声音传播又快又远的环境中发出声音。

海牛挺会发声的，还有一些海豹也是，但还是鲸类在发声这条路上走得最远[34]。鼠海豚的嘀嗒回声定位、座头鲸的歌声、虎鲸的尖叫声、蓝鲸的轰鸣声和抹香鲸的嘀嗒声是在它们所处频率范围内最响的动物之声，并且几乎是海洋生态中一个近乎无所不在的组成部分。在世界的某些地方，每当我们从船上放下一只水听器时，我们总是会听到鲸类的声音。鲸鱼和海豚以及一部分较小的鳍足类，利用它们的听觉来描绘它们所处的环境和社交世界[35]。正如我们已经注意到的，齿鲸（包括海豚和鼠海豚）会发出声音并通过反弹的回响了解潜在的猎物、社交伙伴、捕食者和海洋地理结构。这些生物声呐给予这些动物一张关于它们周围环境的详细图景，因此让它们在海洋中具有了更加积极得多的先发制人的角色，尤其是相比于只能感觉到（而且往往是很不充分地）周身紧邻环境的大多数其他海洋动物。

鲸类能够发出这样的声音，是因为呼吸空气的海洋哺乳动物将气道带入了大海。使用这些气道发出声音的方式多种多样，其中有一些我们现在还未完全了解[36]。它们的陆生祖先的发声器官，即喉部，是为发出更大、更复杂的声音演变而来的。例如，海豚有两个鼻腔和两套发声器官，可以同时发出两种不同的声音。水下声音的重要性赋予了自然选择相当大的力量来塑造鲸鱼的发声部件。其他的发声结构也出现了，比如海豚发出嘀嗒声的"猴唇"（museau du singe，法语，字面意思就是"猴子的口鼻"），最终形成了动物界最奇怪、当然也是最大的发声设备之一——抹香鲸的鼻子。抹香鲸的鼻子——正式名称是鲸脑蜡油器（spermaceti organ）——占其身体高达四分之一到三分之一的比例。它含有上等的蜡状油脂、被一块巨大的肌肉包围，并被多个经由环状的鼻腔相连接的气囊穿插标记。嘀嗒声是由猴唇产生，它就位于抹香鲸的头前，而不是像其他齿鲸和海豚那样在头的顶部。这些嘀嗒声是由鲸脑蜡油器中的油脂和气囊形成并聚焦的[37]。这直接产生出自然界最强大的声呐系统，这一系统使抹香鲸成为极其内行的捕食者[38]。鲸脑蜡油器是抹香鲸的本质和它所有其他属性的中心，也包括我们将要讨论的——它的文化。

海洋哺乳动物身上来自陆地的传承在它们呼吸空气，以及呼吸空气的后果——新陈代谢率、体型大小和发声这些方面的影响是显而易见的。海洋哺乳动物特别是鲸类还有一个特点是在海洋生物中很不同寻常的，即它们的大脑[39]，但这与它们呼吸空气之间没什么明显的关联①。如果我们跨物种来观察，就会发现脑部较大的动物通常认知能力更好[40]。这是有道理的；我们从电脑的设计中可以知道，更多的处理器通常意味着更强大的处理能力。此外，在整个动物王国中，较大的脑本质上更复杂，相对应的神经连接也更多[41]。然而，大一些的脑往往属于大一些的物种。目前对此看法有两种反应。第一种也是最主流的观点是，较大的动物只是**需要**大一些的脑来运行它们大一些的身体，所以当我们在比较不同物种的脑时，我们应该去比较脑重量与体重的比率，或者是比较"脑商指数"（encephalization quotient）——这个指数表示一个动物的脑与其他相同体型动物的脑相比是多大或多小[42]。人类有着所有物种之中最高的脑体比和脑商指数，从而使我们成为地球上最聪明的生物，这似乎是对的②。毕竟，其他物种显然并没有花费任何时间来思考这个问题。然而关于为什么脑的**相对**大小是认知能力的最好指标，除了认为大的动物需要大的脑这种大体感受之外，实际上很少有好的数据，也没有太多的理论支持。相反，有越来越多的证据表明，通过对脑结构的分析，以及用类似任务来测试不同脑大小的物种的试验来看，脑的绝对大小可能是更好的对认知能力的一般衡量标准[43]。

---

① 此处译者有不同看法，因为哺乳动物的脑耗能很高，脑越大，耗能越大，空气中的氧含量又是最高的，因此还是和呼吸空气有关。——译者注
② 译者对此有不同意见，啮齿类动物的脑与身体重量比是最高的，并不是人类。有文献支持。——译者注

正如我们说过的，较大的处理器通常提供更强的功能性。然而，我们也从电脑上可知，把同样的计算能力转化到更小的体积里实现是困难的，而且如果我们是在智能设备的零售端，也意味着价格会更昂贵。因此，我们可以把一个物种的脑的绝对大小看成可表明它普遍意义上的认知能力，而它的相对大小则是衡量演化过程将其变成这么大所耗费的努力。由此可见，更大的动物更容易变得更聪明，而且通常它们确实是这样。

人类的脑从绝对尺寸来说算是大的。但从相对尺寸来说，它更为非同寻常；我们投入了自己大量的精力来维持它，而人类女性要让那个大脑袋的婴儿通过骨盆分娩出来也并不那么容易。大个儿的脑似乎在人类的演化过程中对我们极其重要，并且值得付出相当大的代价来拥有它们。相比之下，一头大一些的鲸鱼可以拥有一个甚至更大的大脑，以及可能更强的认知能力，同时花费相对较少。鲸鱼的大脑虽然绝对体积很大，却只占鲸鱼能量需求的一小部分，而且鲸鱼并没有真正的骨盆让一个大脑袋的幼崽从中被推出来。

那么，不同物种的脑是如何在绝对大小和相对大小两个方面进行衡量的呢？在图 3.3 中，我们展示了哺乳动物和鱼类中一些体型较大物种的脑重和体重。在脑的相对大小方面，人类处于首位，领先相当多；从脑占身体比例这方面，人类的大脑是第二名宽吻海豚的两倍多，而绝对值最大的鲸类和大象的脑相对于其巨大的身体来说都很小。海豹和海狮的脑的相对大小与同体型的大型陆地哺乳动物相似，但还是比海豚小得多。鱼类以及鱿鱼和章鱼的脑都较小，尽管鲨鱼和鱿鱼的脑都比大多数同体型的鱼类更大[44]。从绝对值来看，情况有变化，鲸类有最大的脑，然后是大象，二者位居前列。抹香鲸有着地球上最大的脑，是人脑的 6 倍。

观察一下图 3.3 中这些大型动物的脑的大小，我们会发现有数个显著的模式。首先是哺乳动物有最大的脑，无论是绝对大小还是相对大小[45]。但这会是因为要让血液保持在恒定温度就需要一个更大的

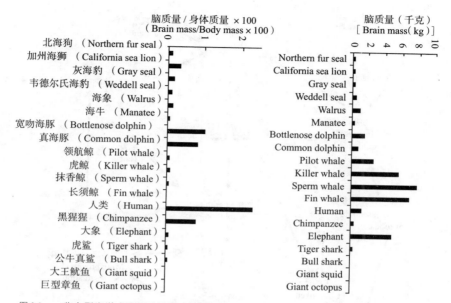

图 3.3　一些大型海洋式陆地动物的脑的相对和绝对大小。[参考文献：Douglas Hamilton 等人（2001）；Marino（1998）；Northcutt（1977）；Würsig（2008）；大王鱿鱼和巨型章鱼的数值是根据马特·沃尔德（Matt Wold）（2014 年 4 月 2 日个人联络）使用各种公开来源估算]

脑来掌控这套系统或掌控该系统的附属属性（比如满足更大的食欲）吗？还是因为稳定的体温有助于更大更复杂的脑的发育？好吧，或许两者都是对的，而且可能有更多的原因。这是复杂的：哺乳动物的适应性导致其他的哺乳动物适应性，并且还存在着反馈。图 3.4 显示了哺乳动物适应性之间联系的一个简化版本，由约翰·奥尔曼（John Allman）所描绘[46]。最中心的是体内稳态及对体温的维持，而它们直接和间接地导致了脑的发展。因此哺乳动物和鸟类这两类温血动物，无论是在相对角度还是绝对角度，都拥有地球上最大、最复杂的脑。正如我们将在第 10 章中看到的，文化给这个网络增加了额外的连接和反馈，可能会进一步增加脑的大小和复杂性。这或许可以解释第二种模式：与鳍足类和其他海洋哺乳动物相比，鲸类拥有相对较大的脑。

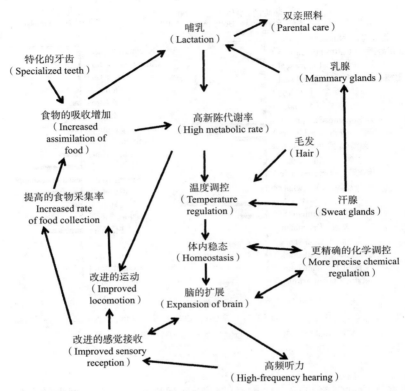

图 3.4　哺乳动物体内稳态（体温稳定）的作用［基于奥尔曼（Allman）2000，105］

图 3.3 中数据的第三个显著特征是人脑的大小。就我们的身体尺寸来说，我们有着巨大的脑。在过去的两百万年里，脑似乎在人类演化中起着非常重要的作用。我们为我们的认知设备付出了巨大的代价，特别是在能量成本和分娩困难等方面。这是文化导致的另一种后果吗[47]？

　　在繁殖方面，鲸类也是最不寻常的海洋动物。鲸类母亲每 1 到 5 年生下一个后代，而她的一些鱼类竞争对手则每年产卵数以百万计。因此，幼小的鲸类是非常珍贵的。然而，与鱼卵们注定几乎都要覆灭有所不同的是，这头单独的鲸鱼或海豚宝宝有着很高的存活率，因为

鲸鱼海豚有文化：探索海洋哺乳动物的社会与行为

它主要通过母乳来喂养，并且受到它的母亲，以及通常是它社会群体中的其他同类所保护。幼小的鲸类会成为它社群中社交网络的一部分，有时甚至是其核心部分，并通过不断暴露于其中而了解其运作方式[48]。哲学家托马斯·怀特（Thomas White）认为"海豚可能远比人类更需要这种关系网络"[49]。此类社交网络对于文化来说是理想的社会基础。在这段漫长而密集的抚育时期，幼小的鲸类会接触到关于它社群里的成员们去哪里、吃什么、如何狩猎以及它们如何管理它们的社会关系等信息。我们认为，它们由此接收到了它们的文化。

因此，尽管哺乳动物在进入海洋时背负了3.5亿年陆地进化的包袱，但它们也带来了一些有用的属性，而在海洋中度过了千年万年的动物却没有演化出这些属性。这些哺乳动物呼吸空气，因此可以变大并且在缺氧的水域快速移动。它们的气道非常适合发出响亮而复杂的声音，而且它们进入海洋时具有极好的听觉，因此它们可以很好地发挥利用海洋中声音的优势。它们带着相对较大的复杂的脑来到了海洋。在鲸类的例子中，这些脑无论是绝对大小还是相对于身体的占比都变得大得多。在妊娠和哺乳之中，雌性鲸类做好了充分的准备来为很少数量的后代提供很好的照料。对于让鲸类种群繁荣不息所需要的复杂社会，它们这种母亲–幼崽之间的纽带，最终将成为一个良好社会基础。

将文化带到海洋

正如我们将在第9章探讨的，文化在海洋这个栖息地中可能会极其有用。海洋的资源在空间和时间的尺度上变化巨大，以至于单凭一只动物很难搞清楚。因而其他同类所积累的知识可能就是一种极好的资源。但要充分利用这一知识库，一只动物需要具备几个属性：具有重要纽带的一种社会结构、一个稍长寿的生命，以及一套卓有成效的决策系统。虽然长寿的动物在海洋中并不常见（不过橙鲷或深海鲈鱼可以活上百年，还有其他一些鱼类和海龟或许也可以），但文化的其他重要必备条件则更为罕见。相当凑巧的是，哺乳动物的生理条件和生活方式提供了良好的文化基础，而海洋哺乳动物则将这些属性带到了海洋中。

文化需要的社群是知识能够通过社会关系而在其中流动的。至少有些鲸类有着复杂的社会结构，这建立在长期照顾幼崽的基础上。这种良好的双亲养育方式，或者更准确地说——母亲养育方式，本身就是哺乳动物妊娠和哺乳期的基本属性的一个结果，只是被海洋哺乳动物的"一次一个大个儿后代"的繁殖策略加强了[50]。这种一次一个的限制策略和那种一窝嗷嗷待哺的小小幼畜的繁殖相比——想想十几只小狗或者小猪——是被海洋里既没有庇护所又耗热的环境逼迫出来的。在鲸类以外的深海中，很少有生物拥有这种文化的社会基础。在远离陆地的地方，除了鲸类，几乎没有生物有来自双亲的照料。在深水中摄食的鳍足类和鸟类父母虽然会提供照料，但它们是在陆地或冰上抚养后代，并且这些幼畜或幼鸟通常很快就会离开父母，靠自己去面对海洋生活[51]。

鲸类也有庞大而复杂的脑，这是另一项来自哺乳动物的传承，这种脑可能有助于理解大量的社会性信息。正如我们将在第10章讨论的，这种脑甚至可能已经在某种程度上演化成就是为了有效地利用所有这些信息而存在的了。

鲸类在栖息地、体型、生活方式、社会系统和脑等各个方面都有很大的不同。面对这些多样性，我们所掌握的知识并不是均匀分布的。我们目前所知主要集中在4种最著名的鲸类，即座头鲸、虎鲸、抹香鲸和宽吻海豚中。在大多数人的心目中，这4种动物就是鲸类的代表；对一个人说"鲸鱼和海豚"，他或她脑海中浮现出的画面几乎肯定是这4种动物中的一种。它们也很好地代表了鲸类的多样性：它们有非常不同的体型、环境、社会生活以及文化。在接下来的3章中，我们将首先考虑须鲸类，其中大多数信息是关于座头鲸的；然后是海豚和鼠海豚，我们的信息在很大程度上将偏向宽吻海豚；最后是较大型的齿鲸类，特别是虎鲸和抹香鲸。对于每个鲸豚群体，我们都将描述它们各自的生活方式、它们社会结构以及文化的证据。

注释

1 关于托克劳（Tokelau）的捕鱼猪，参见 McLaren and Smith 1985。

2 人类几千年来已经对沿海生态系统产生了重大影响，通常是通过他们对海洋哺乳动物的捕猎（Jackson et al., 2001）。许多著作中都提到了人类目前对海洋产生的深远影响（Worm et al., 2005）。

3 食肉目（Carnivora）这个名字很让人迷惑，因为虽然大多数食肉目动物都是食肉的，但有些动物，比如大熊猫，不是食肉动物（译者注：大熊猫其实是食肉的，它们很少吃肉不是因为不吃，而是因为没什么机会吃到，可参见百度百科 https://baike.baidu.com/item/%E5%A4%A7%E7%86%8A%E7%8C%AB/34935?fr=aladdin#4_3），而且在食肉目之外还有许多食肉的哺乳动物。

4 海龟和海鸟都有着鳍足动物"陆上繁殖，海里摄食"的生活方式，而且都很成功。在它们最初 2300 万年的水生生活中，鲸类在适应海洋生存方面远远超过了鳍足类动物——事实上，在海洋中生活了 2300 万年后，许多鲸鱼与今天的鲸鱼并没有太大区别。这可能表明，鳍足类动物在两个世界之间找到了一个良好的生态位，而不是在向"完全的海洋哺乳动物"进行过渡。

5 关于对鲸类演化已知信息的概述，参见 Rice 2009 和 Uhen 2010。

6 Uhen 2010.

7 尽管鲸类是大型动物，但我们对其中许多动物知之甚少。在很大程度上，由于分子遗传学研究的结果，新物种的发现非常有规律（例如，Dalebout et al., 2002），而熟悉的物种，如宽吻海豚或虎鲸，可能很快就会分化或合并。因此，我们只能给出一个大致的物种数量。

8 参见 Au 1993。

9 关于抹香鲸回声定位嘀嗒声的威力，参见 Møhl et al., 2000。

10 关于鲸须的更多信息，参见 Rice, 2009。

11 感谢艾裴莉·纳森（April Nason）的这个比喻。

12 关于哺乳动物及其演化的详细概述，参见 Feldhamer et al., 2007。

13 参见 Allman, 2000, 99–101。

14 关于大型哺乳动物的演化，参见 Smith et al., 2010。

15 Huntley and Zhou 2004.

16 Culik 2001.

17 Tyack and Miller 2002.

18 电感应在水中也比在空气中工作得更好（在空气中几乎不起作用），但其最大范围只有几米。

19 例如，深海热泉周围的生态系统是基于化学合成而不是光合作用。

20 Steele 1985. 我们将在第 9 章更详细地讨论红色噪音。

21 Inchausti and Halley 2002.

22 Sheldon, Prakash and Sutcliffe 1972. 现代渔业技术已经改变了这一点，它优先移除了海洋中较大的生物，从而使海洋中动物体型的分布偏向于小型动物的陆地模式（例如，Levin, et al., 2006）。

23 例如 Estes et al., 1998; Myers et al., 2007; Worm and Myers 2003。

24 在鲸类骨骼中骨盆曾经所在的位置还保留着一些残存独立骨骼（这对于神创论者来说，只能用陆地移动方式的演化史或一个相当扭曲的"造物主"来解释）。

25 有些鳍足动物，而且尤其是海獭，用特殊的毛皮作为绝缘材料。然而，在其他方面，毛皮在水中是一个障碍。

26 蝙蝠在这方面最为引人注目，一些较小型物种的雌蝙蝠产下的幼崽有其自身体重的 1/4。

27 Whitehead and Mann 2000.

28 Allman 2000, 92.

29 Kooyman 1989.

[30] Mirceta et al., 2013.

[31] Schorr et al., 2014.

[32] Connor 2000, 218.

[33] Bowen 1997.

[34] 关于海牛和海豹发声的研究，参见 Nowacek et al., 2003; Schusterman, 1978，以及 Schusterman, Balliet and St. John 1970。

[35] 例如，弓头鲸似乎用它们的声音在浮冰中进行导航（George, et al., 1989）。

[36] See Tyack and Miller 2002.

[37] Cranford 1999; Møhl et al., 2000.

[38] Whitehead 2003a.

[39] 关于对海豚大脑所知之事的非常易读的介绍，参见 White 2007, 15–45 或者 Marino 2011。

[40] 相比之下，物种内部脑的大小的变化更多与体型有关，而不是与认知能力有关。

[41] Allman 2000, 160.

[42] 关于"脑商"（encephalization quotient），参见 Jerison 1973。

[43] Byrne 1999; Deaner et al., 2007; Marino 2006. 脑的绝对大小可能是一个更好的对认知能力的一般性衡量标准，因为任何相对的粗糙测量都可以与复杂的认知相关（Healy and Rowe 2007）。

[44] Northcutt 1977; Packard 1972.

[45] Allman 2000, 86, 鸟类是另一种温血动物，也有着相对较大的脑。

[46] Allman 2000, 105.

[47] Van Schaik 2006.

[48] 关于幼崽在抹香鲸社交网络中的中心地位的描述，参见 Gero, Engelhaupt and Whitehead, 2008 和 Gero, Gordon and Whitehead, 2013。海洋哺乳动物的另一个主要类群——鳍足类（海豹及其亲属）——在海洋中显得不那么具有社会性。它们通常被发现单独或短暂聚集于食物集中的地方。虽然鳍足类动物已经发展出了其他减少捕食者影响的方法，比如在深水中睡

觉（Le Boeuf, et al., 1986），但它们的死亡率明显高于社会性较强的鲸鱼和海豚：海豚和鼠海豚的寿命约为 13 至 85 岁，突吻鲸为 27 至 71 岁，抹香鲸为 65 岁，而须鲸为 41 至 95 岁，相比之下，鳍足类动物只有 14 到 46 岁（Whitehead and Mann, 2000）。这支持了关于鲸类社会是为了对抗捕食而发展起来的看法。但是，如果社会性是一种有效的生存策略，为什么鳍足动物在海上不群居呢？几乎所有的鳍足类母亲都是在陆地或冰上哺育幼崽，然后把断奶的孩子留下，让它们自己在海洋中谋生。这种对年幼者水生看护的缺乏并没有为先进的社会性提供基础。据说，在海上进行哺乳的鳍足类动物——也就是海象——与其他鳍足类动物相比则貌似更具社会性。

[49] White 2007, 205.

[50] 鲸类的父亲似乎在照顾它们后代这方面没有起到任何作用。据推测，这主要是因为在具有流动性和三维性的海洋中，雄性永远无法充分肯定自己是特定幼崽的父亲来值得为其付出父亲的努力；参见例如，Clutton-Brock, 1989。然而，在一些鲸类社会中，尤其是那些大齿鲸中，除了母鲸以外的其他动物可能会帮助养育幼崽（见第 6 章）。

[51] 在这个情况中一个不寻常和有趣的例外是海鸦（murre），一种海雀科的海鸟，它们由父母陪同小鸟出海（Paredes, Jones and Boness 2006）。

第 4 章

鲸鱼之歌

须鲸的生活

须鲸在动物中算是极端的。有些须鲸——比如长须鲸，让我们大多数人都惊叹于它那极端的美丽。相比之下，要想欣赏灰鲸的身体形态则需要后天培养的趣味。当然了，它们最引人注目的特征其实是其尺寸。蓝鲸长达 26 米，重达 105 吨，是有史以来最大的动物。除了 6 米长的小露脊鲸以外，所有的成年须鲸物种至少都和陆地上最大的动物非洲象一样大，大多数还要大得多。

它们的鲸须是一种从水中过滤食物的独特适应性系统，让它们可以完成非同寻常的摄食壮举。尽管鲸鲨使用鳃耙（gill raker）、食蟹海豹有专门适应性的牙齿来筛滤猎物，但这两种系统都没有鲸须的那种灵活性或实用性。这些鲸鱼有几种方式来使用它们的鲸须过滤。蓝鲸、长须鲸、小鳁鲸和座头鲸属于"猛冲摄食"。它们接近一群猎物时先加速前进，在快要碰到猎物群时会松开下颚张大嘴。水对下颚的压力让它们褶皱的喉部像气球般膨胀起来，这也减缓了它们的冲劲，并让它们吞噬下巨大体积的水和猎物。之后它们几乎停了下来，闭上了嘴，把这个潜在的宝藏渐渐包住。然而，它们的嘴并不是紧紧闭住，这让水可以通过鲸须被排出，而猎物则被困在嘴里。长须鲸的这样一口可以包含 60 至 80 吨的水和食物，超过其整个身体的体积[1]。这些食物几乎可以是任何成群的海洋生物，包括磷虾、鲱鱼、鲭鱼、毛鳞鱼（即多春鱼）或鱿鱼。猛冲摄食是一种非常有效的摄食成群猎物的方式，这些猎物可以有从半厘米到半米之间的任何长度。座头鲸以及其他那些猛冲摄食的须鲸，几乎可以肯定它们的猛冲摄食模式有很多变体：可快可慢、可以在海水表层或深层，可以是单独行动或群体行动、可以有或没有气泡，用不用尾巴敲击或者发出声音，等等[2]。

须鲸的另一种主要摄食方式是"撇渣摄食"（skim feeding），这是露脊鲸和弓头鲸的首选方法。它们一边稳稳地游着一边半张嘴。水从前面进入并经由鲸须从侧面排出，食物则被鲸须形成的网捕获。撇渣摄食这一派的鲸须比猛冲摄食派的鲸须更细、更长。弓头鲸的鲸须板长度可以超过 4 米，而它们的嘴为了容纳这个大型过滤器而出现明显的拱形，也是"弓头"一名的由来。这些撇渣摄食的鲸鱼通常去捕食较小一些的猎物。例如，只有几毫米长的桡足类（较小的甲壳类）动物是露脊鲸最喜欢的食物[3]。在另一种对鲸须的创新用法中，灰鲸用它们身体的右侧沿着水底游动，通过短而粗的鲸须吸进沉积物并过滤出端足类动物和其他底栖生物。以上这些都是非常有效的在海洋中谋生的方式，特别是在猎物群密集的地区。作为一次要吃很多的摄食者，须鲸需要猎物密集地聚在一起。只要它们找到了这样的猎物群，生活就是很美好的。作为大型动物，它们可以把这种捕猎所获的能量储存在鲸脂中。这就让须鲸有了另一个显著特征：跨越大洋的迁徙。

对大多数须鲸来说，它们的生活是高度季节性的。一般来说，夏天是用来摄食的，而冬天则是用来繁殖的。夏天它们在温带或北极水域度过，冬天在热带或附近度过。这是为什么呢？好问题。在温带或极地水域里消夏很容易解释——那里是食物所在之处，那里的水域只是更高产丰饶罢了。但是，冬天它们为什么要把所有的精力都花在迁徙到热带地区——甚至更糟糕的是还要禁食半年，而不是留在食物所在地、把那里所有的卡路里都吃光，然后再生出更多的幼崽呢？这里

鲸鱼海豚有文化：探索海洋哺乳动物的社会与行为

的标准答案是，更温暖／更平静的海水对幼崽的存活更为有利，但这个想法很难直接去进行验证（想做一项要阻止一半种群进行迁徙的研究？我们是没辙，你倒可以试试），而且其理论分析也有些模棱两可。此外，许多小型的齿鲸似乎全年在高纬度地区也都能过得很好。另一个相关的看法是，它们的迁徙是为了避免虎鲸捕食脆弱的幼崽——而虎鲸在高纬度地区更为常见——这就创造出了所谓的流动避难所[4]。也有例外。生活在热带的布氏鲸（Bryde's Whale）似乎不太迁徙，还有北极的弓头鲸虽然季节性地迁徙，却从不靠近热带。

即便是在物种内部，一般的季节性迁徙也并不是总会发生。座头鲸是典型的迁徙鲸类。它们保持着哺乳动物迁徙距离最远的纪录，其中有些座头鲸在南半球的夏天在南极半岛周围进行摄食，冬季则在哥斯达黎加附近渡过，整整向北 8300 公里，到了赤道的另一边[5]。但是阿拉伯半岛附近的座头鲸就不会进行任何实质性的季节性迁徙，因为它们的栖息地会随着季风而发生自然的改变。阿拉伯海在夏季的月份里变得非常高产富饶，西南季风引起营养物质向上涌，导致浮游生物大量繁殖并形成了浓密的食物区块而让座头鲸可以摄食。同样的水域在冬季北风吹来时则相对贫瘠，座头鲸就利用这个时间进行繁殖[6]。其他在北半球的座头鲸有着大致相同的行程安排，它们大约在 5 月到 10 月之间摄食并在冬季的月份里繁殖，但它们会在摄食地区和繁殖地区之间进行非常可观的迁徙[7]。不仅仅是座头鲸。北太平洋的灰鲸会在白令海和墨西哥的下加利福尼亚（Baja California）西海岸的潟湖之间迁移。大西洋西北部的露脊鲸夏季在缅因湾摄食，冬季在佛罗里达产崽。蓝鲸则季节性地在阿拉斯加和中美洲水域之间迁移，追寻着猎物丰富的高峰季[8]。

虽然所有须鲸都在夏季进行摄食，但它们却有着两种截然不同的过冬方式。座头鲸、灰鲸和露脊鲸通常在冬季聚集到明确的地点，其中一些地方已经成为著名的观鲸去处：墨西哥圣伊格纳西奥潟湖（San Ignacio Lagoon）看灰鲸、夏威夷毛伊岛（Maui）看座头鲸，以及南非赫曼努斯（Hermanus）看南露脊鲸。那些地方的海水浅而清澈，说明没有什么浮游植物而且海洋生产力很低，而鲸则**非常多**。由于鲸的高密度和其他生命的贫乏，鲸几乎没有什么可吃的，而它们大多数在冬季的月份里似乎也都以禁食度过，尽管依然很活跃：雌性产崽，雄性则互相在生理上和听觉上竞争求偶。在这几个月里，它们靠着前一个夏天所建立的鲸脂储备而过活。它们是胖胖的鲸鱼——尤其是在冬季禁食刚开始的时候。

相比之下，须鲸科①的那些——蓝鲸、长须鲸、塞鲸、布氏鲸以及小鳁鲸——都是纤细、极光滑、流线型的生物。除了热带的布氏鲸，大多数须鲸科鲸鱼和那些胖胖的同胞一样，季节性地迁徙到温暖的水域。与它们不同的是，须鲸科鲸鱼在冬季似乎并不聚集在传统的繁殖区（重要的例外是，最近在智利南部附近发现了一个蓝鲸的哺育地）[9]。它们的冬季迁徙似乎没有那么确定。虽然我们对这些须鲸科鲸鱼在哪里过冬以及如何过冬知之甚少，但目前收集到的信息表明，须鲸科鲸鱼游荡在广阔的越冬地之中[10]。

这两种类型的越冬行为被生物学家称为"交替策略"，每种都有其好处和代价。"胖鲸策略"是要聚集在特定的地方。这些地方通常比较平静、温暖，而且很安全，是抚养幼崽的好地方，周围也有很多鲸鱼，所以也是寻找配偶的好去处。但不利的一面是，这些地方并非寻找食物的好去处，因此它们需要胖胖的身体和厚厚的鲸脂才能过冬。另一种须鲸科的策略是在冬季分散开来，广泛地漫游着，大概其优势就是偶尔能找到东西吃。一个纤细、流线型的身体让它们的这种搜寻更加有效，而且有了冬季的这些食物，它们也不需要把能量厚厚地储存在脂肪层中。但它们通常生活在较为恶劣的水域中，所以我们可能会假想它们的幼崽生活得更艰难一些。然而，须鲸科的"解散"策略最明显的缺点是合适的配偶不一定就在身边。这些分散在大面积海洋中的

① 须鲸科是须鲸亚目下面的一个科，所以只有一部分须鲸属于须鲸科。——译者注

动物是如何找到配偶的呢？这是接下来的故事中一个重要的部分。

须鲸的生活，是由季节和它们在夏季摄食地和冬季繁殖地之间的迁徙所决定的。幼崽是在冬天出生并开始吸吮母乳的。仍是胎儿的须鲸宝宝在子宫内生长迅速，对于一头尚未出生的蓝鲸宝宝来说，它们每天生长 2.7 厘米 [11]。出生后，鲸宝宝们吮吸着母亲极富营养的乳汁——其中含有 20%—50% 的脂肪——并继续快速生长，这样到一岁生日时幼崽们的身长已经增加了 60% 左右 [12]。在怀孕的最后几周和出生后的头几个月里，鲸鱼幼崽需要的所有这些能量都来自正在禁食中的母亲。到了春天，幼崽跟随它的母亲迁徙到水较冷的摄食地，在那里度过整个夏天，并且也开始自己摄食。在接下来再次到温暖水域越冬的旅程中，雌性可能会怀孕，那就会是 11 个月妊娠期的开始。这导致雌性的两次分娩之间会间隔两年——这也是须鲸最常见的模式。不过也有例外。有些雌鲸，特别是雌性小鳁鲸，它们在分娩后马上就怀孕，因此每年都会产下一头幼崽，而其他的——如露脊鲸——可能每 3、4 年才会有一头幼崽。须鲸在大约 8 至 11 岁时性成熟：如果是蓝鲸或长须鲸，则一直活跃到 80 或 90 岁；如果是小得多的小鳁鲸，则会活跃到 40 多岁——假使她成功避开了日本或挪威捕鲸者的注意的话 [13]。

须鲸的生活史很不寻常。生态学家有时会把不同物种排列到一个较为粗略的连续谱系上。谱的一端是寿命短、繁殖较早且频繁的物种——比如兔子。它们的生活已经被自然选择所塑造过，让它们可以有许多后代进入下一世代，越快越好 [14]。在谱的另一端是那些生活慢一些、从双亲或其中一方接受并施与长期的照料，成熟晚、繁殖慢、寿命长的——比如大象 [15]。须鲸的寿命比其他任何哺乳动物都长，但是与像抹香鲸和虎鲸这样的大型齿鲸以及大象这样的大型陆地动物差不多每 5 年分娩一次相比，大多数须鲸繁殖速度相对较快，尽管仍远不及兔子。这一切之所以具有可能性，是因为它们从海洋中获取了如此多的能量，可以给快速成长的鲸鱼宝宝以及它们自己巨大的身体提供营养。这种巨大的身体尺寸给予它们安全感。虽然虎鲸们能够杀死一条蓝鲸，但这毕竟是罕见的[16]。小得多的小鳁鲸当然更脆弱，但如果不遭遇到人类捕鲸者的话，它们仍有相当大的机会一年又一年地活下去[17]。

不同物种之间和物种内不同个体的生活史会与我们所概述的一般模式有所出入。而在其中一种情况下，这种偏差还挺大的。弓头鲸是北极水域的一种巨大且胖乎乎的须鲸。这种鲸可以活到对于哺乳动物来说是非常大的年龄。我们能获知这一点的方式实在令人难以置信：来自人类的文物偶然被发现嵌在了弓头鲸的尸体中——这是一头在爱斯基摩人的有规律的狩猎中被杀死的弓头鲸。而这些文物出现在鲸身上，是因为有人之前曾经试图捕鲸却未能成功。人类最早遇到这些鲸的精确日期已不可知，不过在 2007 年，一种散射性鱼叉尖在弓头鲸身上被发现了，而这种鱼叉尖是在 1879 年至 1885 年间被制造出来的［可能在 1890 年之前被新贝德福德（New Bedford）的捕鲸者所使用］。这就给出了一个 117 岁的最低年龄，但是这头鲸可能更老，因为当年新贝德福德的捕鲸者可不会把昂贵的鱼叉浪费在非常年轻的鲸身上[18]。弓头鲸的生活过得极其缓慢，它们大约在 25 岁时性成熟，雌性大约每 7 年生产一次；如果它避开了捕鲸船，一头弓头鲸能好好地活过一个世纪[19]。这无疑是生活史谱系上最缓慢的那一端了。

须鲸社群

须鲸社群什么样呢？像我们这样的行为生态学家认为，社会生活的演化一般是为了最大限度地提高个体的繁殖成功率——基本上就是孙辈的数量[20]。演化是建立在动物及其环境的生物学基础上的。因此，我们要把须鲸非凡的摄食能力、它们面对捕食者时一般而言所具有的安全性、它们的季节性迁徙以及它们繁殖地的性质作为思考须鲸社会生活的背景。

让我们先从摄食能力开始。社会性如何能帮助一只动物在一大群

鲸鱼海豚有文化：探索海洋哺乳动物的社会与行为

又密又小、行动缓慢的猎物中下嘴呢？从最基本的层面上说，对于好几只在同一群猎物中摄食的动物，社会组织可以让它们之间的互相干扰降到最低。当每只动物猛冲时，猎物群都会分散开来，这让后来的猛冲者吃到的那一口食物就不那么稠密也不那么丰润了。因此一起猛扑可以减少对同一群猎物摄食所造成的负面影响，而且我们发现，许多不同种类的须鲸都各自形成了大约 2 到 6 头组成的小群体，以小群体来同时猛冲猎物群[21]。对于撇渣摄食者——比如弓头鲸——以协调的梯次编队摄食可以将食物引导到每个成员的嘴中[22]。用同步化的方式进行猛冲或梯次编队摄食可以将对猎物群的破坏最小化，这需要相邻鲸之间的配合协调，不过这种配合相对简单，因为猎物的行为也不是特别具有挑战性。至少就我们所知，须鲸个体之间的长期关系是罕见的[23]。然而有迹象表明，在一些已被充分研究的摄食地存在着某种社会结构。尽管我们认为须鲸的捕食对象是小型的群聚动物，而且它们由于海水的黏稠性也游不快，但有时须鲸也会去追逐移动速度相当快的猎物。对于座头鲸来说，阿拉斯加东南部的水域是一个主要的摄食地。那里有许多猎物，其中一种特别重要的食物是太平洋鲱鱼。这些鱼不容易捕到。成体鲱鱼大约有 33 厘米长，它们可以在水平方向快速游动，而且由于它们对自己的鱼鳔有很好的控制能力，还可以沿着水体做快速的上下移动。太平洋鲱鱼有着很好的视力和听力，它们很有营养，而且确实形成了鱼群。但是，与须鲸的许多其他猎物不同，它们可以做出顽强而有效的努力来躲避座头鲸的猛冲。作为回应，座头鲸已经发展出了一系列技术来圈住鲱鱼。它们吹出环绕的气泡网，并且利用声音，还运用它们长长的胸鳍。而且它们通力合作，每个团队最多可以达到 20 头。有关座头鲸摄食的大部分情景都是弗雷德·夏普（Fred Sharpe）发现的："我还记得我的第一张泡泡网。那是 1987年，也是我第一次在阿拉斯加研究鲸。那时我正静静地坐在查塔姆海峡（Chatham Strait）的水面上，一圈气泡开始在水面上形成。水听器里传来一阵狂野嘈杂的喇叭爆破声。当鲸鱼们冲出水面时，我一跃而起，欢呼不已。就在那一刻，我迷上了阿拉斯加的座头鲸。"[24]

从那以后，他一直在研究它们。查塔姆海峡是太平洋鲱鱼的好去处。那里的鲸鱼则形成了紧密、持久的联盟，而且它们利用气泡、声音和鳍产生的波浪协作围捕鲱鱼[25]。有证据表明，查塔姆海峡的鲸擅长于在合作摄食中扮演不同角色，有些个体吹出气泡，另一些则发出声浪[26]。弗雷德·夏普指出："少量过客也会进入查塔姆海峡，其中一些会暂时加入核心社群。然而，这些过客似乎并没有耽搁社群对鲱鱼鱼群进行高度协调的大规模攻击。相反，这些新成员的出现似乎为有效地牵制住鲱鱼群提供了更多的帮手。"[27]在大约 50 公里外的弗雷德里克海峡（Frederick Strait），一群数量更多的座头鲸以更多样化的猎物为食，其中包括许多相对容易捕获的磷虾。这些座头鲸之间有着短暂的、非永久的社会关系，这在全世界的须鲸中都很典型[28]。有趣且对我们讨论须鲸文化也很重要的一点是，没有证据表明在断奶后的几年里须鲸仍与它们的母亲在同一群体中摄食，即使是在查塔姆海峡中那些长期密切合作的群体里也是如此[29]。

当然，我们可能很容易就忽略了须鲸摄食群体中其他类型的社会结构。我们所知道的绝大多数社会结构都是关于座头鲸的，而它们的社会生活仅仅在它们的一小部分摄食地中被研究过。我们的预感是，弓头鲸——这种给人惊喜的非凡生物——会有某种尚未被揭示的以摄食为基础的社会结构[30]。此外，我们不知道须鲸是否互相帮助寻找猎物。罗杰·佩恩（Roger Payne）等曾推测，它们利用自己的声音来提醒彼此有摄食的机会[31]。尽管佩恩在 30 年前就提出了这一观点，但这目前仍然只是猜测。不过，在幼崽们陪伴它们母亲的第一个夏天，这些"年轻人"就认识了摄食的地点，以及或许也学习了摄食的方法。

当行为生态学家探索一个物种的社会性时，通常他们考虑的第一个因素是被捕食作用：与其他同类合作，或者仅仅是与其他同类待在一起如何能减少被杀死和吃掉的风险[32]。第二个要考虑的因素才是摄食。正如我们将在接下来的两章中讨论的那样，科学家认为被捕食作

　鲸鱼海豚有文化：探索海洋哺乳动物的社会与行为

用是海豚的社会性核心，这甚至对抹香鲸也很重要。而对于须鲸，我们则采取了与通常顺序相反的方式来思考有利于群体形成的因素，我们首先考察的是摄食。这是因为须鲸太大了，因此，它们面对大多数捕食者时是安全的。但它们并不是完全安全的，尤其是在面对虎鲸时[33]。20 世纪 70 和 80 年代，当哈尔（本书作者之一）驾驶帆船在纽芬兰岛的东北部海岸跟踪座头鲸时，他注意到，它们摄食时的种群大小明显有所不同。有时座头鲸是单独一头，有时是 10 头或 10 头以上为一组。通过声呐追踪，他发现这些群体的大小与它们所捕食鱼群的大小密切相关，单独一头鲸所捕食的鱼群有 1、2 米宽，而最大的鲸群则以跨度 100 米或以上的鱼群为食[34]。但当座头鲸在摄食中暂歇片刻时，它们都喜欢结对。这种结对可能具有某种防御功能，因为当被虎鲸攻击时，座头鲸与一些灰鲸和露脊鲸一样，可以形成紧密的小团体[35]。相反，小鳁鲸在受到攻击时通常会自己逃跑[36]。须鲸也可能在温暖水域的繁殖地中将社会群体作为防御措施，不过这方面的证据很少。雌性和它们刚出生的幼崽彼此总是挨得很近，而它们通常很少与其他同类互动。

求偶，就其本质而言是一种社会活动。然而，对一些须鲸来说，求偶的过程远远超出了一雌一雄之间自愿的性行为。最明显的是露脊鲸的"水面活跃群体"（surface active groups），包括一头雌性和数头非常明显都试图与她交配的雄性[37]。在一个水面活跃群体中，可能有 2 头到 40 多头的雄性。雄性之间的竞争是试图把彼此推开，让自己占据一个可以和她交配的位置。在这些你推我搡的比赛中，它们使用头部长出的角质硬茧作为武器[38]。一头雌性可能还会给这场竞争煽风点火，用特殊的声音引诱雄性，并在大多数时间里仰着身体，从而挫败那些无法接近其生殖器区域的雄性[39]。这些群体的水面活跃期平均持续一个小时，但也可以持续更久。繁殖期的座头鲸也会形成水面活跃群体，几头雄性座头鲸围着一头雌性座头鲸，不过它们与露脊鲸的模式有些不同[40]。参与这些水面活跃群体活动的露脊鲸很少移动，但座头鲸可不一样。我们曾经跟随一个繁殖期的座头鲸水面活跃群体在多米尼加共和国外的银岸（Silver Bank）冲过了40公里，我们驾驶的那艘小船只能不停地奋力追赶。在露脊鲸的水面活跃群体中，随波摇曳的阴茎非常显眼，交配过程也经常能被看到，但是座头鲸的交配则更加疏散，很少被目击到。

其他须鲸在繁殖时不会以任何明显的方式形成水面活跃群体，但这并不意味着其中缺乏社会性。正如我们在接下来的两部分中将会讨论的那样，声音似乎是须鲸求偶过程中一个重要的部分，而且鲸可以在很大范围内听到彼此的声音。这些动物很可能在以重要的方式互动，但这种互动的距离太过遥远以至于人类无法将这些动物视为在同一个群体中——我们甚至都无法看到它们在一起。这种对鲸来说可能有意义的东西却和我们人类所能看到的存在着不匹配，这是我们去理解所有鲸类时都会遇到的一个问题，但或许尤其对须鲸来说更是这样，因为须鲸的声音是如此地响亮，并且能传递到相当远的距离之外。

我们目前对这些大型动物的生活印象表明，须鲸主要有三类社会关系。这些社会联结可能形成文化信息的传递渠道。这三种关系类型是：母亲－幼崽纽带关系、摄食聚集关系，以及繁殖期雄性关系。

母亲和它们的幼崽在其出生后的头6到12个月内都非常紧密，幼崽很少离开它的母亲很远[41]。在这几个月里，幼崽学习迁徙路线——我们将在本章后面讨论有关这一点的论据——也许还会学习关于摄食地的结构和什么比较好吃。

在摄食期间，一条须鲸会生活在和它使用相同摄食地的一个社群中，或者有时还会和使用相同摄食技术的同类生活在一个更紧密群聚的社群中。摄食中的鲸鱼形成各种小群体，这些群体通常不是很稳定，但当合作变得十分有利可图时，重要纽带则能够发展并持续下去，就像查塔姆海峡摄食鲱鱼的座头鲸那样。对于特定的个体可能会有不同的角色。在我们看来，这些聚集就像是对猎物分布和丰度以及摄食技术的相关信息流动的良好展现。

繁殖期的雄性会进行社交活动，既包括在水面活跃群体中频繁的身体接触，还有在更大的范围内通过它们的声音进行的社交（社交距离可能长达数十或数百公里）。我们通常会想象繁殖期的雄性之间的这些社会互动是竞争性的，有时甚至是侵略性的，然而，正如我们在本章后面的章节中将要看到的，这中间也可能存在着合作。繁殖期的雄性互相学习歌声，或许还有更多。

　　那么，对于须鲸，我们所谓的文化背景下的"社群"意味着什么呢？对于其中一些社会性较低的物种来说，这很棘手。我们对于其中长期的社会纽带、社会概略或其他我们可能用来定义社群的社会结构几乎没有什么证据。当考虑到这些动物能够听到彼此的声音并因此而产生互动的地理尺度时，这也变得棘手起来。一些军用底装式水听器阵列（原本设计用来监听苏联潜艇）的精彩侦察显示，这种声学社群的规模很可能在空间跨度上相当大。有阵列访问权限的声学家通过收集几百公里内的信号来三角定位，能够在大西洋中部的一条长 2500 公里，可行进 43 天的线路上追踪到一头蓝鲸，这条线路横跨了从迈阿密一直延伸到华盛顿特区的纬度 [42]。这是否意味着我们无法有意义地定义须鲸社会中的一个社群呢？不是这样的。我们将要讨论座头鲸的歌声，此处的文化社群是一个完整的繁殖群体，是在它们迁徙的整个过程中都通过声音来联系的。在其他情况下，须鲸的社群似乎更受制约，只是包含那些生活在某个特定区域的动物，这些动物因为距离邻近而可以相互感知或彼此交流。也有很好的证据表明在这些亚类中存在着文化的传播。

座头鲸之歌

　　我们在第 1 章中描述过，座头鲸之歌是海洋声学环境的重要组成部分（见插图 3）。但是座头鲸的歌声现在已经远远超越了海洋，它们离开了太阳系，登上了旅行者号（Voyager）太空飞船 [43]。它们已经成为人类文化的一部分，而且在某种程度上对人类行为产生了重大影响。这一切都始于 20 世纪 60 年代末，当时美国海军水听器录下的座头鲸声音被美国科学家罗杰·佩恩听到了，然后他开始自己录音。这是一种意义深远的体验："我第一次在晚上录制座头鲸的歌声是在百慕大群岛附近。这也是我第一次听到深渊里的声音。通常你在聆听时是听不出海洋的广阔的，但那天晚上我听到了。鲸就是这样做的，它们把自己的歌声给予海洋，而它们所给予的歌声是空灵且超凡脱俗的。"[44]

后来，罗杰·佩恩和他的同事斯科特·麦克维（Scott McVay）试图弄清楚这些录音是怎么回事。他们的发现在大卫·罗森伯格（David Rothenberg）所著的《千里歌》（*Thousand Mile Song*）中有所记述[45]。佩恩和麦克维在颇具影响力的学术期刊《科学》上发表的论文中有这样一句陈述："座头鲸发出一系列令人惊讶的美妙声音。"[46]哲学家和音乐家罗森伯格曾指出，相当遗憾以前似乎没有科学家在一篇关于鲸之歌的技术论文中使用过"美"这个词，那以后似乎也是这样，我们作为鲸科学家知道其中的原因。但是佩恩和麦克维有胆量把 b 开头的这个词（即 beauty）写进去，事实上，他们不仅仅是注意到歌声的美妙之处，他们还用到了这些歌声。

罗杰·佩恩在 1970 年推出了名为《座头鲸之歌》（*Songs of the Humpback Whales*）的黑胶唱片。它席卷了排行榜。据爵士音乐家保罗·温特（Paul Winter）说："《座头鲸之歌》是地球音乐中永恒的经典。它值得在我们的文化圣殿中占有一席之地，与巴赫、斯特拉文斯基和艾灵顿的音乐并列。"[47]这些歌声被人类音乐吸收进来：融入到了保罗·温特的爵士乐和艾伦·霍汉内斯（Alan Hovhaness）的古典乐，以及其他许多人的音乐里。但是，当清唱民谣歌手朱迪·柯林斯（Judy Collins）唱出只由座头鲸的声音伴奏的古老捕鲸歌曲《再见了塔瓦提》（*Farewell to Tarwathie*）时，公众都被迷住了。当人们听到这些非凡且美丽的来自深海的声音，他们对鲸的印象改变了——鲸从 20 世纪 60 年代人造黄油的来源变为了 70 年代蓬勃发展的环境运动的标志[48]。这种态度的转变在 1982 年国际捕鲸委员会宣布暂停商业捕鲸，并在 1986 年几乎完全停止捕鲸的决策中发挥了重要作用。早在 20 世纪 60 年代，种群生物学家就曾警告说捕鲸是不可持续发展的[49]。但是，正如我们从许多渔业中了解到的那样，种群生物学家发出的危急警告几乎总是被商业利益所压倒，而破坏仍在继续[50]。但是到了 70 年代中期，鲸变得有所不同了，它们变成了会唱歌的生物。人们听到了鲸的歌声，而政治家也听到了那些听鲸之歌的人的声音，终于根据种群生物学家卡桑德拉斯（Cassandras）的警告而采取了行动。鲸从大规模商业捕鲸的直接威胁中"获救"了[51]。

　　回想起来，对座头鲸之歌的科学发现以及罗杰·佩恩对其音乐性的推广都来得正是时候。鲸种群当时大部分都处于危险状态，或者正朝着那个方向快速前进，但还没有完全消失。很凑巧的是，尽管座头鲸的歌声在过去 50 年里已经在世界许多地方被听到和录下来，但是罗杰·佩恩在 20 世纪 60 年代录制并公之于众的百慕大鲸之歌依然被人类音乐家认为是有史以来从座头鲸那里听到的最美的歌声之一。

　　所以这些歌声是怎样的呢[52]？首先它确实很响亮。我们在帆船后面拖曳的水听器可以在大约 15 公里的范围内捕捉到座头鲸的歌声，而且几乎可以肯定鲸能在相隔远得多的地方听到彼此的声音，尤其是在声音传播更为顺畅的深水之中[53]。其次这些歌曲也很长。它以有时长达 30 分钟的周期循环，且可以持续数小时[54]。它是由频率在 30 到 4000 赫兹之间的声音组成的，因此是从中央 C 往下低 3 个八度一直到往上高 4 个八度，大致相当于一个中年人的听力范围。歌曲的音符或单元可以持续 0.15 秒至 8 秒不等且形式多样，包括最纯正的哨音、低沉的呻吟、粗糙的咕噜声和长时间的嘎嘎声[55]。这些声音以非常明确的方式排列，正是这种结构造就了座头鲸的"歌声"[56]。

　　一首鲸之歌的循环周期包含大约 8 个"主题"，这些主题有一个独特的、不变的顺序：主题 1、主题 2、主题 3、依此类推。当一个循环完成时，又是主题 1 接着主题 8，之间通常没有停顿。因为这是一个连续的循环，所以将其中一个主题指定为"主题1"在很大程度上是任意的，尽管鲸群通常选择以一个特定的主题作为结尾，以便浮到水面呼吸。每个主题都由一组几乎相同的"短句"组成。歌曲中最灵活的部分是每个主题中所包含短句的数量——可以是两句也可以是20多句，而一头鲸可能会在一首歌的两个循环中改变某个主题里短句的数量：例如，一个周期中有两个"主题3"的短句，下一个周期中有10个"主题3"短句，但"主题3"后面几乎总是跟着"主题4"。

为了说明这一切，我们将以佩恩和麦克维1964年4月在百慕大的"A型歌曲"为例，它有6个主题，如图4.1所示并由大卫·罗森伯格用人类语言描述为：

主题1："三个单元的短句，开始时像马达隆隆声，接着是清晰、持续的呻吟声，先是颤音，然后是下降，然后稳定，每次都高一点……后面以两个高而持久的音符来结尾。"

主题2："一长串（千变万化）刺耳的卟卟叫（buweeps）。"

主题3和4："强大的吱吱声逐渐变为低沉且缓慢上升的纯音。在吱吱声之间是惊人的高叫声。主题4似乎以越来越强且深沉的咆哮单元结束。"

主题5和6："间隔均匀、时间固定，以两声低沉的呼噜声结束。它们之间的主要区别在于，在主题6中，低音稳定并保持在一个单音上，而在主题5中，它们是摇摆的。"[57]

后来的研究在鲸的歌声中发现了更多的结构。例如，部分歌声中的押韵（rhyme）从某种意义上说是"在高度有韵的背景下"的重复模式，其短句结尾的音符是相似的，就如人类语言的押韵一般[58]。人类使用押韵作为帮助记忆的手段，鲸可能也是为了这个，因为押韵的片段最可能出现在最复杂的歌曲中。这些复杂的歌曲包含重复出现的模式和结构——或者可以说是"规则"——即使歌曲的实际内容发生了变化，这些模式和结构依然存在[59]。

佩恩和麦克维在分析了十多年来从百慕大记录下的许多首鲸之

鲸鱼海豚有文化：探索海洋哺乳动物的社会与行为

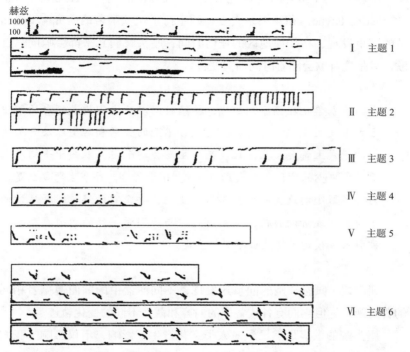

图 4.1　座头鲸 1 号的 "乐谱"，记录于 1964 年 4 月 28 日，百慕大群岛外。这种声谱图追踪描绘了频率（纵轴）随时间（横轴）变化的关系，并显示出这首歌的 6 个主题。这些主题都是按顺序唱出的，然后主题 1 再紧跟主题 6。这首歌的一次循环持续大约 10 分钟（改编自佩恩和麦克维，1971 年，图 2）

歌后得出结论:"有那么几种歌曲类型,鲸似乎是围绕着它们来创作的。"[60] 歌曲之间的差异是罗杰·佩恩位于马萨诸塞州林肯的实验室在 20 世纪 70 到 80 年代的研究重点[61]。在那段时间里,凯瑟琳·佩恩(Katherine Payne)和罗杰是夫妻,她主持了这项艰苦的研究[62]。她和她的同事发现,在任何地区的任何时间,座头鲸们几乎都会唱同一首歌,只是这首歌会随着时间而演变:

> 基本单元在频率、曲线、持续时间以及它们构成短句的组织方式上发生变化。短句在其所包含单元的数量和类型以及它们的押韵模式上都会发生变化。某个主题会逐渐占据歌曲中平均起来更多或更少的比例。在大约 5 年或 10 年之后,每个主题要么是因为许多微小的改变而发生了很大变化,要么它已经过时并从歌曲中消失,或者两种情况兼而有之。与此同时,新的短句类型已经被引入、模仿并发展成了新的主题。[63]

凯瑟琳·佩恩和她的同事还发现,不同洋盆中的歌曲遵循着相同的普遍规律。但它们有各式各样的内容和截然不同的变化轨迹[64]。

座头鲸的歌声显然已经对人类文化产生了影响,不仅影响了我们的音乐,还影响了捕鲸行为,那么我们对鲸文化的兴趣呢?这些发现对我们来说格外重要,因为只有一种方法能让数目众多的动物唱出同一首歌——而且这首歌还是在比个体的寿命短得多的时间里演变而来的——那就是文化。基因做不到这一点,个体的学习也不行。然而,文化这块蛋糕上的奶油糖霜来自发现了歌曲的另一种变化:鲸鱼在任何地点唱出的歌曲可以在不到一年的时间内发生巨大变化,变成一种全新的形式,有新的单元、新的短句和新的主题。这堪称一场革命,而不是一场演化。

第一次对座头鲸歌曲中的"文化变革"进行描述的是迈克尔·诺德(Michael Noad)和他的同事们,他们当时正在澳大利亚东海岸佩雷吉安海滩（Peregian Beach）研究座头鲸的歌声[65]。这里的海岸线对于在南极洲和珊瑚海（Coral Sea）之间迁徙的座头鲸来说形成了某种减速转弯，因此，在它们经过此处的特定时间段内，可以预测会有大量座头鲸出现。这意味着能够在它们向南和向北迁移期间对它们进行深入而详尽的研究，而诺德在20世纪90年代开始就是这样做的。在已经熟悉了东澳大利亚座头鲸的歌声后，1996年他听到一头鲸鱼唱着一首全新的、完全不同的歌，这首歌有新的短句和主题。1997年，这首崭新的歌曲开始流行；而到了这个季节的末尾，几乎所有经过佩雷吉安海滩的座头鲸都在唱这首歌。诺德对此感到困惑，因为这个发现挑战了当时的看法：全世界其他繁殖地的座头鲸其歌声都是以逐渐演变的模式在变化。直到同事们给他播放了一首他们在澳大利亚西海岸录制的歌曲，他才意识到之前发生了什么。这首"新"歌实际上和澳大利亚西海岸往北迁徙到印度洋的座头鲸种群所唱的一样。这首歌不知怎么地跨越了澳大利亚大陆。到底是如何做到的呢？一个合理的设想是，一些印度洋座头鲸在从南极摄食地向北的途中，错游到了澳大利亚的另一侧而进入了太平洋。它们依旧唱着它们的印度洋之歌，而由于某种原因，这些歌曲对于东海岸的座头鲸极富诱惑力。这是第一次对非人类的文化变革进行的科学描述。它被比为1964年2月披头士乐队穿越大西洋来到美国，改变了北美音乐的进程，因为美国的乐队们都开始模仿这些大受欢迎的利物浦人的风格[66]。

当你在洋盆中追踪不同时期的鲸之歌时，会发现一些奇妙的模式。艾伦·加兰（Ellen Garland）、迈克尔·诺德和其同事煞费苦心地追踪了南太平洋座头鲸歌声的演变过程。他们用上了从1998年至2008年从澳大利亚东海岸到向东约6000公里的法属波利尼西亚之间不同地点所获取的录音[67]。这片广阔的海洋包括数个座头鲸繁殖地，它们的成员季节性地迁徙到南极，在南半球的夏季进行摄食。但由于座头鲸通常忠诚于它们母亲的繁殖地，所以座头鲸的个体很少在这些南太平洋地区之间进行东—西方向的移动。加兰和他的同事追溯了歌曲类型在这片巨大的海洋中向东的移动。例如，2002 年在东澳大利亚和新喀里多尼亚（New Caledonia）、美属萨摩亚和库克群岛以及 2004 年在法属波利尼西亚外听到的"蓝色"歌曲——他们用颜色来区分不同的歌曲类型。但是后来它被澳大利亚东海岸的"暗红色"歌曲所取代了（见插图 5）。作者将这种模式称为在海洋中传播的"文化涟漪"。为什么南太平洋的鲸之歌是从东向西移动，而不是反过来从西向东或者是双向的，这到现在仍然是个谜。但是想想人类文化在欧亚大陆上的传播。欧亚大陆大约和南太平洋一样宽。在人类历史的大部分时间里，思想一般都是从中国向西传播的，但有时，就像 19 世纪和 20 世纪，占据主导性的则是从欧洲向东的传播。人类文化的这种单向流动其背后的原因是复杂的，而推动南太平洋座头鲸歌曲文化向东发展的力量同样也可能很复杂。这些都是非同寻常的发现。用加兰和其同事的话说，座头鲸歌曲中文化改变的速度和水平是"在其他任何非人类动物中无法比拟的，因而涉及在一种巨大尺度上的文化改变"[68]。

座头鲸的歌声穿越南太平洋向东逐渐发展，这与北太平洋的景象形成了鲜明对比：在冬季繁殖季节时，在夏威夷附近和墨西哥的索科罗岛（Socorro Island）外的鲸鱼所唱的歌是同步变化的，尽管它们相距 4800 公里，比南太平洋中相邻栖息地之间的距离还要更远[69]。这是一个相当了不起的举动，提示了在繁殖地之间有座头鲸迁移，或者座头鲸的歌手可以根据它们从其他非常遥远的座头鲸那里听到的歌而改变自己所唱的歌曲。或许南半球和北半球中不同的海洋形状导致了歌曲演化的不同地理模式。北大西洋和北太平洋的极地那端都很窄，所以夏季通常在高纬度地区觅食的座头鲸被挤在了一起。然后，当它们在初冬时节向南唱游着迁徙时，它们保持着联系，因此不同繁殖地的歌声也同步了。相比之下，南半球的座头鲸在整个南极都有摄食，所以它们在摄食或迁徙时并没有那么扎堆在一起。或许正因为此，南半球的繁殖地才联结不那么紧密，那里鲸鱼的歌声也更加独立[70]。

佩恩和麦克维曾经在 1971 年描述过座头鲸之歌，让科学家们非常着迷。关于鲸之歌演变过程的惊人发现增加了它们的这种魅力。他们问道：为什么（why），谁（who），在什么时候（when）？为什么座头鲸会唱出这么非同寻常的歌？为什么这些歌曲会演变？谁在唱这些歌？它们什么时候唱歌？

"谁"（who）和"何时"（when）的问题在 20 世纪 80 年代得到了明确的回答。只有雄性唱歌，它们会在冬季繁殖地以及迁徙过程中歌唱[71]。很明显，在夏季摄食的几个月里，歌曲的演变过程有一个停顿。鲸们在晚秋再次开始歌唱，歌声与之前春天时相同[72]。由于它们与鸟鸣具有明显的相似特点，这些结果强烈提示了鲸的歌声与求偶有关，要么是吸引雌性，要么是抵制其他雄性。剩下的问题就是找出到底是哪个原因了。结果发现，这并不像人们所希望的那样简单明了。

科学家们观察和聆听了座头鲸的歌手与其他座头鲸的互动，他们还用水下扬声器向鲸们播放座头鲸的歌曲——这通常会使得附近的鲸游走——但是仍旧不清楚这些歌曲是用来干什么的[73]。雌鲸并不会明显去接近唱歌的雄鲸，因此，这似乎并非是求偶的一种引诱手段[74]。吉姆·达林（Jim Darling）对夏威夷附近的座头鲸进行了几十年的研究。在 2006 年的一篇论文中，他和同事们总结了座头鲸歌手和其他鲸之间的 167 种互动[75]。这些歌手经常以一种明显是在合作的方式，和彼此以及和不唱歌的雄性鲸鱼碰头，然后它们再一起去邂逅雌性鲸鱼。达林和他的同事们将鲸鱼之歌解释为"为求偶中的互助提供了一种互惠的方式"。对于行为生态学家来说，这是一种相当激进的方式——繁殖期的雄性或许会合作，但一般并不会运用如此精心设计、冗长，且估计耗费甚大的展示方式来组织这一合作活动。

在 2008 年，达林的假说发表两年后，一群澳大利亚科学家用更传统的理论框架解释了他们对昆士兰附近唱歌的座头鲸的观察结果。约书亚·史密斯（Joshua Smith）及其同事描述了雄性加入雌性 – 幼崽的组合并且歌唱的情况：如果它们之前一直在唱歌，那么它们会继续唱下去，而如果它们之前没有唱歌，那么它们就会开始唱歌。史密斯团队提出，与雌性在一起时唱歌有助于她未来与其交配的可能性，增加了雌性对它的接受度[76]。史密斯和他的同事们认为，雄性加入歌手的行列可能是因为，正如达林经常观察到的，雄性会在与雌性一起时唱歌，其他雄性会猜想歌声表明有雌性的存在。有时其他雄性的猜想是错误的，因为雄性也经常独自唱歌，但犯错的代价很小。那么，如果鲸之歌是关于刺激雌性与雄性来交配的，为什么雄性还会独自歌唱呢？史密斯和他的同事指出的一点证据表明，雌性有时会来到歌手身边。当然，还可能是因为歌声通常会使得附近的雌性群体更容易接受雄性的求偶，而这对雄性来说普遍是较为有利的。

关于座头鲸歌唱的功能还有其他理论[77]。不过，达林及其同事们最近发表的关于唱歌将雄性组织起来形成合作，以及史密斯及其同事们发表的关于唱歌能激发雌性的接受度的假说对我们来说似乎是最有道理的。这两种理论各自都存在一些难点。为什么雄性座头鲸需要用鲸之歌这样一种精心设计的展示方法来组织一场形式隐秘的合作，而其他物种的雄性通过组成明确的联盟——比如我们在下一章讨论的宽吻海豚——用简短的信号就可以行得通呢？对于史密斯的假说，雄性又是为何经常独自唱歌呢？两种假说可能都是错的。他们也可能都是对的，因为大自然热爱效率。一次又一次的对动物沟通的研究已经识别出可以承载多种功能的信号，这些信号可以同时提供多个维度的信息，而这些信息则被不同的接收者以不同的方式运用。想想不同的听者可以从你简单地说声"你好"中所获得的信息。这个信号可以包含关于你的身份、你的位置、你对于对谈中某人的态度，以及你当前情绪的信息。听者可以根据自己的兴趣将你的话语用于各种不同的企图，而男性和女性听者通常会有非常不一样的企图。

这两个假说都表明了座头鲸之歌中三个最引人注目的特征——即它们的复杂性、演化性和美感——所具有的功能。根据世界上最著名的动物学家爱德华·威尔逊的说法，座头鲸之歌可能是"已知的所有动物物种中最精致的单一展示（display）"[78]，它几乎是不断变化的。

而且用人类的耳朵听来，它是优美的。达林及其同事认为，由于座头鲸之歌所具有的动态复杂度，它们提供了"对个体间关联的一种实时测量"，就像互相合作的雄性之间存在着一个不断变化的"秘密电码"[79]。然而，如果这真的是为了让雄性座头鲸们用这种方式来感知，目前还不清楚为什么这种联结信号听起来如此优美。如果鲸之歌是为了提高雌性的性接受力，那么雄性的目标应该是创作出一首对她的耳朵来说优美（有刺激性）的歌曲[80]。对于人类音乐来说，其中一个可能的起源正是这个：求爱——就像许多鸟鸣也有着相似的作用[81]。如果真是这样的话，我们只需要假设人类和座头鲸二者对于"优美"的理解存在共性，就能解释《座头鲸之歌》专辑在人类音乐排行榜上的成功[82]。在这种情况下，歌曲中的复杂性和变化可能是受到了雌性选择的驱使[83]。雌性座头鲸喜欢一首复杂的歌，一首大家都在唱的歌，但也是一首有些新颖的歌。雄性于是遵从这种喜好。其实人类有着类似的偏好：我们喜欢经典的东西，但其中也要有点儿新奇的东西才好[84]。

作为行为生态学家，我们则要问一个问题：为什么？如果达林的假说是正确的，为什么雌性座头鲸——或者说是雄性座头鲸，会喜欢复杂、不断变化，却又很典型的歌呢？座头鲸之歌的动态特征以相当稳定的速度演变，偶尔会有革新，这与人类艺术、音乐和文学的特征相匹配。科林·马丁代尔（Colin Martindale）在其 1990 年出版的《发条缪斯》（*The Clockwork Muse*）一书中指出，人类艺术和音乐随时间的发展趋势与来源于我们所了解的人类心理规律和文化演变的原则相吻合[85]。类似地，我们预想的座头鲸之歌的动态发展会是其神经生物学和文化压力双重作用下的产物。只不过我们认为这二者都是由演化所塑造的。一种可能性是，歌曲的特征被设置为就像一种测试：唱一首众所周知的歌曲并在其中加入个体的改变，这可以同时表现出两件事：首先你"属于"这个群体（因为你知道这首歌），然后你还有一些特别（因为你具有聪明才智来引入自己的变调）。如果一头雄性座头鲸接受这种挑战并"正确地"唱出了复杂多变的歌曲，那么它就是一名

"优良的"雄性：对于一名雌性来说意味着值得与它交配，而对于另一名雄性来说则意味着值得与它合作。

以上这些都是猜测，我们对座头鲸之歌总体功能的看法也仍属猜测。然而，我们对座头鲸之歌确实已经了解的是，它是海洋声学生态的重要组成部分；它响亮、悠长、复杂、优美；并且，它是文化。

其他须鲸的歌声

座头鲸优美、复杂、千变万化的歌声使它跃入人类文化的视野之中。其他须鲸也唱歌，至少按照识别鸟鸣的标准来说是这样[86]。弓头鲸、蓝鲸、小鳁鲸和长须鲸都唱歌。大须鲸和布氏鲸似乎也唱歌，不过证据稀少。我们对小露脊鲸知之甚少：它们可能会唱歌，也可能不会。只有对于露脊鲸和灰鲸，我们知道它们确实不唱歌。

我们将从弓头鲸开始，它们的歌声似乎和座头鲸最为相似。弓头鲸之歌同样涵盖了广泛的频率范围，也是响亮的，并且由包含单元的短句顺序重复而构成。它们也是主要在冬季歌唱，歌声经年累月会发生演变，而且在阿拉斯加海域、太平洋以北以及北大西洋北部的格陵兰岛附近这些地点之间有所不同[87]。弓头鲸之歌比座头鲸的更简单。其歌曲的一个周期持续 1 分钟左右，而不是长达 30 分钟。一般来说，它们有着较少的短句，因此用人类音乐来比喻的话，相较于古典音乐的奏鸣曲，它们更接近民谣。但是，与座头鲸之歌不同的是，弓头鲸之歌中的某些单元可以同时包含两种相当不同的声音[88]。另一个与座头鲸的不同之处是，在格陵兰岛外和楚科奇海（Chukchi Sea）越冬的弓头鲸群体可以同时唱两到三首完全不同的歌。我们还不知道这是否意味着每头独自生活的弓头鲸在同一个季节里会唱两首或更多首歌曲。我们只知道这些歌曲在不同的年代里会完全发生改变。与座头鲸一样，我们很确定文化传播在其中发挥了作用。关于弓头鲸之歌的功能的推测与围绕着座头鲸之歌的那些争论很相似，甚至更加不确定[89]。弓头鲸之歌的流行度以及针对其进行的科学研究和座头鲸之歌相比显得相形见绌，其中关于科学研究的问题可能是因为弓头鲸在冬季会留在北极水域及其附近，而冬季的北极并不是一个很容易做研究的地方。尽管如此，弓头鲸之歌就其自身而言还是非常迷人的。构成鲸之歌的演化及文化过程在这两个鲸鱼物种之间或许并没有那么大的不同，不过我们尚不知道。

小鳁鲸是须鲸科中最小的鲸，它们的歌声可能是最安静的，但依然相当了不起。它们的歌声在大堡礁（Great Barrier Reef）附近的研究中被描述过，并被用作《星球大战》的配音，因为它"听起来像是最有合成感、金属感，或机械感的"，并且很不可思议地听起来像科幻电影里的激光冲击波。小鳁鲸之歌拥有"复杂而精细的结构"[90]，它由三个单元组成，A、B 和 C，在每一个单元中，小鳁鲸都会同时发出两种不同的声音。A 单元每次连唱 3 遍，是在低频隆隆声之上还有一个高频声音向下扫的复杂脉冲。B 单元和 C 单元是更长的复杂"脉冲声"。这些《星球大战》般的声音以一种严格的模式化顺序重复着。在北太平洋，另一种小鳁鲸发出"啵嘤"（boing）的声音，与《星球大战》中出现的语音非常相似[91]。"啵嘤"的声音有两种版本，一种在夏威夷周围的水域被听到过（"中部啵嘤"），另一种则在加利福尼亚旁的海域（"东部啵嘤"）[92]。尽管我们不知道它们的功能是什么，也不知道是哪个性别发出的声音，但是这两种啵嘤以及《星球大战》中的声音听起来都符合对"歌"的定义，而且主要是在它们进行繁殖的冬季月份里才发出的[93]。然而与座头鲸不同的是，小鳁鲸的歌声似乎不会随着时间而改变太多。这一点很重要，因为这意味着小鳁鲸之歌不具有"复杂特征的同步性变化"这一特质，而正是这个特质让我们确定了座头鲸和弓头鲸的歌曲属于文化。

长须鲸发出极其响亮、极其低沉的声音，即所谓的"20 赫兹的脉冲"[94]。它们也许是须鲸之中最简单的歌声[95]。这些脉冲是纯音，在大约 1 秒之内从 23 赫兹向下扫到 16 赫兹。它们以大约 7 到 26 秒的固定间隔重复着并持续数小时，当鲸鱼浮出水面呼吸时，则会有短暂的中断[96]。有时，这些脉冲是以"嘟嘟"的形式发出的，由短至 8 秒和长至 11 秒的间隔脉冲声交替出现[97]。罗杰·佩恩和道格拉斯·韦伯（Douglas Webb）在 1971 年猜测，长须鲸利用它们的叫声，在数百公里甚至数千公里的范围内相互找到彼此[98]。最近的研究证实了它们听觉的潜在范围，但指出长须鲸的歌声是一种求偶的信号。所有目前已经考察过的唱歌的长须鲸其性别都是雄性，而且长须鲸通常在冬季繁殖季节里唱歌[99]。不同洋盆之间的歌声在以下这些方面自始至终都有所不同：脉冲之间的平均间隔、脉冲下扫的幅度、嘟嘟声的模式，以及两个嘟嘟脉冲的强度是否一致——第一个脉冲通常会稍微安静一点[100]。在一些地区，例如西地中海，似乎在不同的区域有着通过其歌声就能辨认出来的不同群体[101]。

蓝鲸有着与它们体型相称的歌声，类似于长须鲸，但是平均来说可能还会低一些，声音更大一点（插图 6）。蓝鲸的歌声可以在几百公里，有时甚至几千公里的范围内被水听器探测到[102]。蓝鲸之歌和小鳁鲸及长须鲸之歌一样，只包含一个主题，而这个主题不断被重复。主题中的每一个短句由 1 到 5 个不同的单元按规定的顺序组成。有些单元是脉冲声或搏动声，其他单元则是纯音。所有的声音都很低，如此之低以至于我们在没有帮助的情况下都听不到。一头蓝鲸可以一连唱上好几天，中间只需要短暂的休息来呼吸[103]。目前，蓝鲸科学家们从世界各地不同的洋盆中识别出 11 种不同的歌曲类型，表明不同的蓝鲸种群，尽管在某些情况下，种群之间活动范围有所重叠，在歌曲类型上也有所毗邻[104]。每个种群中的所有鲸鱼几乎都唱着同样的歌曲，但不同的歌曲类型之间存在着主要且明显的差异，以及一些个体的变化[105]。这些歌曲的结构相当稳定。所以 1964 年和 1997 年在新西兰录制的歌曲听起来非常相似[106]。除非你有着完美的音准，或许才能听出些许差异……

20 世纪 90 年代末，马克·麦克唐纳（Mark McDonald）和他的同事们正在开发一种对蓝鲸歌声的自动探测器。他们编写了计算机程序来从海洋中传播的所有其他声音——来自其他鲸鱼物种、鱼类、海浪、地震和人类——中挑选出蓝鲸之歌。他们注意到，每年他们都要把探测器调得更低一点。他们研究了这种恼人特征背后的原因，然后在 2009 年发表了他们的非凡发现：在过去 30 年里，全球各地海洋中的蓝鲸之歌的音高已经逐渐且平稳地降低了 10%[107]。太平洋中的歌声越来越深沉，大西洋中的歌声越来越深沉，印度洋中的歌声也越来越深沉。这些音高的变化速率并不大，在北太平洋以每年 1.8%、在南太平洋以每年 0.8% 的速率下降，但这意味着在 50 到 100 年的时间里大约降了整整一个八度音阶。在任何时候、任何地点，唱歌的蓝鲸都非常忠于特定的频率。但到了第 2 年它们都下降了一点。亚历山大·加夫里洛夫（Alexander Gavrilov）和他的同事们更详细地研究了在澳大利亚西南端唱歌的南极圈蓝鲸的这些趋势[108]。他们发现虽然这些蓝鲸的歌声频率每年都以与麦克唐纳在其全球研究中发现的相同速率（即每年 0.135 赫兹）下降，但其歌声频率的下降速度在冬天的唱歌季节则下降更快：每年 0.4 赫兹（图 4.2）。在每个冬季开始时，歌声频率反弹到差不多上一年的平均水平，然后会在整个季节内下降，这就让频率随时间改变的整体格局呈现出锯齿状的变化模式。这种对于能听到彼此的蓝鲸，或者至少是在同一海洋内的蓝鲸之间存在的高度一致性，以及它们在几周甚至几年的时间里同频的改变，意味着社会性学习必然在其中发挥了作用，就像对座头鲸之歌一样。

麦克唐纳和他的同事们考虑了一系列可能导致他们所发现的非凡现象的驱动因素。我们将总结一下他们认为其中最合理的一些解释[109]。对于行为生态学家来说，最明显的可能解释是性选择。如果雄性用歌声作为求偶的呼叫——关于这点是有些证据的——而且雌性会青睐更低的声音，那么将会存在选择压力来通过文化演化的过程降低歌声的频率，这种文化演化的过程被罗伯特·博伊德和彼得·理查森称为引导变异（guided variation）[110]。蓝鲸之歌声音频率

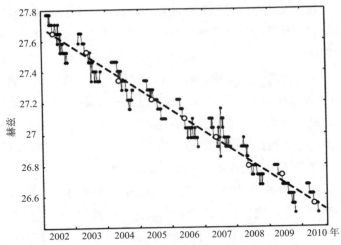

图 4.2　澳大利亚附近的蓝鲸之歌的声音频率逐年下降，并且在每年冬季也呈下降趋势［修改自加夫里洛夫（Gavrilov）、麦考利（McCauley）和格达姆克（Gedamke），2012 年，图 5a］

的变化速度对于标准的基因性选择来说过快了——如果是在标准的基因性选择中，更加成功的雄鲸会有更多的后代，而这些后代通常会像它们的父亲一样歌唱——所以在此处情境下，这种变化必然是一个文化过程。然而，选择需要变异，我们可以设想唱歌的蓝鲸注意到其他歌手谁看起来更加成功，然后调整自己歌声的频率而与之匹配。而如果每头唱歌的蓝鲸在任何时候都使用几乎相同的频率，那么这种随波逐流几乎不会带来什么声音频率的变异，因此，性选择假说的基础并不牢靠。

　　包括鸟类和其他鲸鱼在内的一些动物会随着噪音的增加而改变它们发声的音高，通常是为了远离噪音中占主导地位的频率，看来似乎是为了提高它们的声音信号能被听到的可听性。海洋的噪音在蓝鲸之歌所使用的频率范围内正变得越来越嘈杂——这主要是由于航运的增加，所以这是歌声频率变化的一个可能的解释。但是由于航运产生的声音频率非常低，因此我们预测蓝鲸应该提高其歌声的音高来增进可

鲸鱼海豚有文化：探索海洋哺乳动物的社会与行为

听性。对蓝鲸而言"噪音"的另一个来源是其他鲸鱼，特别是长须鲸，它们歌声的频率与蓝鲸的歌声频率重叠在一起，而且它们的声音也非常大。自从30年前捕鲸时代结束以来，长须鲸的数量可能一直在增长，所以蓝鲸歌声频率的下降可能反映了它们的集体越来越渴望将自己与长须鲸区分开来，或者更简单地说，是为了避免受到数目远多得多的长须鲸叫声的干扰。不过麦克唐纳和他的同事们不这么认为，他们注意到"无论长须鲸的叫声和歌声如何随着季节和/或地理位置的变化而变化，蓝鲸的歌声都出现在长须鲸频率带的上方、下方以及内部"[111]。

麦克唐纳和同事们对蓝鲸歌声音高下降的可能解释中最有趣的是，这是蓝鲸自身数量不断增加的后果。世界各地的蓝鲸数量曾受到捕鲸严重影响，有证据表明，在一些地区例如北太平洋东部，它们已经开始恢复。大概是因为更高频率的声音更容易发出，音高更高的蓝鲸之歌比音高更低的歌声要更响亮，因而其传播范围也更广。如果我们进一步假设蓝鲸听者们偏好于听低沉的声音，就像在性选择假说中的那样，那么在种群数量较少的情况下，一名蓝鲸歌手会使用更高频率的声音来触及尽可能多的潜在配偶，而随着种群数量的增加，性感变得比传播距离更加重要，因此歌声的频率下降了。这是一个很有想法的假说，但它取决于许多未经验证的假定（例如，关于歌声的功能和听者的偏好），并且和其他因素有所混淆，比如海洋中噪音的增加等。

让我们在这里提出另一个假说。文化可以在一个特定方向上发生随意的改变而并不产生太多变体，也无须一个外部的诱因。从1910年到1970年，女士的裙摆高度上升或偶尔下降，几十年来随意改变着，且在那期间的女裙之间几乎没有产生任何变体[112]。在所有款式的裙子中都有一种文化倾向，这种朝着一个单独方向的趋势是针对裙子的其中一个属性——即裙摆的长度。蓝鲸的歌曲文化无论在形式上还是在每年所使用的音高上都明显是跟随潮流的从众，它或许正是受到这种文化趋势的影响。这种文化趋势通过蓝鲸声音的长距离传播而散布到世界各地。这个假说仍不够完整，因为如果当频率触底时我们对其会发生什么还没有一个令人信服的解释——歌声的频率最多只能到这么低，正如女士的裙摆最多只能到这么高一样。或许到时候就像裙子太高乃至若有若无时裙摆又会下降一样，这种文化趋势还可以调转回来。尽管麦克唐纳及其同事在他们具有里程碑意义的论文中并没有将文化趋势作为蓝鲸歌声频率下降的一种可能解释进行讨论，但他们已经想到了这一点。马克·麦克唐纳解释道："我们之所以没有提及与你的建议类似的一个假说的原因之一是，它暗示着世界上所有的蓝鲸都在进行声学交流。我对这个暗示没有异议，但审稿人无疑肯定会有意见。要么是它们都在交流并且还采用了相同的频率迁移方向，要么是我们已经研究的七种歌曲类型恰好都朝着同一个方向发展了。"[113] 科学家们在审阅麦克唐纳的论文时对讨论一个坦白来说很牵强的假说——海洋酸化可能会影响蓝鲸歌声的频率——觉得还算行，但是（他觉得）对于这样一种解释他们却不愿意接受：如果这是人类的行为而不是蓝鲸的，这种解释将会排在首位——即文化趋势传播到了全世界。

我们在表 4.1 中总结了目前对须鲸之歌已经了解的事情。我们所具有的知识因不同须鲸物种而变化巨大。它们之间似乎有着一些共性。建立在包含不同单元的短句之上的歌曲，按规定顺序被唱出。这些短句可以被唱很多很多遍，而且歌曲可以持续几个小时或几天。歌曲结构在两个洋盆之间，有时甚至在跨越一个洋盆时有所不同。在座头鲸和弓头鲸的歌曲中有几种类型的短句，它们组成不同主题、按一定的顺序被唱出。在这些物种中，歌曲的结构随着时间而演变。在须鲸科物种中——蓝鲸、长须鲸、小鳁鲸——其歌曲结构更简单，而且几十年来都是稳定的。除了少数脱离常规的个体之外，任何须鲸物种在某一特定地方、在某一特定时间所唱的所有歌曲几乎都是相同的，或者就弓头鲸而言，都遵循着两种或三种类型。所有的鲸歌手都是雄性，而且在夏季鲸摄食的时候通常听不到歌声。

表 4.1 须鲸歌声的特点

物种	发声方式	声压级[分贝，基准：1微帕（μPa）在1米处]	周期长度（分钟）	频率（赫兹）	结构	不同地方的变体	随时间的变体	来源
座头鲸	歌曲	171—189	8—16	30—4000	大约8个主题；大于1—20个短句；大于1—20个单元	跨洋盆有所不同	不同月份、年份有所变化	Au, James and Andews, 2001; Payne 2000
弓头鲸	歌曲	1158—1189	大约0.5—1	20—5000	若干首歌曲，大于2—20个单元	跨北极圈有所不同	不同年份、季节性地变化	Cummings and Holliday 1987; Delarue, Laurinolli, and Martin 2009; Stafford et al. 2008; Tervo et al. 2011; Würsig and Clark 1993
小鳁鲸	《星球大战》式的	150—165	大约0.5	50—9400	一个主题；大于3个单元	未知	没发现有变化	Gedamke, Costa, and Dunstan 2001
北太平洋小鳁鲸	啵嘤	150	大约0.5	1000—5000	一个主题；简短的脉冲声，悠长的叫声	跨洋盆有所不同	没发现有变化	Rankin and Barlow 2005
长须鲸	20赫兹的脉冲声	186	大约0.25	18—42	1—2个单元；"嘟嘟声"	不同洋盆之间有所不同	没发现有变化	Thompson, Findley, and Vidal 1992; Watkins et al. 1987
蓝鲸	歌曲	188	大约2	16—100	1个主题，每个短句大于1—5个单元	不同洋盆之间有所不同	频率发生变化，特征未变	McDonald, Mesnick, and Hildebrand 2006

综上所述，这些事实有力地表明了须鲸的歌唱与求偶有关。对于须鲸科那些在冬季并不聚集在一起的瘦削的鲸鱼来说，最明显的解释是，这些歌曲主要是为了吸引雌性进行交配的，它们是求爱的歌。正如麦克唐纳及其同事所说，"这些声音对于广泛分散开的游牧物种的个体间交流是相当理想的"。[114] 但是我们尚未完全获知其中奥秘。我们甚至不知道已经被如此更加细致研究过的座头鲸其歌声有何作用，对于弓头鲸（另一种似乎在冬季聚集的物种）也是如此。但约书亚·史密斯及其同事关于雄性座头鲸唱歌来刺激雌性接受力这一假说似乎符合这个观点[115]。在分散开的鲸中，吸引雌性是一名雄性的首要任务；而对于聚集在繁殖地的鲸，找到一名雌性并不特别难；挑起她的兴趣或许才是挑战。雌性露脊鲸和灰鲸作为在冬季聚集却没有歌声的物种，有着其他的方式来选择配偶[116]。

座头鲸、弓头鲸和蓝鲸都属于在同一时间同一地点唱同一首歌，而弓头鲸则是唱2—3首既定歌曲中的一首，而这些歌曲在满足从众一致性的情况下随着时间的推移而变化，其变化的时间尺度远远短于种群流动所能解释的时间尺度。要想产生这样的效果，社会性学习必然在其中发挥了作用，因此鲸之歌是通过文化传播的[117]。在其他没有被记录到其既定歌曲随时间变化的鲸中，我们还无法像这样肯定。歌曲在类型上随地理发生的变异也暗示着文化，但也许是不同地方的不同基因导致了不同的歌曲。然而，如果鲸之歌主要是受到遗传影响的，那么我们可能预期偶尔会听到混合歌曲冒出来——就像我们在长臂猿二重唱中听到的那样——比如在东部和中部的北太平洋小鳁鲸的两种"啵嘤"混合起来的歌曲，然而它们并没有。

须鲸的非有声（nonvocal）文化

须鲸的行为不仅限于在原地游来游去地唱歌。它们中的大多数都要进行迁徙。幼鲸出生在低纬度的繁殖地，它们要跟随母亲离开赤道

鲸鱼海豚有文化：探索海洋哺乳动物的社会与行为

来到夏季摄食地。座头鲸以及可能还有许多其他鲸鱼物种（例如露脊鲸）从它们母亲的行为中认识了这条路线或者至少是它的终点，并且在它们的余生中几乎每个春天和秋天都重复这条路线迁徙[118]。在种群水平上，这导致了母系摄食地的存在，并可以通过物种的遗传概貌来检测[119]。假设你是一头座头鲸，是在西印度群岛的银岸被一头母座头鲸怀上的，她每年夏天都在纽芬兰岛摄食，而你的父亲则在冰岛外的海域度过夏天。一年后，你出生了，同样还是在银岸。几个月后，你跟随你的母亲来到纽芬兰岛，并在那里与她学习摄食：关于摄食的好去处，以及猛冲向磷虾、毛鳞鱼或小乌贼的不同摄食技术。在你接下来的一生中，你往返于纽芬兰岛和银岸之间迁徙，从来没有到访过你父亲的度暑之所。

因此，对于一头须鲸来说，关于摄食地和繁殖地的知识都是从母鲸的行为中学到的。所以这些是垂直的文化，主要是从父母传播到后代，但可能并不是全部。在冬季的几个月里，夏威夷群岛的中部海域聚集着成千上万头座头鲸。在 1 月到 3 月间若是坐在毛伊岛的任何一处海滩或海岬上，都很有可能看到它们。但是，夏威夷的原住民们虽然高度熟悉海洋世界，却没有提到过这个物种。看起来座头鲸是在大约 200 年前才开始用如此可观的方式使用夏威夷水域的[120]。座头鲸的数目尤其是在过去的四十年里有了突如其来的增长，很可能比种群本身的繁殖能力还要快。路易斯·赫尔曼（Louis Herman）记录下了这种增长，他认为，那些不是在夏威夷附近出生的鲸是通过同类的声音和行为——横向社会学习——而"应募"来使用夏威夷水域的[121]。

尽管座头鲸几乎总是和它们的母亲使用相同的繁殖地和摄食地，但与我们将在第 6 章中谈到的母系鲸类有所不同，座头鲸并不会在一个特定地区的小规模尺度上与母亲结组待在一起。不过，在把银岸作为繁殖地的座头鲸的另一处摄食地——缅因湾里，来自同一母系的鲸鱼互相之间结伴要比预期的随机水平更加频繁[122]。这似乎是因为个体从母亲那里学习了摄食风格和猎物偏好，这些跟它们的母系亲属比较一致，因而这些母系亲属更可能成为它们的伙伴。

关于这个猜想尤其引人注目的证据出现在从 1987 年年底开始并持续到 1988 年年初的一次致命事件中。在缅因湾中的科德角湾（Cape Cod Bay），至少有 14 头座头鲸在吃了受到自然赤潮毒素所污染的鲭鱼后死亡。遗传学家分析了其中 10 个死亡病例的线粒体 DNA。这种线粒体 DNA 控制着细胞的基本化学动力装置，而且线粒体基因是通过母亲那边、由她的卵细胞所遗传下来的，并且当其受孕时不会与父亲的基因重组。所以线粒体 DNA 会追踪到一个体的母系血统。科学家们吃惊地发现，这 10 头鲸中有 8 头拥有两种特定的线粒体 DNA 图谱（被称为单倍型）的其中一种，这种单倍型在更广泛的科德角湾种群中是罕见的 [123]。如果没有其他因素把这些鲸鱼拉到一起，这种基因模式出现的概率几乎为零。结果发现，在过去的两个月里，它们中有 9 头在一起摄食，所以它们之间并不陌生 [124]。与你的母系亲属一起摄食，也一起面对后果。这种特定的摄食习惯——尽管被证明是致命的——很可能是从母亲传给女儿的方式经过了好几代，因此成了这些母系之间共有且具特质性的东西。

如果我们已经正确地解读了这些发现，那么我们会理解关于摄食地和摄食的某些知识在文化上是从母亲到幼崽的垂直传播。在对摄食地进行选择的情况下，这可能是通过局地增强而达成的。但是幼崽从母亲那里所学到的其他摄食相关要素可以通过几乎任何一种社会性学习机制来实现。我们很难区分出具体是哪个，但这并不违背我们的文化假说。在人类的"狩猎者－采集者"觅食技术的发展过程中，同样也很难确定具体是哪个社会性学习机制，但很少有人会认为这些不是文化传承的 [125]。

座头鲸觅食的方式有很多种，从一条鲸直截了当地冲向磷虾群，到阿拉斯加东南部对鲱鱼群进行复杂、合作性的围猎，各式各样。座头鲸是被观赏最多的须鲸，很多这种观赏发生在其夏季摄食地：缅因湾的科德角水域和北美大陆的阿拉斯加东南部海域，这两个地方分别在北美洲大陆的两侧遥遥相对。在这两个区域，座头鲸在摄食时都会吹出气泡。虽然不少海洋动物摄食时都使用气泡，但座头鲸是使用气泡界的能工巧匠 [126]。

关于座头鲸使用气泡的第一份科学记录可能是捕鲸人英格布里格森（M. A. Ingebrigtsen）的著作，他在 1905 年观察座头鲸在挪威北极圈的熊岛（Bear Island）附近摄食。一条座头鲸"潜到水面以下不远的地方，绕圈游着，与此同时它还在吹气。这些空气上升到水面，就像一堵厚厚的气泡墙，它们形成了一道'网'。'磷虾'看到这堵气泡墙，被吓得直往中心钻"。然后鲸鱼"来到中心，将张开的嘴中填满'磷虾'和水，随后它侧卧过来、闭上嘴，捕猎就完成了" [127]。在科德角海域，座头鲸有两种常见的气泡摄食方式：气泡柱和气泡云 [128]。每个气泡柱由许多气泡组成，形成一个直径 1 至 2 米的粗糙圆柱体，并从大约 3 至 5 米的深度被吹出来。一个系列中通常有 4—15 根柱子，这些柱子可以排成一条直线或半圆或像字母 J 或一个直径约为一头座头鲸长度的完整圆，或者包含最多两个完整转弯的螺旋形。在吹出这些气泡阵之后，座头鲸会猛冲向那一排排气泡或者穿过圆或螺旋线的中心。气泡云似乎是由单次大规模的呼气所造就的，也许要在水柱稍微深一些的地方。气泡云在向水面上升时逐渐扩散。座头鲸会猛地穿过气泡云：这些气泡云似乎是被直接吹到由鲱鱼或玉筋鱼（sand lance）等小鱼组成的猎物群的正下方的，而这些小鱼是座头鲸在科德角地区的主要食物 [129]。气泡似乎会使猎物迷失方向，抑制住它们的逃跑反应，从而使猛冲过来的鲸鱼相比于没有气泡时能吃上一顿更好的大餐 [130]。

对于在阿拉斯加东南部用气泡摄食的座头鲸来说，情况更为复杂。它们在捕猎鲱鱼群和磷虾群时都会使用气泡，还可以与尾鳍、胸鳍的猛扇以及小号般的呼噜结合起来使用 [131]。多达 20 头鲸鱼可以在一起摄食鲱鱼群（插图 4）。在一次单独的摄食尝试中，它们会使用多种在大西洋座头鲸中运用的气泡结构，制作出一幅帷幕、一个圆柱体或气泡云。座头鲸个体在这种复杂的社会性摄食中可能专门从事不同的部分——"吹泡者""号手"和"牧民"——虽然我们尚不知道这些角色是否始终如一[132]。

所有这些使用气泡的行为和其他行为可能都是社会性习得的，因此即是文化。在摄食地中母系亲属之间的结盟支持了这一假说。但我们不是完全确定，这些行为也可能不是文化。或许每一只动物都是靠自己发现了气泡摄食法——尽管在我们看来这并不太可能——或者还有一种可能，气泡摄食完全已经编码在座头鲸的基因组中了。针对"这种行为具有文化基础"提供了更强支持的，是存在一种气泡摄食法的变体。这是因为，正如座头鲸、弓头鲸和蓝鲸的歌声一样，这是种群的行为在不到一个世代的时间尺度上所发生的变化。这种行为被称为拍尾摄食（lobtail feeding）①，它是我们前面所描述的气泡云摄食的变体。鲸鱼先把尾巴举到空中，然后猛地砸落到水面上，即一次拍尾。它会最多拍尾三次，然后潜入水中，直接在由拍尾所引起的扰动下方喷出气泡云，最后猛冲过这片气泡云，经常能吃得满嘴都是小鱼。拍尾或许能帮助把猎物集中起来或是将它们迷惑住，增加了随后猛冲摄食的收获。

在科德角附近的水域中，拍尾摄食第一次被看到是在1980年，在当年观察到的150头摄食的鲸鱼中只有那么一头在拍尾[133]。1981年，在已知的51头在水面摄食的鲸鱼中，有2头是拍尾摄食。这种行为在20世纪80年代蔓延开来，到了1989年，83头那年被见到在水面摄食的鲸鱼中，有42头是拍尾摄食。拍尾摄食已经在整个种群中变得常见了，而且在雄性和雌性中的比例很近似，但还远远没有普及。种群中有相当大比例的鲸鱼从未被见过使用拍尾摄食。就像使用其他方法摄食——主要是标准的气泡-云摄食而不用拍尾——的鲸一样，拍尾摄食者会在同一个区域摄食，有时会在同一个鱼群中摄食。

---

① 直译是"龙虾尾摄食"，可能因为座头鲸把尾巴举出水面，看起来很像龙虾尾，不过翻译成"拍尾摄食"更能立刻明白这种摄食方法的奥义，所以采用了"拍尾摄食"。——译者注

梅森·温里奇（Mason Weinrich）是一位致力于研究这一种群的科学家，他试图弄清楚这些动物是如何学习这种新的摄食技术的[134]。拍尾摄食在年龄较大的动物中很少见。鲸鱼们似乎从两岁起就习得了这项技术，尽管两岁的鲸鱼有时似乎是在"玩耍"或"练习"拍尾摄食，它们的泡沫云更小、密度更低，而且没有证据表明那里有真正的食物。许多拍尾摄食者的母亲都是众所周知不去拍尾摄食的。因此，温里奇所积累的证据提示了拍尾摄食主要是在幼鲸中斜向传播或水平传播的，或者说是从年长一些的幼鲸到更年轻的幼鲸这样传播的[135]。最近，本书的作者之一卢克一直在与温里奇以及一个名叫珍妮·艾伦的学生还有其他同事一起工作，他们一起分析了从1981年最初有拍尾进食开始一直到2008年的数据记录。这项分析突出了几个重要的见解[136]。第一点是，这种摄食策略的使用与栖息地中玉筋鱼的丰饶程度密切相关。种群中拍尾摄食发生率的起起伏伏大致与周围玉筋鱼的数量相关，因此拍尾摄食似乎是一种特化的行为，以便可以利用到这个种类的鱼所表现出的特殊反应。第二点是，正如温里奇最初的研究一样，母亲也拍尾摄食对于她的幼崽是否会继续发展这种行为的影响不大。第三点则是，卢克和他的同事们发现，关于这种行为散布开来的数据（谁习得了拍尾摄食，以及它们是何时开始的）在很大程度上支持了社会性学习在其中所扮演的角色：那些有很多同伴在进行拍尾摄食的座头鲸比那些有较少同伴使用拍尾摄食的座头鲸更有可能获得这种习性[137]。

这一分析说明了生态和文化是如何彼此相互作用的——从生态上来说，玉筋鱼这个特定的猎物选项其可得性是随着时间的推移而变化的。在某个时间点上，一头聪明的或幸运的座头鲸发现用他或她的尾巴拍击水面对玉筋鱼有影响（也许会导致它们更多地聚集在一起，使鱼群更容易用气泡网包围住），而从那时起，这种技巧就通过文化传播在种群中散布开来并保留了下来。它与母亲的传承之间缺乏联系是很有趣的。这与我们将在下一章探讨的海豚之间摄食技术的母-子传播模式以及座头鲸自身对迁徙路线的传承形成了强烈的对比。相反，这种行为主要是在断奶后学会的，因此可以在世代之内迅速传播开。这是幸运的——也可能是座头鲸聪明地运用社会性学习的结果——因为在短短两三年时间里，玉筋鱼的丰饶程度就可以变化许多倍。

与鲸之歌一样，研究须鲸摄食方法的科学家们把注意力集中在了座头鲸身上。座头鲸通常比其他须鲸更显眼，也更容易被发现。捕鲸人英格布里格森认为它们"比其他种类的鲸鱼聪明得多"，而且它们对观鲸者的吸引力也给了科学家们难得的机会来做否则很难做到的研究 [138]。无论是唱歌还是觅食，座头鲸似乎天生就有一种精心设计般的、展示性的行为方式。然而，其他须鲸有着各种不同的觅食方法。例如，普吉特湾（Puget Sound）的小鳁鲸至少有两种不同的觅食方式：猛冲摄食以及"鸟类联合"摄食 [139]。有些鲸鱼始终如一地使用一种方式，还有一些则一直用另一种。这项研究的作者鲁斯·霍尔泽尔（Rus Hoelzel）及他的同事们认为，这些觅食方法是学来的，但它们是通过社会性学习到从而属于文化吗？

我们已经聚焦于歌唱、迁徙和觅食，把它们作为须鲸文化的候选项，因为这些是我们关于它们行为了解最多的那部分。但是文化可以很好地参与到动物所做的几乎任何事情中。例如，南露脊鲸（southern right whale）会航海 [140]。它们会把自己翻转过来，头朝下、尾巴伸出水面。它们调整自己的方向使尾巴与风向垂直。在航行一段时间后，它们可能会翻回来，游回上风向，翻过身子，然后再从头来一次。它们只有在风速达到每小时 15 到 33 公里的时候才会这样做 [141]。罗杰·佩恩指出，虽然风力航海是一种能在大海里到处游历的卓越方法——正如我们自己就在广泛地使用它——但露脊鲸似乎只是把它当游戏，就像印加人发明了非常有用的轮子，然后却只把它用在玩具上 [142]。我们不知道在南露脊鲸中的这种航海是否是文化，但很说明问题的是，与之非常相似的北露脊鲸就不去航海。此外还有"竖尾"的行为，这是巴西海岸阿布罗霍斯（Abrolhos Bank）的座头鲸的一个常见习惯，偶尔在其他地方能看到 [143]。那里的鲸鱼不论雌雄，除了幼崽之外所有年

鲸鱼海豚有文化：探索海洋哺乳动物的社会与行为

龄段的鲸鱼，都把它们的尾巴举在空中，但不像露脊鲸那样会将尾巴置于与风垂直的方向当帆，阿布罗霍斯的座头鲸经常将它们的尾巴与水面保持平行，频繁地绕着自己的轴线旋转，有时还会逆风移动[144]。为什么呢？阿布罗霍斯座头鲸的竖尾是鲸类动物许多行为中的另一种，而我们真的不了解它们的功能。

须鲸是非凡的动物，它们有着各种各样的有趣行为，包括在发声方面和在身体方面的。这些行为中有的确实是文化，有的可能是文化。我们已经在这里把证据都概述过了，而我们在第8章中将对其进行评估。现在，是时候来见见海豚了。

注释

[1] Goldbogen, Pyenson, and Shadwick 2007.

[2] 参见例如 Hain et al., 1982; Sharpe 2001。

[3] Mayo and Marx 1990.

[4] 更多的讨论请参见 Corkeron and Connor 1999。

[5] Rasmussen et al., 2007.

[6] Mikhalev 1997.

[7] Stevick, McConnell and Hammond, 2002. 例如在北大西洋，最大一部分座头鲸夏季是在纽芬兰和拉布拉多海（Labrador）附近摄食，其中绝大多数在冬季迁徙到加勒比海地区繁殖。类似地，在北太平洋，座头鲸季节性地在阿拉斯加东南部和夏威夷之间移动。

[8] Burtenshaw et al., 2004.

[9] Hucke-Gaete et al., 2004.

[10] 例如 Burtenshaw et al., 2004。

[11] Kasuya 1995.

[12] 关于鲸鱼的哺乳期，参见 Oftedal 1997；关于幼崽的快速生长，参见 Whitehead and Mann 2000。

[13] Whitehead and Mann 2000.

[14] 这些被称为"r−选择"（r-selected），因为在传统的种群模型中，参数 r 通常代表一个种群的内在增长率——即种群能够增加其数量的最大速率。因此，这些物种受到选择是为了最大限度地提高它们的增长率，这样的话它们就算可能会在萧条期受到沉重打击，但是它们能够迅速反弹，并且反弹速度比有着低内在增长率的竞争对手要更快。

[15] 这些有时被称为"K−选择"。在这里，参数 K 通常表示一个给定环境能够支持的最大种群规模——即其承载能力。这些物种的种群把它们的大部分时间都花在位于或接近这个能力上面，所以种群增长的潜力相比于确保更小数目的后代真正能够成功长大成年来说没有那么重要。

[16] Jefferson, Stacey, and Baird 1991.

[17] 关于小鳁鲸面对虎鲸的脆弱性，参见 Ford et al., 2005。

[18] George and Bockstoce 2008.

[19] George et al., 1999; Nerini et al., 1984.

[20] 而且，对于纯粹主义者来说，计数还应该包括那些你与亲属所共有的、在他们自己的后代中传递下去的基因。因此，帮助你的兄弟姐妹和堂兄妹繁衍后代是有回报的。这个总输出被称为个体的内含适应度（inclusive fitness）。

[21] 在纽芬兰岛附近，成群的座头鲸对成群的太平洋毛鳞鱼进行同步的猛冲摄食，成群的长须鲸也是如此（Whitehead, 1983; Whitehead and Carlson, 1988）。

[22] Würsig et al., 1985.

[23] Clapham 2000; Weinrich 1991; Whitehead 1983; Whitehead and Carlson 1988.

[24] 《座头鲸的社会性觅食及其对社群结构的影响》，阿拉斯加鲸鱼基金会，2011 年 7 月 12 日查阅，http://www.alaskawhalefoundation.org/socialforaging。

[25] Sharpe 2001.

[26] Sharpe 2001.

[27] 与弗雷德·夏普的个人沟通，2011 年 12 月 5 日。

[28] Sharpe, 2001. 查塔姆海峡的鲸鱼有时会跟着鲱鱼冲进弗雷德里克海峡

地区。

29　Clapham 2000; Sharpe 2001.

30　关于觅食中的弓头鲸的社会结构的暗示，参见 Würsig, 1985。

31　Payne and Webb 1971.

32　例如 Krause and Ruxton 2002。

33　Jefferson, Stacey, and Baird 1991.

34　Whitehead 1983.

35　Jefferson, Stacey, and Baird 1991; Whitehead and Glass 1985.

36　Ford et al., 2005.

37　Kraus and Hatch 2001; Payne and Dorsey 1983.

38　Payne and Dorsey 1983.

39　关于雌性发出的吸引配偶的声音，参见 Parks 2003。

40　Clapham et al., 1992; Tyack and Whitehead 1983.

41　一个例外的非凡案例是，两头露脊鲸母亲似乎在 1987 年 2 月幼崽出生后不久就交换了它们（很可能是意外的），并且继续抚养彼此的后代（Frasier, et al., 2010）。

42　Amato, 1993；另根据康奈尔大学提供的材料，"鲸鱼长距离歌声的秘密正在被揭示"，《科学日报》（*Science Daily*），2005 年 3 月 2 日，http://sciencedaily.kr/releases/2005/02/050223140605.htm。科学家们很早就意识到了这种可能性，他们推测出了"声学牧群"（acoustic herd）（Payne and Webb, 1971），但是收集大规模合作的证据是一个挑战。

43　Payne 1995, 357.

44　Payne 1995, 145.

45　Rothenberg 2010, 133–141.

46　Payne and McVay 1971.

47　《座头鲸之歌：座头鲸歌曲的原始专辑》由罗杰·佩恩制作现场音乐目录，2013 年 8 月 17 日查阅，http://www.livingmusic.com/catalogue/albums/songshump.html。也许在温特的陈述中，"我们"应该指地球上所有的居民，而不是人类。座头鲸的歌声绝对是文化，但不是人类文化。

48 这张唱片已经售出超过 3000 万张，现在还可以买到。罗森伯格讲述了鲸鱼之歌的发现、唱片制作及其影响的相关故事（Rothenberg, 2010）。

49 例如，Mackintosh 1965。

50 例如，全球鲨鱼种群目前正处于与 20 世纪 60 年代大型鲸鱼相似的绝望境地（Baum, et al., 2003）。但商业性的暂停似乎不太可能。鲨鱼——据我们所知——不唱歌。

51 20 世纪 60 年代的捕鲸使得几乎所有的大型鲸鱼种群都直接走向灭绝。鲸鱼在今天仍然面临威胁。在某些情况下，例如被船只撞击并被渔具缠住的北大西洋露脊鲸，对其的威胁非常严重，而且该物种能否生存下来也是不确定的。此外，在日本和挪威这两个主要的商业捕鲸国家（在日本，这是打着科学幌子的商业捕鲸），鲸鱼仍然被许多人视为可供开发的资源。

52 凯瑟琳·佩恩（Katherine Payne, 2000）对座头鲸之歌的结构做了清晰的描述。

53 关于听到座头鲸歌声的范围参见 Whitehead 2009。

54 Payne 2000. 有记录的单头鲸鱼最长的连续唱歌时间是 21 小时。

55 关于音符的长度，参见 Payne 2000。

56 佩恩和麦克维说明了为什么座头鲸之歌是一首"歌曲"（从对这个词的所有合理定义的角度）——例如是"一系列音符，通常不止一种类型，连续发出并且相互关联，从而形成一个时间上可识别的序列或模式"。正如布劳顿（W. B. Broughton）在由布内尔（R. Busnel）1963 年所编著的《动物的声学行为》（Acoustic Behavior of Animals）一书中的论文词汇索引中所定义的那样（引自 Payne and McVay 1971）。另参见 Spector 1994。

57 Rothenberg 2010 137–139.

58 Guinee and Payne 1988.

59 Green, et al., 2011; Suzuki, Buck and Tyack 2006. 这些论文表明一些复杂的定量分析已经应用到座头鲸之歌上面了。

60 Payne and McVay 1971, 597.

61 20 世纪 70 年代末，哈尔是佩恩夫妇实验室——佩恩夫妇的实验室是鲸鱼科学的一个非常有创意的枢纽中心——的一名成员，但他没有参与座头鲸歌声的分析。

62 Payne and Payne 1985; Payne, Tyack, and Payne 1983.

63 Payne 2000, 138.

64 Payne 2000.

65 Noad et al., 2000.

66 Jensen 2000.

67 Garland et al., 2011.

68 Garland et al., 2011.

69 Cerchio, Jacobsen, and Norris 2001.

70 印度洋各边的鲸鱼之歌在其演化过程中几乎没有表现出共同点（Murray, et al., 2012）。

71 人们在摄食地上曾经听到过一些歌声，夏季和冬季都有，但是这些歌声很少见（McSweeney, et al., 1989）。关于歌手的性别，参见例如，Glockner and Venus, 1983。科学家们有个谣传是在夏威夷附近有一位雌性歌手，但我们找不到这方面的公开报告。

72 Payne, Tyack, and Payne 1983.

73 科学争论在这篇论文中得到了很好的总结：Rothenberg 2010，161—168。

74 Tyack 1983.

75 Darling, Jones, and Nicklin 2006.

76 Smith et al., 2008.

77 这些对于座头鲸之歌的替代解释包括了这样的一些猜想：歌手们形成了一个共同的"求偶场"（lek）表演，吸引雌性到求偶场来，然后让雌性在表演的雄性中做出选择；歌声警告了其他雄性鲸鱼关于这些唱歌鲸鱼的存在，因此可能起到一种间隔机制的作用；歌声有助于歌手进行导航或定向（大概是通过聆听海洋结构的回声）或有助于其他鲸鱼将歌声当成一座灯塔；或者是一种用来定位雌性的声呐。该清单改编自 Darling Jones and

Nicklin 2006。

[78] Wilson 1975, 108.

[79] 文中引用的材料分别来自 Darling, Jones and Nicklin, 2006，1051，以及 Rothenberg 2010，166。

[80] Payne, Tyack, and Payne 1983.

[81] Catchpole and Slater 2008; Miller 2000.

[82] 罗杰·佩恩指出人类音乐和鲸鱼之歌有 8 个惊人的相似之处：节奏、短句长度、歌曲持续时间、频率范围、敲击音的使用、歌曲的整体结构、音符质量以及押韵（1995，146—147）。格雷等人（Gray et al., 2001）将这一观察放在了一个更普遍的背景下进行讨论。

[83] 最初由凯瑟琳·佩恩及其同事提出（1983）。

[84] 例如，Hekkert, Snelders and Wieringen, 2003。

[85] Martindale 1990.

[86] 大家都知道鸟鸣是什么，对吧？你应该也猜到了：科学家参与到了其中，于是每个人对鸟鸣的构成都有一个稍微不太一样的看法，而且这些不同的看法很难调和（Spector, 1994）。因此，我们只能说，一般来讲，歌曲是一系列通常被重复进行的发声，其形式通常比所讨论物种的其他发声输出更为复杂，并且通常是用在求偶和交配的背景之下的（Ball and Hulse, 1998）。请注意，这意味着歌曲部分的是由它的功能所定义的，而正如我们所看到的，这是很难证实确定的。

[87] Cummings and Holliday 1987; Stafford et al., 2008; Würsig and Clark 1993.

[88] Delarue, Laurinolli, and Martin 2009; Stafford et al., 2008; Tervo et al., 2011.

[89] Tervo et al., 2011.

[90] Gedamke, Costa, and Dunstan 2001.

[91] Rankin and Barlow 2005; Tervo et al., 2011.

[92] Oswald, Au, and Duennebier 2011.

[93] Gedamke, Costa, and Dunstan 2001; Oswald, Au, and Duennebier 2011.

[94] Watkins et al., 1987.

95　目前对长须鲸的歌声有着一些正在进行之中的研究，尽管我们基于当前的科学文献（截至 2013 年）而总结出了这幅图景，但长须鲸的歌声似乎比我们所描绘的更加复杂和多样。在未来几年里，这些复杂性和变化将在出版物中显现出来。

96　Watkins et al., 1987.

97　Thompson, Findley, and Vidal 1992.

98　Payne and Webb 1971.

99　Croll et al., 2002; Thompson, Findley, and Vidal 1992; Watkins et al., 1987.

100　Thompson, Findley, and Vidal 1992.

101　Castellote, Clark, and Lammers 2011.

102　Stafford, Fox, and Clark 1998.

103　McDonald, Mesnick, and Hildebrand 2006.

104　Frank and Ferris 2011; McDonald, Mesnick, and Hildebrand 2006, 2009; Pangerc 2010.

105　McDonald et al., 2001.

106　McDonald, Mesnick and Hildebrand 2006. 我们不太能够听到蓝鲸的歌声。它对于人类的听力来说太低沉了。但如果我们加快录音的速度，比如说快 8 倍从而增加 3 个八度的音高，那么我们就能够清楚地听到了。

107　McDonald, Hildebrand, and Mesnick 2009.

108　Gavrilov, McCauley, and Gedamke 2012.

109　麦克唐纳（McDonald, 2009）和他的同事考虑的其他可能的解释包括全球变暖和海洋酸化，以及过去 30 年中蓝鲸体型的普遍增加。

110　Boyd and Richerson 1985, 82. 关于雌性对更低沉声音的明显偏好，参见 McDonald et al., 2001。

111　McDonald, Hildebrand, and Mesnick 2009.

112　参见维基共享空间（Wikimedia Commons）的文件：http://commons.wikimedia.org/wiki/File:Hemline_（skirt_ height）_overview_ chart_ 1805-2005.svg，最后修改日期：2012 年 1 月 6 日。

113 来自与马克·麦克唐纳的个人通信，2011 年 9 月 13 日。

114 McDonald, Mesnick, and Hildebrand 2006.

115 Smith et al., 2008.

116 Kraus and Hatch 2001; Payne and Dorsey 1983; Swartz 1986.

117 所有须鲸物种也会发出非歌曲的声音，而且这些可能也是文化，但因为它们没有太多刻板模式而且被研究得较少，在这些情况下更难去推断它是否是文化。

118 阿根廷科学家卢西亚诺·瓦伦苏埃拉（Luciano Valenzuela）和他的同事最近报告说，南露脊鲸似乎也通过母亲一脉而传承关于夏季摄食地的知识，它们是从具有不同母亲家系（用 DNA 来评估）的动物其鲸脂样本所具有的化学上的鲜明特征（亦即碳 –13 同位素的水平）这一事实而得出这一判断的，这表明不同血统的动物在非常不同的地方进行摄食（Valenzuela, et al., 2009）。而对于其他须鲸，我们还缺少证据。

119 Baker et al., 1990; Palsbøll et al., 1995.

120 Herman 1979.

121 Herman 1979.

122 Weinrich et al., 2006.

123 Baker et al., 1994.

124 Weinrich et al., 2006.

125 关于人类狩猎者 – 采集者的社会性学习机制，参见例如 Hewlett, et al., 2011。

126 Sharpe 2001.

127 Ingebrigtsen 1929, 7.

128 Hain et al., 1982.

129 Hain et al., 1982.

130 关于这种猎物迷失了方向是有证据的（Sharpe and Dill, 1997）。

131 Jurasz and Jurasz 1979; Sharpe 2001.

132 Sharpe 2001.

[133] Hain et al., 1982; Weinrich, Schilling, and Belt 1992.

[134] Weinrich, Schilling, and Belt 1992.

[135] Weinrich, Schilling, and Belt 1992.

[136] Allen et al., 2013.

[137] 为了做到这一点，他们使用了一种称为"基于网络的扩散分析"（network-based diffusion analysis）的统计技术，原理简单明了，即如果社会性学习对一名个体的一种行为的发展很重要，那么，一名特定个体发展该行为的速度应该和这名个体与已经知道如何执行该行为的其他个体的社会接触量有关。换言之，如果其中确实涉及社会性学习，那么你对该行为的接触越多，你应该越快地学会它。而如果并没有社会性的影响，那么你看到其他个体这样做的频率则应该无关紧要。计算出的证据比率支持了具有一种社会性学习效应的模型，而且是有着好几个数量级的显著重要性：拍尾摄食技巧在有社会性学习参与的情况下发展出来的可能性比不参与的可能性高出了数万倍（Allen, et al., 2013）。

[138] 例如，温里奇和同事们最初对缅因湾中拍尾摄食扩散的研究数据来自4759 次商业观鲸巡航（Weinrich, Schilling, and Belt, 1992）。关于文中的引文，参见 Ingebrigtsen, 1929, 7。

[139] Hoelzel, Dorsey, and Stern 1989.

[140] Payne 1976.

[141] Payne 1995, 119.

[142] Payne 1995, 119. 有人推测，露脊鲸的航行可能涉及海底摄食或体温调节，但我们同意佩恩的看法，即它们更有可能是在玩耍。

[143] Morete et al., 2003.

[144] Morete et al., 2003.

第 5 章

海豚们做些什么

我们将在本章和下一章继续对齿鲸的讨论，即鲸类动物的第二个亚目——齿鲸亚目（Odontoceti）——的成员。我们把这一组分成两个部分，因为它们在社会和文化方面有着重要的区分，却并不遵循鲸类动物的亚目分类法。在本章中，我们将谈论海豚这个词的常见用法，以及它作为宽吻海豚的缩写的用法。在第 6 章中，我们将考虑几个不同的物种，尽管它们属于同一个海豚科，但在它们常见的名称中却带有"鲸"这个字以反映它们较大的体型，例如虎鲸。正如我们将看到的，尽管它们在分类学上有着密切的亲属关系，但演化已经将海豚科的"海豚"和海豚科的"鲸鱼"的社会和文化带向了截然不同的发展方向。本章包括体型较小但不属于海豚科的鼠海豚——尽管我们关于它们没有太多可说的，而下一章则包括体型较大、同样不属于海豚科的抹香鲸。在本章这里，我们将介绍海豚的社会，并描述在全球范围内它们的行为变化，我们认为其中大部分是文化传播的结果。我们的讨论将集中在两项非同寻常的行为上：澳大利亚的海豚戴海绵，巴西和缅甸的海豚和人类合作捕鱼。海豚社会中的文化似乎常常围绕着母亲和幼崽之间的纽带，以及它们在一起时所传递的生活技能和知识。在某些情况下，它们所拥有的这些技能和知识似乎可以成为对海豚社群中不同社会分工的定义。

海豚社会

　　海豚生活在我们所能想象到的各种各样的水生栖息地中。恒河豚（Ganges River dolphins）可至雅鲁藏布江流域，沙漏斑纹海豚（hourglass dolphin）生活在环南极大陆水域，而糙齿海豚（rough-toothed dolphin）则大多生活在热带海洋中近海地区的远端。海豚吃各种各样的鱼类、鱿鱼，有时还吃其他东西，而它们觅食方法的多样性也反映了它们猎物的多样性。体型更大些的海豚物种在成年后通常很少有捕食者，当然，除了虎鲸——它们是终极捕食者——但对于体型较小的海豚物种以及海豚幼崽，鲨鱼可能是致命的敌人。我们人类也会给海豚带来麻烦，有时是直接为了食物而捕捉它们，还有经常间接地使它们作为渔网捕捞的副产品而被捕获，或者是通过改变或入侵它们的栖息地而给它们带来潜在的麻烦。而且带有暗黑讽刺意味的是，我们也越来越多地因为喜爱海豚而冒着给它们带来致命麻烦的风险，因为我们不受控制地进行着观赏海豚的活动。尽管人类社会和海豚社会以多种复杂的方式进行着互动，这些互动也并不总是消极的。双方群体内的文化传播似乎在这些互动中起着很大的作用。

　　许多人对海豚很着迷，它们在我们自己的社会中扮演着象征大自然的角色，让我们把由此产生的价值观也投射到它们身上，尽管如此，我们对绝大多数海豚物种的社会仍然几乎一无所知。在 34 种脑部较大、大多数人通常称之为海豚的哺乳动物中，我们的知识严重偏向于其中一种：宽吻海豚（bottlenose dolphin），也就是"飞宝"[①]（Flipper）。这使得我们在努力了解自己的社会中显得更加可怜。由于海豚社会和人类社会都是演化的产物，它们的多样性提供给我们一个巨大的自然

[①] 《飞宝》（*Flipper*）是美国 1964—1967 年间的一部电视剧，其主角是一条宽吻海豚，名字叫作"飞宝"。该剧当年在美国儿童中大受欢迎，被称作是"水中的灵犬莱西"。——译者注

界实验来帮助我们理解那些演化过程。尽管如此，我们所知甚少的事实表明，伴随着栖息地的多样性，一系列的社会系统也随之出现。那些生活在靠近海岸的地方——特别是在可以因我们人类的出现而被改变的地方，比如有遮蔽的海水潟湖、海湾和河口——的海豚物种群是我们所最为了解的。

　　宽吻海豚是一个标志性的……物种？事实上，"宽吻海豚"这个常见的名称涵盖了两种可识别的物种，它们都属于宽吻海豚属（Tursiops）：常规的宽吻海豚（*T.truncatus*）和印度洋的东方宽吻海豚（*T.aduncus*），而且可能还有更多亚型[1]。我们还识别出了"生态型"——例如，"近岸型"和"离岸型"——它们可能对不同栖息地的压力有微妙的不同适应[2]。为了方便起见，从这里开始除非我们另有说明，"海豚"将指宽吻海豚属。

　　这就是我们最了解的海豚，能如此了解的主要原因有三个：首先，它们非常成功地使用了几乎整个副极地海岸栖息地的范围，这意味着我们可以经常看到它们；其次，它们具有高度的适应性，这意味着它们在某种层面上可以相对很容易地进行调整适应；最后，它们似乎天生具有一种大胆的好奇心，这使得它们与人类的互动方式丰富多样。我们认为这三个原因的结合并非巧合，它们的好奇心和适应性使得它们能够迅速获得必要的技能和知识，以便在多样化的栖息地中繁荣昌盛。学习新技能的能力带来了选择压（selection pressure）——要能够将知识有效地传授给那些对你很重要的个体，尤其是你的孩子。正如我们在第9章中所讨论的，海洋是一个动态的地方，因此一种把来自其他同类的社会性信息和你自己的学习成果进行合并的综合学习能力，要比基因突变的累积更能适应这种变化的时间尺度。海豚的许多行为被看成前者的产物将比看成后者的更说得通。我们手上的证据包括：海豚以超乎寻常的速度学会了利用我们人类自身在其栖息地的活动所提供的机会。

　　因此，即使是在像宽吻海豚属这样其中各个种别都紧密相关的属里面，它们的栖息地也各种各样，从深水峡湾到浅海，从沙质河口再到深海。这种多样性也反映在它们的社会中——尽管我们只是对其中的沿海种群了解多一些。一个通常的但并不普适的景象是，沿海的宽吻海豚生活在非常清晰勾画出的社群里，这些社群往往是从地理标志上划分的，并且被距离和/或物理屏障分隔开来。例如，在巴哈马群岛旁的小巴哈马海岸（Little Bahama Bank）的浅水中有一个海豚社群，其成员可以在周边大约 200 公里的范围内漫游，但不会穿过深水区到达附近的其他海岸[3]。这很可能是因为深海对小规模的海豚群是危险的，这也或许解释了为什么完全海洋性的海豚经常组成数千只的群体。在一些有着绵长毗连的海岸线的地区，如美国佛罗里达或澳大利亚，海豚社群之间的界限是松散的，这里的景象更像是由一个个海豚社群团组串起的珠链，不同社群之间的个体可以互动，有时也可以交配[4]。社群内部也可以有社会化结构，某些海豚倾向于待在社群范围内的特定亚区，并倾向于与其他具有相同栖息地偏好的个体结交，这也可以反映在社群的遗传结构上[5]。即使乍看是同质的种群之间，经过更深入的研究也会发现它们具有微妙却重要的内部结构化差异[6]。

在这些种群中，个体的雌性海豚形成了灵活的伙伴网络，它们会被看到和其中任何一位在一起活动。它们可能更偏好与某些确定的其他同类交往，甚至对于像社交活动或觅食之类的特定活动有分别的同伴，就像我们可能有一起骑自行车的朋友和一起喝酒的伙伴一样[7]。这些关系很重要。对于一名雌性来说，成功地将幼崽抚养到独立是其进化成就的一条黄金标准，而是否达到此标准在很大程度上取决于她最亲近的伙伴在做同样事情上有多成功。例如，生物学家塞琳·弗雷尔（Celine Frère）和她的同事研究了来自世界上最著名的海豚种群之一——位于澳大利亚的鲨鱼湾（Shark Bay，我们之后还会回到这里的）的种群——中的 52 只雌性海豚的幼崽养育记录[8]。他们利用动物家系模型，将成功养育幼崽与基因变异（体现了成功的母性照料行为中的遗传成分，以及每位雌性最亲近的社交伙伴的成功）这二者做了关联。结果相当具有煽动性：在解释为什么有些雌性在养育幼崽方面比其他雌性做得更好时，他们发现，雌性的社会伙伴的成功的重要性是其遗传基因的两倍多。海豚可能既从它们的母亲那里继承了它们的基因，也继承了它们的部分社交网络。这与雌性从其他雌性身上**社会性地**学习母性技能是一致的，从我们的文化观点来看这相当迷人，但是其他的解释，比如由伙伴群体所选择的良好栖息地，也同样是可能的。这项工作强调了对这些长寿动物进行长期研究的重要性，以及社会网络对雌性海豚的至关重要的意义。

幼年海豚与它们的母亲之间有着长久的联结。它们通常会和妈妈紧密地待在一起直到 3 到 4 岁断奶。一头幼崽的大部分时间都是在所谓的"婴儿位置"（infant position）中度过的：它跟着母亲游在她胸鳍后面几乎可以碰到的位置，把自己塞在靠近母亲乳裂（mammary slits）的地方，从那里可以获取到乳汁。从这个位置，幼崽会接触到它和母亲在一起时母亲所做的一切事情，而这似乎是一个关键时期：在这个时期，幼年海豚了解它的近邻、它的社会群体，以及它以后谋生所需的技能。

对雄性海豚来说生活是不同的。据我们目前所知，它们在养育幼崽方面没有起到任何作用。它们的目标是父亲的身份。由于雌性海豚每 3 到 6 年才生育一次，交配的机会非常稀少，因而很多雄性的社会活动似乎都是致力于去采取必要的策略来对抗来自其他雄性的竞争，以确保和维持与雌性动物的接触，无论这些雌性是否愿意。近些年来我们所了解到的雄性海豚的社会性，将海豚爱好和平的虚幻形象完全打破了。雄性之间竞争激烈。有文献记载的证据表明，其争斗可以导致意识丧失，因此完全有可能导致死亡[9]。也有证据表明雄性海豚有时会杀死幼崽，原因尚不明[10]。雄性有时过着相当孤独的生活，但在许多情况下，这似乎不是能成功晋级父亲位置的首要途径。为了击退其他雄性海豚并成功向有时并不情愿的雌性海豚成功求爱，雄性海豚需要帮助。它需要盟友[11]。生物学家理查德·康纳花了 25 年时间研究雄性宽吻海豚的盟友关系，他这样说："如果你将要遭遇到敌人，那你最好是和你的朋友在一起，或者有一些朋友在附近且愿意被征召进来。"[12] 在佛罗里达、巴哈马和澳大利亚已被充分研究的宽吻海豚属中的两个物种里，雄性海豚之间的联盟是众所周知的[13]。联盟的大小在种群之间是不同的，而在一些种群中看起来则根本没有出现联盟。我们尚不了解这种变异的驱动因素，但每当联盟出现时，它们的作用方式都是一样的。雄性海豚利用联盟胜过其他雄性，并会参与一种称为"放牧"（herding）的行为：即联盟成员将以高度协调的方式颇具攻击性地护卫一名雌性。这有助于阻止其他雄性接近她，也让联盟能够"引导"她进入比如较浅的水域，在那里它们可能更容易将注意力集中在她身上。在澳大利亚的鲨鱼湾，理查德·康纳描述了这些联盟是如何达到一种马基雅维利般不择手段之顶峰的，正如在一个充满人类政治色彩的快速变化的图景中，高度联盟化的雄性二人组和三人组形成了所谓的二级联盟（联盟的联盟）："这是你很少见到的一群家伙。自从你上次见到它们以来它们都在干什么？它们还在你这边的阵营吗？"[14]

1982 年，灵长类动物学家弗朗斯·德·瓦尔出版了一本书，讲述了在荷兰阿纳姆动物园（Arnhem Zoo）的一个黑猩猩社群在半自然条件下的社会生活。他挑衅性地给这本书取名为《黑猩猩政治》（*Chimpanzee Politics*），因为他看到动物园里黑猩猩之间的权力斗争和社会操纵与全世界人类政客的行为有着直接的相似之处[15]。如果进行充分地观察，有些人——或许是理查德·康纳！——将毫无疑问可以写出一个鲨鱼湾海豚的类似记述，就像德·瓦尔的书一样跨越动物行为学和历史之间的界限。

近年来，鲨鱼湾的生活一直被一个康纳称之为"超级联盟"（superalliance）的团体所主宰，这是一个由 14 头雄性组成的松散群体，它们在各种不同的时期彼此互相支持，其中的政治动态我们尚不了解[16]。联盟的迷人之处在于其本身就有助于理解社会演化，但是，特别吸引我们对文化的兴趣的是，它所具有的特征是其成员在运动中往往具有极端的同步性，即联盟中的海豚会产生完全相同的，甚至是镜像般的运动，踩着非常精准的时间点[17]。这种同步性是如此极端，以至于有人认为它本身就是一种信号。但海豚能做到这一点说明它们具备可以追踪其他同类的行为，以及似乎是复制这些行为的能力。即使不结盟，圈养的海豚也可以被训练到这种同步水平行动，以此取悦全世界的观众[18]。这种模仿能力是海豚间文化传播的一个重要部分。

这幅关于海豚社会的图景意味着我们可以从地理栖息地的层面上（比如一个河口或潟湖），或者是更小尺度上的母系或雄性联盟来思考宽吻海豚的社群。宽吻海豚的社会系统——具有雌性之间开放的网络，有时还有雄性的联盟——可能是其他海豚和鼠海豚物种的代表，尤其是那些生活在近海的物种。但也可能并不能代表它们。江豚、近岸鼠海豚和其他生活在复杂栖息地的物种似乎更孤独，可能也拥有更简单的社会系统。像真海豚（common dolphin）、条纹原海豚（striped dolphin）、露脊海豚（right-whale dolphin）这样远离海岸的海洋性物种成群结队，有时数目达到上千头。在这些庞大的群体中，我们有时会设想其社会关系是流动性的，而且交配也是混杂与乱七八糟的，但我们并不真正知道——在有些庞大的集体中或许存在着永久的社会单元。海豚这个种群中的有些部分似乎变得对特定的地方有所依赖，比如亚速尔群岛（Azores）这样的海洋岛屿，这让居留海豚（resident dolphin）和非居留海豚（non-resident dolphin）之间产生了区别[19]。长吻原海豚（spinner dolphin，俗称"飞旋海豚"）以不同方式位于这两者之间，它们傍晚在夏威夷群岛附近的浅水区成群结队地休息、过夜，然后晚上它们可能使用非常不同的社会结构在近海摄食[20]。我们目前所描绘出的关于海豚社会的图景就像是一座黑暗的大厅里一束微弱的火炬之光，一束只照亮了"飞宝"的光束。我们还有很多东西要去了解。

宽吻海豚摄食策略的多样性

　　宽吻海豚有多种多样的谋生方式。在我们最为了解的沿海海豚社群中，它们策略的多样性令人震惊（见表5.1）。它们把鱼赶到海滩上，然后跃上海滩去吃掉这些鱼。当它们在粗粝的海底摄食时，它们使用海绵作为对鼻子的保护。它们可以用尾巴将鱼"猛抽"到空中高达9米，也可以"扑通"一声将自己的尾叶重重地拍在水面上，这样可以把鱼从海草床中吓唬出来[21]。它们用一套特定顺序的动作来捕捉、杀死墨鱼并把它们收拾好以供食用。在某些情况下，它们似乎表现出在合作群体中的分工。它们参加"旋转木马摄食"：通过水平打圈和垂直打圈相结合的方式将猎物聚集到水面上，然后它们从中游过来制造混乱，并打散鱼群[22]。每一头单独的海豚都有特殊之处，因此在许多研究领域，科学家已经发现了以截然不同方式进行觅食的海豚亚群，例如澳大利亚鲨鱼湾的"扑通"群和"海绵"群。这还只是一个开始：我们距离将海豚谋生方式真正的多样性完全描绘出来还有很长的路要走。

　　"海滩猎杀"指一头海豚将一条鱼追赶到鲨鱼湾一个特定海滩上非常浅的水域里，平行于海滩地追逐它们上百米，然后使用一种专门的"水上滑行"技术在仅仅覆盖到它们胸鳍的水中捉到鱼。珍妮特·曼恩（Janet Mann）和布鲁克·萨金特（Brooke Sargiant）的研究强调，对于只有数量有限的海豚使用这种技术的最合理解释就是社会性学习：因为仅有的曾被观察到以这种方式进行水上滑行的那些幼崽，它们的母亲本身就会使用这项技术，然而这项技术并不局限于特定的遗传家系[23]。这项技术在概念上类似于美国东南部河口滩涂中的海豚所使用的搁浅摄食方法，但在执行上又有所不同。在那里，海豚经常合作创造出冲击波浪把鱼冲到泥岸上，然后这些鱼被紧随其后把自己也猛冲上海滩的海豚们逐个捉到[24]。

　　另一个引人注目的合作摄食策略是美国佛罗里达湾海豚的"泥环摄食"（mud-ring feeding）[25]。当一群海豚发现鱼群时，一头海豚绕着

表 5.1　宽吻海豚的一些觅食方法

类型	描述	地点	共同摄食？	参考文献
深水	在深水区（大于 500 米）摄食鱼类/鱿鱼（尚不清楚具体是如何进行的）	各种各样	？	Klatsky, Wells, and Sweeney 2007
猛抽	用它们的尾巴重重击打鱼类到空中高达 9 米来打晕它们	各种各样	否	Wells, Scott, and Irvine 1987
水上滑行	在非常浅的水域中快速移动以捕捉躲在海滩附近的鱼	澳大利亚鲨鱼湾	否	Sargeant et al., 2005
搁浅摄食	把鱼群赶到海滩上，然后让自己临时搁浅来捕捉它们	各种各样	是	Silber and Fertl 1995
戴海绵法	将一块海绵放在喙部，以便在海底裂缝中摄食	澳大利亚鲨鱼湾	否	Smolker et al., 1997
海螺搬运	将猎物从海螺壳中逼出来	澳大利亚鲨鱼湾	否	Allen, Bejder, and Krützen 2011
扑通法	通过用尾巴拍击将鱼从藏身之处惊吓出来	澳大利亚鲨鱼湾	否	Connor et al., 2000
底部挖掘	用吻部将猎物从海草中驱逐出来	澳大利亚鲨鱼湾	否	Mann and Sargeant 2003
沙坑摄食	潜入沙质底部捕捉因埋在里面而留下沙坑的鱼	巴哈马	否	Rossbach and Herzing 1997

鲸鱼海豚有文化：探索海洋哺乳动物的社会与行为

类型	描述	地点	共同摄食？	参考文献
泥团摄食	用尾叶划过过而创造出一个 U 形泥团，海豚猛冲过其中来捉鱼	美国佛罗里达群岛（Florida Keys, USA）	否	Lewis and Schroeder 2003
泥环摄食	在鱼群周围游成一个圈，用尾巴敲打泥质底部，在鱼群周围激起一个细沙和淤泥构成的环	美国佛罗里达群岛	是	Torres and Read 2009
公鸡尾觅食	在水面快速猛冲然后下潜	澳大利亚鲨鱼湾	否	Mann and Sargeant 2003
旋转木马摄食	水平和垂直盘旋以使鱼群集中到水面上，在那里将鱼群打散	各种各样	是	Bel'kovich et al., 1991
屏障摄食	驱赶鱼置于上其他海豚的屏障	锡达礁（Cedar Keys, USA）	是	Gazda et al., 2005
杀死并准备鳘鱼	用复杂的方法去除猎物不太好吃的部分	南澳大利亚	否	Finn, Tregenza, and Norman 2009
拖网渔船摄食	以虾拖网渔船后面的抛弃物为食	澳大利亚摩顿湾（Moreton Bay, Australia）	否	Chilvers and Corkeron 2001
合作捕鱼	使用信号与人类的撒网渔民一起工作	巴西拉古纳与恩巴 - 特兰曼达（Laguna and Imbe-Tramandai, Brazil）	否	Simões-Lopes, Fabián, and Menegheti 1998
供给	被人类给予食物	澳大利亚鲨鱼湾	否	Mann and Sargeant 2003
乞讨	从船上乞讨食物	各种各样	否	Donaldson et al., 2012
掠夺	从钓线上和渔场中偷鱼	各种各样	否	Read 2005; Lopez 2012

注意：这些觅食方法已排除了那些已知只有一两头海豚才使用的方法。此外，所有地方的宽吻海豚都会游到靠近水面的地方然后抓住猎物！

它游成一圈，用它的尾巴敲打泥质的水底，从而激起一团由细沙和淤泥组成的环状云。其他的海豚聚集在环的外面，它们知道当圆环近乎关闭时里面的鱼会惊慌失措，将会开始跳出水面试图逃掉——之后会正好落到等待中的海豚们大张着的嘴里（插图7）。单头海豚在这个合作架构中变得专门化，去充当特定的角色。

佛罗里达州锡达礁（Cedar Keys）的海豚则使用另一种合作捕猎技术，其中一头海豚充当"驱赶者"，将鱼群赶到一面由海豚同伙们所组成的墙那里。又一次，鱼会通过跳跃来逃离这个陷阱，但海豚是令人印象深刻的外野手[①]，这对鱼来说可不是什么好事儿。在一项研究中，斯蒂芬妮·加兹达（Stephanie Gazda）所带领的研究人员观察到两个不同的海豚群体进行了145个这种行为的独立回合，而在海豚群体中那么多海豚里，每组都只有一头单独的海豚做出了驱赶行为[26]。除非花了工夫练习把鱼驱赶好，否则这种专门化的程度是不可能达成的。目前还不清楚为什么某些海豚会变得这样专门化——它们显然并没有获得更多的鱼，而且想必会花费更多的能量来赶鱼，相比之下它们的战友只是等待食物送上门就好了。

在南澳大利亚，海豚在捉到一条墨鱼后会进行一系列确定顺序的非凡行为，这些行为都是为了增加猎物的食用适宜性。朱利安·芬恩（Julian Finn）和同事们的水下摄像记录了这一过程。他们观察到："墨鱼被赶到沙质海底上，被戳在海底然后被向下猛击杀死，随后被抬升至海水中层，被海豚用吻部敲打直到墨汁排出流尽。然后死去的墨鱼被海豚带回海底、肚子朝上翻过来、放在海沙上来回用力蹭，以使外壳上薄薄的背部皮肤层剥落，从而让它们钙质的墨鱼骨漂浮起来并被移除掉。"[27]

这些科学家指出，去除墨汁中含有抑制消化系统分泌物的黑色素以及其他明显不适合口味和嗅味的化学物质，将"改善口感和内部消

---

① 就像在棒球运动中负责在远处接住球的人。——译者注

化过程"[28]。而在吃墨鱼之前清除钙质的墨鱼骨也显然有好处。这项技术使得海豚能够充分利用墨鱼在短时间内的产量过剩——这种情况每年从5月到8月都会发生，那时墨鱼会进入一种同步性的增殖期。这种猎物很容易被捕获，因为墨鱼会遭受到交配后的恍惚状态折磨，而海豚显然是算准了时间找上门来无情地利用了这一点。芬恩指出，社会性学习很有可能参与到了海豚这一复杂行为顺序的发展中，但是因为我们目前还不知道它们具体是如何发展出来的，也不知道哪些海豚个体会或不会执行这种处理技术，所以目前还不可能确凿地把"社会性学习"的标签贴上去。尽管如此，像这样一个高度复杂精密的技术序列，显然是沿海的海豚亚群所独有的，这就将文化假说摆在最前面和最中心的位置上。

即使在同一个普通栖息地，如果有机会的话，海豚似乎也会找到方法来特化到不同的摄食生态位中。这些特化可以是在个体水平上、由少数动物共享的，或者是被广泛习用的，因此得以让宽吻海豚可能存在的觅食文化以它们的个体创新为基础，并在二者之间形成了一种连续体[29]。世界上研究得最多的宽吻海豚种群之一——东方宽吻海豚这个版本——生活在澳大利亚西部的鲨鱼湾。我们和其他科学家之所以发现鲨鱼湾的宽吻海豚种群如此迷人，其中一个原因是在它们的觅食策略这一个地点具有多样性。珍妮特·曼恩和她的学生们花了很多年的时间来记录它们，并描绘出12种策略，其中一些列在了表5.1中[30]。我们已经提到过海豚的水上滑行技术：它们游上海滩、进入只有几英寸深的水中倚着海岸线追捕鱼类。而对黄鹂无齿鲹（golden trevally）———一种海鱼——的捕猎显然在种群中只有一头海豚这么做，包括要追逐这些大型（高达15公斤）鱼类然后花上一个多小时来分解再将其食用。在鲨鱼湾的猴子米亚度假村（Monkey Mia resort）附近，当一些海豚游进齐膝深的水中时，它们会被人类提供鱼类来"供给"。"公鸡尾"觅食法之所以被称为"公鸡尾"，是因为它需要在水面上快速猛冲，使得水花从海豚的背鳍上四散飞离，随后立即跟着一次更深的下潜。在"底部挖掘"中，海豚用吻部将猎物从海草中驱赶出来。曼恩与萨金特已经证明，在最后两个例子中，母亲在幼崽出生后的第一年里使用到这些技术与幼崽在随后几年里发展出这种技能的可能性之间有着重要的关系："除非它们的母亲参与到这些中来，否则幼崽们不会发展出这些觅食技能。"[31] 这使得母亲和幼崽之间的文化传播成了解释这类行为发展和持续性的主要假说。但是在鲨鱼湾所有特化的摄食策略中，有一个策略吸引了比所有其他研究加在一起还要多的研究。关于这是否是一种文化行为的争论触及本书的核心。该让我们来看看著名的鲨鱼湾"海绵客"（sponger）了。

海绵客的故事

什么是海绵客？这是人们给这样一群海豚起的名字，它们展示了鲸类最被深入研究的行为之一：鲨鱼湾的宽吻海豚经常被目击到在鼻子上戴有圆锥形的海绵，这些海绵显然是从海床上采集的（插图 8）。有两件事情点燃了科学研究的兴趣——我们人类作为工具使用者天然地对其他物种使用工具感到有兴趣；该行为可能是母亲经由文化传播带给幼崽的。

鲨鱼湾面积很大（上万平方公里），水相对较浅（约 10 米深），由埃德尔兰（Edel Land）半岛和德克哈托格岛（Dirk Hartog Island）所组成并被佩伦半岛（Peron Peninsula）一分为二。这是一个自然风光美妙绝伦的地方，是一处受到人类影响相对较少的世界遗产景观，这里有海豚、儒艮、海龟、海蛇、鲸鱼，当然，还有鲨鱼。海豚的领地范围（home range）很小，大约横跨 6 公里[32]。在佩伦半岛以东距离海岸大约 5 公里的较深的（约 8 至 12 米）水道中可以看到戴海绵的行为，但只存在于特定的海豚亚群：14 头雌性和 1 头雄性。戴海绵现象只在水面可见，但很可能在科学家的摄像机前挥舞海绵并不是这种行为的主要目的。一个令人沮丧的讽刺事实是，尽管我们知道海豚鼻子上戴着海绵潜入水中，但它们在水下的实际行为却从未被观察到，因为越往底部水就越浑浊，而那里才是大多数戴海绵行为发生的地方。关于它们为什么要这样做的主要假说是海绵是用来保护海豚的鼻子的，因为它们会在沙质的海底翻找鱼类，而其中一些鱼类长有讨厌的防御性尖刺。科学家们实验过自己戴着海绵在沙子里翻来翻去，以此来检验其合理性——结果看起来是行得通的 [33]。

戴海绵这个行为值得我们仔细思考，因为它阐明了在研究野生鲸类的社会性学习和文化中许多挑战和争议的来源。如果翻底假说是正确的，那么这项技术是非人类使用工具获取生态资源——否则将风险太大——的一个罕见的例子。被一条有毒的鱼扎到鼻子可不是小事。因此，海绵客的故事与生态——沙质海底的深水水道——密切相关，那里是各种鱼类躲避鲨鱼湾众多捕食者的庇护所，同时也为足够聪明的家伙提供了一个新的机会可以安全地抓住它们。这是一种特化的行为，正因如此，它只发生在生态恰当的地区——那里要有猎物和海绵 [34]。那么，难道这仅仅是对当地生态的一种局地反应，而在水道中长大的海豚全部是自己学会如何在那里觅食的吗？并不是这样的。鲨鱼湾的海豚家域范围（home range）虽然很小，互相却有相当大的重叠，而且也有海豚在同一个水道中觅食而不戴海绵的 [35]。

我们将永远不知道谁是第一个发起者，也不知道它是如何想出这个主意的，但在过去的某个时候，肯定曾经有这么一位。一头戴海绵的海豚怎么会变成很多头呢？那头海豚是否具有某种基因突变，意味着只有它的后代才能够戴海绵？尽管这些水道相对于周围的栖息地算深的，但到达水道的底部，仍在这些动物的潜水能力范围之内，因此这种猜测似乎不太可能。然而，我们可以从今天这些海绵客的遗传基因中寻找线索。遗传学家迈克尔·克鲁岑（Michael Krützen）和他的同事们已经这样做了。在鲨鱼湾的东部海湾，通过对线粒体 DNA 的研究确定，在 15 头海绵客中有 14 头都属于同一个遗传母系 [36]。而那一头不属于这个遗传链条的海豚则让我们可以排除存在单一"海绵基因"

的想法，但从技术上讲，"戴海绵是由更复杂的遗传相互作用所导致的"这件事在技术上还是可能的。遗憾的是，对于任何试图弄清楚这一点的人来说，与这种模式相一致的有两种截然不同的可能性：一种是戴海绵与某种从母系传下来的遗传复合物有关，另一种是通过从母亲到幼崽的学习而得来的，而在以上每种情况中你都会得到相同的与母系基因的关联，因为它们都会通过从母亲到幼崽这条相同的路线传下去。不过，我们可以补充一下。在鲨鱼湾的西部海湾还有另外一组14头海绵客，它们与东部的海绵客是完全分隔开的[37]。像东部一样，西部海绵客都有共同的母系遗传祖先，但重要的是，其祖先是与东部的海绵客祖先不同的一位。此外，这两种母系的成员中也有一些根本不做任何戴海绵行为。我们看得越多，就越难把海绵客的故事完全建立在遗传原因上。我们将在第8章再回到这个问题，在那里我们将权衡鲸类中关于文化的证据。

戴海绵行为的传播看似是从母亲传给女儿，偶尔传给儿子。但是，如果让海绵客和非海绵客之间所有其他因素都一样，那么这种母女相传的设想在长期内是行不通的。平均来说，一代中的每一个母亲都会产生下一代中的另一个母亲，但是如果像戴海绵一样，有一些后代没有掌握到这种技巧，那么在接下来的每一代中平均会有更少的戴海绵妈妈[38]。最终，就没有任何戴海绵的母亲了，也不会有戴海绵的行为了。要想让戴海绵长期持续下去，肯定还有别的事情要做。也许戴海绵的母亲比其他海豚有更多的后代，或者有时戴海绵是一头海豚独立发明的，而它的母亲并非海绵客；抑或有些许的水平传播，也就是偶尔可以在母亲-幼崽纽带关系之外学到戴海绵[39]。所有这些过程都是可能的，而且毫无疑问将成为鲨鱼湾研究人员深入钻研海豚生活的研究目标。

与几公里外被供给的海豚一样，海绵客们主要是彼此之间相互交往，形成一种亚社群（subcommunity）[40]。海绵客海豚还有其他一些特点，例如，它们比普通的东部鲨鱼湾海豚更孤独，通常是独自觅食或

鲸鱼海豚有文化：探索海洋哺乳动物的社会与行为

带着幼崽觅食。虽然戴海绵行为最早出现在经过充分研究的东部海湾，但实际上现在在西部湾更为常见，那里有更深的水道，以及更多的海绵。西部湾的这些是自主创新吗？还是一些游荡四方（按照鲨鱼湾的标准）的雌性把海绵从西方带到了东方，或者反过来呢？迈克尔·克鲁岑和他的同事们正在进行的基因研究应该会给我们一个好答案。海绵客的故事似乎还将继续引人注目一段时间。

人类－海豚捕鱼合作联盟

也许海豚的特化觅食中最非同寻常的就是与人类合作捕鱼。澳大利亚、印度、毛里塔尼亚、缅甸和地中海地区都曾发现过这种合作，但其中最著名的是在巴西[41]。在巴西南部的拉古纳（Laguna）附近，一群人类渔民和一群宽吻海豚之间的合作捕鱼已经在各自物种中持续了许多世代（插图 10）。这种合作的起源已被遗忘在现存的记忆中——它已经持续的时间比现在参与其中的任何人类或海豚都要更长。巴西科学家保罗·西姆耶斯－洛佩斯（Paulo Simões-Lopes）和法比奥·达乌拉·豪尔赫（Fábio Daura-Jorge）非常小心翼翼地进行研究，以免干扰到通过这项活动谋生的真真正正生活着的人。他们尝试构建一幅关于这项不同寻常行为的图景[42]。

这些捕鱼合作联盟是基于一个潟湖系统的泥泞边岸，在那里渔民可以把他们的网带到及膝或大腿深的水里，准备好把网向更深的水道抛出。当他们到达沿潟湖岸边设定的七个特定地点中的一个时，渔民们通过拍打他们的手和撒网到水面上来制造一些骚动。他们说，这是为了让海豚知道他们在那里。在此之后，如果海豚和适当的猎物（主要是鲻鱼）在附近，海豚会驱赶鱼类，就像其他种群中的海豚所做的那样——只是在这里，海豚驱赶鱼群所冲向的障碍是渔民站立其上的泥岸。当这种情况发生时，渔民们密切注视着海豚。他们说，他们观察着一个特殊的信号，那是一种海豚拱起背高高露出水面的独特下潜方式。这是一个提示，让渔民向他们面前撒出网，捕捉被驱逐过来的鱼群。合作联盟的成功有赖于对海豚行为给予细致的关注。这些渔民很擅长识别出单独的海豚，所以他们知道只有某些海豚能做出这一行为。那些做出合作行为的海豚会被授予巴西前总统、足球运动员和好莱坞明星的名字——渔民们尤其喜爱"史酷比"和"卡罗巴"，这两位已经参与合作联盟超过 15 年。他们也知道哪些海豚不进行合作，当这些"坏"海豚在附近时，他们就不会费心去投网。在拉古纳以南 220 公里处的另一个同样也在巴西的地点恩贝 – 特兰曼达（Imbe-Tramandai）也发生了这类合作捕鱼活动，目前已知有两个案例是海豚们移动于这两个地点之间的[43]。

对人类来说，其回报是显而易见的：当海豚参与其中时，渔民会捕到更多的鱼[44]。而对于海豚来说是否受益以及如何受益则没那么清晰可见了。巴西科学家目前的工作假说是，撒网会导致鱼被孤立或受伤，而海豚可以很容易地将其捉住，然而这只是现阶段的一个假说。所有这些都引发了一系列有趣的问题。这种合作最初是如何发生的？也许我们永远不会知道。海豚是如何成为合作者的？是渔民们训练了海豚吗，或许是无意中训练的？这种独特的下潜是海豚有意发出的信号吗，抑或仅仅是一个渔民们找到的信号？（他们自己毫不怀疑这是一个有意的信号。）在巴西的这个河口有太多东西等待我们去了解。例如，为什么只有不到一半的本地海豚种群参与到合作中？

另一个鲸类和人类之间在许多世代以前就发展出的捕鱼合作联盟位于缅甸阿耶亚瓦底江（Ayeyarwady River），与伊河海豚（Irrawaddy River dolphin，即阿耶亚瓦底江海豚，又称短吻海豚）有关[45]。这种互动以及这些海豚都已经被缅甸政府给予了特别的保护，而且它们也开始成为一项旅游热点[46]。与涉入水中的巴西渔民不同，阿耶亚瓦底江上的渔民从小独木舟上投掷出他们的渔网。他们通常在靠近河岸的地方做这些事，这样海豚可以将河岸作为驱赶鱼类前往的依靠。缅甸科学家丁敦（Tint Tun）研究了三个村庄中的合作捕鱼。以下是他的

鲸鱼海豚有文化：探索海洋哺乳动物的社会与行为

描述：

> 在合作捕鱼期间，渔夫和海豚通过声音和视觉信号彼此互相交流。渔夫通过用……圆锥形木钉、铅锤、桨、网发出声音，并用嘴发出喉音来给海豚发送声音信号。海豚用身体和尾叶的信号与渔民交流。海豚把鱼赶往沙岸，把它们朝着捕鱼独木舟的方向赶去。然后，渔夫们及时有秩序地抛撒出渔网。海豚捕食那些被正在下沉的网吓蒙或逃走的鱼，还有一些从网孔中冒出来的鱼。渔夫们报告说，海豚有时会通过像潜望镜伸出水面般的动作来检查周围情况。[47]

丁顿发现，当有海豚协助时，渔民每次撒网平均捕到 80 克鱼；而在没有海豚的情况下，每次撒网只捕到 25 克的鱼 [48][①]。因此，海豚显然帮助到了渔民，但与巴西一样，我们不能确定渔民是否帮助到了海豚。

在西非国家毛里塔尼亚可能也有一个人类 – 海豚捕鱼合作联盟，但我们对此了解较少。一边是小而贫穷的伊姆拉根（Imragen）部落中的成员，另一边是宽吻海豚，或者可能是弓背海豚（humpback dolphins）。两者中间是成群的黄鲻鱼，海豚把它们驱赶向伊姆拉根渔夫的渔网。然而，在这个案例中我们并不清楚海豚是否对渔夫发出的信号做出了反应，或反之亦然，或两者都没有 [49]。

澳大利亚的土著人在接触到欧洲人之前似乎已经在澳大利亚东海岸的几个地方与海豚形成了捕鱼合作联盟 [50]。就像在巴西的一样，这些合作联盟似乎也涉及宽吻海豚，并且也经常以鲻鱼为猎物，而且人类和海豚二者似乎都从中受益。然而，土著人并非用渔网，而是用鱼叉捕鱼——有时他们让海豚从鱼叉中叼走已被刺穿的鱼——而且合作联盟对于土著人来说拥有营养供给方面以及心灵方面的重要意义。这

---

① 此处原文为 "gm/cast"，即每次撒网捕鱼克重。

种合作似乎随着沿海地区欧洲人的到来而结束，这些欧洲人有时会杀死合作的海豚。在澳大利亚的图佛德湾（Twofold Bay）也有虎鲸和捕鲸者之间的合作，我们将在第 6 章中对此进行描述。这种合作可能萌芽于土著人与鲸类的合作经验，它在欧洲人主导的小规模捕鲸业中持续存在了多年[51]。

这些合作联盟是不常见的，或许也是独特的：因为鲸类和人类都改变了各自的行为来进行合作，双方似乎都从合作中受益，并没有一方去训练另一方，而且这种合作在两个物种中进行了代际的传递。在海豚中这种传播可能主要是母系的，由母亲传给后代。同样，文化假说是解释海豚中这种传播的有力假说。我们知道人类中的传播是父系的——因为他们就是这样说的！我们甚至不必去问在我们这个物种中的传播是否是文化传播，因为没有人会真的去争论其他可能性。

这些捕鱼合作联盟是野生海豚和人类之间的非凡互动。也许唯一一类似却不涉及捕捉或训练的另一个合作的例子是黑喉响蜜䴕（greater honeyguides）——生活在撒哈拉以南的非洲大陆上的小鸟——用特殊的双音符叫声将人类引到蜂群所在地，并用姿势信号来指示蜂巢的位置。一旦人类已经从中提取了他们想要的蜂蜜，鸟儿们就会进来吃剩下的蜜。毫无疑问，鸟这一方发出的信号就是要产生这种效果，但鸟儿对它们发出信号的对象并不是很有选择性[52]。比如，有人看到它们向狒狒和猫鼬发出信号，然而它们都丝毫没有去注意鸟[53]。每一只黑喉响蜜䴕都这样做，它们的行为并不局限于一个亚群。这些事实表明，它们指引蜜源的行为有很大的遗传基础。相比之下，拉古纳的海豚中只有一个亚群与渔民们一起工作（大约占种群数目的一半，至少有 60 头），而且没有迹象表明在那些有这种行为和没有这种行为的海豚之间存在任何求偶和交配障碍[54]。同样地，也没有任何记录表明海豚试图把鱼赶往岸边的其他哺乳动物那里。因此很难把海豚的这种行为模式解释为有很大的遗传基础。

　　　　鲸鱼海豚有文化：探索海洋哺乳动物的社会与行为

作为生活方式的摄食策略

在人类社会中，我们生活的方式不仅影响我们口袋里的钱，它还引导着我们的社会交往。我们在工作场所发展朋友，或是努力让加夜班和谈恋爱两件事和谐共存。一头单独的海豚的谋生方式、它所采用的摄食策略，也有其含义。比如，人们可以谈起戴海绵，不仅认为这是一种觅食策略，而且还是一种具有社会性和其他后果的生活方式[55]。比如，海绵客更孤独。与其他海豚相比，它们花在觅食上的时间也相对多一些，它们潜水的时间更长，而且它们花更多的时间在显然更适合戴海绵的深水道里活动。因此，它们与其他海绵客之间的交往关联比与鲨鱼湾海豚种群中任何其他海豚都要多。不同的社交途径、更长的工作时间、不同的近邻环境。它们具有不同的生活方式，而它们也组成了一个戴海绵社群[56]。

一项针对澳大利亚摩顿湾（Moreton Bay）海豚的长期研究很有洞见地阐明了这些生活方式是如何形成的。摩顿湾是昆士兰州布里斯班市（Brisbane in Queensland）附近的一个大型浅水湾。20世纪90年代，生物学者路易丝·奇尔弗斯（Louise Chilvers）和彼得·科克伦（Peter Corkeron）开始在那里研究海豚，通过照片识别海豚个体并观察它们的行为[57]。海豚中的大多数——154头——花相当多的时间跟随在海湾作业的虾拖网渔船，它们从拖网船带到水面的残渣碎屑以及从船尾丢弃的东西里觅食[58]。其他88头海豚使用着相同的区，却与拖网渔船没有关联。跟随和不跟随拖网渔船的海豚互相躲避，分成了两个社群。尽管共享同一个物理栖息地，但这些群落之间除了可能的交配外，几乎彼此之间没有其他关系。奇尔弗斯和科克伦在2001年的文章中总结道："对于跟随拖网渔船的海豚，它们的摄食机会是由拖网渔船所创造的，这已成为其栖息地需求的一部分，不过这些跟着拖网渔船的海豚仍能够从其他食物来源觅食（例如在周末禁止拖网捕鱼时）。近期的渔业管理计划要求在时间和空间上增加对摩顿湾拖网渔业的管控……跟随拖网渔船的海豚对这种休渔行为的反应理应被研究一番。"[59]

渔业管理者采取了相当激进的行动，而到了 2005 年摩顿湾南部的大部分研究区域都对捕虾拖网渔船禁止开放。那里的海豚又怎么样了呢？我们中许多人都想知道。答案来自伊娜·安斯曼（Ina Ansmann），她在拖网捕鱼业关停后，于 2008—2010 年又一次进行了调查[60]。令人高兴的是，她已经展示出，跟着拖网捕鱼船摄食的海豚并没有全都饿死。事实上，它们又回到了其他海豚一直在做的事情上——靠自己在浅水里摄食，在它们的栖息地中更广的范围内寻找食物，而这些食物所在地现在也变得更加零碎了。很明显，社会分化几乎完全消失了——而且种群之间现在很好地混合在了一起。拖网渔船社群和非拖网渔船社群已经合并了，以前分属不同社群的成员现在频繁进行交往。

这个历经了几十年演绎的故事，给我们提出了一些非常有趣的问题。似乎种群中有一部分海豚喜欢轻松而来的大餐，但另一部分则近乎是炫耀地拒绝这种大餐。这两个有着不同文化的社群——一个是探索型的，另一个是保守型的——之前就存在于摩顿湾的海豚种群中吗？抑或是，正如后来拖网捕鱼合并案例所表明的那样，社群的划分是由海豚个体的性格驱使的吗？有些海豚接受拖网渔船带来的好运，另一些则表示拒绝，而每种觅食风格都由此定义了一个独特的社群？尽管研究表明两个摩顿湾社群之间可能发生交配，但如果两个社群之间的交配减缓，那么不难看出这是如何导致"生态型"（ecotype）的发展的！所谓生态型就是一个物种的亚群，主要由它们食用什么或如何食用来定义，但随着时间的推移由于它们的生活方式而经过足够的分离后，演化可能会导致它们之间存在遗传差异[61]。在第 6 章中，我们解释了为什么我们认为这种情况已经发生在了虎鲸身上，它们似乎是文化上较为保守的生物。但是宽吻海豚几乎是具有高度适应性的代表。它们很快找到了如何利用拖网捕鱼的方法——这种方法始于 20 世纪 50 年代，在 70 年代才变得普遍起来——它们还就此形成了自己的

　　　鲸鱼海豚有文化：探索海洋哺乳动物的社会与行为

社会体系，然而随后，海豚从个体和社会这两方面又都适应了拖网捕鱼业的关闭。

类似的过程似乎也在巴西的捕鱼合作联盟中涉及的宽吻海豚以及鲨鱼湾的海绵客中发挥了作用。最近的研究表明，显然在这些种群中也形成了社会分化：在参与联合捕鱼活动的合作型海豚和从不参与合作的非合作型海豚之间的社会分化，以及在海绵客和非海绵客之间的社会分化[62]。因为文化是经由社会性习得的，我们通常认为社会结构是文化的驱动力，但这些例子表明恰恰相反，文化行为可以塑造社会[63]。这种灵活性——既能迅速适应新的生态机会，又能迅速适应生态位丧失——确实对于物种的成功至关重要，并且有助于解释海豚生活方式的多样性。

不过，这种灵活性也可以是双刃剑。当像摩顿湾海豚这样的海豚了解到我们人类从海洋中获取食物的方法所提供给它们的机会时，常常会产生问题。尽管在摩顿湾这种互动基本上是良性的，但世界各地的海豚和鼠海豚已经学会了从各种人类渔具上取走鱼。而若是它们陷入渔网或是鱼线，这可能是致命的。即使它们没有陷入渔网也会导致冲突，因为这些动物越来越善于从渔具上取鱼，这对渔民的生计产生了影响，而正是他们的渔网和鱼线给海豚提供了无须追逐就可以"按菜单点菜"的鱼[64]。在一个典型的人类困境中，有时我们会自愿将鱼送给海豚，比如在鲨鱼湾的猴子米亚度假村，喂养海豚吸引了大量游客来此。除了表面上的慷慨大方，这也会产生一些问题，只有当仔细进行长期研究揭示海豚这种生活方式的后果时才能理解。

在猴子米亚度假村的海豚中，有一头参与了食物供给的海豚母亲是一件很糟糕的事情，因为被供应食物的海豚在养育后代方面不如那些没有来海滩被供给的海豚成功。幼崽通常并不会跟随它们的母亲进入提供食物的非常浅的水域，而是自己脆弱地留在后面，因此很容易受到鲨鱼的攻击[65]。猴子米亚的海豚喂养始于 40 至 50 年前，当时那里还是一个小渔场。鲨鱼湾海豚有时会来到海滩上赶鱼并捕鱼，这是它们天然的摄食策略多样性的一部分。当它们接近渔场时，一些海豚吃下了渔民丢弃的鱼。渔夫们偶尔会把鱼扔给海豚，他们的愉悦就和现在专门去猴子米亚参加这个仪式的游客们一样。海豚渐渐地领会到了这一点。后来，一位名叫爱丽丝·瓦茨（Alice Watts）的船夫发现一头海豚会从自己手上直接取走鱼吃。这个消息在人类之中散布开来，而且似乎也在海豚中散布开来。人们来到猴子米亚喂海豚，海豚们到猴子米亚来被投喂。一开始，喂食并不稳定且不加区分、无人管理。事情很快就失去了控制。

在海豚群体中关于这些鱼类馈赠的知识，其传播的速度可以迅速将低层次的互动变成更大的问题。在猴子米亚以南550公里处的澳大利亚科伯恩湾（Cockburn Bay），垂钓者也开始向当地的海豚投喂鱼饵和鱼虾以取乐，这些海豚现在会接近船只、用各种各样的方法"乞讨"投喂。如果船上的人没预料到有海豚会出现，这对于海豚来说会是一件危险的事，因为船的螺旋桨可能很危险。在海豚中这些知识是如何传播的呢？贝克·唐纳森（Bec Donaldson）和她的同事已经向我们展示出，在科伯恩湾，乞讨的习性看起来遵循着当地海豚种群的社交网络，而这正是我们所预料的——如果海豚们是彼此互相学习这种行为的话[66]。

在猴子米亚，人类以西澳大利亚州政府的集体形式采取了行动。根据科学家们的建议，他们限制了哪些海豚被投喂、它们何时被投喂以及如何被投喂。现在，喂食由鲨鱼湾海洋公园的保育员进行专业操作，这是一个有益的故事，说明了我们之间的互动可以被妥善管理，而且这种操作协定似乎对双方都很有效。每头单独的海豚每天只被喂三次、每次三条小鱼——志愿者们帮助保育员称量每一条被放进桶中的鱼的重量，让桶中的投食只占海豚每日食物需求的一小部分，这样海豚们就不能依赖投喂。游客们与海豚进行亲近的接触，游客们对此很享受。海豚们则与游客有着亲近、可控的接触，这是它们为了吃上一顿像样的小食至少愿意忍受的。在物种之间也有学习发生，海豚掌握了人类这方面的线索，比如当志愿者在海里冲洗他们的空桶时，海豚们就知道投食过程已经结束了，并且它们也很快就适应了喂食操作的变化。而人类也从海豚身上有所学习。保育员和管理者掌握到了海豚这方面的线索——它们何时准备好了被投喂、它们何时已经受够了人类——然后他们据此调整其操作进程以及提供给游客的信息。每天的喂食不超过3次，只在早晨进行。只有5头海豚被喂养过，都是雌性。这种被供给的生活方式虽然仍不同于在鲨鱼湾其他海豚种群的生活方式，不过至少现在可能不那么让人忧虑了。它也跨越了海豚的世代，就像戴海绵一样。从大约1995年起保育员们已经开始选择投喂哪些海豚，但在此之前，它们的生活方式是以其他方式维持的。年幼的海豚是如何学习争取食物投喂的呢？是它们自己独立学会的吗？大多数被供给的海豚其母亲自身都是被投喂的，大多数幼崽是在陪同母亲进入投喂区时得到它们的第一条鱼的，所以这种猜想是不合理的。那么，是有一种争取食物投喂的基因吗？在被投喂的海豚中有三种不同的母系，每种都包含大量的非投喂海豚，所以这个假说也不对[67]。幼崽是通过模仿它们的母亲而学会的吗？或者仅仅是和母亲在一起从而经验到与人类的互动，然后自己就学会如何获得这种奖赏了？后两种似乎是最合理的解释，而且这两种解释与科学家们仔细观察到的供给互动的发展相吻合[68]。两者都指出了社会性信息从海豚母亲流向幼崽的重要性：文化。

在澳大利亚的另一个地方，供给宽吻海豚似乎已经形成了一种对我们来说看似很了不起的文化，但对海豚自身来说可能并没有那么了不起。从1992年开始，在摩顿湾的坦噶洛马度假村（Tangalooma Resort），人们在晚上为野生海豚投喂鱼。自1999年以来，海豚们也偶尔会把自己抓到的鱼类或头足类动物交给坦噶洛马的工作人员，"很可能是被投喂的海豚和参与投喂的人类之间特殊关系的一种表现"[69]。这种行为的一个有趣之处在于，它发生在一个曾经有海豚和土著人合作捕鱼的地区，这里同样还有我们之前描述过的海豚跟着拖网渔船[70]。

因此，从觅食策略中可以看出一种生活方式、一系列社会关系，以及一个社会。这种特化——个体的觅食策略被磨炼成是为了针对特定的生态资源——其更长期的后果是什么呢？我们认为可以从更大区域中——事实上是整个海洋的——海豚的基因分型所揭示出的镶嵌模式中看出端倪。遗传学家鲁斯·霍尔泽尔（Rus Hoelzel）已经做了这项研究。他将这种模式描述为"与基于栖息地或资源特化的局域性分化呈现一致性"[71]。因此海豚可以特化到局部地区的生态位中，而这些特化以及伴随其而来的生活方式会导致种群的分离。这些种群分离的程度现在可以通过测量海豚的身体以及探测它们的 DNA 让我们检测到，只不过这种分离也并没有完全切断基因流动（gene flow）[72]。如果基于这些资源特化而得来的觅食策略是通过社会性学习而散布开来，那么社会性学习可谓——在一定程度上——影响到了物种的遗传结构。

宽吻海豚之间的交流与玩耍

和其他鲸类动物一样，海豚主要运用声音进行交流。它们发出很多哨声，这似乎是传达信息的一种重要方式。几十年来，科学家积累了大量有说服力的证据［主要由文森特·贾尼克（Vincent Janik）、史蒂芬妮·金（Stephanie King）、拉埃拉·萨伊格（Laela Sayigh）和彼得·泰克（Peter Tyack）根据大卫和梅尔巴·考德威尔（David and Melba Caldwell）的开创性建议做出］，这些证据表明每头海豚都有一个与众不同的"签名"哨声（"signature" whistle），它们对这些签名哨声的使用就像我们使用名字一样[73]。当被分开时它们发出这些哨声，推测是为了取得联系，并且还会使用彼此的签名哨声来发起交流。它们主要是在亲近的伙伴之间这样做，比如在母亲和幼崽之间，以及雄性联盟成员彼此之间[74]。复刻出其他海豚的签名哨声似乎主要是为了维持社会纽带。不过有一些科学家对签名哨声的说法存有怀疑，因此在某些地方它仍然存在争议，但有利于它的证据一直都在不断累积[75]。

宽吻海豚的签名哨声已经被相当好地研究过了，它们之所以特别，是因为我们知道它们是通过学习而发展出来的：一头年幼的宽吻海豚并不是与生俱来就有了它的签名哨声[76]。在其他 4 种海豚物种（花斑原海豚、白腰斑纹海豚、真海豚和弓背海豚）中也有对签名哨声的报告，但没有被如此深入地进行研究[77]。不过这些哨声并不是共享的——每名个体都有他或她自己的签名哨声——所以乍一看，这里并没有我们所定义的文化。

然而，海豚并不只是发出自己的签名哨声——它们可以熟练地模仿其他海豚的签名，并发出各种与签名毫无关系的哨声[78]。一头海豚在日常生活中有多少发声是专门用于其签名的目前还有待观察，但是当单个的海豚被隔离开时，它会发出很多自己的签名哨声[79]。它们可以记住并识别出个体的哨声，我们也已经开始了解它们在海上相遇时是如何使用这些哨声的——它们在彼此接近时将哨声来回进行传递[80]。由史蒂芬妮·金和文森特·贾尼克所辛苦做出的探测工作表明，海豚能记住并复刻至少一位在其社群中与它们有强烈社会联系的其他个体的签名哨声[81]。此外，被圈养的海豚能记得它们在 20 多年前曾经一起生活过的海豚的签名哨声，并对其有强烈反应，即便是从那之后这 20 多年里再也没有见过[82]。由此得出的结论是，每一头海豚都会发展出一种对于其社群中数头其他海豚签名哨声的觉知，而且这种知识在一个特定的社群中的许多海豚之间一定是相似的。它必须是经由社会性学习而来的——你不可能学会其他海豚的哨声，除非你听到这个哨声正由它们所发出——而且在某种程度上，一个社群内的海豚携带着这个社群的独特签名哨声集合的相关知识，其中更重要的是每个哨声"属于"哪一个体，这就是共享的信息。或许因此，我们应该将海豚所建立起的这种关于其社群的聚合和共享的知识描述为文化。

宽吻海豚还会发出其他类型的哨声以及其他声音，例如"驴叫声"（brays）或"砰砰声"（pops），这些声音通常也被推测是在进行交流[83]。这些声音在地理上有所不同——只有苏格兰以鲑鱼为食的海豚曾被报告发出了"驴叫声"，而只有鲨鱼湾的海豚发出了"砰砰声"。同样地，当把一个群体发出的所有哨声——无论是否是签名还是其他哨声——都与其他群体的哨声进行测量比较时，就会发现许多海豚种群都显示出了有地域性的方言[84]。如果这些声音是习得的——它们几乎肯定是（我们将在第 7 章中呈现出发声学习的证据）——那么这些声音也是海豚社群的发声文化的一部分。

对于海豚来说，声音是主要的交流方式，而交流的声音通常来自发声系统。但是它们确实也用其他方式交流，只不过因为它们的大多数行为是在水下，所以我们很难获取这些非发声的信号。生活在新西兰"神奇峡湾"（Doubtful Sound）中的宽吻海豚偶尔会做出"侧砸"——即从水中跃出然后用身体侧面落下来——这似乎被用作是开始旅行的信号。它们还做出翻转的拍尾运动（即用尾叶的顶部猛甩到水面上），这貌似是一段旅行结束的信号[85]。我们还并不知道这样的信号在其他的宽吻海豚种群中也存在。但是，神奇峡湾的宽吻海豚具有一种特别有凝聚力的群体结构，其中许多海豚一起旅行，因此使用指示性的信号来调控群体行为是说得通的。由于尚未有其他种群中报告过有这些信号，因此我们强烈怀疑这些信号是社会性习得的，因此也是文化。

玩耍是一种特别难以严格识别的行为类别，然而就像色情作品一样，我们大多数人在看到它时都知道就是它[86]。海豚可以表现出高度的嬉戏性，其最具特征性的表现是它们接近船只来"冲浪"，这个"游戏"利用了船只驶过时产生的弓波，以及到达海滩的海浪。因为玩耍通常与生态学没有直接的关联，所以如果我们想更多地了解关于海豚是如何相互学习的，那么玩耍行为在种群内发展和传播的方式可以为我们提供大量信息。

以"尾行者"比莉（Billie the tailwalker）为例[87]。比莉是一头来自南澳大利亚的雌性宽吻海豚，在 1988 年大约 5 岁的时候，她被发现困在运河船闸里，之后被带到一家商业水族馆接受了大约 3 周的治

鲸鱼海豚有文化：探索海洋哺乳动物的社会与行为

疗。在那里，她和其他海豚住在一起。那些海豚可是海洋馆的永久居民，它们受过训练来根据参观该馆的游客要求而演出各种各样的行为。其中一种行为是"尾巴行走"，即海豚拍打尾巴，使自己垂直于水面冒出来，然后一边向后移动一边保持这个姿势，看起来就像是在水面上行走。康复后，比莉被放归野外，放归后的进展情况由澳大利亚鲸鱼和海豚保护协会的迈克·博斯利（Mike Bossley）所带领的一组志愿者来监控[88]。迈克惊讶地看到，比莉被放归后开始进行尾巴行走。然而比莉在休养期间自己从来没有接受过任何训练，肯定是她自发地从受过训练的海豚那里学会了这一招。这种行为在野外没有任何已知的用处，而且正如你所想象的那样，还要消耗相当多的能量，但比莉还是坚持了下来。不仅如此，她的热情显然颇具感染力，正如迈克所观察到的："另一头名叫波浪（Wave）的雌性海豚开始表现出同样的行为（插图9），但她做这种行为相较于比莉要有规律得多。四头成年雌性海豚也被发现用尾巴行进。"[89]迈克还报告说，好几头海豚幼崽也被发现产生了可辨认出类似于尾巴行走的行为。因此，这样一种在圈养中学习到的行为——它除了游戏之外没有明显的功能，显然已经发展成一种在野外流行的东西——直到比莉被放归的25年后，乃至比莉自己2009年去世之后，并一直持续到今天。

尾巴行走是如何蔓延开来的呢？我们也许可以通过分析在本章前面提到的同步行为有个大致了解。之前我们提到联盟中的雄性有时表现出极端的同步性。我们认为这种同步性并非是玩乐，事实上，对于希望能有后代留下基因的雄性海豚来说，这可能是非常严肃的事情，而我们认为比莉学会尾巴行走和这种海豚社会中同步性所扮演的角色是有关联的。研究海豚联盟的世界专家理查德·康纳曾对同步行为中一种简单的形式——同时浮出水面呼吸——进行过较为详细的描述。这种同步性的程度是很极端的。在一项研究中，两头海豚浮出水面"同步出水"的平均时间差为140毫秒，小于五分之一秒[90]。他还描述了联盟成员在它们与一名雌性"结交"时（这是一个中性的术语，应用于当雄性海豚保护潜在可生育的雌性时，其所采用的方式如果用在人类中那么在大多数国家都是非法的）如何参与到各种同步行为中，包括同步跳跃、在相同和相反的方向上出水、靠近或远离彼此[91]。这些行为被组合成复杂的同步性展示的系列动作。康纳将以下序列描述为一个"简单的展示"："两头雄性海豚同时在雌性的后面浮出水面，各自向前游向雌性动物的两侧，同时向外转，向着与雌性平行的相反方向游过去，然后在同一时间又在她身后转身，并再次并肩浮出在她两侧。"[92]

当周围没有雌性海豚时，雄性联盟也会进行同步出水，尽管它们似乎克制住了一些更具展示性的行为。康纳认为，这种同步行为是一种适应性的信号，它向各方显示出联盟当前关系的健康状况。如果他是对的，那么同步性在雄性联盟中发挥着实际作用，因为结成联盟似乎对接近雌性、赢得求偶比赛至关重要。例如，它可以起到减少联盟成员之间紧张关系的作用，这解释了为什么当有雌性海豚在场时展示性会更强烈，因为两位雄性都希望幸运降临到自己身上，这就在朋友之间制造出了一些需要被舒缓的张力。万变不离其宗。

无论"降低张力假说"是否正确，毫无疑问，这种同步性对于雄性海豚确实很重要。为了通过这种复杂的展示来配合彼此，海豚必须对另一名同类——在这种情况下是联盟的伙伴——和它们自己动作之间的关系有敏锐到不可思议的一种觉察[93]。如果同步能提高繁殖成功率，那么海豚很可能已经演化出了一种心理学，既赋予它们复刻其他同类的能力，并且因为实现了这种复刻也"奖赏"到了它们。我们将在第 7 章更深入地讨论鲸鱼和海豚是如何互相学习的。

回到玩耍的主题，它通常被认为是一种为了其他重要时刻而进行的预演排练和技能发展，从而让人预期，海豚通过玩耍游戏所练习的同步性是为了最终产生彼此相同的行为[94]。将其与心理奖赏相结合，你可以获得一个非常强大的社会性学习机制，能让看似没有实用性的行为仅仅因为海豚喜欢同步而在种群中得以传播。因此，对于突然置身于一个陌生的社会环境中的比莉，她会有一个强大动机来同步她的新"馆友"的行为，并且这种行为在她被放归后通过同步性－游戏而在野生种群中散布开来。

让这件事更有趣的是，我们人类往往也热衷于搞点儿同步性。同步性在人类同盟中似乎也扮演了一些相当重要的角色。人类学家爱德华·哈根（Edward Hagen）和格雷戈里·布莱恩特（Gregory Bryant）提出，这种同盟信号可能是音乐和舞蹈演变中的一个因素[95]。橄榄球联盟的球迷都知道新西兰全黑队（All Blacks）表演的"哈卡"（Haka）展示：在一场比赛前，该队表演一种同步性的毛利族（Maori）战舞，在舞蹈中经常复现残酷的细节，意指他们对手的下场[96]。现代军队花费了大量的时间和精力来操练士官们步调一致地行进和调遣，而发号施令的统治尤其明显需要通过同步性地踢正步来宣传其军事联盟的实力。正如理查德·康纳所说，在人类同盟中对同步性的使用与海豚之间具有的这些相似性可能不仅仅是表面上的，事实上，它们构成了一个迷人的演化趋同（evolutionary convergence）。

海洋性的海豚

我们沿着阿耶亚瓦底江而上进行短暂游览来认识伊河海豚和缅甸渔民之间的捕鱼联盟，这一章到目前为止主要都停留在海湾、河口和其他沿海水域的宽吻海豚身上。我们对其他海豚物种以及鼠海豚的觅食和交流都知之甚少。似乎像弓背海豚这种近岸物种的社会行为和觅食行为与宽吻海豚之间并没有太大的不同[97]。但是在其种群内部和种群之间是否存在着类似的特化现象呢？

一项令人兴奋的对野生海豚的研究是关于巴哈马群岛附近浅水海岸上的花斑原海豚（spotted dolphin）的。这项研究从 1985 年开始一直持续，由丹尼斯·赫尔津（Denise Herzing）所领导[98]。赫尔津和她的同事可以和海豚一起游泳，并在超清澈的海水中近距离观察它们，让他们对海豚的生活有着无与伦比的了解。在第 7 章中探讨社会性学习时，我们将参考他们的一些观察结果。在他们的著作中，赫尔津和她的同事们暗示海豚行为上的变异可能是文化上的，但是到目前为止，他们还没有发表一篇关于巴哈马花斑原海豚行为变异的系统性研究报告[99]。

当我们远离近海去往更深的水域时，我们所知道的就更少了。在这些远海栖息地的海豚，无论是"离岸"宽吻海豚，还是 20 多个深水海豚物种的成员，都过着与它们在沿岸或淡水的亲戚截然不同的生活———一种更危险的生活。它们通常组成大型的群落，有时多达上千头，最主要可能是为了保护它们抵御开阔外海的一系列捕食者[100]。在它们所处的没有特征的深海世界里，它们群落的其他成员是这些海豚所经历的唯一恒定不变的物理存在，失去自己的群落可能会被判死刑。此外，它们的食物往往来自难以预测的巨大鱼群，而不是像沿岸海豚那样可以"这里来一口、那里来一口"。

与沿岸海豚相比，我们对这些海洋性海豚的社会以及行为如何在它们内部散布或不散布几乎并不清楚。然而，一些对半沿岸海豚物种的深入研究可以让我们稍微感受一下在深水中生活方式的变化。伯恩德·威尔希格（Bernd Würsig）、梅兰妮·威尔希格（Melany Würsig）及其同事研究了几十年的暗色斑纹海豚（dusky dolphin），一开始是在阿根廷附近海域，最近在新西兰附近海域[101]。暗色斑纹海豚和其他沿岸海豚一样，通常一白天都静静地挤在靠近海岸的浅水区，在那里它们非常安全、不会受到捕食者的攻击，然后它们晚上到深水区去单独摄食那些从黑暗深处迁游上来的生物。这是它们在新西兰南岛（South Island）凯库拉半岛（Kaikoura）附近所做的事[102]。然而，每年冬天，凯库拉半岛的一部分暗色斑纹海豚（大部分是雄性）会游到 275 公里外的金钟湾（Admiralty Bay）水域，在那里它们完全改变了自己的生活方式：白天它们合作摄食季节性出现的小型鱼群[103]。年轻雄性海豚如何学习关于这种季节性的机会呢？由于它们的母亲大多不这样

　　　鲸鱼海豚有文化：探索海洋哺乳动物的社会与行为

做，而暗色斑纹海豚的父亲和后代之间几乎没有关系，因此最合理的解释是，它们是向年龄较大的非亲缘雄性学来的。在两位威尔希格最近编辑的一本关于暗色斑纹海豚的书末，作者海蒂·皮尔森（Heidi Pearson）和德博拉·谢尔顿（Deborah Shelton）在一篇总结性的文章中写道："海豚在金钟湾和凯库拉半岛之间的季节性迁移很可能是跨世代文化或斜向文化的一个例子。"[104]

在思考海洋性海豚大型群落中的生活时，肯·诺里斯——他也许比任何人都更算是开创了现代鲸类科学——首次提出海豚社会可能拥有我们能认定为是文化的东西。他对这个词的含义做了一个典型的中肯描述："所谓**文化**，我指的是一个物种内想法或观念的集体汇聚；它们的起源、传播和储存。因为想法是在构想者的精神中形成的，所以它们不能直接与基因组关联起来。相反，它们通过指示和观察从某一个体传递到另一个体，并且它们可能随着每次传递而发生改变。它们可以作为记忆和传统被保存着，或者是保存在图像中。我在许多更高的哺乳动物和一些鸟类身上发现了文化的元素。"[105]

诺里斯花了很多年的时间研究夏威夷周围的海洋性长吻原海豚（spinner dolphin，俗称"飞旋海豚"），它们和暗色斑纹海豚一样，白天都待在近岸的大型社会群落中，晚上到离岸的近海中摄食。"飞旋"——就像"暗色斑纹"一样顾名思义，在于它们精妙的跳跃。诺里斯记录了它们是如何组织起每一回合的进攻行为，以及海豚群落是如何在它们每回合的进攻行为间通过同步性的转换，从而保持凝聚力的。他还记录下在这样一个巨大的三维社会中生活会是什么样的。与他的同事卡尔·希尔特（Carl Schilt）一起，他想出了一个叫"感觉整合系统"（sensory integration system）的先进概念，去思考这样大一个群落中一头单个海豚能获得什么样的信息（见插图 11）[106]。它会通过自己的视觉和回声定位获得信息，海豚群其他成员的动作和发声也会给它提供丰富的信息。这些信息不是私人信息，所有成员都可以获得，而且它们具有潜在的巨大价值。例如，来自群友们的突然快速移动能提醒你注意一名捕食者的出现，而来自海豚群另外一边的刺耳回声则可以提醒你有一个很好的球状鱼群可以去摄食。诺里斯认为，海豚群将整合这些信息来源——因此也就是一个感官整合系统——因为群落里的海豚会反复地既接收又传递这些信息：或许是仅仅不经意地采取了行动，或者是通过模仿或匹配。如果你是这样一个群落里的一头海豚，你应该注意你周围其他同类都在做什么，关注其他同类有助于公共信息和社会性信息的流动。诺里斯提出，利用对于群落和其中海豚的动态布局的心理地图，这种感觉整合将使海豚群落能够集体有效地应对威胁和机遇，不管群落的哪个部分先遇到威胁和机遇。这个系统对公共信息有着持续不断的关注，并且还有信息经由群落快速传播的好处，诺里斯由此看到了文化的基础："我认为，飞旋海豚的社会既涉及社会生态学，也涉及文化，这两者在塑造该群体的总体基因演化方面都发挥了重要作用。"[107] 他的远见如此超前于他的时代，直到 20 年后我们在理解海洋性海豚社会的复杂性方面仍未取得太大进展。今天，缺乏这些物种的数据让我们迟迟不能对诺里斯的观点进行恰当的测试，不过最近的模拟研究已经表明，这种过程在"虚拟"动物中是多么地有效[108]。总的来说，海洋性海豚的社会对我们就像月球的黑暗面一样难以接近，因为它们游荡在远洋的不毛之地中，而这些不毛之地已经吞噬了成千上万不幸的人类海员。所以这些海豚仍会把它们的秘密保留更长的一段时间。

我们已经看到海豚是如何发现并将其对各种生态资源的知识传递给它们的幼崽，看到这些发现是如何反过来塑造海豚的生活方式和社会的，以及这些发现又是如何被对于同步行为的一个驱动力所支撑的。海豚生活的这些特征在多大程度上与我们对文化的见解有关？海豚社群——以其多样的觅食策略和一系列独特的发声——会是包含大量文化信息的宝库吗？带着这些问题，我们离开海豚，继续在下一章考察它们更大些的齿鲸表亲们，尤其是虎鲸和抹香鲸。

注释

1. 现代基因组研究为了解演化提供了一个详细的窗口，该属之中的分类正在经历一个变化期。可能有着两个以上的物种——澳大利亚科学家提出了有第三个物种"澳大利亚宽吻海豚"（*Tursiops*, *T. australis*）应该在澳大利亚南部的小范围内被识别出来（Charlton-Robb, et al., 2011）。

2. 例如，Hoelzel, Potter and Best 1998; Torres et al., 2003。

3. Fearnbach et al., 2012; Parsons et al., 2006.

4. Leatherwood and Reeves 1990.

5. Parsons et al., 2006.

6. Urian et al., 2009; Wiszniewski et al., 2010.

7. 杰罗（Gero）等人 2005 年考察了海豚群组里在特定的活动中受偏好的结盟伙伴。

8. Frère et al., 2010b.

9. 打架导致失去意识的证据可在帕森斯（Parsons）、德班（Durban）和克拉里奇（Claridge）的研究中找到（2003）。

10. 关于雄性有时会杀死幼崽的记载可见 Patterson et al., 1998。

11. Wiszniewski et al., 2012.

12. 《见见海豚黑手党》（Meet the Dolphin Mafia），《科学》杂志 2012 年 3 月 27 日，http://news.sciencemag.org/sciencenow/2012/03/meet-the-dolphin-mafia.html。

13. Connor, Heithaus, and Barre 2001; Connor, Smolker, and Richards 1992; Moller et al., 2001; Parsons et al., 2003; Wells, Scott, and Irvine 1987.

14. 《见见海豚黑手党》；Connor. et al., 2010。

15. De Waal 1982.

16. Connor et al., 2010.

17. Connor 2007; Connor, Smolker, and Bejder 2006.

18. 关于对同步行为的训练，参见例如 Herman 2002a。

19. Silva et al., 2003.

20. Andrews et al., 2010; Karczmarski et al., 2005.

21　Connor et al., 2000.

22　Bel'kovich et al., 1991.

23　Sargeant et al., 2005.

24　Silber and Fertl 1995.

25　Torres and Read 2009.

26　Gazda et al., 2005.

27　Finn, Tregenza, and Norman 2009, 1.

28　Finn, Tregenza, and Norman 2009, 3.

29　Sargeant and Mann 2009.

30　Mann and Sargeant 2003.

31　Mann and Sargeant 2003.

32　Krützen et al., 2005.

33　Mann et al., 2008.

34　Sargeant et al., 2007; Tyne et al., 2012.

35　关于海豚家域（home range）的重叠，参见 Frère et al., 2010a。关于在同一个水道中觅食的海豚却不戴海绵的证据可见于 Mann and Sargeant, 2003。

36　Krützen et al., 2005.

37　Ackermann 2008.

38　Enquist et al., 2010.

39　Kopps and Sherwin 2012.

40　Mann et al., 2012.

41　Neil 2002.

42　Daura-Jorge et al., 2012; Simões-Lopes, Fabián, and Menegheti 1998; Zappes et al., 2011.

43　感谢毛里科·康托（Maurico Cantor）提供这些细节。

44　例如 Zappes et al.，2011。

45　令人费解的是，"阿耶亚瓦底江"（Ayeyarwady River 的音译）与"伊洛瓦底江"（Irrawaddy River）是一样的。"伊洛瓦底"是这条河的缅甸名称的早期英文音译，并已成为海豚物种英文名称的一部分。而"阿耶亚瓦底"
是后来一个更准确的音译。

46　缅甸政府的特别保护令 :《野生动物和保护区保护法》(州法律和恢复委员
　　会第 6/94 号法律) 第五章 "被保护的野生动物和野生植物" 的条款 15;
　　畜牧和渔业部渔业司在 2005 年 12 月 28 日发布了第 11/2005 号通知。

47　Tint Tun 2004, 9.

48　然而，单位时间的渔获量在与海豚一起捕鱼时更低，因为渔民必须花时间
　　排队等待与海豚一起捕鱼的机会 (Tint Tun, 2005)。

49　Robineau 1995.

50　Neil 2002.

51　Neil 2002.

52　关于蜜䴕（honeyguide）有意发出信号，参见 Isack and Reyer, 1989。

53　Dean, Siegfried, and MacDonald 1990.

54　Daura-Jorge et al., 2012.

55　Mann et al., 2012.

56　Mann et al., 2012.

57　Chilvers and Corkeron 2001.

58　Chilvers and Corkeron 2001; Chilvers, Corkeron, and Puotinen 2003.

59　Chilvers and Corkeron 2001, 1904.

60　Ansmann et al., 2012.

61　关于社群之间的交配，参见 Chilvers and Corkeron, 2001。

62　Daura-Jorge et al., 2012; Mann et al., 2012.

63　Cantor and Whitehead 2013.

64　例如 Brotons, Grau and Rendell 2008; Díaz López 2006; Gonzalvo, et al., 2008。

65　Mann and Watson-Capps 2005.

66　Donaldson et al., 2012.

67　关于鲨鱼湾母系的更多信息，参见《沙滩海豚的历史》，鲨鱼湾海豚项目，
　　http://www.monkeymiadolphins.org/node/32，于 2013 年 1 月 23 日查阅。

68　《沙滩海豚的历史》。

69　Holmes and Neil 2012, 397.

70　Neil 2002.

71　Hoelzel, Potter, and Best 1998, 1177.

72　例如，在北大西洋离岸（近海）和近岸之间（Hoelzel, Potter, and Best, 1998）。

73　Caldwell, Caldwell, and Tyack 1990; Janik, Sayigh, and Wells 2006; King et al., 2013.

74　King et al., 2013.

75　关于对签名哨声的怀疑，参见 McCowan and Reiss, 2001。

76　对于学习在发展签名哨声中的作用，参见 Sayigh et al., 2007。

77　Sayigh et al., 2007.

78　关于对其他海豚的签名哨声的模仿，参见 Sayigh et al., 1990 和 Tyack 1986。

79　Janik and Slater 1998.

80　关于哨声的使用方式参见 Quick and Janik 2012；关于对个体哨声的识别，
　　参见 Janik, Sayigh and Wells 2006。

81　King et al., 2013; King and Janik 2013.

82　Bruck 2013.

83　关于"驴叫声"，参见 Janik, 2000a；关于"砰砰声"，参见 Connor and
　　Smolker, 1996。

84　例如 Hawkins 2010; Morisaka et al., 2005。

85　Lusseau 2007.

86　游戏可以被看成一种没有即时功能但或许在以后提供好处的行为，例如在身
　　体技能之中或协商的社交互动时（Bekoff and Byers, 1998）。然而，要证明
　　某些行为没有即时的功能是很困难的，而要揭示之后的功能则更加困难。

87　关于更多的详情，请参阅"海豚比莉——她的故事和视频"，阿德莱德港
　　江豚，2013 年 8 月 12 日查阅，http://www.portriverdolphins.com.au/billie-
　　the-dolphin—her-story.html。比莉（Billie）最初被认为是一名雄性，所以
　　被称为"比利"（Billy），但在圈养期间，她被发现是雌性，并被称为"帕
　　特"（Pat）。等回到野外后，她变成了"比莉"。

88　我们感谢迈克·博斯利与我们分享这些细节。

89　保罗·埃克莱斯顿（Paul Eccleston），《野生海豚学会在水上行走》，《每日电讯报》（*Telegraph*），2008 年 8 月 19 日，http://www.telegraph.co.uk/earth/earthnews/3349840/Wild-dolphins-learn-to-walk-on-water.html。

90　Connor, Smolker, and Bejder 2006.

91　Connor et al., 2000.

92　Connor, Smolker, and Bejder 2006, 1377.

93　Connor, Smolker, and Bejder 2006.

94　关于将游戏玩耍当成一种演练和发展重要技能的方式，参见 Bekoff and Byers, 1998。

95　Hagen and Bryant 2003.

96　在优兔网（YouTube）上有多个可供搜索出来的新西兰全黑橄榄球队（All-Blacks）的毛利战舞。遗憾的是，紧随其后的许多都是本书作者卢克的第二故乡威尔士输掉了比赛。

97　例如，Karczmarski 1999。

98　Herzing 2011.

99　关于可能是文化的变异，比如，"海豚'刷子'（Brush）兴奋地游来游去，吱吱叫着并用腹鳍摩擦着它的妈妈'油漆'（Paint）。这是'油漆'家族的传统"（Herzing, 2011, 241）。

100　Gowans, Würsig, and Karczmarski 2007.

101　Würsig and Würsig 2010.

102　Dahooda and Benoit-Bird 2010.

103　Vaughn, Degrati, and McFadden 2010.

104　Pearson and Shelton 2010, 345.

105　Norris 1994, 303.

106　Norris and Schilt 1988.

107　Norris 1994, 304.

108　Berdahl et al., 2013.

第 6 章

大型齿鲸的母亲文化

母系社会系统

与海豚那种松散的"裂变 – 融合"的社会生活不同，一些较大的齿鲸物种的社会结构非常牢固。它们关注的是母亲。从形式上讲，我们称它们为"母系"（matrilineal），意思是大多数雌性与母亲生活在同一社会群体中，当她和母亲都活着时，女儿和母亲待在一起。这与"母权"（matriarchal）是不一样的——它是指女性长辈拥有权力或影响力。大象的社会既是母系的，也是母权的[1]。大型齿鲸生活在母系社会中，但我们目前没有证据表明它们是母权社会，尽管我们怀疑它们是。这种母系结构有多种形式。其中最严格的是北美洲西北海岸附近以鱼类为食的"居留"（resident）虎鲸的等级排列的社会制度[2]：雄性和雌性都在其所出生的社会单元中度过一生。其社会单元在结构上完全是母系的。而使用相同水域的、以哺乳类动物为食的"过客"（transient）虎鲸，它们的社会制度则更加灵活，偶尔会有雄性、有时是雌性，在社会单元之间转移，不过它们基本上仍是母系的。

另一种被充分研究的大型齿鲸物种是所有齿鲸中最大的——抹香鲸。在它们这里同样，社会的基础是母系单元[3]。单元内的雌性共同哺育和照顾彼此的幼崽，并且一起保护它们。然而，与居留虎鲸不同的

鲸鱼海豚有文化：探索海洋哺乳动物的社会与行为

是，雄性抹香鲸会永久性地离开它们的出生单元，在那之后它会与一个由其他雄性抹香鲸组成的网络有着更为灵活的社会关系，而当在同一栖息地时它们则在不同的雌性鲸群之间游荡。

领航鲸（pilot whale）的两个物种也生活在以母系单元为特征的社会中，而其他一些研究较少的大型齿鲸物种也是如此，例如伪虎鲸，也许还有瓜头鲸（melon-headed whale）[4]。并非所有的大型齿鲸都是母系的。例如，在新斯科舍省（Nova Scotia）南部的海底峡谷中我们所研究的深潜的北部宽吻鲸（northern bottlenose whale）体型大约和虎鲸一样大，但它们的社会系统更像是宽吻海豚的：有雌性组成的网络，还有雄性搭档之间更强的关系[5]。

虎鲸、抹香鲸和领航鲸的母系社会系统为文化传统的发展提供了良好的基础。幼鲸向它的母亲或其他母系亲属学习。以这种独特且往往是共同学习的方式，很容易在母系社会单元里建立起行为模式。社会单元可以分裂或与其他社会单元组合起来，分享并学习彼此的行为。因此，共享文化可以在更高层次的社会结构——例如氏族（pod）或部族（clan）——之中发展起来。社会单元、氏族和部族之间的文化对比可以通过从众而得到增强。

我们这些科学家发现，与海豚、鼠海豚或须鲸等更具流动性的社会相比，在母系社会的环境中更容易找出文化。基本上，我们所寻找的行为是某个社会实体的与众不同的行为。母系社会的行为特征可能不是文化。它可能是只有那个母系所具有的遗传组合的结果，或者是来自普遍的母系环境对个体行为所产生的独立影响。然而，如果两个母系环境之间存在交配，或者雌性在母系之间偶尔进行转移，那么对这些行为特征进行纯粹的遗传解释是非常行不通的，而且如果具有不同行为的母系社会其实处在相同的环境下，那么就没有所谓的对不同环境产生不同的反应。因此，我们关于鲸鱼文化的最重要信息大多来自这些母系物种，尤其是来自它们的声音。母系鲸鱼的发声在某些方面是我们进入鲸鱼和海豚文化的最清晰的途径。

这些母系鲸鱼包括两种海洋中最非比寻常的物种，虎鲸和抹香鲸。我们对这些动物的了解也比其他鲸类动物都多——只有座头鲸和宽吻海豚跟它们差不多出名。因此，我们本章将围绕虎鲸和抹香鲸，在不同段落分别介绍它们中每个物种，描绘出它们的社群以及它们是文化——或可能是文化——的发声和非发声行为。在本章的结尾，我们将谈到我们对领航鲸和其他母系鲸都了解些什么。

"虎鲸：顶级的顶级捕食者"

在所有的鲸鱼科学家中，罗伯特·皮特曼也许是在海上度过了最多时间、见过最多鲸类物种的科学家。他编辑了 2011 年美国鲸类学会（the American Cetacean Society）的期刊《观鲸者》（*Whalewatcher*）关于虎鲸的专刊，该专刊的标题正是本节的标题[6]。他代表在该期专刊中撰文的虎鲸科学家们写道，"虎鲸是目前生活在这个星球上最神奇的动物"。[7]我们不研究虎鲸。抹香鲸是我们的主要研究物种，它在《观鲸者》上也有自己的专刊，也是"地球上最令人惊奇的动物"称号的有力竞争者[8]。我们将在本章下一节对此进行阐述。但是，尽管抹香鲸体型更大，牙齿更大，脑更大，潜得更深而且在许多方面都是相当极端的，我们却也不得不承认皮特曼的观点很有道理。在研究抹香鲸的过程中我们很少见到虎鲸，但每次见到都是让人记忆深刻的。即使它们当时只是游弋而过，它们给人的印象是拥有巨大的力量和决心，而当它们开始攻击我们正在研究的抹香鲸或座头鲸时——这些鲸都比 5 到 8 米长的虎鲸体型要大——它们的力量、计划性以及合作性一目了然。

有些人——比如皮特曼这样的——会说"杀人鲸"（killer whale），而另一些人则说"虎鲸"（orca）。两者都可以[9]。"杀人鲸"强调了它们的捕食者本性——它们有时以戏剧性和血腥的方式捕杀大型猎物；"虎鲸"则代表了一种社会上、文化上和认知上都很复杂的生物，并且据我们目前所知，它们从未真正在野生状态下杀死过人类[10]。同一个

鲸鱼海豚有文化：探索海洋哺乳动物的社会与行为

动物的这两个侧面之间是密切相关的。它们能是如此毁灭性的捕食者，正因为它们是社会性的、聪明的，并且具有文化性的。毫无疑问，它们的社会演化和智力演化至少部分的是由它们的捕食者天性所驱动的。

"杀人鲸"这个名字还有另一个难题。人们在全世界各地——从两极附近的浮冰间的裂缝到赤道的温暖水域——看到、描述和拍摄虎鲸，所有这些都是强壮的、中等体型的鲸鱼，有着引人注目的黑白标记和高大的背鳍，而成年雄性有着更巨大的背鳍。但不同群组的"虎鲸"之间存在着差异。有些群组的虎鲸体型小一些，或者它们的鳍更尖，或者它们特征性的白色眼周斑块减小了。此外，在同一区域的虎鲸可能有两种或两种以上的形态类型。但这些差异最有趣的方面是，它们不仅仅是**形态（morpho-）**类型不同（即身体形状不同），它们还是不同的**生态（eco-）**类型：即有着不同的生活方式。虎鲸通常以最为引人注目的方式进食：例如，一条小鳁鲸被撕碎，或者海豹从海滩上被掠走，而即使是在更隐秘地觅食时，它们还可能会留下食物的印迹。与许多鲸类动物相比，我们对虎鲸的饮食有一个相对比较好的了解。在少数情况下，跟踪虎鲸的科学家可以非常确定他们观察到了每条虎鲸个体的每一次摄食事件，因此可以对其觅食行为进行详细的定量研究[11]。因此我们知道，视觉上可区分出的不同虎鲸食用完全不同的猎物。

被研究得最好，也最为人所知的是美国西边北太平洋的虎鲸，那里有三种生态型："居留"虎鲸，吃鲑鱼，雄性有轻微前倾的背鳍；"过客"虎鲸，体型稍大一点、有尖形的背鳍、吃海洋哺乳动物；以及"离岸"虎鲸，它们吃深水鱼，尤其是鲨鱼[12]。两种或两种以上生态型的虎鲸可能使用同一水域，但方式不同。在大西洋的东北部则似乎至少有两种生态型，一种专门猎杀鲸类动物，而另一种较小的"2 型"具有更广泛的饮食习惯[13]。在南极，虎鲸生态型的情况变得越来越怪异[14]。那里似乎至少有五种生态型，也许还会有更多："A 型"虎鲸专门捕猎小鳁鲸，"浮冰虎鲸"针对海豹，"格拉切虎鲸"针对企鹅，而

"罗斯海虎鲸"和"亚南极虎鲸"则貌似是吃鱼的[15]。

这里所有这些虎鲸生态型是怎么回事呢？它们是不同的种，还是不同的亚种，抑或是不同的种族，还是什么？乍一看，出现一大堆的虎鲸生态型似乎并不罕见。许多动物物种，比如狼和土狼，都有着吃不同东西的不同生态型[16]。但一般来说，它们是在不同的地方才形成了这些变异，因此地理屏障也让动物的不同群组发展出了独立的生态、形态，以及基本上是演化的轨迹。有时这些屏障会被突破，也许是因为地质作用（比如一座陆桥的开通），一次不寻常的迁徙，或是人为的干预，于是我们开始发现这些类型交汇在一起，但仍保留着它们的差异，因为只有在一个类型的内部才有成功繁殖。而正是因为一开始有这些屏障才使得这种差异得以发展[17]。但是，虎鲸并没有面临太多的屏障；虎鲸们遍游海洋数千公里，会遇到各种其他生态型的虎鲸。尽管如此，在这些生态型之间的差异还是如此深远。新的遗传学研究表明，这些生态型的母系血统之间已经很好地分离了很多很多世代，几乎没有杂交。遗传学家菲利普·莫林（Phillip Morin）和他的同事们认为，世界上存在着许多个虎鲸的物种[18]。那么这都是怎么发生的呢？

温哥华水族馆的研究员兰斯·巴雷特–伦纳德（Lance Barrett-Lennard）花了大量时间思考虎鲸的演化。他也花了很多时间自己在海上和这些动物待在一起。他认为，它们演化的多样化其关键在于三个强大的虎鲸特质：它们挑食、它们仇外，以及它们具有文化性[19]。

虽然世界上的虎鲸吃的猎物种类繁多，从蓝鲸到黄貂鱼再到鲱鱼，但每一头虎鲸和每一种生态型的虎鲸都有一种更为严格的饮食习惯，并以惊人的毅力将它坚持下去。这一点在以下例子中得到了生动的展示。1970年3头以哺乳动物为食的过客虎鲸在不列颠哥伦比亚省外被活捉，被用于商业展示[20]。它们被关在有网的水池里，像以往通常被捕获的居留虎鲸一样被投喂鱼类；当时没有人知道虎鲸有不同的生态型。在长达75天的时间里，它们被投喂了鱼类但是却都不吃。然后一头虎鲸死去了。4天后，另外两头虎鲸开始吃鱼，但在被

　　鲸鱼海豚有文化：探索海洋哺乳动物的社会与行为

圈养几个月而重新放归野外之后，它们又恢复到像以前那样吃哺乳动物了。

这种挑剔不仅局限于食物的一般种类，比如是鱼类还是哺乳类。北太平洋东部的虎鲸以奇努克鲑鱼为主要食物，而对其他鲑鱼物种相当不屑，在20世纪90年代，当奇努克鲑鱼数量减少时，尽管其他种类的鲑鱼仍相当丰富，居留虎鲸的数量也在下降[21]。南极的浮冰虎鲸擅长利用海浪将猎物海豹从浮冰上赶下来。这是它们捕获自己大部分食物的方式。然而，它们通常会先在浮冰周围探出水面进行侦察，以确保受害者是它们青睐的物种——威德尔海豹（Weddell seal）[22]。食蟹海豹（Crabeater seals）——它们大约是威德尔海豹的一半大小但在其他方面却非常相似——则一直被略过不吃。食蟹海豹约占该地区海豹总量的83%，而威德尔海豹仅占15%。虎鲸的挑剔性还延展到食用猎物的哪个部分。吃须鲸的虎鲸通常只吃其舌头和嘴唇，而格拉切虎鲸在吃相对较小的企鹅时，通常把除了它们喜欢吃的胸部肌肉之外整个企鹅尸体都丢弃[23]。被抓住圈养起来的虎鲸仍保留着这种挑剔性，不愿意去尝试不熟悉的食物[24]。对食物的选择性是虎鲸的一项普遍特质，而巴雷特–伦纳德认为，这种特质是它们整体上文化保守主义的一部分。

巴雷特–伦纳德提出的第二个虎鲸特质——仇外心理（xenophobia）——很难被记录下来。然而，在北太平洋东部，不同的虎鲸生态型之间要么故意忽视，要么千方百计回避彼此。约翰·福特（John Ford）和格雷姆·埃利斯（Graeme Ellis）在关于进食哺乳动物的过客虎鲸的权威著作中的这段描述说明了以下证据：

在一个近邻地区同时看到居留虎鲸和过客虎鲸并不常见，但我们自己和我们的同事也算目睹过一些这种情况，因此开始注意到其中的一种模式。这两种类型的虎鲸要么是经过彼此显得互相都没注意到对方，要么就是过客虎鲸主动避免与居留虎鲸相遇。

在避让的情况下，过客虎鲸会偏离它们的路线，绕过居留虎鲸，或者逆转航向以保持彼此不碰到。我们有时注意到，当一组越来越接近的居留虎鲸在水下的叫声变得逐渐可以被听到时，比如在大约几公里的范围内，那么过客虎鲸就会开始采取避让行动。这样的话，因为过客虎鲸在行进和觅食时通常是无声的，它们可能一般不会被体型较大、叫声很高的居留虎鲸们发现。[25]

因此虎鲸的不同生态型之间罕有碰面，然而这种碰面也曾被观察到，其中一次碰面的细节值得在这里被反复提及，因为它们有力地说明了虎鲸社会中所谓的仇外心理，而这反过来又说明了遍及人类社会文化中的一个方面——即个人认同自己群体的方式，这种认同可以通过完全随意的符号标记识别出，而且要比任何被识别为"他者"的个体或群体更偏好于它们。福特和埃利斯描述了一次虎鲸间的相遇：事情始于埃利斯接到的一通关于温哥华岛（Vancouver Island）纳奈莫湾（Nanaimo Bay）的虎鲸的电话，这给他们提供了线索收集一些数据。他们很快就遇到了这些鲸鱼，并且认出来它们属于一个著名的居留群体，J氏族（J pod）：

> 在遇到这群虎鲸后不久，它们开始向着距离加布里奥拉岛（Gabriola Island）西北端约两英里的德斯卡诺湾（Descano Bay）"鲸奔于水"（porpoising）——即以高速游动。埃利斯冲在前面调查J氏族虎鲸以这样的速度要去向哪里，当他接近小海湾时，他观测到了更多的鲸鱼，它们在水里溅起了许许多多的水花。
>
> 不一会儿，格雷姆到达了德斯卡诺湾，他在一个紧密的群体中发现了更多的J氏族虎鲸，它们似乎处于非常兴奋的状态。不久之后，之前那组J氏族也加入了它们，然后一起仍以高速游动。在11点，当鲸鱼们开始一起冲向海湾的最前面时，三头过客虎鲸T20、T21和T22组成的一个群，突然在居留虎鲸们前方几米处浮

　　　鲸鱼海豚有文化：探索海洋哺乳动物的社会与行为

出了水面。这些过客虎鲸显然是刚从较大的居留虎鲸群中逃掉的，看起来居留虎鲸们正试图将过客们驱往前方，甚至可能是冲上海滩。所有的鲸鱼都极度焦虑不安，通过船体可以清楚地听到它们激烈的叫声，甚至盖过了舷外马达的噪声。格雷姆观察到 T20 的背鳍和 T22 的侧腹上出现了新鲜的齿痕。居留虎鲸中所有年龄和性别的鲸鱼似乎都参与了这场争斗。就在鲸鱼们接近岸边的一个渡轮码头时一艘渡轮从船坞中驶出，打乱了它们的互动。那群过客虎鲸立即潜入水中，在远离海湾的另一边浮出水面，紧随其后大约 200 米是 J 氏族虎鲸。大约 5 分钟后，过客虎鲸离开了海湾，平稳地向南游去，J 氏族则缓慢地跟在它们后面几百米的地方。在 11 时 35 分，过客虎鲸穿过了多德狭湾（Dodd Narrows）——一条通向南方的小型潮汐通道，但 J 氏族并没有继续跟着它们。相反，它们辗转了 25 分钟，那时在早先与过客们的摩擦中并未出现的雌性 J17 和她的新生幼崽 J28 终于加入了它们。[26]

此处所描述的虎鲸群体间的对抗程度是非常极端的——毕竟，这些虎鲸吃的东西不同，所以它们不可能去为了相同的资源而大打出手。从自然选择的角度来看，最有效的做法就是忽视彼此，并把这类对峙带来伤害的风险降到最低。这里面肯定还有更多的东西，而巴雷特–伦纳德认为那就是仇外心理。

"文化"是虎鲸的第三个特质，而且也是本书的主题。它们的文化尤其很保守。用巴雷特–伦纳德的话说，虎鲸"能够通过范例学会任何东西，却不容易去进行不断尝试或创新"[27]。因此，做事情的新方法在虎鲸社会中并不常见，然而一旦出现了新的方法，它们就会迅速传播开来。

鉴于此，巴雷特–伦纳德认为，一群虎鲸发展出一种捕捉和使用某种特定猎物的专门的方式，它们对此进行文化的传承，相当排外地使用着，并坚持用下去[28]。它们与其他有着别的谋生方式的虎鲸群体几乎没有瓜葛，而且很快就停止了与那些虎鲸群体交配。这被认为是多种多样的虎鲸生态型的起源，也许还是一种罕见的由文化所驱动的特化形式的萌芽，我们将在第 10 章做进一步的讨论[29]。

以上这些特性对虎鲸大有裨益。尽管每一头虎鲸和每一种虎鲸生态型都可能是仇外和挑食的，但作为一个整体的物种——或者如果你想称为物种组合——逆戟鲸（Orcinus orca，虎鲸的学名）对环境有着深远的影响。它们的觅食效率如此之高，以至于虎鲸的捕食可能对一些猎物种群起到了最主要的调节作用[30]。吉姆·埃斯特斯（Jim Estes）及其同事已经收集到证据表明在阿留申群岛（Aleutian Islands）附近，仅仅几条北太平洋的过客虎鲸的捕食就造成了破坏性的影响，改变了整个生态系统的状态[31]。他们认为事情是如此这般发生的：阿留申近海水域被巨大的海藻森林覆盖，这片森林为各种各样的生物提供栖息地。然而，海藻受到饥饿的海胆的威胁。一群健康的海獭种群让海胆保持在可控范围内，从而使得海藻繁茂生长。但是到了 20 世纪 90 年代，几头饥饿的虎鲸开始吃海獭。因为一只海獭对虎鲸来说只是很小的一口吃食，所以它们吃了很多很多只。它们几乎把阿留申海岸中一大片地区中全部的海獭都一扫而光了。没有海獭，海胆就把海藻啃倒了，以往的森林变成了一个贫瘠的、完全不同的栖息地和生态系统。

还有，虎鲸非常有可能还灭绝了若干整个物种。鲸类物种的多样性通常随着时间的推移而增加，但在 1160 万至 730 万年前的托尔托纳地质阶段（Tortonian geological stage）和 730 万至 530 万年前的墨西拿地质阶段（Messinian Stage）之间，存有的鲸类物种的数量从大约 85 种减少到 38 种[32]。海牛类和鳍足类物种的数量也同时大约减少了一半[33]。这些灭绝与虎鲸出现在大约 1000 万年前什么关系吗？[34]

虎鲸所代表的威胁在某些情况下可能还会对它们不经常捕杀的动物产生深远的影响。避免成为一头虎鲸的午餐是许多海洋哺乳动物的一个重要目标。为了尽可能减少它们在陆地或冰上晒太阳的风险（不过正如我们将要讨论的，虎鲸已经找到了捕捉某些晒太阳的海豹的方

　　　　鲸鱼海豚有文化：探索海洋哺乳动物的社会与行为

法），要么是改变它们的日常作息时间，要么或是像象海豹那样睡在远低于水面的地方，或是像须鲸那样迁徙到完全没有虎鲸的热带水域[35]。与被捕食相抗衡的一个常见策略是社会性——人多力量大所带来的安全。其他鲸类动物似乎尤其会利用彼此来对抗虎鲸的威胁[36]。这可能有很多种方式进行。增强的共有感觉（如第 5 章中讨论的感觉整合系统）可以让它们探察到接近的虎鲸从而逃开；它们可以寄希望于虎鲸带走它们中的一个同伴而不是它们自己；它们可以通过身体的快速移动来迷惑虎鲸；或者，它们可以发起一次共同防御，我们很快就会看到这个重要案例。

为什么虎鲸是如此高效的捕食者，为什么除了科技水平先进的人类之外，它所造成的威胁远远超过任何其他海洋食肉动物呢？虎鲸个头大、力量大、速度快，而且有着大型的下颚和牙齿。但所有这些也都适用在鲨鱼身上，而且其他鲸类动物在这些方面也很有天赋。或许虎鲸与它们的本质区别在于，虎鲸在如何谋生方面具有高度复杂的**共有**智能（communal intelligence）。它们从彼此身上学习，并且互相合作。

关于我们在前两章中见到的须鲸和海豚，我们不得不思考一下如何去界定它们的社群，其实我们不能确定我们所描绘出的社群是否就是鲸鱼和海豚所体验到的社群。虎鲸之间对社群的意识更为明显。它们年复一年经常都和同样的伙伴一起移动、社交、打猎，而这些伙伴通常是它们的亲戚。最基础的虎鲸社群是母系单元，是母亲们带着它们的后代和孙辈，最多有 4 代生活在一起并一起移动[37]。而对于任何东北太平洋以鱼为食的居留虎鲸，则有更高层次的社群：花超过一半的时间在一起并有亲缘关系的母系都是同一个氏族的一部分[38]。这些氏族会与其他氏族相遇，它们可以与之分享它们的问候仪式或部分方言，或是从中选择一位配偶。

因此，一头居留虎鲸出生在一个特定的母系中（其中大多数包含 2 至 10 头鲸鱼），这个母系就是一个氏族（主要有 1 至 3 个母系）的其中一部分。而这个氏族又是一个部族（clan）的一部分，部族通常包含 2 到 10 个共享类似方言的氏族，这个部族又是一个由 1 至 3 个部族组成的**社群**的一部分。这里的"**社群**"一词对居留虎鲸来说具有一种特殊的基于地理上的意义，对比社群的通常用法，我们在下文将通过粗体字来表示居留虎鲸的"**社群**"。因此，有扎根于普吉特湾（Puget Sound）和温哥华岛南部附近的南部居留虎鲸**社群**，有基于温哥华岛北部的北部居留虎鲸**社群**，有东南阿拉斯加**社群**等。一头居留虎鲸的一生都待在同一个氏族、部族和**社群**里，无论它是雄性还是雌性。这是一个格外不寻常的社会系统：在其他无论是海洋还是陆地哺乳动物中几乎普遍存在的是，不管是雄性还是雌性都要从它们的母亲身边离开。因此雄性居留虎鲸也被戏称为"妈宝男"[39]。不过雌性虎鲸也是"妈宝女"。一个**社群**内的单元、氏族和部族有互相重叠的活动范围，因此虎鲸经常要与其他社会实体的成员见面和问候。居留虎鲸不仅与其他的母系进行社会交往，还与它们交配。在这些聚会中发生交配并非随机事件。一头居留虎鲸的双亲通常属于同一**社群**中不同部族的成员，除非该社群只有一个部族——例如使用普吉特湾和南温哥华岛水域的南部居留虎鲸[40]。

其他生态型的虎鲸——比如西北太平洋的过客虎鲸——同样也生活在母系群体中，其中有着明确的成员关系。但以哺乳动物为食的群体并不像居留氏族那样大或稳定，而科学家也没有发现它们中有明显的更高层次社会结构（如部族和**社群**）的迹象[41]。

虎鲸的单元、氏族、部族、**社群**和生态型之上都对应着典型的行为模式：这个单元／氏族／部族／**社群**会这样做，而那个单元／氏族／部族／**社群**则会那样做。我们相信，这些行为变化中的大多数——也许是全部——都是文化上的，只不过我们的确定程度有所不同。请记住，我们基本上还是在用排除法：如果我们能排除行为模式中有遗传和环境的诱因，那就只能是文化。在虎鲸的世界里，当不同的行为模式在同一个地方出现时，环境因素就可以被忽略掉了；遗传学通常很

鲸鱼海豚有文化：探索海洋哺乳动物的社会与行为

难被排除，因为虎鲸社群的高度母系结构意味着行为差异与遗传差异之间有相关。与须鲸和海豚一样，我们非常肯定，当一个社群中所有的动物都随着时间的推移而改变它们的行为时，文化就是其驱动之力。

20 世纪 70 年代，加拿大科学家迈克·比格（Mike Bigg）和他的美国同事肯·巴尔科姆（Ken Balcomb）研究出如何利用照片来识别单头的虎鲸。他们及其合作者继续使用照片识别法来研究居住在温哥华岛和普吉特湾的两个虎鲸**社群**的多层次社会结构[42]。随着他们拍摄的虎鲸社会的图片在 20 世纪 70 年代末和 80 年代初成为人们关注的焦点，项目范围也继续扩大。当时在不列颠哥伦比亚大学（University of British Columbia）读研究生的约翰·福特（John Ford）开始研究它们的声音。像许多齿鲸一样，虎鲸发出三种大致类型的声音。嘀嗒声是工作声音，是虎鲸用来感知周围环境的声呐的产物。在距离较近时，虎鲸似乎使用纯音的哨声进行交流[43]。引起福特注意的是第 3 种声音类型，"脉冲叫声"（pulse call）。脉冲叫声是由许多以高速率产生的短脉冲组成的。它们可能听起来像尖叫、高喊，或是叫嚷。虎鲸的脉冲叫声可以非常复杂——不同的脉冲叫声元素以错综复杂的方式发出，有时甚至是同时发出。福特发现，每一个居留虎鲸氏族都有它们自己的脉冲叫声曲目集（repertoire）[44]。这些曲目集足够有特点，以至于他只需要对没看见的虎鲸听上几分钟就可以辨认出其氏族。方言也反映了社会制度的不同层次。氏族内的母系单元之间的叫声也有着些许不同，而每个氏族都与它们所属部族里的其他氏族共享一部分相同的曲目。但是其他部族的成员中会有些氏族跟它们有着截然不同的曲目集。因此，不同层次的社会结构——母系单元、氏族、部族和**社群**——被映射到了特色方言上。有人可能会认为，很有可能这些都是基因在作祟。因为居留虎鲸是如此清晰的母系社会，那么两头虎鲸共享的基因数量在它们是同一母系单元的成员时，将是最大的；如果它们是同一氏族的成员，则共享基因较多，如果它们是同一部族的成员，则共享基因更少，依此类推，这与方言相似度的模式是一样的。然而，这种推理是行不通的。如果方言是由细胞核的基因所决定的，而这些基因又是从双亲那里遗传而来，那么虎鲸那种倾向寻找使用非常不同的方言的配偶的习性——对于北部居留虎鲸而言就是在自己的部族之外交配——则会很快就摧毁掉亲缘关系和方言之间的所有牢固关联[45]。脉冲叫声的复杂变异可以直接由母系遗传的线粒体基因决定是不太可能的，也许根本就是不可能的。而且再者说，这些线粒体基因似乎在每个部族内所有的虎鲸上都是一模一样的[46]。

压塌"虎鲸方言的基因决定论"的另一根稻草——我们会主张这就是那最后一根稻草——是被沃尔克·迪克（Volker Deecke）、约翰·福特和保罗·斯庞（Paul Spong）对当地虎鲸方言变化的一项出色研究加上去的[47]。他们研究了由两个北部居留虎鲸氏族所发出的两种类型的脉冲叫声在 12 到 13 年间的结构。两个虎鲸氏族的成员以可以预测的不同方式发出各自的不同叫声。其中一种叫声类型"N9"的结构在整个研究期间是稳定的；另一种叫声"N4"的结构则发生了改变，因此到研究结束时，两个虎鲸氏族的所有成员发出的"N4"叫声都与它们 10 年前不同了，不过却仍与此时它们氏族中的其他成员相同。就像座头鲸、弓头鲸和蓝鲸的歌声一样，如果这些声音只是由基因控制的，这是不可能发生的。我们也将在下一章中展示出发声习得的直接证据。所以虎鲸的叫声是文化。由于氏族经常相遇，而且叫声在水下传播得很好，因此虎鲸肯定很熟悉其**社群**内鲸鱼的其他方言，但它们仍坚持"它们自己的"方言。

迪克、福特和斯庞的研究还发现，虎鲸总是让不同社会单元的方言之间保持区别[48]。不断演变的"N4"叫声在两个氏族中发生了变化，并且是以相似的方式发生了变化，但它们似乎在两组曲目集之间保持了一种有特定偏好的区别——不是太相似，也不是太不同。鲸鱼显然很在意它们方言之间的差异。

我们对东太平洋虎鲸的声音和社会结构的了解比其他任何地方的都多得多。然而，在世界其他地方，其他以鱼类为食的虎鲸生态型其

鲸鱼海豚有文化：探索海洋哺乳动物的社会与行为

社会和声音世界看起来似乎有着相似的结构，而且也很复杂[49]。相比之下，以哺乳动物为食的虎鲸生态型更少发声。为什么呢？它们的猎物听力很好，所以可以听到虎鲸靠近从而采取躲避行动。因此，这些虎鲸主要是在不觅食时发声[50]。

虎鲸们的脉冲叫声描绘着它们的社交世界。由于我们能看见鲸鱼的远不及我们能听到它们的那么好，所以我们对虎鲸社会生活中非发声的部分知之甚少。一个例外是南部居留虎鲸非比寻常的问候仪式。当氏族们相遇时，每个氏族形成一个列队。当队伍间相距约 20 米远时，它们止步，互相面对面。稍息一分钟或不到一分钟后，鲸鱼们就会下潜，"然后当它们在紧凑的亚群中一起游泳和磨蹭时，会有大量的社交兴奋以及声音活动随之产生"[51]。这与前面描述的居留虎鲸与过客虎鲸之间的会面形成了鲜明的对比。

除了发声之外，我们对虎鲸行为所知甚多的另一个领域就是觅食。尽管每一头虎鲸、每一个社会单元和每一个生态型都有一种高度特化的日常饮食，但作为一个整体，虎鲸使用着一系列非同寻常的觅食技术。它们捕捉并食用抹香鲸、蓝鲸、鲨鱼和刺魟，还有海豹、海豚、企鹅、鲑鱼和鲱鱼。它们的一些猎物——比如大型须鲸——不会面临其他的非人类捕食者。它们的觅食方法有些很复杂，有些则看似相当简单：抓住并吃掉。有些需要整个群组的精心合作，有些则是被一头虎鲸抓住掠走。我们将重点介绍其中的一些技术，这些技术涵盖了这种生物用来捕捉猎物的较广的行为范围。表 6.1 则总结了更多的技术。

看看一头虎鲸，或是看看一张虎鲸的照片。似乎很奇怪，一个顶级的捕食者——**那个**顶级的捕食者——会有如此生动的色彩，以至于它肯定会吸引他者注意到自己。食物链顶端的其他物种，如狮子、鲨鱼和猎人，都采用伪装。这种大胆的黑白相间、特征性的虎鲸图案似乎会对潜在的食物发出"危险"的信号，刺激它们做出逃避行为。但同样的模式却对协助虎鲸在攻击过程中从视觉上互相协调十分理想[52]。它们所做出的高度同步的移动使其能够压倒对比色给猎物带来的警告。

以下是罗伯特·皮特曼对南极浮冰虎鲸如何获得晚餐的描述（见插图 12 和插图 13）：

当它们进入一个浮冰区域时，它们成扇形散开。单独的虎鲸，或是带着幼崽的虎鲸母亲，开始进行"潜望镜探查"（spy-hopping）——即在它们游过单个浮冰时把头抬出水面四处张望。它们正在寻找那些经常整日在冰上休息的海豹。当鲸鱼发现一头海豹时，它会在浮冰周围潜望镜探查好几次，显然是为了确保它是正确的物种。它们似乎更偏好于威德尔海豹。如果它就是正确的海豹，那么鲸鱼会消失 20 到 30 秒，然后开始再次围绕浮冰进行潜望镜探查。在那阵子短暂的消失中，鲸鱼显然是下去召唤队伍了，因为在一两分钟之内，群组的其他鲸鱼也会在那里围着浮冰进行潜望镜探查。

经过一两分钟的集体评估，虎鲸群组要么决定继续前进，要么进而发动攻击。如果它们决定进攻，那么成员们则开始肩并肩地游成队形；然后它们游离浮冰到通常 5—50 米的距离外。就像是有口令一般，它们突然转向浮冰，快速游过去并且尾巴一起打水——即同步地游泳。在它们的尾巴上方形成一个深深的波谷以及一个浪，距尾鳍高……约 1 米。鲸鱼冲向浮冰，并在最后一秒潜入浮冰之下。如果浮冰很小，那么浪会冲破它，通常会把海豹冲入水中。如果浮冰很大（约 10 米或者更大），鲸鱼则把它们的波浪带到浮冰下面然后到达另一边。这通常会导致浮冰碎裂成更小的碎片，之后一两头鲸鱼会用头把上面有海豹的浮冰推到开阔水域中，在那里它们可以用波浪再次冲击这块浮冰。

当海豹落入水中，虎鲸立即靠近过去、试图抓住海豹的后鳍而把它完全拖入水底。尽管它们只要咬上一口或者朝着海豹身躯中段猛击一下就可以在任何时候轻易地杀死海豹，但它们还是选择折磨海豹并把它淹死。[53]

表 6.1 虎鲸的一些觅食方法

类型	地点	食物	是否合作觅食	是否共享食物	参考文献
旋转木马摄食	挪威、冰岛	鲱鱼	是	?	Similä and Ugarte 1993
专找鲱鱼下手	北太平洋东部	鲑鱼，尤其是奇努克鲑鱼	?	是	Ford and Ellis 2006
追猎金枪鱼	直布罗陀海峡	蓝鳍金枪鱼	是	?	Guinet et al., 2007
锁定刺魟	新西兰	刺魟	?	?	Visser 1999
从捕鱼钩具中掠夺	所有海域	金枪鱼、剑鱼、大菱鲆、剑鱼、比目鱼	?	?	Dalla Rosa and Secchi 2007; Yano and Dahlheim 1995
追猎企鹅	阿根廷的亚南极群岛	企鹅（巴布亚企鹅、帽带企鹅、其他的？）	?	?	Pitman and Durban 2010
为海豹巡游	北太平洋东部以及其他地方	斑海豹及其他	是	是	Baird and Dill 1995; Beck et al., 2011; Jefferson, Stacey, and Baird 1991
将海豹从浮冰上撞下来	南极	威德尔海豹（主要是）	是	是	Pitman and Durban 2012
为鳍足类而搁浅海滩	阿根廷瓦尔德斯半岛；克罗泽群岛	海狮；象海豹	有时（教学？）	是	Guinet 1991; Guinet, Barrett-Lennard, and Loyer 2000; Hoelzel 1991; Lopez and Lopez 1985
追猎小须鲸	北太平洋东部、南极	小须鲸	是	是	Ford et al., 2005; Pitman and Ensor 2003
攻击大型鲸鱼	多个不同的海洋中	座头鲸、抹香鲸、灰鲸、蓝鲸、等等	是	是	Jefferson, Stacey, and Baird 1991; Pitman et al., 2001; Whitehead and Glass 1985
与人类捕鲸者合作觅食	澳大利亚	座头鲸	是	是	Dakin 1934; Wellings 1964
拾食捕鲸者杀死的大型鲸的尸体	所有的海洋	许多物种	?	?	Whitehead and Reeves 2005

现在让我们移往挪威北部的峡湾。在这里，虎鲸面临着一种不同的挑战，而它们再次进行了合作[54]。这里的问题是，虽然食物颇具营养且数量丰富，但是食物的个头很小。小的海洋生物不能移动得很快，但它们可以迅速转向。因此，35 厘米长的鲱鱼——虎鲸在挪威峡湾的猎物——虽然比不上虎鲸的速度和耐力，但它们灵巧得多。就像小型鸣禽围攻一只鹰一样，正是因为这种敏捷性让鲱鱼通常可以很安全地避开一头虎鲸那相对巨大的下颚[55]。不过，挪威虎鲸已经找到了克服敏捷性差距的方法。将其描绘出来的科学家蒂乌·西米拉（Tiu Similä）和费尔南多·乌加特（Fernando Ugarte）称之为"旋转木马"摄食（carousel feeding）[56]。该方法有两个阶段。在赶牧（herding）阶段，所有的鲸鱼"以高度协调的方式朝同一方向游泳……用它们身体的白色部分朝向鱼，并将鱼聚拢成一个靠近水面的'球'"[57]。鲱鱼球的直径从大约 2.5 米到 7 米多不等。鲸鱼在接下来的摄食阶段放慢速度，但仍继续紧紧围着鲱鱼球游动，发出声音并吹出气泡云。单头虎鲸用它们的尾叶拍打鲱鱼球，把鲱鱼吓呆，好在随后将其吃掉。它们能用比移动整个身体更快的速度来移动它们的尾叶，因此用尾巴拍打来捕捉敏捷的鲱鱼要比用猛冲好得多[58]。这些摄食回合可以持续从 10 分钟到 3 个多小时的任意时间。摄食鲱鱼的现象在北大西洋的其他地方也有被见到过，但在挪威被描述得最为清楚。近年来，鲱鱼已经不再进入挪威峡湾了，因此那里也不再能观察到对其的摄食行为。在这些虎鲸摄食鲱鱼的另外两个地区，它们似乎已经为这种技术发明出了一种声学元素。在苏格兰以北的设得兰群岛（Shetland Islands）附近，研究人员注意到鲸鱼在用尾巴拍击鲱鱼鱼群之前会发出的一个颇具特征性的长且低频的叫声，他们认为这会激起猎物群做出挤作一团的反应[59]。这种叫声在挪威海域从未被听到过。这在很大程度上让人想起在太平洋东北部的东南阿拉斯加以鲱鱼为食的座头鲸（见第 4 章）：它们的合作赶牧、吹气泡、尾巴拍打以及响亮的声音。这两种非常不同的鲸鱼物种找到了相当类似的方法来捕捉鲱鱼——一种最有营养，但并不容易

鲸鱼海豚有文化：探索海洋哺乳动物的社会与行为

捕获的食物。

捕捉鲱鱼和从浮冰上弄翻海豹算是有难度的操作，但并不特别危险。让我们回到南半球，在那里虎鲸已经发展出了一种真正很危险的谋生方式。鳍足动物是虎鲸的佳肴。一般来说，晒太阳是它们的一种非常有效的应对水中捕食者的防御策略。我们已经看到在威德尔海豹被从浮冰上撞下来的例子中，虎鲸是如何绕过了鳍足动物这一策略。然而相比于浮冰，陆地看起来很安全。那么虎鲸又是如何能够在陆地上抓住海豹的呢？答案是，通过自己到陆地上来。在阿根廷巴塔哥尼亚（Patagonia）的瓦尔德斯半岛（Peninsula Valdes），虎鲸冲进拍岸的海浪或冲到海滩上捕捉象海豹或海狮。胡安·卡洛斯·洛佩兹（Juan Carlos Lopez）和戴安娜·洛佩兹（Diana Lopez）描述了所发生的事情：

> 经典的情形是，虎鲸会游向岸边来让自己上岸，主动地让自己向猎物的方向接近，偶尔也会在前进的波浪上冲浪。有时其他虎鲸会滚到上岸虎鲸的侧面，可能是为了阻止猎物朝着它们那个方向逃跑。虎鲸在波涛汹涌的冲浪区或是在海滩上前行的波浪中捉到猎物，然而通常是在猎物仍在水里的时候。因为虎鲸比猎物大得多，所以当水还在它周围流动且猎物仍能游泳时，虎鲸已经"搁浅"或是着地了。一旦着地，鲸鱼便拱起身体，头和尾巴抬起，然后向侧面翻滚过去。这个运动通常使它转到与海滩平行的方向，而随后的一个波浪则将它抬离水底地面。然后它游回更深的水中，嘴里叼着猎物——如果已经成功捕捉到的话。我们观察到的虎鲸中没有一头永久搁浅，通常只需要2到4个大浪就可以帮助一条搁浅的鲸鱼解脱出来。[60]

在南印度洋的克罗泽群岛（Crozet Islands），捕猎鳍足类动物的虎鲸也会故意搁浅[61]。然而，这种行为在北半球从未见到过，那里的海浪通常要轻柔得多；而海浪似乎有助于鲸鱼快速攻击，并让它们自己可以从海滩上脱困。与虎鲸的其他觅食行为一样，捕杀猎物的虎鲸通常会与他者分享到手的食物[62]。在瓦尔德斯半岛和克罗泽群岛，似乎是由年长的虎鲸教给年轻的虎鲸这种有回报但颇为危险的谋生方式，其意义我们将在下一章进行讨论[63]。

虎鲸并不总是合作进行摄食，但它们的食物经常是具有挑战性的那种。例如，在新西兰北岛（North Island）附近，虎鲸常常以刺𫚉（stingrays）为食，而这是一种显然有益但也可能很危险的食物[64]。虎鲸试图将刺𫚉"钉"在水底，然后攫获它们；而刺𫚉则试图通过往码头下面游去、潜入低浅水域，甚至游到海滩上来逃脱。在追逐过程中，每一次失算对于虎鲸来说都可能是致命的，就像 2006 年被刺𫚉杀死的澳大利亚电视明星"鳄鱼猎人"史蒂夫·欧文（Steve Irwin）一样[65]。英格丽德·维瑟（Ingrid Visser）最先对捕猎刺𫚉进行了描述，他相信虎鲸通过努力仿效长辈克服了它们对浅水区的那种自然厌恶，而浅水区正是它们捕获刺𫚉时要前往的[66]。

正如你读到这些对虎鲸赖以生存的非凡技术的描述时的感受，进行观察的科学家们的敬畏之情不断地渗透到他们枯燥的科学文章中。但是，虎鲸最超凡的觅食方法从 1843 年就为人所知了，因为它涉及人类的参与[67]。1828 年，在澳大利亚东南部的伊甸镇（Eden）附近基于海岸工作的捕鲸者开始捕捉迁徙经过图佛德湾（Twofold Bay）水域的须鲸，主要是座头鲸。1843 年，成为捕鲸站经理的海洋画家奥斯瓦尔德·布里利（Oswald Brierly）爵士在他的日记中写道：

> 它们（虎鲸）成群结队地攻击座头鲸，似乎很热衷于这项运动，它们在（捕鲸）船周围乱窜并且总是在鲸鱼每次转弯时迎上前去以阻止鲸鱼逃跑……图佛德湾的捕鲸人对虎鲸非常友好并且偏爱，当他们看到一头鲸鱼被这些动物"盘停"时会认为这是一个好兆头，因为在他们的盟友虎鲸的协助下，此时他们将其看成

一个容易得手的猎物。[68]

　　多年来，这种合作变得程式化，有点像我们在前一章中描述的海豚－人类捕鱼合作联盟。以下是威廉·达金（William Dakin）和韦林斯（H. P. Wellings）对它的描述 [69]。虎鲸每年冬天都会来到图佛德湾。它们会在海湾外面等着。当一头座头鲸出现时，一些虎鲸会游到捕鲸站，并开始进行出水鲸跃（breaching）和拍尾（lobtailing）以提醒捕鲸者。其他虎鲸则会把座头鲸赶进浅水区，进入捕鲸船只的路线，这样捕鲸者就可以相对容易地用鱼叉将被骚扰的座头鲸叉住。当座头鲸用鱼叉线拖着捕鲸船游动时，虎鲸会继续它们的工作，不断跳跃到鲸鱼的背上和气孔上。这大概能使捕鲸者更容易用他们传统的北方佬捕鲸方式，用一支长矛杀死这头疲惫的鲸鱼。然后，捕鲸者把死鲸固定在海底，把它留给虎鲸一到两天左右，虎鲸会撬开死去的座头鲸的嘴，去吃它们喜欢的美味：舌头。它们可能会把嘴唇也吃掉。在 24 小时后肉质开始腐烂，虎鲸们失去了兴趣。而人类捕鲸者则会返回，把尸体拖到捕鲸站并开始处理加工它。捕鲸者们相信，有虎鲸参与到整个捕鲸行动中时，他们在寻找和捕获鲸鱼方面的效率要比他们自己动手时高效得多。

　　捕鲸者逐渐认识了和他们合作的许多虎鲸，并给它们起了名字：胡基、库珀、泰佩、杰克逊等。这一头头虎鲸对于捕鲸者来说不仅仅是个名字。他们能认出它们最有特征的行为。最著名的虎鲸——老汤姆——在图佛德湾干了几十年，它有个习惯，就是当座头鲸拖着捕鲸船在水面上游过时，会用自己的牙齿勾住鱼叉线，让自己搭上一段"南塔克特雪橇"的顺风车。

　　在图佛德湾的全盛时期，有 20 多头虎鲸与捕鲸人合作。然而到了1929 年，也就是捕鲸的最后一年，只剩下一个老汤姆了——也许是因为在澳大利亚海岸更北边工作的机械化的挪威捕鲸船抢了其余所有人的活计。1930 年，老汤姆的尸体被发现漂浮在海湾里，它的骨骼，连同咬住鱼叉线的牙齿上的凹槽，现在都被保存在新南威尔士州的伊甸虎鲸博物馆里。

虽然在我们已描述过的虎鲸觅食策略中大多数的特化是在生态型的水平上运作的，但图佛德湾虎鲸与人类捕鲸者的合作是群体层面上的觅食特化的一个例子。还有其他的。罗宾·贝尔德（Robin Baird）指出，活动在温哥华岛南部沿海水域的吃哺乳动物的虎鲸群体有两个主要策略[70]。有些虎鲸群全年都会游到这片水域来，并在离岸 1 公里或以上的地方停留，在觅食时捕捉海豹和鼠海豚；而另一些群体则只出现在海豹繁殖季节，并在靠近海岸的海豹幼崽聚集地周围徘徊，在海豹从陆地过渡到水里时掠走海豹。另一个特化的群体则是在阿拉斯加东南的过客虎鲸 AT1，它们想出办法把速度很快的无喙鼠海豚（Dall's porpoise）逼到角落里[71]。这个使用威廉王子湾（Prince William Sound）水域的 AT1 虎鲸群在埃克森·瓦尔迪兹号（Exxon Valdez）油轮漏油事故后几乎失去它们 22 名成员中的一半，而且自那时起至今还未诞生新的后代。它们的那种特化的生活方式似乎正在一点点消失。

我们只总结了虎鲸所使用的许多摄食方法中的一小部分。它们还猛袭鸟类，追捕金枪鱼和小鳁鲸，从延绳钓和围网中掠走鱼，并把抹香鲸和座头鲸撕咬得粉碎。它们能做到这些依靠的是体型、力量、速度、耐力、声音、气泡，以及合作。这些方法通常包括几种类型的行为，而每种行为都是精确执行并且都是经过仔细排序的。虎鲸之间的合作是它们许多摄食方法的关键部分，而鉴于它们的社会性，几乎可以肯定的是这些复杂的觅食策略部分或全部都是它们从彼此身上学到的。在捕获猎物后，它们相当一贯地会与群体中的其他成员分享它们的收获物，无论是鲑鱼还是海豹，无论是大还是小[72]。

到目前为止，我们所描绘的虎鲸似乎是一种严肃的动物，关注社会关系和食物，并以保守、仇外的态度生活着。但是它们的行为也有看起来轻松、近乎轻浮的另一面。也许它们是在玩耍，虽然正如我们

图 6.1　1910 年，虎鲸和捕鲸者在澳大利亚的图佛德湾合作。在老汤姆（前景）的帮助下，捕鲸者们已将一头雌性座头鲸（图片外）叉住，而它正在拖着人们进行"南塔克特雪橇"滑行。这是一部早期纪录片的剧照，该纪录片制作于 1910 年，并于 1912 年在悉尼首次公映

在第 5 章中所提到的，"玩耍"对动物行为学家来说是一个很难界定的概念。北部居留虎鲸**社群**的成员有一个习惯，就是在光滑的小卵石所铺就的水下底滩上摩擦它们的身体，有时会这样摩擦一小时或更长时间，有时一天好几次[73]。温哥华岛北端的某些海滩非常受它们的欢迎。也许在沙滩摩擦有助于除寄生虫，也许只是因为这样做感觉很好，或者因为这是它们社群里的"约定俗成之事"。无论是使用同一水域的过客虎鲸，还是仅仅偏南一点的南部居留虎鲸，都不会在底滩上摩擦。然而，南部居留虎鲸有它们自己的典型行为。它们尤其属于空中生物，从水面上跃出的次数远远超过北部居留虎鲸[74]。1987 年，南部居留虎鲸曾经短暂地痴迷做一件事[75]：一头在 K 氏族的雌性开始用它的头顶

推着一条死鲑鱼游来游去，而这股风潮在 5 到 6 个星期的时间里蔓延到了南部居留虎鲸**社群**的另外两个氏族里，以至于几乎每头虎鲸都有它们的死鲑鱼玩具。然后，就像它兴起的那样快速，风潮戛然而止。科学家们在第二年夏天看到过几次虎鲸托着死鲑鱼，然后就再也没有了。狂热已经消失了。南部居留虎鲸还"玩"港湾里的鼠海豚，追逐它们，把它们抛来抛去，有时甚至杀死它们[76]。然而这些鲸鱼是严格的食鱼动物，因此这些鼠海豚并不会被吃掉。那这又是怎么回事呢？罗宾·贝尔德注意到，这种情况在 2005 年突然有所增加[77]。难道是又一次风潮吗？

底滩摩擦、鲸跃出水、推死鲑鱼以及对港湾内鼠海豚的娱乐性捕猎看起来似乎都没什么功用——至少这些并不是直接关于摄食或交配的——但它们仍算得上是由更严肃事务所构成的日常安排中的一部分。然而，南半球的浮冰虎鲸会时不时地真正休闲一下：它们离开靠弄翻浮冰上的海豹为生的南极，然后一路北上。以每小时 7 公里的速度稳定地向北游大约 3 个星期，到达乌拉圭和巴西南部附近的水域——离得最近的温暖水域——然后转身直接返回南极。这些迁移并不是季节性的——不同的虎鲸群体会在一年中的不同时间进行——而且似乎与摄食或繁殖无关。这些鲸鱼并不在温暖的水域逗留。那么它们为什么要这么做呢？约翰·德班和罗伯特·皮特曼利用他们在鲸鱼身上植入的卫星空位装置发现了这些活动，据他们推测，这与现代人的一些季节性活动一样，与温度有关[78]。南极极冷的水域在生理上对虎鲸来说很艰苦。尤其是为了保持核心温度，它们必须严格限制皮肤表面的血液流动，因此新陈代谢和自我修复也受到了限制。它们的皮肤因硅藻覆盖而变黄。而当它们从巴西回来时则干净闪亮，就像那些在热带地区待了几周后被晒成棕褐色的人回到加拿大或北欧。也许，就像人类一样，度假让它们精神更好，皮肤也更迷人！

我们已经概述了目前所知道的虎鲸会做的一些事情。还有很多很多我们不知道的。它们在摄食行为上的多样性似乎很不寻常。但这种多样性是所有虎鲸都有的。每头虎鲸都有一个非常精确的技能包，一种它自己的觅食、社交、玩耍方式。它会忽视，甚至蔑视有其他生活方式的虎鲸。这些生活方式我们认为是文化性的。尽管只有在少数情况下——比如居留虎鲸的脉冲叫声曲目集和推着死鲑鱼四处游动的风潮——我们才能确定这种行为是社会性传播的，但大量的证据表明是文化因素驱动了我们所描述的几乎所有行为。试着想象一下，单独的基因或者个体性学习，又怎么能产生南部居留虎鲸之间的问候仪式，或者是老汤姆和它的同事们与图佛德湾捕鲸人合作的方式——这很难想象。我们不禁要问，虎鲸叫声的方言是否可以作为不同文化群体的符号性标记？而这与社会学家声称的人类文化的差异非常接近。像兰斯·巴雷特–伦纳德一样，我们认为文化是虎鲸的一个决定性特征[79]。文化赋予了虎鲸它们的天性，也赋予了它们成功。

抹香鲸：极端的动物

大约 700 年前，我们人类接任成为地球上集合起来最大的一群哺乳动物。在此之前，长须鲸、蓝鲸和抹香鲸都超过了我们。它们每个种群的单体重量都有 2000 万到 4000 万吨，然而当人类种群超过了四亿三千万时，我们比它们每个种群都更重了[80]。蓝鲸和长须鲸曾经在重量上具有压倒性优势这一点并不令人惊讶。因为它们是体型巨大的动物，其食物是磷虾这类在食物链里较低但有很多可用能量的东西，并且它们利用鲸须来猛冲摄食和撇渣摄食，这让它们可以非常高效和迅速地摄取大量的高质量食物。在我们开始捕杀它们之前，海洋中蓝鲸和长须鲸的生物量（biomass）有很多。而抹香鲸则是另一回事。它们吃的食物自成一派，主要是鱿鱼，一次吃一个，而这些东西本身就是捕食者，所以相对稀少，也不是特别有营养。抹香鲸在远离水面的地方捕获它们的绝大多数食物，那里也远离它们的氧气来源，而这些鱿鱼并不容易被捕获。我们人类自己尝试捕获鱿鱼都是如此地失败，以至于人们对许多深海鱿鱼物种的了解，大多来自对那些被捕鲸者杀死或搁浅在海滩上的抹香鲸胃里内容物的分析[81]。抹香鲸必须是有一些特殊之处，才能在这样一个挑战性的生态位中取得如此主导性的地位。

看看一头抹香鲸，或者更实际一点：看看一张抹香鲸的照片——因为它们在其自然环境中是很难被看到的。你觉得它们特别吗？它的样子虽然不一定是每个人的那盘菜，但肯定也算是奇特了，而且是非常奇特[82]。对于19世纪的捕鲸者来说，他们试图捕捉的鲸鱼通常是抹香鲸；而对于21世纪的儿童来说，他们试图描绘的鲸鱼通常也是抹香鲸。然而抹香鲸与其他鲸鱼完全不同，无论是它们的生活方式、它们的习性，还是它们的外表。一个长长的战舰般的灰色身体上布满巨大的皱纹，除了在它的身体前部，那里有一个巨大的光滑鼻部膨胀出来，好似阳具般。这个鼻子里包含鲸蜡油（spermceti），一种可能看起来和感觉上都像精液的物质——抹香鲸（sperm whale，直译为"精子鲸鱼"）因此而得名——但那实际上是油。对于人类这边的许多用途，如润滑精密机械或制作蜡烛，鲸蜡油是已知最高品质的油。它对于鲸鱼自身的用途也是最高品质的。鲸蜡油是自然界中最强大的声呐——抹香鲸的鼻子——中一个必需的组成部分[83]。这个声呐是抹香鲸能捉到所有那些鱿鱼的关键，而且它主导了抹香鲸的外形，占据了它身体的很大一部分。但是抹香鲸还有些更奇怪的地方：它们鼻吻部只有左侧一个气孔；一个长而细的下颚上镶嵌着两排巨大的圆锥形牙齿，与其上颚的齿槽相吻合，从低位背鳍一直延伸到尾叶或尾鳍的细圆脊纹，而且在鲸鱼里面，抹香鲸有着地球上最大的脑[84]。

成年的雄性抹香鲸和雌性抹香鲸之间的对比非常明显，有时它们看起来几乎是不同的物种[85]。雌性抹香鲸有10至11米长，也许有15吨重，算是大型动物了，但雄性抹香鲸更要大得多：它们有16至17米长，也许有45吨重。雌性的头很大，占身体的1/4，但雄性的鲸蜡油器更显眼，占整个身体的 1/3，而且看起来更膨胀。雌性抹香鲸不算是格外优雅的生物，但它们似乎很容易在水中移动，而雄性只是具有超级油轮那种程度的普通灵活性，尽管它们在偶尔的打斗中表现出显著的灵活和机敏[86]。但是成年雄性和成年雌性抹香鲸之间最显著的区别是它们的栖息地。雌性抹香鲸连同依赖于它们的幼鲸和未成年鲸鱼一起，主要生活在热带和亚热带地区。雄性抹香鲸，尤其是体型最大的那些雄性，则主要使用极地水域，有时靠近北极或南极的冰缘。为了这个物种的延续而让大家颇感欣慰的是，大个儿的雄性抹香鲸从它们 20 多岁后期开始，会偶尔回到温暖的水域进行繁殖[87]。

抹香鲸大约有一半的生活是在水下很深处度过的——通常在水下300 至 1200 米——是为了寻找鱿鱼。在觅食的时候，鲸蜡油器在噼里啪啦作响：每隔大约半秒到一秒钟就嘀嗒—嘀嗒—嘀嗒—嘀嗒……一只抹香鲸一生中可能会发出 10 亿次的嘀嗒声[88]。这种嘀嗒声的常规序列中会夹杂着"咯吱"声，即嘀嗒声之间间隔更近、然后加速变得更加紧密，听起来更像是一扇门咯吱作响[89]。我们推想这是鲸鱼在它的声学"视野"里发现东西——通常是鱿鱼——的时候。在下潜的抹香鲸身上放置的智能标签所记录下来的声音和运动显示咯吱作响的鲸鱼在水下进行加速、扭动以及腾挪[90]。咯吱声发出后往往会有一段停顿，据推测是抹香鲸正在进食。它们的下潜持续约 40 分钟，不过有时也长达一个多小时[91]。在两次下潜之间，鲸鱼会浮到水面上来。这些水面地点之间的间隔大多为 8 分钟左右的距离。在它们来到水面的大部分过程中，抹香鲸除了呼吸似乎没有什么太多其他的活动，而且它们是独自或成对而来的。不过它们每天都会成群结队地在海面上逗留那么一两次，有时只停留 15 分钟，有时某次可以停留一个小时。在这段时间里，它们会进行社交，有时静静地躺在彼此身旁，有时则会互相用鼻子磨蹭、四处乱冲或者鲸跃出水[92]。

那么，对于一头抹香鲸而言，社群是什么呢？这取决于鲸鱼的性别和年龄，以及它生活在哪里。让我们从北大西洋的一头雌性抹香鲸开始，比方说，在多米尼加附近的加勒比群岛，在那里我们参加了由同事夏恩·杰罗领衔的研究抹香鲸社会生活的团队[93]。成年雌性抹香鲸"玄密"（Mysterio）是一个被杰罗称之为"七人组"（the Group of Seven）的抹香鲸家庭单元中的一员[94]。七人组一起生活并一起移动，有时，当它们长时间潜入深海摄食鱿鱼时，它们会分散到几公里之外的海洋之中，而其他时候它们则紧密地聚集在靠近海面的地方（插图14）。在七人组里存在着较为受到偏好的关系。当"扭扭"（Pinchy）进行长时间潜水时，"玄密"经常会帮忙照顾"扭扭"的幼崽"扯扯"（Tweak）——幼崽的潜水时间和深度都不及它们的母亲——而这一恩惠也得到了回报：当"玄密"觅食时，"扭扭"会陪伴着"玄密"的幼崽"谜"（Enigma）。这种关系不断发展演变。在夏恩研究的第一年（2005），"玄密"是另一头幼崽"拇指"（Thumb）的主要保姆，而"拇指"是"手指"（Fingers）的后代。当 2006 年"拇指"去世，"谜"诞生后，"手指"和她的侄女"玄密"互换了角色，以前的母亲成了主要保姆，而保姆则成了母亲。当 2008 年"扯扯"出生后，两位母亲——"玄密"和"扭扭"——互惠地照看彼此的幼崽，而"手指"不再做一名主要保姆，同时也被留在了群体的外围[95]。除去这里肥皂剧般错综复杂的情节，很明显的是七人组是其成员的主要社群，而且很明显这个社群对它们来说至关重要，并且七人组的内部关系是建立在对幼崽的照料之上的。

七人组是我们在多米尼加附近研究的一个典型的家庭单元。这些家庭单元的成员都是雌性抹香鲸或其幼崽——两个性别的幼崽都有。每个家庭单元大约包含 8 头鲸鱼个体。每个单元的成员都有雌性血缘上的近亲关系，所以这些社会单元是母系的。我们通常看到这些单元独自在一处，但有时它们会与其他单元有所交往。这里面也有偏好。七人组对"餐具组"（the Utensils）特别友好：餐具组是一个小的家庭单元，有两头成年雌性抹香鲸，"刀刀"（Knife）和"叉叉"（Fork），以及一头青春期的雌性"开罐器"（Can-opener），还有"叉叉"的年轻儿子"勺子"（Spoon）[96]。当它们进行小组活动时，这两个单元会很好地整合在一起，比如，"开罐器"会照看并与七人组的幼崽"扯扯"和"谜"一起玩耍。

多米尼加附近不同的抹香鲸社会单元有着各自特有的生活方式。七人组待在多米尼加近岸海域的时间格外多，而且它们对观鲸者和其他船只格外宽容。与其他一些单元不同的是，七人组中的雌性不会互相哺育彼此的幼崽，但它们会发出一种不寻常的"1+3D"尾音（codas）（稍后我们将讨论到尾音），而这在多米尼加的其他抹香鲸单元中很少听到[97]。其他抹香鲸单元做事则有所不同。经常在邻近的法属瓜达卢佩岛（Guadeloupe）海域被看到的 V 号单元"法国万岁"（Viva la France）的成员则发出另一个版本的"1+3"尾音，这也很少从其他单元听到，更是甚少出现在多米尼加附近。J 号单元（伊俄卡斯忒的单元，Jocasta's Unit）中的雌性抹香鲸则会对彼此的幼崽进行一种特殊的照顾抚养，但它们似乎并没有一个与众不同的尾音变化。

我们也研究太平洋里的抹香鲸。这里的情况有所不同。这里的单元比大西洋里的单元要大一点，可能会有 11 只雌性和它们的幼崽，而且大多数单元中都包含不止一个母系血统[98]。然而和大西洋的单元一样，它们似乎有着独特的行为，比如独特的移动模式[99]。但太平洋的抹香鲸单元更难去了解，因为它们并不经常独自在那里。与大西洋相比，我们在太平洋上看到和跟随的抹香鲸群体要大得多，通常包含有 2 至 3 个临时结伴在一起的单元，因此可能有 20 到 30 头抹香鲸，这与大西洋抹香鲸群体里是单独一个单元形成了对比。在多米尼加附近，不同抹香鲸单元之间的结盟并非是随机的，但这种非随机性中有一个特别重要的特点——发声的部族，不禁让人想起北太平洋东部的居留虎鲸。

虎鲸用嘀嗒声进行回声定位、用哨声或脉冲叫声进行交流，而与虎鲸不同的是，抹香鲸几乎做什么都用嘀嗒声。也许这是因为其他齿鲸用来发出哨声和脉冲叫声的解剖结构在世界上最伟大的声呐系

图 6.2 作者们那艘 12 米长的研究船跟踪着多米尼加附近的一个抹香鲸家庭单元（N 号单元）。照片提供：WingsOfCare.org/ 杰克·莱文森（Jake Levenson）

统——鲸蜡油器——的演化中被牺牲掉了。也许，一旦某个物种演化出了世界上最伟大的声呐系统，那么将它用于产生出所有的声音都是说得通的。也许以上两者兼而有之。所以它们在捕猎食物时发出"嘀嗒—嘀嗒—嘀嗒"声，而当发现潜在猎物时则把嘀嗒声一股脑儿塞到一个"咯吱"声中，这样的鲸蜡油器可以用嘀嗒声做其他许多事情。其中之一是"尾音"（coda），一种类似摩尔斯电码的嘀嗒声模式，持续一秒钟左右，比如"嘀嗒—嘀嗒—嘀嗒—［暂停］—嘀嗒"[100]。抹香鲸显然有各种各样调整鲸蜡油器来发出不同类型嘀嗒声的方法，例如，捕猎时"普通"的嘀嗒声比尾音嘀嗒声更有方向性且更有威力[101]。抹香鲸除了使用尾音之外，还有其他类型的交流性嘀嗒声，其中最引人注意的是雄性在繁殖期发出的"缓慢嘀嗒声"（slow click）或"叮当"声（clang）。这种阴郁、缓慢，并且非常响亮的嘀嗒声有时在我们的研究船中也能听到（奇怪的是，一般听得最清晰的地方是在浴室里！）。而这很可能是老水手们关于戴维·琼斯（Davy Jones）传奇故事的来源：人们会听到这位命运多舛的水手敲敲打打闹着要从他那水中坟墓——戴维·琼斯的储物柜——里出来的声音。不难看出，在一艘安静的木制帆船的船舱里，远处缓慢嘀嗒声那一点点毛骨悚然的效果就会给迷信的水手们带来多大的影响。然而，最吸引科学家注意的还是尾音[102]。"尾音"并不是一个特别合适的名字；这样命名是因为它们首次被听到时出现在一长串常见的回声定位嘀嗒声的最后，就像人类音乐中的尾声一样[103]。然而，抹香鲸的尾音通常并不是在其他声音的最后发出的，而是在各种各样的背景下产生的。成熟的雄性抹香鲸似乎很少发出尾音，而小的幼崽则是"咿咿呀呀"学语，因此，当我们讨论抹香鲸的尾音曲目集时，我们基本上是在谈论雌性抹香鲸和未成年抹香鲸的声音[104]。

抹香鲸发出尾音大部分是在海面上或接近海面时，或是在刚要开始进行长时间觅食下潜时。抹香鲸将尾音按顺序排列，而一头特定的鲸鱼发出的连续尾音之间有大约 3 到 5 秒的间隔。然而，这些尾音序列通常与其他鲸鱼的尾音序列穿插在一起，甚至重叠在一起，因此形成了某种二重唱，有时甚至是合唱。参与其中的鲸鱼可能就在彼此旁边，或者相距好几百米。我们认为尾音的一个主要功能——也许是唯一的主要功能——是标记并增强社会联系[105]。抹香鲸的一个社会单元中的成年成员都有基本相同的尾音曲目库[106]。然而，正如我们对多米尼加附近著名的抹香鲸单元所描述的那样，各个单元的尾音曲目之间存在着差异，而这格外有趣，尤其是考虑到在大西洋和太平洋里的情况如此不同。里卡多·安图内斯（Ricardo Antunes）是本书作者卢克的一名博士生，他研究了北大西洋各地抹香鲸的尾音类型。他发现，一个地区的社会单元有着相似的尾音曲目集，比如在亚速尔群岛；它们和其他地区的——比如多米尼加附近或墨西哥湾——会稍有不同[107]。这似乎完全不让人感到惊讶。这是在人类的方言或许多鸟鸣中发现的通常模式。但安图内斯是在追随卢克对太平洋中抹香鲸尾音方言的博士研究，卢克当时用到了我们在 1985 年至 2000 年间所做的尾音录音。卢克那时发现了一些不同寻常的东西[108]。

我们从加拉帕戈斯群岛附近海域得到了我们手上最好的数据，在那里我们认识了很多抹香鲸的单元。虽然在加拉帕戈斯的许多单元彼此有着相似的尾音曲目集，但其他的则完全不同。这些区别定义出了不同的部族。大多数情况下，科学发现的推进像是一个迷思，好似由一系列阿基米德式"啊哈我找到了！"的顿悟时刻构成，但我们仍格外清楚地记得那个下午哈尔（本书另一名作者）来看卢克时，手里拿着一张涂写潦草的纸，急促地呼吸着，因为他是从办公室之间的楼梯跑上来的。当时卢克曾提到他计划首先要做的一个分析是研究每一个已经识别出的抹香鲸单元所产生的特定尾音类型，而哈尔意识到他可以利用手头已有的一些数据来完成这项工作。所幸的是，当他有了新发现时并不像阿基米德那样正在浴缸里洗澡。他一路跑过来是因为他发现了其中一个非常引人注目的模式。加拉帕戈斯附近的抹香鲸社会单元可以根据它们所产生的尾音的种类聚集到一起。一些群组倾向于用 "+1" 的主题（motif）——即一个停顿后嘀嗒一次——作为结尾，而其他群组则偏好使用一个常规模式的尾音。还有的似乎更偏好于以两次嘀嗒开始后面接着一个稍慢嘀嗒声的尾音类型。我们将这种明显由发声曲目集所定义的更高层次的种群结构称为"发声部族"（vocal clan），有意呼应在虎鲸种群中用于不同方言群体的术语，尽管事实证明这两种系统之间存在着重要的差异，尤其是抹香鲸的"部族"在家系意义上和其发声曲目之间的关联显然相当不紧密。我们最终记录下南太平洋出现的五个截然不同的抹香鲸发声部族。

两个主要的加拉帕戈斯抹香鲸部族是带有"嘀嗒—嘀嗒—嘀嗒—

嘀嗒"或"嘀嗒—嘀嗒—嘀嗒—嘀嗒—嘀嗒"这种尾音的"常规"
（Regular）部族，以及另外一个有着"嘀嗒—嘀嗒—嘀嗒—［暂停］—
嘀嗒"或者"嘀嗒—嘀嗒—嘀嗒—嘀嗒—［暂停］—嘀嗒"的"加一"
（Plus One）部族。还有一些来自"短"（Short）部族的单元是"嘀嗒—
嘀嗒—嘀嗒"或者"嘀嗒—［暂停］—嘀嗒—嘀嗒"。尽管我们是分在好
几年里才把它们都记录下来的，但每个单元都保持着相同的曲目集[109]。
然后我们查看了社会性的数据。我们发现，"常规"单元只与"常规"
单元结组，而"加一"单元则是与"加一"单元结组，尽管"常规"
和"加一"都可以使用同一水域[110]。因此，由于每个群体只包含来自
一个部族的单元，我们可以称之为"常规群"以及"加一群"。

虽然它们畅游在加拉帕戈斯的同一个水域中，但不同部族对于水
域有着独特的使用方式。常规群待在靠近岛屿的地方，而加一群则在
离陆地大约 10 公里远处[111]。尽管它们以相似的速度在水中游过，但常
规群的轨迹摆动得更多，因此它们游了 12 小时后会距离出发地点大约
15 至 20 公里，而加一群以同样的速度在水中游过更直的路线，能够
行进 30 至 35 公里[112]。这些差别相当惊人，而且还有更多差别。

想象一下，一个 20 至 30 头的抹香鲸群体，每头都潜入水中 40 分
钟左右，然后每次浮到水面上来大约 8 分钟。有时它们会同步或者几
乎是同步地来进行此事——全部上来，然后全部下潜。其他时候，它
们的潜水是交错进行的，所以通常有一头或几头鲸鱼待在水面上，而
其他鲸鱼则在下面觅食。在加拉帕戈斯附近，有幼崽的抹香鲸群体要
比没有幼崽的群体同步性小一些，也更加交错，我们将其解释为是要
有效进行幼崽的看护[113]。即便把是否有幼崽和群体规模计算在内，常
规部族群体还是要比加一部族的同步性多得多[114]。这里需要注意几点。
首先，关于不同部族同步性的数据仅来自 1987 年这一年的研究；第
二，我们研究了对抹香鲸行为的其他一些衡量标准，而这些测量值在
统计学上没有显示出部族之间的显著差异[115]。尽管如此，我们对抹香
鲸行为的衡量必然是粗糙的，而部族之间在运动和分布上的差异相当

大。我们想知道它们是否影响到了鲸鱼如何利用它们的环境。

虽然我们看不到抹香鲸在海面下很远的地方如何摄食，但我们可以看到它们的排泄物：当它们开始做出深潜时，有时会在鲸鱼后面出现棕色斑块。所以，当我们跟在一头下潜的抹香鲸身后航行时，我们首先拍下它的尾巴以确认它的身份，然后会在它下潜的海面浮油处观察，寻找一块褐色的云。通过合理地假设排出来的东西一定曾经被吃进去过，下潜时有棕色斑块的比例——即排便率，就是我们衡量抹香鲸觅食成功与否的标准。在进行研究的两年中，我们从加拉帕戈斯的两个主要部族中都获得了很好的数据。在 1989 年，常规组的觅食成功率——排便率——大约是加一组的两倍。相比之下，1987 年是一个温暖的厄尔尼诺年，这对加拉帕戈斯附近几乎所有的海洋生物都是坏事情，也包括抹香鲸。这些部族相对彼此而言的"成功"在温热海水中被逆转了。只有大约 2% 的"加一"抹香鲸下潜时伴随着棕色斑块，然而对常规群来说情况更糟糕：在 1987 年我们跟随它们的大部分日子里，我们根本没看到它们有任何排便[116]。各部族在行为上的差异似乎也转化为它们在繁殖率上的差异。例如，大约一半的常规群抹香鲸有幼崽，而所有"加一"群抹香鲸都有幼崽[117]。

作为痴迷于航海的人，我们一直擅长找到那种需要进行广泛航行，到各种有趣地方才能解决的研究问题。所以我们航行到南太平洋的其他地方，记录下抹香鲸的尾音。我们发现了部族间重叠的相同模式，而且还可以大致追踪到它们的传播。虽然我们只在加拉帕戈斯附近和厄瓜多尔大陆邻近的水域里听到过加一部族的声音，但我们在智利水域录制下了常规群的尾音曲目集[118]。在加拉帕戈斯附近如此罕见的"短"部族，则几乎在其他任何地方都能听到，包括跨了整个太平洋相距 7000 公里的新西兰北部。在智利北部的水域，我们花了将近一整年的时间研究抹香鲸的群组，我们发现了这里的部族之间在移动和摄食成功率方面的差异，就跟我们在加拉帕戈斯群岛追踪到的那些很相像[119]。

那么这些抹香鲸的部族是什么呢？它们是像虎鲸生态型那样的端

始种（incipient species）或者亚种（subspecies）吗？并不是的。虽然抹香鲸部族之间在母系遗传的线粒体基因上存在一些差异，这表明雌性通常留在其出生的部族内，且雌性偶尔会在不同部族之间进行转移，但这也造成此类遗传模式无法单独来解释方言的存在[120]。在我们对从双亲遗传而来的核基因（nuclear genes）进行的初步分析来看，没有迹象表明部族之间存在任何差异，也可能是因为雄性经常在其出生的部族之外进行交配[121]。就像虎鲸生态型一样，也没有证据表明部族之间存在任何形态学的差异。对于抹香鲸部族来说，唯一可行的解释就是文化：年轻的抹香鲸从它们的母亲和单元与部族的其他成员那里学习到了部族特有的行为：方言、移动策略，以及对栖息地的使用，然后——尤其是如果它们是雌性的话——这些规范会支配着它们的大部分生活方式。对于我们这些研究非人类文化的人来说，太平洋的抹香鲸部族是一个伟大的馈赠：它们没有基因上的区别，它们使用着相同的水域，而且它们是由一个个单元构成的，每个单元里包含没有亲缘关系的动物。因此，无须做出特别绕弯的推理，在任何地点和任何时间点上的部族之间的行为差异都不能单纯归因于遗传学或生态学，也因此，我们推断出了文化在其中的重要作用。

里卡多·安图内斯发现北大西洋似乎并没有活动范围重叠的抹香鲸部族，而这一发现加强了部族对于太平洋抹香鲸的重要性。请记住，他发现北大西洋抹香鲸的尾音方言是以地理为基础的，在不同的海洋区域它们有着不同的尾音曲目。然而，在这些相距数千公里区域的太平洋中抹香鲸的方言，其差异还没有加拉帕戈斯使用同一水域的部族之间的方言差别那么明显[122]。对太平洋的抹香鲸部族而言清楚地标明它们的差异显然很重要。就像虎鲸氏族主动维持其发声结构之间的差异[123]。而正如我们在第2章和第8章中所要讨论的，文化差异的象征性标记是人类文化的一个重要属性。

你可能会想，为什么大西洋里的抹香鲸没有部族呢？或者这么说，为什么是在太平洋里的抹香鲸有部族呢？我们不确定，但这是一个对我们而言能说得通的情形。首先，大西洋抹香鲸和太平洋抹香鲸的核基因看起来几乎没有差异，这可能是因为雄性抹香鲸通常出生在一片海域，然后在另一片海域繁殖后代[124]。其次，也许你还记得，北大西洋的抹香鲸社会单元很少相互结组，而太平洋的抹香鲸单元则几乎总是这样做。这就意味着，大西洋的抹香鲸群通常包含10头鲸鱼，而在太平洋的抹香鲸群里则有30头鲸鱼[125]。里卡多·安图内斯曾提出，由于结组在太平洋地区更加频繁和重要，那里的抹香鲸已经发展出了部族结构来管理这些由各个单元组成的联盟：我们与这些单元进行结组，但不和那些单元结组[126]。

这就引出了一个更为根本的问题，为什么在太平洋地区，抹香鲸单元之间的结组如此重要呢？嗯，这可能是因为两个大洋的海洋学有所不同，这导致鱿鱼资源的可利用性有所不同，进而影响了它们的社会行为。然而，雌性抹香鲸一贯在太平洋中不同类型的栖息地［如科尔特斯海（Cortez Sea）的封闭水域和热带太平洋东部的广阔海洋水域］中结成大型群组，而在大西洋的不同地区（如马尾藻海、多米尼加，以及亚速尔群岛）中则结成小的群组[127]。另一个潜在的因素是这两个地区在现代捕鲸业上不同的历史。北大西洋西部的雌性抹香鲸在20世纪几乎完全没有受到鱼叉枪的攻击。而在东南太平洋地区的那些抹香鲸则在1950年至1982年间成为日本捕鲸者的目标，这些捕鲸者在秘鲁和智利工作，他们甚至不受国际捕鲸委员会的约束，此外还有盗猎捕鲸者，比如亚里士多德·奥纳西斯（Aristotle Onassis）的"奥林匹克挑战者号"（Olympic Challenger），他们根本不遵守任何法规。也许这种捕鲸活动如此削弱了太平洋的抹香鲸单元，以至于它们不得不诉诸组成一个庞大的群组。然而，如果是捕鲸者带来的社会性破坏造成了太平洋地区抹香鲸部族的存在，那么这种破坏的速度得要非常之快。相反，我们认为对两个大洋之间不同的抹香鲸社会结构的最合理的解释是本章前面部分的那个主题，即虎鲸[128]。虎鲸可能是人类开始捕鲸之前对健康抹香鲸唯一存在的严重威胁[129]。在科学文献中，有

鲸鱼海豚有文化：探索海洋哺乳动物的社会与行为

6 则关于虎鲸在太平洋中袭击抹香鲸的描述，在其中至少一则里面抹香鲸最终被杀死了。尽管科学家花了更多时间去观察大西洋的抹香鲸，然而在大西洋却没有这样的报告[130]。在太平洋中，抹香鲸对虎鲸的到来通常会迅速做出反应，它们在水面上形成一个紧密的群组，有时会朝外面对虎鲸，有时则会把它们的头靠在一起，尾巴像车轮一样向外成辐射状[131]。然而，在大西洋中，我们曾看到虎鲸从一群觅食的抹香鲸中游弋而过，两种动物都没有什么明显的反应。因此，我们认为大西洋和太平洋抹香鲸的社会行为差异可能是另外那个大型齿鲸（即虎鲸）的文化保守主义所造成的。抹香鲸出现在太平洋的一些虎鲸的菜单上，但是却没有在大西洋的虎鲸菜单上。因此太平洋的抹香鲸形成大的群组和交叠的部族，而大西洋的抹香鲸则没有。

太平洋上抹香鲸的部族是非同寻常的。它们绵延数千公里，包含数千个成员，而且最不寻常的是，它们共享着相同的栖息地。除了智人之外，没有什么动物能像它们一样，而即使在我们这些智人中间，类似的文化结构也很少见。对于一头生活在太平洋的雌性抹香鲸来说，部族决定了它的发声曲目、它的移动、它的摄食成功，甚至决定了它生育的概率。使用太平洋的抹香鲸种群按部族来构建比按地理位置来构建要清晰得多[132]。

部族的规模尤其值得注意。在多层次或多水平的社会中，比如人类、大象、抹香鲸和虎鲸的社会，一个层次的社会结构是嵌入到另一个层次中的，而科学家们注意到一个普遍规律：每个层次的群组规模大约是其组成部分规模的 3 到 4 倍。因此，一个现代人是一个大约有 5 名成员的"支持小圈子"（support clique）的一部分，这个小圈子则是一个由大约 14 人组成的"同情群"（sympathy group）的一部分，这个群又是一个大约 40 人的"团体"（band）的一部分，然后再向上，我们有大约 130 人的"社群"（community），然后是 500 至 600 人的"大团体"（mega-band），以及大约 1700 人的"大部落"（large tribe）[133]。请注意在相连的层次规模间大约有 3 倍的系数。在军事结构的不同层次中，也有大约 3 至 4 倍的系数：排内的小队、连内的排、营内的连、团内的营、师内的团、团内的师。人类的狩猎者－采集者社会的层级性嵌套结构显示出在相连的层级间规模大小的比率也是相似的，大象和狒狒的社会也是如此[134]。对于居留虎鲸来说，从母系单元到氏族再到部族再到社群的平均比率是 3.4[135]。我们并不清楚为什么会有这些相当普遍的缩放比率；也许这与哺乳动物大脑的工作方式有关，或者和个体如何分配时间给不同类型的社会关系有关[136]。现在让我们从这些规律的角度来看看太平洋上的抹香鲸。它们 10 头左右的社会单元是由大约 3 个母系构成的，而一个群组则包含大约 3 个单元（群组是暂时的、只持续几天，所以也许不应该将它们作为一个要素而纳入这一分析，不过在这种情况下，我们的观点更为有力）。到目前为止，还不错。但是，从大约有 30 名成员的群组再往上一个层次到大约有 1 万名成员的部族，抹香鲸的比率大约是每个部族有 300 个群组[137]。这里到底发生了什么？也许我们漏掉了抹香鲸社会结构中的 4 个层次，分别有大约 100 名、300 名、1000 名和 3000 名个体，但是我们认为并没有漏掉。我们怀疑，抹香鲸的部族有一些非常不同的地方；它们不仅是社会结构的一个层次，它们也是一种文化身份。因此，正如一名现代人类有一个通常与数百万人共享的重要的种族身份，这比他或她的几千人的"大部落"——可能相当于一个村庄、社区或高中一样——的层级还要高，太平洋上的一头雌性抹香鲸也有它的部族。这就引出了"我们"（我的部族或国家）以及"他们"（其他部族或国家的成员）。在人类之外，大规模的合作很少见，基本上都是群居的社会性昆虫——蚂蚁、蜜蜂、白蚁——以及那种奇怪的地下哺乳动物裸鼹鼠。但在所有这些例子中，合作者之间都是有亲缘关系的。彼得·理查森和罗伯特·博伊德得出结论，人类在超越亲属范围的大规模合作中是独一无二的[138]。太平洋的抹香鲸部族则暗示，可能并非如此。

那么雄性抹香鲸呢？它在大约 10 岁左右就离开了它母亲的所在单元。在 2005 年至 2011 年间，夏恩·杰罗目睹一名年轻雄性"伤疤"

　　　　鲸鱼海豚有文化：探索海洋哺乳动物的社会与行为

（Scar）逐渐与自己的"七人组"脱离了关系[139]。我们预计它很快就会完全离开，因为它正逐渐从多米尼加向着极地进发。青春期的雄性抹香鲸在温带水域形成临时性的群组，但随着年龄的增长，它们会向着越来越冷的气候地带移动，它们也变得越来越形单影只。然而，这些大个的成年雄性抹香鲸有时会彼此联盟，偶尔也会看起来无缘无故地一起在海滩上搁浅[140]。集体自杀在我们看来非常具有社会性，所以很明显，大个雄性肯定是从待在一起中有所收获的。比如从阿拉斯加湾的延绳钓线上盗鱼或是进入纽约附近的浅水区（40到70米深），这些新的行为模式都会游移在雄性抹香鲸的种群之中[141]。我们怀疑，横向的社会性学习可能在其中起到了很大的作用。因此，虽然雄性抹香鲸的社会结构不像雌性抹香鲸那样明显，或者可能也不那么重要，但它们对彼此来说是重要的。在同一时间使用同一热带繁殖地的成年雄性抹香鲸之间可能也是这样，尽管这里的竞争可能会更激烈[142]。繁殖期的雄性抹香鲸发出充满力量的缓慢嘀嗒声——听起来像是一座监狱的门每七秒钟被撞上一次——可能主要是为了让其他雄性听到[143]。

因此，似乎有三种抹香鲸社群构成了对于社会性学习的储备库。从最基本的来说，它们之中有着社会单元，即雌性和幼年抹香鲸的主要社会环境。然后还有一系列其他单元，是雌性与之结组和联盟的——在大西洋中是使用相同水域范围的其他单元，而在太平洋中则是它们部族的其他成员，其中许多个体可能永远不会真正见面。最后，还有雄性抹香鲸的社群，既有在它们高纬度摄食地的社群，又有在热带繁殖时的社群——对这些社群我们都所知甚少。

天知地知，我们俩加起来已经研究抹香鲸将近50年了。而我们在海洋中到处追踪的这种奇怪生物其天性是什么呢？做一头抹香鲸又是什么感觉呢？其实我们在这条路上还并没有走出多远，尤其是就雄性抹香鲸而言。不过我们对于雌性抹香鲸的生活已经有了一些了解。它们不断在绵延数百公里甚至数千公里的范围内移动。我们认为这种游牧性塑造了雌性抹香鲸的性格。几乎屡屡在陌生的环境中，它们都是神经紧张的生物，用 19 世纪捕鲸船上的外科医生托马斯·比尔（Thomas Beale）的话来说就是，"胆小且无害的"[144]。它们稳定的参照点就是彼此——它们所一起游移的社会单元的成员。雌性抹香鲸具有强烈的群居性：除了在一起移动外，它们还经常积极地甚至是热烈地进行着社交活动，它们会照看和哺育彼此的幼崽，并且会共同保护它们自己。对雌性抹香鲸来说，"我们"可能比"我"更重要。而且"我们"有一套独特的行为，即"我们"的文化、我们做事的方式。

黑鲸、巨头鲸、油嘴滑舌鲸，以及海中金丝雀

在这一章中，我们专注于有着母系社会系统的鲸鱼物种。这些社会中的年幼个体在吃奶期自然会花很多时间和它的母亲在一起；这个时期是学习社交的最好机会。如果把这一时期延长到一辈子，并且一名个体不光有母亲陪伴，而且还有其他亲近的雌性亲属的陪伴，彼此之间都相互学习，那么母系可以迅速发展出自己的特色文化。如果母系的活动范围有所重叠，就像鲸类动物中常见的那样，那么基于母系的具有层级结构的社会系统就可能会出现，就像我们所描述的东北太平洋的居留虎鲸和热带太平洋东部的抹香鲸那样。

所以，如果你像我们一样被虎鲸和抹香鲸以及它们所做的一切吸引，你一定会想知道其他母系物种中发生了什么。除了宽吻海豚、虎鲸和抹香鲸外，我们对齿鲸的社会系统知之甚少。除了北极的齿鲸——独角鲸和白鲸——鲸鱼中所有其他可能的母系物种都是"黑鲸"（blackfish）：即严格来说属于领航鲸亚科（Globicephalinae）的，包括长鳍领航鲸（long-finned pilot whale）、短鳍领航鲸（short-finned pilot whale）、伪虎鲸（false killer whale）、侏虎鲸（pygmy killer whale）、瓜头鲸（melon-headed whale）或油嘴滑舌鲸（mealy mouthed whale）[145]。这些是小型到中型的齿鲸，成年鲸体长 2 到 7 米，大多呈发亮的黑色，前额呈球状，而且社会性很强。我们甚至不知道伪虎鲸、侏虎鲸以及

瓜头鲸是否有母系社会，但有迹象提示了这一点[146]。

最为人所知的是两种领航鲸[147]，它们在所有海洋中畅游，而且它们往往数量众多——短鳍领航鲸在偏热带水域中，而长鳍领航鲸则在南大洋和北大西洋的较冷水域中。它们已经被猎杀了好几个世纪；如今在日本和法罗群岛（Faeroe Islands）附近，它们仍然在被猎杀。日本和法罗群岛的渔民把整群的领航鲸驱赶到岸边，然后屠杀它们。当鲸鱼们逃避嘈杂的渔船时，它们会紧紧地贴在一起，这就是用驱赶来猎杀之所以有作用的原因。我们猜测，这和导致这些动物一起搁浅的机制类似。捕杀领航鲸的人有时将他们所用的这种技术委婉地称为"辅助搁浅"。有时，齿鲸会数量众多地在海滩上一起搁浅。它们中的大多数在搁浅时都是健康的，然而大部分也都因搁浅死去。大量搁浅是鲸类动物最大的谜题之一。这尤其是母系鲸鱼物种的特征。虎鲸大量搁浅，但最常见大规模搁浅的是抹香鲸、伪虎鲸，尤其是领航鲸[148]。例如，在 1913 年至 1966 年期间记录下的在英国海岸上搁浅的816 种动物中，53% 是长鳍领航鲸[149]。

不管是自然搁浅还是"辅助"搁浅，对搁浅的观察者自然而然地会认为，堆挤在海滩上的已死和垂死的领航鲸形成了一个自然的社会群体：一个氏族或一个群组，或者用我们的术语来说，是一个社群。在 DNA 分析还处于初级阶段的时候，比尔·阿莫斯（Bill Amos）和他的同事们对在"磨坊"中——指这些领航鲸群体由法罗群岛的捕鲸船驱赶上岸——被杀掉的鲸鱼样本进行了几次全面的分析[150]。他们发现这些磨坊里包含了好几代有母系亲缘的雄性和雌性，而且，虽然几乎所有幼鲸的母亲也被俘获在同一个磨坊中，但它们的父亲却从未被捉到过。这与倾向于认为在磨坊中一起被杀的动物构成了领航鲸社会的一个基本要素的想法相吻合，并与居留虎鲸的"妈宝男"社会系统之间是相互一致的：两性都与母亲待在一组，但是会在不同群组进行互动时寻找非亲缘的同类来交配[151]。然而，领航鲸和虎鲸的一个主要区别是群体的规模。虎鲸的母系单元包含 2 到 10 名成员，氏族则包含大约 10 到 20 名成员。但法罗群岛的磨坊里则平均有 150 头长鳍领航鲸[152]。通过照片来识别活着的领航鲸的研究结果让情况变得更加不寻常。在加拿大布雷顿角岛（Cape Breton Island）附近，长鳍领航鲸生活在大约 11 到 12 头组成的永久性社会单元中，而且这些鲸鱼会聚集在一起，形成大约包含两个单元的群组，非常像太平洋的抹香鲸[153]。在另一边的北大西洋直布罗陀海峡进行的一项研究得出了非常相似的结果：由大约 15 头领航鲸结成的群组由永久性的"家系单元"组成，其中每个单元有 2 至 9 头鲸鱼而且可能还有更多的几头未被识别出的鲸鱼[154]。除非法罗群岛附近的领航鲸行事非常不同寻常，以上发现意味着一个磨坊中包含了许多个社会单元，而且它们可能构成了更高层次的社会结构——这些社会结构是到目前为止，在布雷顿角和直布罗陀海峡还没有被识认出的。短鳍领航鲸的情况可能与之类似。在加那利群岛（Canary Islands）的特内里费岛（Tenerife）附近生活的短鳍领航鲸组成了大约 12 名成员的群组，而在日本近海被驱赶上岸的短鳍领航鲸群的平均规模则是大约 30 头[155]。因此，尽管领航鲸社会结构的细节对我们来说有点模糊，而且可能还因物种和地点而异，但貌似它们好像主要是由 10 头左右的鲸鱼组成了母系社会单元，然后它们再结盟形成更大的组织结构。

我们已经看到，在虎鲸和抹香鲸身上，这样一种社会结构是其行为中特征性的文化差异的脚手架。而领航鲸呢？除了一些仅有的线索，我们目前还不知道。在直布罗陀海峡，不同的领航鲸社会单元似乎有着截然不同的饮食习惯，这种饮食模式很可能具有文化基础[156]。莉亚·尼米洛夫（Leah Nemiroff）研究了布雷顿角的领航鲸的发声，并且发现其脉冲叫声（而不是哨声）的曲目库似乎在不同的社会单元中各不相同[157]。这也符合虎鲸的模式，即脉冲叫声——至少对我们和鲸鱼自身来说——是群体成员身份的主要文化标志。

罗宾·贝尔德和他的同事曾利用照片识别并用卫星标签追踪夏威夷附近的黑鲸。有三个伪虎鲸集群（cluster）使用夏威夷水域，每一

　　鲸鱼海豚有文化：探索海洋哺乳动物的社会与行为

个集群对栖息地的使用有所不同[158]。夏威夷侏虎鲸和短鳍领航鲸的种群和社会结构似乎包含了类似于南北部居留虎鲸**社群**之间那种区别类似的特征[159]。我们猜想这些研究成果是关于黑鲸文化的冰山第一次可见的一小角。然而目前我们还不知道这座冰山有多大。搞明白这件事一定会让人很高兴。虎鲸是一种强大、循规蹈矩、保守、有特定习惯的生物，而抹香鲸看起来是深海中温和、胆小的庞然大物，领航鲸则显得自信、活泼、充满乐趣和具有探索精神。例如，它们似乎喜欢去骚扰抹香鲸，在懒洋洋的抹香鲸周围横冲直撞，轻轻推搡，挤来挤去，其作用我们尚不知道[160]。领航鲸和它们的黑鲸亲戚们已经可能发展出了什么样的文化呢？

在这里，我们最后会简要地提及一个物种，我们猜测它们所拥有的文化财富还有待人们去发现——也就是白鲸（beluga）。这一物种的社会结构相对而言鲜为人知，但其曾被描述为是"母主的"（matrifocal，即以母亲为中心的），也就是说，其社会结构是沿着母系血缘松散构建着的[161]。这种动物长期以来因其独特的、高音调的和高度可变的发声行为而通常被称为"海中金丝雀"。事实上，我们最近从一份报告中了解到，它们在发声学习方面非常有才能，一头被捕获的名叫 NOC 的白鲸，它被录音记录下来发出了可被识别出的对于人类言语的模仿，不过发音是否非常标准还有争议[162]。基因种群结构的研究也有证据表明，白鲸从它们的母亲和母亲的亲属那里学习在加拿大哈德逊湾（Hudson Bay）及其周围的复杂地理环境中如何为北极的迁徙路线进行导航[163]。我们对白鲸社会所知非常少，而我们将这些小小的见解纳入本书，主要是为了突出一个我们认为仍有待做出重大发现的领域。

母系生活，母系文化

虽然我们大多数人都很爱我们的母亲，但我们可能不会想把我们所有的时间都花在她和我们全部的姐妹、各种各样的阿姨以及一位祖母身上。然而，对于母系鲸鱼来说，母亲不光是吃奶期间的生活焦点。它，以及以它为中心的社会群体，不仅继续勾勒出这些鲸鱼的社会世界，而且还继续搭建起整个世界。母系社会制度有其优点：在整个生命中都认识彼此、并将一直待在一起的动物之间可能更容易进行合作，而且合作起来可能也更有效。正如近亲之间的长期关系会增强合作一样，其竞争也受到了抑制，尽管还会经常有对食物的竞争，尤其是当食物变得稀缺时。无论是对基本的母系单元还是建立在那之上的更大的组织结构，母系鲸鱼都发展出了各种方式来表明这些社群对它们的重要性。它们有方言和问候仪式。虎鲸之间例行地分享食物；伪虎鲸则到处传递食物[164]。这些是它们文化的支柱。

注释

[1] McComb et al., 2001, 2011.

[2] 迈克·比格和他的同事们（Mike Bigg, 1990）首次对"居留"虎鲸的社会系统进行了详细分析。一个更新的、权威的但不那么正式的描述是由约翰·福特和他的同事做出的（John Ford, 2000）。

[3] 关于我们所知道的太平洋中抹香鲸社会的详细描述可参见 Whitehead 2003b。最近的一个对比了大西洋和太平洋种群的最新进展可见 Whitehead et al., 2012。

[4] Amos, Schlötterer, and Tautz 1993; Baird et al., 2008; Kasuya and Marsh 1984.

[5] Gowans, Whitehead, and Hooker 2001.

[6] 《虎鲸：顶级的顶级捕食者》（Pitman, 2011c）是一份世界上许多最有影响力的虎鲸科学家的文章合集，是一个关于最新信息和推测的绝佳来源。也有许多关于虎鲸的好书，例如 Baird 2006; Ford and Ellis 1999; Ford, Ellis and Balcomb 2000 以及 Hoyt 1991。

[7] Pitman 2011b, 5.

[8] Whitehead 2012.

9　埃里希·霍伊特（Erich Hoyt）在其著作《虎鲸，被称作是杀人者的鲸鱼》（1991）的书名中捕捉到了这种关于名字的模糊性。

10　与野生虎鲸不同，圈养的虎鲸曾杀死过人类，其中包括它们的训练员。这一对比被当成这些动物不应该被囚禁圈养的许多论据之一（Marino and Frohoff 2011）。

11　例如，Baird and Dill 1996。这类研究有时对像狮子或大象这样的陆生动物是可能的，但对于其他鲸类动物来说没有精密的遥感勘测设备和一些重大假设则几乎是不可能的。

12　Ford 2011. 虎鲸中居留、过客和离岸这些名字是时代的人造产物，因为当时人们对这些动物的了解要少得多，所以只是勉强对其进行了描述。

13　Foote et al., 2009.

14　德布鲁恩、托什和特劳兹（De Bruyn, Tosh and Terauds, 2013）认为，与北太平洋的虎鲸不同，将南极虎鲸划分为生态型（ecotypes）还为时过早；它们目前应该仅仅被称为形态型（morphotypes）。

15　Pitman 2011a; Pitman and Durban 2010.

16　关于狼，参见 Koblmüller et al., 2009；关于土狼，参见 Sacks et al., 2008。

17　Stearns and Hoekstra 2000, 221–225.

18　Morin et al., 2010.

19　Barrett-Lennard 2011.

20　Barrett-Lennard and Heise 2011; Riesch et al., 2012.

21　Ford and Ellis 2006.

22　Pitman and Durban 2012.

23　关于虎鲸对须鲸的嘴唇和舌头的偏好，参见 Jefferson, Stacey and Baird, 1991；关于南极格拉切虎鲸的食物偏好，参见 Pitman and Durban, 2010。

24　Barrett-Lennard 2011.

25　Ford and Ellis 1999, 83.

26　Ford and Ellis 1999, 83.

27　Barrett-Lennard 2011, 51.

28　以前已经有过关于此论证的缩略且不太完整的版本（Baird, 2000; Boran and Heimlich, 1999）。

29　Riesch et al., 2012. 最近的基因分析提示，虽然一些虎鲸生态型起源于同域分布（即共同起源），但其他的并非如此（Foote, et al., 2011）。例如，太平洋过客虎鲸和离岸虎鲸生态型可能是在大西洋中出现的。

30　Baird 2011.

31　Estes et al., 1998. 埃斯特斯和他的同事们更进了一步，他们认为，过客虎鲸的猎物类型在商业捕鲸对须鲸种群的破坏之后发生了转变，这导致了其他一些海洋哺乳动物物种的相继减少（Springer, et al., 2003），但这一论点极具争议（例如，DeMaster et al., 2006; Whitehead and Reeves 2005）。

32　Uhen 2010.

33　Uhen 2007.

34　McGowen, Spaulding, and Gatesy 2009.

35　Le Boeuf et al., 1988 讨论了象海豹在水下深处进行休息以对大白鲨威胁的回应，但虎鲸也有可能是造成这种行为的原因。关于须鲸迁徙以避开虎鲸的研究，参见 Corkeron and Connor 1999。

36　Connor 2000; Gowans, Würsig, and Karczmarski 2007.

37　Ford, Ellis, and Balcomb 2000.

38　这个对于居留虎鲸社会结构的描述来自 Ford, et al., 2000, 25。

39　Chadwick 2005. 我们并不确定是谁第一次用"妈宝男"（momma's boys）来描述居留虎鲸社会的，但查德威克（Chadwick）的描述是我们见到的最早的书面参考。

40　Barrett-Lennard 2000.

41　Baird and Whitehead 2000; Beck et al., 2011.

42　Bigg et al., 1990.

43　Riesch, Ford, and Thomsen 2006; Thomsen, Franck, and Ford 2002.

44　Ford 1991; Ford and Fisher 1983.

45　Deecke et al., 2010.

46 Yurk et al., 2002.

47 Deecke, Ford, and Spong 2000.

48 Deecke, Ford, and Spong 2000.

49 For example, Riesch et al., 2012; Strager 1995.

50 Deecke, Ford, and Slater 2005.

51 Ford, Ellis, and Balcomb 2000. 北部居留虎鲸偶尔也会举行问候仪式，但很少见。

52 Pitman 2011b. 有趣的是，拥有最显著的白色眼周斑块的南极浮冰虎鲸也是在捕猎时表现出最高程度合作性的，有着同步化的尾叶动作（Pitman and Durban, 2012）。

53 Pitman 2011a, 42–43. 更多技术性的描述，请参见 Pitman and Durban, 2012。

54 Similä and Ugarte 1993.

55 关于动作能力如何随尺寸大小变化的讨论，参见 Dial et al., 2008。

56 Similä and Ugarte 1993.

57 Similä and Ugarte 1993, 1495.

58 Domenici et al., 2000.

59 Deecke et al., 2011; Simon et al., 2006.

60 Lopez and Lopez 1985, 182.

61 Guinet 1991.

62 Hoelzel 1991.

63 Guinet and Bouvier 1995; Lopez and Lopez 1985.

64 Visser 1999.

65 Duignan et al., 2000.

66 另见 Chadwick（2005）。

67 我们对图佛德湾虎鲸的描述来自 Dakin, 1934 以及 Wellings, 1964。如果你想了解更多关于这种合作的信息，我们推荐去看米德（Mead）那本生动的书《伊甸园的杀人鲸》（*Killers of Eden*, 1961）以及澳大利亚广播公司的电视纪录片《伊甸园中的杀人鲸》（克劳斯·托夫特［Klaus Toft（2005）］制作），其中包含合作捕鲸的原始镜头。

68　引自 Dakin, 1934, 156。布里利（Brierly）还指出，该地区的土著人"把虎鲸视为自己已故祖先的灵魂化身，在这种信仰下，他们甚至把某些个体虎鲸的灵魂具体指出并识别出来"。

69　Dakin 1934; Wellings 1964.

70　Baird and Whitehead 2000.

71　Matkin and Durban 2011.

72　例如，Pitman and Durban 2012。

73　Ford, Ellis, and Balcomb 2000.

74　Ford, Ellis, and Balcomb 2000.

75　Whitehead et al., 2004.

76　Baird 2011.

77　Baird 2011.

78　Durban and Pitman 2011.

79　Barrett-Lennard 2011.

80　在捕鲸时代之前，大约有 111 万头抹香鲸（Whitehead, 2002），每头平均质量约为 19.5 吨，这相当于 4.33 亿个平均 50 公斤的人。人类的人口在大约公元 1300 年左右达到了这一水平（《世界人口：世界人口的历史估计》，美国人口普查局，http://www.census.gov/population/international/data/worldpop/table_history.php, 2013 年 12 月 19 日访问）。前捕鲸时代的长须鲸和蓝鲸的生物量水平与抹香鲸的生物量相似，或者可能稍大（Pershing, et al., 2010）。

81　Clarke 1977.

82　有许多关于抹香鲸的书，最著名的是《白鲸记》［*Moby Dick*, Melville（1851），1972］。最近的两本书包括了科学界对该物种的大部分所知：《抹香鲸：海洋中的社会性演化》（*Sperm Whales: Social Evolution in the Ocean*, Whitehead, 2003b）是为科学家撰写的，并且主要集中在它们的行为生物学；另一本《伟大的抹香鲸：一部关于海洋中最壮丽和神秘的生物的自然历史》(*The Great Sperm Whale: A Natural History of the Ocean's Most Magnificent and Mysterious Creatures*, Ellis, 2011) 距离现在更近、更为广阔，而且是为更广泛的读者撰写的。一份由科学家们写就、却是为了更广泛读者的关于抹香鲸的最新观点是美国鲸类动物学会期刊《观鲸者》(*Whalewatcher*) 的 2012 年特刊 (Whitehead 2012)。它描述了我们抹香鲸科学家是如何看待我们所研究的动物以及为什么我们会对这种奇怪的生物着迷。

[83] Madsen 2012. 我们正在开始了解抹香鲸的鲸蜡油器是如何工作的 (Madsen 2002)，但其中许多细节尚不清楚。

[84] 鼻部左侧的气孔似乎是一种倒退。尽管陆地哺乳动物和海豹的鼻孔位于鼻部之上，但在其他鲸鱼和海豚中，鼻孔移到了头的顶部，这让它们在快速移动的同时更加轻松地呼吸。在抹香鲸上，其身体的大部分都已经根据声呐系统的需要而被重新进行了安排，包括气孔的位置。因此，抹香鲸在水面的滚动的呼吸方式与其他鲸鱼有所不同。

[85] 瑞典博物学家卡尔·林奈 (Carl Linnaeus) 认为，抹香鲸有两种，即 *Physeter macrocephalus* 和 *Physeter catodon*。他的困惑可能部分是由于性别的差异而造成的。对 *Physeter macrocephalus* 的描述主要是基于对雄性的观察，而 *Physeter catodon* 则被描述为体型更小 (Holthuis 1987; Husson and Holthuis 1974)。

[86] 雄性偶尔会突然快速地移动，就像相扑选手一般——相扑选手是另一组体型巨大的雄性，他们在不比赛时看起来僵硬且笨拙 (Whitehead 2003b, 280–281)。

[87] Best 1979.

[88] 假设它们在 60 年生命周期的一半时间中平均每秒嘀嗒一次，那么大约会发出 946080000 次嘀嗒声。

[89] Watwood et al., 2006.

[90] Aoki et al., 2012; Madsen 2012; Watwood et al., 2006.

91 Whitehead 2003b, 167.

92 Whitehead 2003b, 168–184.

93 Gero, 2012b 描述了"七人组"的社会生活。另可参见 Gero et al., 2008;
    Gero，Gordon and Whitehead 2013。

94 "七人组"是以 20 世纪 20 至 30 年代一群加拿大风景画家的名字（被称为
    "七人画派"）而命名的。多米尼加附近的抹香鲸家族单元并不总是有七名
    成员。

95 正在我们写作之时，"手指"已经生下了另一头幼崽，因此可能会在七人
    组中重新获得她的核心社会地位。参见 Gero, 2012b。

96 Gero 2012b.

97 Gero 2012a.

98 Whitehead et al., 2012.

99 Whitehead 1999.

100 Rendell 2012; Watkins and Schevill 1977.

101 Madsen et al., 2002.

102 关于正在繁殖期的雄性的缓慢嘀嗒声叮当声，参见 Weilgart and Whitehead,
    1988。

103 Watkins and Schevill 1977.

104 关于雄性尾音的稀少性，参见 Marcoux, Whitehead and Rendell, 2006。然
    而，小且奇怪的地中海抹香鲸种群中的雄性确实会日常性地制造出尾音
    （Frantzis and Alexiadou, 2008）。关于小幼崽的"咿咿呀呀"学语，参见
    Schulz et al., 2010。

105 Schulz et al., 2008.

106 Schulz et al., 2010; Rendell and Whitehead 2004. 一个例外是"手指"，七人
    组中的母亲，她有着一组独特的曲目集。

107 Antunes 2009.

108 Rendell 2012; Rendell and Whitehead 2003.

109 Rendell and Whitehead 2005.

110 Rendell and Whitehead 2003.

111 Whitehead and Rendell 2004.

112 Whitehead and Rendell 2004.

113 Whitehead 1996.

114 Whitehead, 2003a, 305–306. 在一个小时之内水面上没有鲸鱼的最长时间在"常规"组中平均比"加一"组多 4 分钟。

115 Whitehead 2003a, 305.

116 Whitehead and Rendell 2004.

117 Marcoux, Rendell, and Whitehead 2007.

118 Rendell and Whitehead 2003.

119 Whitehead and Rendell 2004.

120 Rendell et al., 2012.

121 Whitehead 2003b, 300.

122 Antunes 2009.

123 Deecke, Ford, and Spong 2000.

124 Lyrholm et al., 1999.

125 Whitehead et al., 2012.

126 Antunes 2009.

127 Whitehead et al., 2012.

128 Whitehead et al., 2012.

129 Whitehead 2003b, 70–73.

130 Pitman et al., 2001；Whitehead et al., 2012. 关于虎鲸袭击抹香鲸的最著名的一次观察记载，参见 Pitman and Chivers 1999。

131 关于朝向外面的阵型，参见 Arnbom et al., 1987；关于朝向内部的阵型，参见 Pitman et al., 2001。后者有时被称为"玛格丽特花"阵型，因为此花的形状而得名。

132 Rendell et al., 2012.

133 Zhou et al., 2005.

134 对于狩猎者 – 采集者来说，其比率大约为 4（Hamilton et al., 2007）。对于狒狒和大象来说，这个比率大约是 3（Hill, Bentley, and Dunbar 2008）。

135 Hill, Bentley, and Dunbar 2008.

136 Hill, Bentley, and Dunbar 2008; Zhou et al., 2005.

137 部族的规模约为 1 万只，参见 Rendell and Whitehead, 2003。

138 Richerson and Boyd 2005, 195.

139 Gero 2012b; Gero, Gordon, and Whitehead 2013.

140 Letteval et al., 2002.

141 关于从延绳钓线上盗鱼，参见 Sigler, et al., 2008；关于进入浅水区，参见 Scott and Sadove, 1997。

142 参见 Whitehead 2003b, 277–283。

143 Weilgart and Whitehead 1988.

144 Beale 1839, 6.

145 帕尔斯伯尔及其同事将白鲸和独角鲸的社会系统描述为母主（matrifocal）社会（Palsbøll, Heide-Jørgensen and Bérubé, 2002; Palsbøll, Heide-Jørgensen, Dietz, 1997），而不是母系（matrilineal）社会。虎鲸经常被列入"黑鲸"之中，尽管它并不是领航鲸亚科（Globicephalinae）的。灰海豚（Risso's dolphin）可能是领航鲸亚科的一员（McGowen, Spaulding and Gatesy, 2009），尽管它不被认为是黑鲸，也没有迹象表明它有母系社会系统（Hartman, Visser and Hendriks, 2008）。

146 Aschettino et al., 2011; Baird et al., 2008; McSweeney et al., 2009.

147 他们经常被船舶和船只吸引，但往往是跟随而不是带领着这些船，所以"领航"也许并不是最合适的名字。

148 Sergeant 1982.

149 Sergeant 1982，其中 28% 是伪虎鲸。

150 Amos 1993; Amos, Schlötterer, and Tautz 1993.

151 阿莫斯的分析是针对长鳍领航鲸的。我们没有短鳍领航鲸社会系统的基因数据，但粕谷俊夫和海琳·马什（Toshio Kasuya and Helene Marsh, 1984）

得出结论认为，在日本附近的海域里被驱赶的短鳍领航鲸群体同样也有一个基于年龄分布的母系社会；然而，他们将群体之间成熟雄性比例的巨大差异解释为是提示了雄性在不同群体之间的移动。

152 Zachariassen 1993.

153 Ottensmeyer and Whitehead 2003.

154 De Stephanis et al., 2008b.

155 特内里费岛附近的群体大小可参考 Heimlich-Boran, 1993，而日本附近的可参考 Kasuya and Marsh, 1984。

156 De Stephanis et al., 2008a.

157 Nemiroff 2009.

158 Baird et al., 2012.

159 Baird et al., 2008; McSweeney et al., 2009; 罗宾·贝尔德私人沟通，2012 年 11 月 16 日。

160 Weller et al., 1996.

161 Palsbøll, Heide-Jørgensen, and Bérubé 2002.

162 Ridgway et al., 2012.

163 Colbeck et al., 2013.

164 Jefferson, Stacey, and Baird 1991; Norris and Schilt 1988.

第 7 章

它们是如何做到的？

在前面三章里描述鲸鱼和海豚的行为时，我们已经含蓄地假设了它们大部分（或者说全部）行为都是社会性学习的结果。但真是这样吗？这些动物真的能够互相学习吗？如果是的话，那么提出文化在戴海绵的海豚或歌唱的长须鲸中起到了作用就是很自然的。但是，如果我们专门去寻找社会性学习的痕迹却没有找到的话，我们这些研究野生动物的人所提倡的"文化鲸鱼"假说就看起来相当不靠谱了。

社会性学习的研究是文化研究的另一个方面，通常是实验心理学家的研究范围。实验是行为科学的黄金标准：在精心控制下对实验条件进行改变，然后探究行为是改变了还是没有改变。因此，在研究社会性学习时，一个标准的研究流程是，比较动物采取某种形式的行为在何时（或者是否）取决于另一只采取行为的动物是否在场。如果动物在有一只示范动物在旁时会做得更好，那么社会性学习的假说就得到了支持；而如果学习率没有差别，社会性学习假说就得不到支持了。

通过这种方式来控制实验条件几乎总是需要对实验对象进行囚禁。这就带来了问题。人们可以反驳说，海豚和小型鲸鱼的圈养条件与动物的自然生存环境相距甚远，因此在这些条件下获得的任何结果都没有太多价值——也就是生态效度（ecological validity）的问题[1]。此外，

鲸鱼海豚有文化：探索海洋哺乳动物的社会与行为

圈养的鲸类动物通常会参加大量的训练项目，这可能会影响它们学习的方式。例如，它们可能会比其他海豚更关注一名训练员。从各种各样的圈养动物的行为测试中可以很容易就得出阴性的结果，这并不仅仅局限于鲸类动物。而且即使实验成功了，这又意味着什么呢？一头或几头海豚能或者不能在水池中完成某个特定任务，并不一定意味着它们在野外做或不做这个行为。除了这些在科学方面的问题之外，关于将鲸鱼和海豚圈养起来是否人道或符合伦理，也存在激烈的争论[2]。最后，无论人们对这些问题有什么看法，都存在一个问题，即只有较小型的鲸类物种才能被圈养，因此对于像座头鲸、弓头鲸和抹香鲸这些物种的数据将永远不可能从圈养方式中获取（搁浅的抹香鲸幼崽曾经被人类治疗并被短期圈养过，但它们后来总是不可避免地死去了）[3]。

然而，如果这些动物真的成功完成了某些实验任务，那么我们就可以认为这个结果向我们显示出了它们物种所具备的最低能力。这样的研究如果做得好的话，确实能让我们了解此物种的一般能力，这可以帮助我们解释在野外看到和听到的现象。这些研究通常显得是出于一种愿望：看看海豚是如何与人类抗衡的——研究往往是从人类能做的事情开始，然后考察非人类是否也能做到这一点。可以将其看成一条无甚启发性，且自我迷恋的研究途径。考虑到我们在野外看到了各种各样的行为，这些研究对我们而言的主要用途是了解鲸类动物在实验控制的条件下能彼此学习到怎样的程度。正如我们所见，研究证据表明它们是社会性学习的行家。在本章中，我们将详细描述这些研究。我们还将离开实验室，谈谈来自野外的有趣的观察结果，这些观察结果提示，有些齿鲸会不遗余力地教给它们的幼鲸狩猎技能。

模仿——照着我做的去做

在我们第 2 章介绍的社会性学习的所有形式中，模仿一直是研究非人类学习的实验心理学家的主要焦点。模仿是通过观察他者的行为从而对一种新的行为模式来进行学习[4]。实验心理学家有这种焦点的原因之一是他们相信，在社会性学习的所有形式中，只有模仿才能导致累积性的文化演化，从而创造出真正复杂的文化产物，比如喷气式飞机、交响乐或者语言[5]。在实验心理学之外，对于社会性学习机制中模仿所占据的卓越地位是有所争论的，但这并没有改变数据的本质：几乎所有关于海豚中社会性学习的实验研究都谈及模仿[6]。

有数量可观的逸事以及一些实验证据表明，水池中的宽吻海豚既模仿人类又模仿彼此。它们模仿声音和体育活动。训练员则利用到这种能力：他们把其中一只动物的行为训练到可以完成所需的展示，其他动物模仿它即可[7]。此外，海豚还可以被教会关于模仿的概念，明白"西蒙说"（Simon Says）① 的游戏怎么玩，因此如果给它们一个独特的"复制"命令，它们就会复制训练员的后续动作，不管那是什么。

宽吻海豚显而易见的智力以及它们对圈养环境的适应能力，都意味着宽吻海豚长期以来一直是对鲸类认知的科学兴趣的焦点。它们处理被圈养问题的能力和能被训练的程度可以从它们被征召加入美国军队的事实中得到印证，无论这事是好还是坏。美国军队拥有一支现役海洋哺乳动物行动部队。这些海豚被训练用来提供港口安保（主要是探测水下地雷），并被部署在多个战区，最近一次是2003 年入侵伊拉克[8]。

1972 年，科林·泰勒（Colin Tayler）和格雷厄姆·萨伊曼（Graham Saayman）发表了第一份关于海豚相互复刻彼此行为的科学报告，这篇论文因被作为一些最广为流传的关于海豚行为的研究成果来源而变得有名[9]。他们实际上没有进行任何实验，而仅仅是观察了两头雌性和一头雄性宽吻海豚的行为，它们的名字分别是黑格、酒窝

---

① "西蒙说"是一个欧美常见游戏，一群人中由一个人来扮演"西蒙"，这个人会发出各种指令，其他玩家只有当他说出"西蒙说"之后才需遵守后面的指令做出行为，如果做错了就要被罚出。比如他说"西蒙说：摸鼻子"，大家就要去摸鼻子，但是如果他说"摸鼻子"，大家还去摸鼻子就算输了，因为前面没有"西蒙说"。——译者注

　　鲸鱼海豚有文化：探索海洋哺乳动物的社会与行为

夫人和达安——得名的原因我们可完全猜不出。在南非的伊丽莎白港海洋馆（Port Elizabeth Oceanarium），泰勒和萨伊曼观察并记录了海豚之间的互动，以及它们与其他进入其水池的东西之间的互动。其中一样"东西"是一名人类潜水员，他的工作是清理水池侧面观察孔上的藻类，这样付费的游客就能朝里看得很清楚。我们不知道达安能够有多长时间来观看这名潜水员做清洁，但其被描述为"不断重复地"。然后，人们观察到达安用它找到的一支海鸥羽毛敲击观察镜，显然是在模仿清洁（不用说，这类做家务的行为在野生海豚身上从未被观察到）。后来它显然为这件事着迷了。它继续使用各种各样的物件——包括石头、纸，甚至是给它吃的鱼——来完成它作为大家最喜欢的水池搭档的角色。尽管如此，它仍然对它的人类"演示者"相当忠诚，甚至模仿人类潜水员通过抓住观察窗旁边的钢筋来稳定自己的技术，它也把自己一只胸鳍放到了同样的地方。它还变得对观察孔相当有占有欲，并且会攻击性地阻止潜水员和其他海豚接近观察孔，长达超过50天。不过在这段时间里，它把窗户维护得相当干净。

其中一头雌性海豚酒窝夫人有了一头幼崽，名叫多莉（Dolly）。有一个小故事在后来成为海豚模仿的民间传说中的一部分：泰勒和萨伊曼讲述了他们在一个观察期尾声时，当多莉显然正在通过观察口探究他们时，一位不具名人士朝着它所在方向的窗户上喷出一口香烟（科学家们在工作中吸烟的文化从此事以后开始衰退了）。观察者们对接下来发生的事情感到"震惊"，而我们只能凭想象来知道他们到底会有**多么**震惊，以至于居然让这个词出现在枯燥的科学文献中。多莉游到它母亲身边，那时母亲还在给它喂奶，回来时多莉带着一口奶朝着窗户吐了回去，用一团奶雾出奇地复现出一股烟。显然后来这成了一个常规把戏。当时多莉的母亲正在接受公开表演的训练，据说人们看到这头幼崽开始复制它妈妈学习的把戏，如此大量以至于在最小限度的积极强化训练下，幼崽就成了表演队的一员。在圈养条件下的这一观察结果与野外摄食策略中母亲－幼崽相似性的模式有着强烈的同构性。

　　另一头雌性海豚黑格也有它自己的模仿把戏。另一项必须在它们的室外水池中完成的日常杂事是清理池子底部——一名潜水员使用一种水下吸尘器刮去并吸走厚厚的海藻。这台吸尘器有时会放在水池里过夜。有一天早上，黑格被看到用它的两个胸鳍拾起了吸尘器并把它在池底摇来晃去。有趣的是，当它成功地弄出一些海藻时，它迅速将其吃掉了。植物性进食据我们所知从未在野生海豚身上被观察到过，因此我们只能去猜为什么黑格会觉得它如此美味，但它确实吃了。为了安全起见，吸尘器被从池子里移走了之后，黑格发现了一块用来铺池子的瓷砖的碎片，就开始用它去刮下更多的海藻，有时停下来吃掉自己的劳动果实。不仅如此，后来酒窝夫人学到了这项技术，于是很快就可以看到两头海豚在一起用碎瓷片来刮掉海藻。再一次地，这与科学家们猜测野生海豚是从彼此身上学习到了摄食特化的报告之间有了强烈的共鸣。

　　这些都是令人难以置信的观察，随着时间的推移也不改其生动性，因此它们吸引住科学家和非科学家这两者也就不足为奇了。不过，从某种程度上说，这些观察是对关于实验的本章的一种干扰。正如那些不以为然的人很快会指出的，它们只是观察的结果，而不是受控实验下的结果。仔细观察并描述这样的逸事是一种完全有效的呈现科学信息的形式（毕竟它们确实发生过，而且一名观察者也确实看到过它们），但对于它们意味着什么还存在争议。这在很大程度上是因为我们人类很容易被自己的眼睛愚弄，更不用说别人的眼睛了。只有通过仔细的实验，我们才能够看穿聪明的汉斯（Clever Hans）——19 世纪德国的一匹貌似可以做算术的马——并得出结论，虽然它做不到这一点，但它可以很好地从其训练员那里捕捉到微妙和不经意的线索[10]。我们看不出如何用聪明的汉斯效应解释泰勒和萨伊曼所报告的各种观察结果，其中某些情况还是用视频记录下来的，但我们还是要率先承认，我们的眼睛是和其他人一样容易被愚弄的。

一个关于宽吻海豚模仿的最重要的实验研究项目是在火奴鲁鲁的凯瓦洛盆地海洋哺乳动物实验室（Kewalo Basin Marine Mammal Laboratory, Honolulu）由路易斯·赫尔曼（Louis Herman）负责的。这个项目始于1979年，当时两头两岁大的雌性海豚被带来圈养起来。而当实验室最后一头海豚死去后，该设施于2004年关闭[11]。在此期间，这些海豚参加了许多对其认知特征和感官能力的研究，颇具启发性。那里的研究项目不局限于模仿，只不过这是我们所关注的方面。我们尤其关注的是两项来自夏威夷大学的硕士研究生史黛西·布拉斯劳·施内克（Stacy Braslau Schneck）和马克·西特科（Mark Xitco）的研究[12]。这两项研究都利用了凯瓦洛训练海豚产生特征性动作的方法，例如训练它们用尾巴拍打水面或者在水下做出翻滚动作，来回应训练员的手势。

由西特科进行的第一项研究使用了这样一种设置：每头海豚都有自己的训练员，两名训练员被池边的隔板隔开、以防止每头海豚看到另一头海豚的训练员。在试验中，一头海豚是演示者，而另一头是模仿者。首先，研究人员训练海豚识认一个"模仿"（mimicry）的特定命令，相当于"西蒙说"（这里我们用"模仿"一词是指在看到另一个同类做某个行为后去复制做出一个你已经知道的行为，而不是去"模仿"它来做一个新的行为）。为此，他们命令演示者海豚做一个特定的动作。模仿海豚并没有看到向演示者海豚所发出的命令，却看到了其这一动作，接着它被给出"模仿"的手势信号，然后是演示者海豚刚刚执行的同一动作时的命令。一段时间后，他们进行了探测试验，接着演示者的动作之后只给模仿者"效仿"的命令。实验者设定了一个成功的标准：在两个连续的训练小节中，海豚必须在24到48个试次中85%都做出正确的动作（即"演示者"所做的动作）。每次海豚达到成功水平时，探测试验的频率都会增加，直到它们只做收到模仿指令的试验。实验中的两头海豚分别在17次和26次这种训练小节后就只收到模仿指令，达到了成功的标准。然后，研究人员进行了迁移测试，以确定模仿的概念是否被泛化了。他们命令演示者海豚执行一些动作，尽管这些动作是这两头海豚在训练中都会做的，但在当时并未被用于模仿试验，然而又一次，海豚很快就达到了成功的水平。西特科由此展示出可以训练海豚通过命令来进行模仿。

尽管如此，这是模仿，而不是去模仿新的东西——所训练的行为是已经被两头海豚所熟知的，而且当时每头海豚都被同样的手势指令进行了训练。在实验测试中，西特科继续训练每头海豚，分别训练让它们执行3种新的把戏（不同的海豚有不同的把戏），然后将这些引入到模仿环节里。演示者被命令来执行一个模仿者海豚之前从未见过的行为，例如，敲响铃铛或是把一枚戒指挂在一根棍子上——这种不会出现在海豚的自然行为中的事情。当进行测试时，一头名叫凤凰（Phoenix）的海豚在第2次演示后就模仿了她所接触到的3种新行为中的两种，而另一头名叫阿克（Ake）的海豚，则在第3次演示后模仿了3种行为中的其中一种。海豚并不完美，但很明显，它们有时会去模仿新的行为——它们可以模仿，而且它们可以在看到一次演示后很快就进行模仿。西特科还将演示和后续立刻进行模仿的命令间隔开，从而使任务增加难度。间隔80秒后，行为表现下降到了59%的正确率，这仍然比偶然性高出许多，但这表明海豚的某些能力集中在行为的即时同步性上，这就与第5章中的野外观察结果十分沾边：野外观察提示了海豚同步性地做出行为（即同时做同样的事情）是海豚社会中一个重要的社会性信号，正如路易斯·赫尔曼自己所强调的："毫无疑问地，海豚中广泛的模仿能力可能自然而然地源于成对或成群海豚之间经常出现的高度同步或密切协调的自然行为。同步性可能有助于有实际应用的任务，如觅食和猎物捕获，但也可能是社会关系的一种表达。"[13]

第二项研究由布拉斯劳·施内克做出，基本上是一个训练计划，旨在建立一种情形：在这种情形下，海豚们能够理解并正确响应一个命令，它们自己来选择一种行为然后一起执行。其实验设计在一定程度上是为了跟进西特科的工作，以检查确认模仿者海豚无法看到训练员对演示者海豚发出的命令，从而无法以此作为它们行为的线索，只能以演示者海豚本身的行为当线索。要求海豚自己选择一个动作来执行可以完全消除这种线索——它们只能通过合作来匹配彼此的动作。实验的第一个阶段是训练海豚学会一个手势指令，称为"同时实行"（tandem），其后紧跟着一个更传统的执行某个行为的指令（比如一个空中翻筋斗的指令），这样的话，当这一对指令被给到两头海豚时，它们会做出正确的行为，并且是一起做。海豚很好地掌握了这一点，在训练结束时，它们不仅可以被命令一起表演单一的把戏，还可以一起表演一系列的动作。海豚也被训练对一个叫"创造"的命令做动作。当这个命令被给出时，海豚会因为表演任何它们想要的把戏而得到奖赏，前提是这个把戏在这一个训练小节里是新的。在研究的第二阶段，这两个命令被组合起来，"同时实行 + 创造"，意思是做一些新的事情，并且一起做。为了发出这一组合指令，训练者将两个食指合在一起（"同时实行"），然后将两只手臂举向空中（"创造"）。这些指令的训练持续了几年，其时海豚的训练员将"同时实行 + 创造"的游戏融入了通常的训练小节中。布拉斯劳·施内克随后对海豚们在游戏中的表现进行了量化。在她的研究小节中，海豚们一起执行了不少于 79 种的不同行为，但总是有大约 10 秒的延迟，在此期间它们会一起绕着池子周围游泳。它们是在进行计划吗？我们又如何能知道呢？尽管这些训练小节被录像了，但其中许多连实验者都无法探查出是否有一头海豚明显领衔于另一头海豚。不过在其中的 44 次实验中，他们可以检测到一头海豚边缘性地处于领衔地位。领衔的角色由两头海豚共同承担。

凯瓦洛盆地的研究似乎提示，海豚进行模仿这个疑案开启后又被结案了，但这并不是故事的尾声。在 1994 年发表的另一项研究中，戈登·鲍尔（Gordon Bauer）和克莉丝汀·约翰逊（Christine Johnson）用佛罗里达州 EPCOT 中心的海豚试图重复赫尔曼学生们的研究结果[14]。他们的研究对象是两头雄性宽吻海豚，托比（Toby）和鲍勃（Bob），当时都在 12 岁左右，是 10 年前从野外捕获的。这些海豚从一开始就由两名不同的训练员训练（就像在西特科的实验设置中一样），而不是由一名训练员发出"同时实行"的指令。在最初的训练小节中，它们被给予了同样的命令，因此它们做出一些已经掌握的把戏，比如拍尾巴或喷水，而且是同时做出。一旦掌握了这一点，实验流程就改变了，让其中一头海豚比第1头晚两秒收到信号，然后，研究人员引入了一种新的信号，他们希望海豚把这个信号解释为"模仿"，然后再给第2头海豚发出行为指令。为了检查第2头海豚是否真的只对自己的训练员做出反应（而不是以某种方式被提示到而跟随另一头海豚的训练员），它偶尔会被命令去执行与第1头不同的行为。在这种情况下，第2头海豚总是按照自己训练员的命令去做。然后，研究人员开始给第2头海豚发出"模仿"的命令，并一直持续下去，直到两头海豚在给定的实验小节中至少成功地模仿了75%的试次。正是在这里，与凯瓦洛盆地结果的第一个不同之处显现出来。托比和鲍勃很艰难才被训练到这样的模仿成功水平，托比参加了"好几百次"的训练，而鲍勃则参加了上千次单独的试次。显然不仅仅是它们接受这个命令的速度变慢了，而且两头海豚之间也有明显的区别——鲍勃对这个不太感兴趣。

在成功模仿训练行为达到75%后，海豚被归类为成功的模仿者，研究者开始采用与之前不同的一套把戏进行测试。在这些新动作中，有9个是熟悉的，因为它们以前都被教给过海豚，每头海豚另外被教了两个它们自己的新把戏，在最后的关键测试中新把戏会被当成新奇行为。托比模仿了9种熟悉的行为中的4种（其中一种行为实际上并不在计划的范围内，是由鲍勃"不小心错误地"做出并由托比第一次做出了模仿），但鲍勃没有模仿过一次熟悉的行为。当轮到新奇行为时，两头海豚对其中任何一个行为都没有达成能"令研究人员感到满意"的成功模仿。公平地讲，研究人员并不容易感到满意，所以海豚也并不算是完全失败了。举个例子，其中一个新的把戏是用尾巴碰东西。当被要求模仿时，第二头海豚"与演示者平行游泳，比如采用相同的侧卧姿势，但距离被要求去触碰的碰撞杠几英尺远"[15]。这头海豚再现了模仿者精确的身体运动，但未能重复出最终结果——即用尾巴触碰到碰撞杠。类似地，另一个新的把戏是尾巴行走，就像我们在第5章中描述过的，比莉似乎没有经过任何训练就学会了这一点。在这里，鲍尔和约翰逊注意到，当被要求模仿这个动作时，托比"以有力的尾叶动作进行了潜望镜探查，但并没有像演示者一样向前移动"，因此错失了一条如果它能向前几英尺就会被奖赏的鱼，尽管它已经明白了要将自己垂直地从水里升出来。由于这些测试在10个试次后即被中止，我们将永远不知道托比是否最终会明白，为了得到它的鱼，它必须用尾巴碰到碰撞杠或者向前移动一点点。尽管如此，事实仍然是，这些海豚并没有像凯瓦洛盆地的海豚那样令人印象深刻地进行模仿。

一个实验不能重复出关于动物行为的某个发现可能有很多原因。其中之一是最初的发现是假的。然而考虑到在这两个实验中海豚都可以被训练去模仿，而在第二个实验中，模仿者海豚所尝试的一些动作与它们被要求模仿的动作非常接近，假发现对我们来说似乎不太可能。在这两项研究中还有其他的一些差异同样可能是合理的解释。也许最明显的是，凯瓦洛盆地的研究对象是雌性海豚，而EPCOT的研究对象是雄性海豚。我们不知道EPCOT雄性海豚之间的历史，但考虑到野生雄性海豚之间的联盟可能存在高度紧张的关系，以及与另一头雄性海豚进行同步行为是一个重要的社会信号，研究人员可能无意中要求海豚在做一些完全违背其当时社会本能的事情。我们确实知道鲍勃比托比更占统治地位[16]。因此，这也许可以解释为什么相较于托比来模仿他，鲍勃似乎不太愿意模仿托比：也就是说，如果在一个回合的同步中成为领衔者是一种统治信号，那就可以解释为什么鲍勃不愿意让步。不过，除非进行研究来弄清楚这是否是一个可信的解释，我们对这二者之间的关系并没有充分的了解。

另一个不同之处是，在凯瓦洛盆地，海豚在进行模仿试验之前，都参加了多年的认知研究，而参加这些研究实际上就是它们全部的工作职责了。而在 EPCOT，海豚们事先曾参加过"几项"学习研究，此外它们在迪士尼的旅游景点也扮演了角色——这对它们在这些试验中表现的影响还不得而知。一次又一次地在研究中被使用并且在研究中还涉及大量与人类的接触，这可能会影响动物的表现，而这一观点也被作为黑猩猩学习研究的一个问题提出过，并且从儿童发展理论中借用了一个名字，"濡化"（enculturation）[17]。这种观点认为，人类如此聪明的一个原因是他们是由其他人类抚养长大的，因此能接触到无休止的刺激和学习的机会——即它们被"濡化"了[18]。一些黑猩猩研究人员认为，同样的事情也能发生在反复接触并与人类进行互动的动物身上，使得它们外在的认知表现提升到在野外所未见过的水平。这似乎是一个相当傲慢自得的立场，但所谓的野孩子（feral children）——即由动物抚养长大或与其他人类很少或根本没有接触的儿童——确实在社交技能方面表现出显著的缺陷，其中也包括社会性学习[19]。因此，也许凯瓦洛盆地的海豚是通过长期接触人类的经验以及与人类训练员的长期互动而获得了濡化，因而它们事实上在脑力方面是"超级海豚"。这只是也许。因为相反的论点是，你可以尝试濡化其他任何你想要濡化的动物——比如猫——但它们永远不会像路易斯·赫尔曼的海豚那样表现，即使经过数百万次的试验也不会，因此，关于一个物种潜在能力的某些坚实本质还是通过这些实验被揭示了出来。

很明显，一头宽吻海豚可以很容易地模仿其他海豚做出它已经知道的一个行为。你可能会惊讶地发现，它们并不总是需要看见另一头海豚才能模仿它，而这正是由佛罗里达海豚研究中心的凯利·贾科拉（Kelly Jaakkola）所领衔的一系列实验所展示出的。在她的第一项研究中，贾科拉与一头 7 岁的雄性海豚坦纳（Tanner）一起工作，这头海豚是在圈养的环境中出生的（因此可以被归类为是被"濡化"养大的）[20]。坦纳接受了训练从而能够像我们已经描述的研究中的海豚一样识别出"模仿"的指令，但这项研究的变化之处在于，在一半的测试试验中，科学家们会把眼罩放在坦纳的眼睛上，这样很有效地遮挡住了它的视线。

鲸鱼海豚有文化：探索海洋哺乳动物的社会与行为

测试中有些它已经知道的行为是纯粹用发声来进行的——比如发出一种嘘声——而并不令人惊奇的是，它模仿其他海豚来做这些行为的表现并没有受到蒙眼的影响。然而，测试中的大多数行为都不涉及发声，而在这些行为中，坦纳在蒙着眼睛的情况下，做出匹配行为的表现仍然远远高于随机水平。当然，它的表现也有所下降，从61%的正确匹配率下降到被蒙眼时的41%，但是有20个行为可供选择时得到41%的正确率仍然比随机水平所预期的高出许多倍。坦纳是怎么做到的呢？一种可能是回声定位，而事实上坦纳确实用到了更多的回声定位，当它被蒙住眼睛时所用的回声定位是原来的3倍，所以也许它能够用嘀嗒声来追踪正在演示的海豚从而识别出它的行为。尽管如此，贾科拉认为这并不能解释一切，因为她发现坦纳在一次试验中是否使用回声定位回音与它模仿的准确性之间没有关联。虽然这些行为并不涉及发声，但也有一些声音，比如不同的水花飞溅声和偶尔的下巴拍打声，这些声音可以给一名专注的听者提供线索。贾科拉证明了这一猜想是合理的：她让人类训练员也蒙上眼睛然后试着识别一头海豚在做哪个行为，而人类的正确率有55%，所以这可以解释坦纳的表现。不过，贾科拉和她的同事们的一项后续研究提示，事情要比这更复杂一些[21]。在这项实验中，一名人类被要求尽其所能地做出一个行为，这是属于海豚的测试行为库中一部分可以被人类很好地进行重现的行为。而坦纳也被要求模仿这些行为。他们的研究思路是，如果坦纳只是使用了行为的特征性声音，那么他在由人类模范做出的试验中会感到困惑，因为人类产生相同行为的声音听起来与另一头海豚做出这个行为的声音是不同的。科学家们同时也记录了坦纳在试验中的回声定位活动。结果呢？当被要求模仿人类时，坦纳的表现和模仿另一头海豚的表现一样好，但它使用回声定位的次数要多出50%。因此，坦纳似乎能够灵活地在不同策略之间进行切换，以达成自己的目标来识别出他应该做出哪个行为——在可以的情况下就使用被动的声学线索，而在不得不为之的情况下则进行回声定位。这告诉我们海豚是如何看待被要求去做的事情的。用贾科拉的话来说："这种积极的策略转换排除了海豚是通过反应易化（response facilitation）来进行自动模仿的可能性，而描绘出一幅画面，其中海豚参与到模仿中来是一种有意向的、解决问题的过程。"[22]

那我们还剩下什么可能性去解释呢？当然，海豚可以被训练去模仿彼此的行为，如果它们已经了解那个特定把戏的话——即使它们看不见！我们（在口头上或私下里）听到的唯一在理论上可行的反驳是，某些未知的第 3 种刺激导致两头海豚同时产生了相同的行为。对我们来说，这是一个完美的例证，说明有些人在他们的怀疑论中能够走得多么遥远荒谬，他们宁愿认为也许水池里的水泵发出的一个奇怪声音会导致两头海豚沿着同一个方向一起打圈旋转，也不让步承认它们可以相互模仿。而且还是至少有两头海豚被证明会去模仿它们以前从未被要求做过的行为。其他海豚虽然无法精确地按照要求重现一个新的把戏，不过它们通常已经在模仿其中所涉及的身体动作方面做得很好了。动物的行为是复杂的，而且它的行为动机往往是不透明的，所以设计一个实验展现出一个动物**不能**做某事，远远比设计一个实验展现出其**能够**做某事要容易得多。一旦一个物种中有一名成员表现出一种能力，那么就表明这种能力是可以被实现的。因此，目前我们手上的各种证据支持了这样一种观点，即海豚能够模仿彼此的身体动作，即使这种行为是新奇的——也就是所谓的真实模仿（true imitation）。我们并不是唯一持这种观点的人——安德鲁·怀滕，一位研究在儿童和其他灵长类动物中模仿的专家指出："海豚可能比类人猿（apes）更清楚地模仿（ape）人类。"[23]

尽管模仿的大多数实验证据来自宽吻海豚，但也有一项关于虎鲸的重要研究表明了其令人印象深刻的学习技能[24]。何塞·阿布拉姆森（José Abramson）和他的同事〔包括约瑟普·卡尔（Josep Call），一位照亮了灵长类动物学习研究领域的领军者〕把我们在第 6 章中整理的关于野生虎鲸行为的说法——亦即，我们能看到的许多行为变化很可能是文化传播的结果——作为他们的一个出发点。他们想知道，训练员"要求"虎鲸时它们到底能有多么容易去相互模仿，即使是对它们以前从未见过的行为。他们从一名训练员和一对鲸鱼开始，先是命令其中一头虎鲸表演一个特定的动作（例如，"用你的胸鳍拍打水面"），然后用手做出指示并用眼睛的注视来引导第2头虎鲸注意第1头的表演。鲸鱼们每次做到和它们所看到另一头在做的同样的事情时，都会获得一次口头鼓励、一次拍打或揉搓，还会获得一条新鲜的鱼。它们很快就明白是要干什么了。"令人惊讶的是，"科学家们写道，"受试者模仿了演示者的动作，并在一次试验中将其泛化为了'游戏'。"[25] 在受到鼓舞后，研究者们转而使用两名训练员。第一名训练员命令"演示者"鲸鱼做出一个特定行为。另一名训练员则专注于"模仿者"鲸鱼，并做两件事：用手指向"演示者"，以及给"模仿者"鲸鱼一个单独的手势，这个手势是科学家们编造出来的通用的"模仿"命令。鲸鱼们一次把戏都没错过。翻翻他们自己的同义词库，这些科学家们写道："出乎意料的是，每名受试者从一开始就在 70% 的试验中模仿了演示者的行为，而每头虎鲸个体只接受过 1—2 次的训练小节。"[26] 换句话说，虎鲸们搞明白的速度如此之快，以至于让科学家们不需要花几个星期的时间去训练他们的受试者完成新的任务，而这些训练通常是研究非人类脑力的必要条件（虽然有时可能会被盖到角落里不提）。

确实令人印象深刻，但这并不是在学习一种新的行为——所有这些行为都是这些动物从要提供的许多表演中已熟知了的。因此，科学家们让这三头鲸鱼各自分别训练了一些自己的新行为，就像在海豚研究中那样。然后，这些鲸鱼必须在相同的双训练员的设置下重现它们所学的新把戏，而且是在另一头从未见过这个新把戏的鲸鱼面前，同时每头鲸鱼只能见到一名训练员。结果非常简单美妙："所有三个受试者 100% 正确地模仿了未经训练过的行为。"[27] 显然科学家们现在已经习惯了这些动物的能力，他们对这个结果没有再次"表示惊讶"。这项简单而优雅的研究让人毫不怀疑虎鲸完全有能力通过相互模仿来学习新的行为，并且这与野外生物学家几十年来一直在进行的观察完全吻合。

在研究过程中，研究人员观察到一些非常有说服力的东西，以至于他们把它当成一件逸事来报道。研究中的一头虎鲸有一头两个月大的幼崽，它被观察到在几秒钟内就可以准确匹配上它母亲接受训练的其中两种行为，而且还很好地尝试去模仿了第3种行为。幼鲸并没有受过训练，而且也从未得到过奖赏——它的模仿是自发的。很容易看出，这种模仿对于合作捕猎是非常有用的，并且可能导致在几个世代之间传播的复杂模式，像是通过有意搁浅来捕猎。关于这项令人大开眼界的研究，我们可以从中听出的一个值得注意之处是，这些动物无疑是被强烈"濡化"的——它们是在圈养中出生的，一生都在接受训练做同步性的表演。如果有人试图重复这项研究，就像海豚的那个研究一样，对于他们尝试的结果是怎样的，我们拭目以待。我们猜测大多数科学家会被说服的。

发声学习——说出我所说的

发声学习——仅仅通过聆听来学习发出声音的能力——当另一个体是被学习声音的来源时就是社会性学习的一种形式[28]。海豚很容易模仿播放给它们的声音，并且似乎以好几种方式来使用它们的声音学习能力。复制新的物理行为的能力——即模仿——长期以来一直是比较心理学家（comparative psychologist）感兴趣的焦点，但是这个领域对模仿新声音的能力则兴趣相对较少。这让我们感到困惑。我们模仿声音的能力是我们学习语言的基础，而语言是人类文化的一个重要组成部分，所以我们不清楚为什么比较心理学家对比较不同物种之间声音学习的能力没有同样的兴趣。这可能是因为在我们的灵长类表亲——最接近我们的演化亲戚们以及比较心理学家典型的研究关注点——之中，几乎没有令人信服的证据表明它们有着人类日常水平上

鲸鱼海豚有文化：探索海洋哺乳动物的社会与行为

的发声学习能力 [29]。

其他关于发声学习重要性较低的争论集中在"等模态"（equimodality）的概念上。等模态是一种花哨的说法，指的是当你听到别人发出的一个声音时，你是用你感知自己所发出声音的同样的听力工具来感知的。相比之下，模仿动作需要"视觉－触觉的跨模态表现"，这也是一种花哨的说法，指的是看见一个动作所使用的感觉系统与你用来感知你自己身体所做动作的感觉系统是不同的 [30]。有些人据推测认为后面这一点更难。我们认为这并不能令人信服，有两个原因。首先，如果你曾听过自己声音的录音，你就会知道你所听到自己正在发出的声音和别人听到的并不完全一样，至少我们自己听起来的音调通常比别人听到的低，因为较低的音调经由分隔我们喉部和内耳的组织和骨骼可以更好地传递到我们的耳朵里。第二是"镜像神经元"（mirror neuron）的发现，这是大脑在看到一个动作和执行一个动作时都会发放的神经细胞，从根本上来说，这个发现对人们观察自己和他者行为的感觉系统是分离的这一假设提出了质疑 [31]。

相比之下，行为生物学家长期以来对发声学习有着更为健全的兴趣，这主要是由于对鸟鸣这种最能吸引人的动物展示的迷恋。研究鸟类如何相互学习歌声和叫声有着悠久的传统 [32]。最近这些年，人们对蝙蝠的发声学习能力也产生了兴趣，其中许多蝙蝠物种就像齿鲸一样，演化出了回声定位能力 [33]。野生鲸鱼和海豚所表现出的复杂的发声行为模式提示，这些动物在发声学习能力的演化过程中代表了另一个独立的演化高峰。许多科学家曾花大量时间与野生鲸鱼和海豚在一起，他们都有自己关于发声模仿的逸事。我们也有我们自己的，来自硕士研究生安德烈·奥滕斯迈耶（Andrea Ottensmeyer）的野外考察，她在观鲸船上研究长鳍领航鲸。当一名船员在鲸鱼靠近船时开始用哨声呼喊他的狗时，一头明显很兴奋的领航鲸发出一个非常令人信服的模仿声。不过，这些观察结果很少出现在科学文献中，因为很难从罕见的偶然观察中确定到底发生了什么。

简而言之，在鲸鱼和海豚物种中，记录在案的发声学习的直接证据是非常少见的，而其中最好的一些又来自宽吻海豚。关键性的证明再次来自凯瓦洛盆地的圈养设施，他们权且通过一个水下扬声器播放声音，并在海豚发出一次对声音的良好模仿时奖赏海豚[34]。请记得，在这个设施里的海豚被训练过"模仿"的指令。通过将这个手势与一个短暂的声音相连，紧接着再来一个测试声音，海豚阿克经过训练可以对 9 种不同的声音类型发出令人信服的模仿声音。在实验之前，没有一种测试声音曾被从海豚身上听到过，而且其中 3 种声音是非常人造的，例如突然和不连续的音调变化。10 年后，布伦达·麦考恩（Brenda McCowan）和戴安娜·赖斯（Diana Reiss）在某种程度上证实了这项研究，他们将水下键盘放置到他们圈养的海豚身边，来作为沟通实验的一部分[35]。当这些键盘上的按键被按下时，会在水下发出声音，于是当海豚开始按键时，它们便开始模仿——同样是非常令人信服的——键盘所发出的声音。我们需要警惕的一个原因是，键盘发出的声音非常接近海豚已经在水池中发出的哨声，这是因为研究的主要目的是看看海豚是否能在声音和键盘上显示的特定图像之间建立起联系，而不是去说明它们的发声学习本身。因此，虽然这些结果表明海豚可以很容易地匹配发出它们听到的声音，但它们能够学习到完全新鲜东西的证据还是仅限于那些来自凯瓦洛盆地研究的声音，那些明显不同于任何自然的海豚发声的声音。

　　这些例子都涉及特定的训练，在这些训练中海豚会因为说出了正确的东西而得到奖赏。而观察到的许多野外模仿似乎都是自发的。有一个自发的发声学习案例已经被发表，是山姆·里奇韦（Sam Ridgeway）及其同事的一份报告，因为这一案例来自一头被圈养的动物，故而有机会被深入研究，其标题不言自明："一头鲸类动物自发的人类语言模仿。"[36]这与海豚无关，而是一头被圈养的白鲸——一个因发声活跃而颇具名气、被海员们称作"海上金丝雀"的物种。研究人员首先留意到一名人类潜水员在白鲸围池旁边浮出水面，并询问是谁发出指令让他从水里出来的。没人让他出来过。那个被潜水员解释为"出来"的声音后来被确认是一头名叫 NOC 的成年白鲸所发出的，而随后的研究显示，这头鲸鱼已经开始发出与人类说话节奏和音调非常匹配的声音了，尽管其中很少会被认为是"单词"。尤其是人类的说话音调，貌似让鲸鱼颇费一番努力才发出来，可能因为它"比鲸鱼通常发出的声音低上好几个八度"，还因为 NOC 用来发出声音的内部气囊会膨胀到如此程度，以至于可以在鲸鱼头部表面看出来，而这在白鲸"正常"的声音产生中是从未见过的。这些观察结果与约翰·利莱（John Lilly）早期的一项研究非常相似，在这项研究中，他训练宽吻海豚模仿人类语言的音调和节奏以获得奖赏[37]。只是 NOC 这头白鲸当时并没有在被给予奖赏。不过这种自发性还是很有趣的，因为它说明了一种自然产生的模仿声音的冲动，并显示了动物是如何花费大量的精力驱使自己的发声系统脱离其正常的声音包络线来获得这种发声。那么这些动物在野外又是如何使用这些能力的呢？

对于野外大多数情况下我们当然不知道发生了什么，但有一件事我们是确实知道的，那就是宽吻海豚的签名哨声，也是我们在第 5 章中曾简要讨论过的。我们将在这里更多地讨论这些哨声，因为有很好的证据表明，学习对于哨声的发展很重要，这为我们了解发声学习对野生海豚的益处提供了一个窗口。幼小的海豚并不是生来就有签名哨声；它是随着时间的推移而发展出来的。

当珍妮弗·米克西斯－奥尔兹（Jennifer Miksis-Olds）将野生海豚的哨声与圈养长大海豚的进行比较时，她发现圈养的海豚显然受到了它们所听到的训练员发出的声音的影响，而它们的训练员是用哨子发出指令的[38]。圈养海豚的签名哨声与野生海豚相比明显更类似人类训练员发出的音调平缓、短促的哨声。雄性海豚幼崽所发展出的签名哨声似乎与它们母亲的非常相似，而雌性海豚则由于我们尚不明白的原因，发展的哨声更像社群其他成员，而不是像它们自己的母亲[39]。然而，学习并不止步于此，因为宽吻海豚似乎也在学习它们社群其他成员的签名哨声。无论是在圈养环境中还是在野外，人们都能经常听到它们发出彼此的签名哨声[40]。成年雄性海豚在野外结成联盟时，它们的签名哨声会变得更像它们同盟伙伴的签名哨声，也许是为了巩固它们之间的合作纽带，也许是为了向其他雄性竞争对手发出信号表明它们的联盟很强大，这和在它们身体行为中的同步性起到了类似的作用[41]。因此，签名哨声是海豚交流的基石，而它的发展受到社会性学习的强烈影响。签名哨声只是海豚交流的一部分，所以我们可以探询在海豚交流的其他已知方面有多少受到了社会性学习的影响。这些问题对于我们对海豚文化的理解能进一步发展非常重要。我们不应忽视这样一个事实：所有这些努力也只告诉了我们关于海洋中几十种海豚中的一个物种其交流系统的一部分。还有很多事情需要了解。

那么虎鲸呢？我们已经在第 6 章中看到了它们共有的发声曲目中有着多么复杂的变化，以及我们甚至可以跟踪到它们的叫声会随着时间变化，但在花了很多时间待在一起的群体之间不会有很大偏离。它们在野外也像海豚那样进行同样的叫声匹配[42]。它们常常会被圈养，但是显然从未像宽吻海豚那样参与过同样类型的发声学习实验。然而，有两份报告在很大程度上强烈印证了野外观察的结果。第一份报告来源于圈养虎鲸，是虎鲸在圈养机构之间迁移的结果。大卫·贝恩（David Bain）在他的博士论文中描述了一头在冰岛附近被捕获的幼年虎鲸后来如何与一头当年在不列颠哥伦比亚省被捕获的成年虎鲸同住[43]。两头虎鲸各自的家乡使得它们在被圈养前不可能听到过对方的曲目集，然而，这头年轻的鲸鱼仍对年长的不列颠哥伦比亚鲸鱼的叫声进行模仿（但不是反过来，这也许表明了对长辈的尊重如何导致了野生虎鲸的文化保守主义）。第二份报告来源于一项"自然实验"，其中两头幼年的虎鲸由于未知原因与家人分离[44]。其中一头名叫露娜（Luna）的虎鲸被记录下来发出非常逼真的对海狮吠声的模仿。这头脱离了其他虎鲸的幼崽，被反复观察到与一些内心可能非常紧张的海狮"密切交往"，因此它们是可信的声学模范。这些研究表明了鲸鱼有一

鲸鱼海豚有文化：探索海洋哺乳动物的社会与行为

种学会新声音的能力，而这是发声学习的一个标志性特征。

因此，互相学习声音是鲸鱼和海豚文化的一个重要组成部分。我们无论在哪里真正花心思去寻找，都能一次又一次地找到证据，证明这种能力广泛分布在鲸类动物中。我们已经讨论过须鲸的歌声了，但在这里需要再次提到它们。除了我们对于海豚和虎鲸所具有的如此有力的证据之外，真的没有其他机制可以解释座头鲸、弓头鲸和蓝鲸的歌声在不同种群和不同年份之间的变化了。齿鲸和须鲸二者都演化出了这种能力，而我们认为这有力地说明了在这些鲸鱼社会中向他者学习的普遍重要性。共享的发生模式很可能是鲸类文化演化的一个重要基础。

教学——照我说的做

到目前为止，我们对社会性学习的讨论主要集中在学习者身上——个体通过观看另一"模范"或"演示者"在做什么来学习某样东西。在这种情况下"被观看"的个体只是在做他或她自己的事，不管他或她会做什么都无关于其是否正在被观看，而且也不意味着演示者关心学习者的学习。然而，在我们的社会中，我们经常会遇到的情况则并非如此：演示者真的很在乎学习者是否能理解，而且不厌其烦地进行解释、演示，并引导他人去学习一项新技能或一个知识。人类是进行教学的。我们积极地将文化知识"非正式地"传递给我们周围的人，也正式地在文化传播机构——学校、学院和大学——传授文化知识，而这一过程在维持我们人口的文化知识方面起着很大的作用。也许这是文化知识传播的关键，也是让人类文化与众不同的因素之一。一些心理学家曾提出，教学的盛行已经在演化之中嵌入到了我们的发展中，比如我们观察到婴儿在他们还不能做太多其他事情的时候就跟随母亲的目光来观察。如果你在人生中遇到的第一个成年人很可能既是高度相关信息的来源，又有着专门的兴趣来确保你获得这些知识，那么这就有了演化上的意义[45]。

教学在传统上被视为一个比模仿更复杂的传播过程，因为它涉及"心理理论"（Theory of Mind）。"心理理论"是一个科学上的简写，指的是我们认识到，作为我们的社会的一个重要组成部分，其他个体也有心智，而且尽管与我们自己的心智相似，但其他个体是从他们自己的视角看待世界。我们可以设想，其他人并不知道我们所做的每件事（反之亦然），并且可以有与我们非常不同的想法、感受和欲望。我们可以从知识、欲望和态度的角度来建构关于他人思想中可能包含什么的理论，从而形成"心理理论"。从这个角度来看，你必须认识到他人是具有与自己可能不同的知识状态的个体，然后才能进行"有意的"教学[46]。教师与模仿行为中的模范有所不同的是，其认识到学习者拥有与自己不同的知识，并做一些事有意识地改变学生的知识状态。一个好的老师会监控其学习者的进展，并根据学习者对当前进展的反馈来调整自己的后续行为。这种去理解并对不同于你自己的视角与知识状态做出反应的需要，意味着教学一直被认为是一种"更高"的社会性学习形式。但它是人类独有的吗？在鲸类社会中，教学在传播知识方面起到了什么作用吗？

这些都是有难度的问题。当我们不能询问个体对他们潜在的学生具有什么样的心理理论时，我们又如何识别出非人类中的教学呢？如果想获得答案就需要我们去掌握潜在教师对周围其他个体知道或不知道某事的内部表征，以及他们改变他人知识的意图，那么我们就被卡住了。对一些人来说，这足以完全排除非人类可能会教学这个想法了[47]。对于其他更具演化意识的科学家来说，这种排除是没道理的，那些人以类似的原因也摒弃了一个需要掌握内在表征的文化概念[48]。动物可能有，也可能没有这种表征，但这对我们都是不可掌握的。作为演化生物学家，我们感兴趣于功能性输出——即个体学习某些东西，或更快地学习，是因另一个体不遗余力地促成这种学习。这一观点首先由蒂姆·卡罗（Tim Caro）和马克·豪泽（Marc

鲸鱼海豚有文化：探索海洋哺乳动物的社会与行为

Hauser）在一篇颇有影响力的论文中提出，他们认为功能性输出可以通过多种方式实现，而这些只需要对他者的行为有一定的敏感性，而不是像人类有时所表现出的教学形式那样有一套完全成熟的心理理论[49]。这与我们对文化的大体看法是一致的，我们的观点也关注功能性输出结果（信息的非遗传性传递）多于特定的机制——像是由人类所表现出的文化传播形式中用到的模仿。为此，卡罗和豪泽提出了一个操作性定义（operational definition），这个定义让我们可以在不依赖于所涉个体内部表征的情况下识别出教学[50]。要想成为合格的"教学"行为，一个互动必须满足三个条件。首先，"老师"应做出一些事情是如果"学生"不在旁边时他们是不会做的。其次，老师不应该因为他所做的事而得到任何即时的回报。最后，很明显，学生应该因为老师在做的事情而学习到一些东西，或是更快地学到它。这一定义能让我们识别出具有教学功能的行为，因为它们符合操作性定义。然而我们应该记住，这并不必然等同于那种涉及了心理理论的有意图的教学。我们还应该意识到，过分依赖于定义的严格条款可能会扭曲我们的理解，因为它可能会拒绝那些如果是人类做出的话我们就会欣然接受下来的东西[51]。尽管如此，卡罗和豪泽的方法还是非常有影响的。

使用他们的定义所发现的非人类教学的有力证据令人大开眼界。从目前的报告来看，这是罕见的，不过考虑到其所必须满足的一系列苛刻条件，这至少部分地反映了对一些物种更容易进行研究，尤其是进行实验[52]。最有力的符合卡罗和豪泽定义的证据并非来自我们最亲近的灵长类动物，而是以下物种：狐獴（meerkats）——它们教会幼崽如何处理危险的蝎子捕猎者，一种名为斑鸫鹛（pied babbler）的群居鸟类——它通过一种特定的叫声将幼鸟吸引到食物区从而教给它的幼鸟关于食物的事情；以及一个蚂蚁的物种——它通过引导巢友进行一种名为"同时奔跑"的行为来教给它们关于食物的位置[53]。这些发现对于用演化视角看待教学的科学家来说并不成问题，因为从演化的角度会将教学视为一种合作行为，很可能在社会性的环境中最为常见

（以上三种动物都是高度社会化的），在这些社会环境中复杂、难以学习的行为不仅对学生有价值，而且对其长期社会群体的成员（包括老师）也是有价值的[54]。鲸类动物可能似乎符合这些条件。然而，要证明发生了教学行为是很难的，尤其是在野外，在海洋尤其如此，因为在那里很难设置出可供实验的情境。

可能没有哪个野外场所比南印度洋的"咆哮40°"[①]深处不宜居的克罗泽群岛那样更名副其实的了。我们在第6章中描述了虎鲸是如何故意搁浅到海滩上，以便从海滩繁殖地掠走海豹幼崽的。这种行为同样在阿根廷的北部蓬塔（Punta Norte）有发生，不过两位法国科学家克里斯托夫·吉内（Chrisophe Guinet）和杰罗姆·布维耶（Jérome Bouvier）投身于需要花费很长时间观察的克罗泽群岛鲸鱼，记录下了他们在岸上的3年时间里观察到的两头虎鲸幼崽身上这种搁浅行为的发展过程——这两头幼崽被毫不浪漫地命名为A4和A5[55]。虽然他们没有进行任何实验，想做实验也是不可能的，但他们的观察还是非常迷人。搁浅捕猎技术对于虎鲸是有利可图的，或许对其生存也是绝对必要的，但必须小心为之，因为错误的操作意味着鲸鱼会被遗留在高地，脱水甚至死亡。这种风险在吉内和布维耶发现其中一头幼崽A4被永久搁浅并面临死亡时得到了充分的体现。研究者们决定进行干预，并把它推回水中。

这些鲸鱼不光有猎物时去搁浅，它们也会在岸上并没有海豹时朝着海滩游泳，成群结队且其中包含着幼崽。幼年虎鲸似乎是在这些冲向海滩的游戏中学习成功地冲上海滩、捕捉食物以及重新漂浮起来所需的技能的。由于虎鲸幼崽几乎所有时间都和它们的母亲待在一起，而且在研究中没有一个氏族是没有一头幼鲸的，因此我们无法真正知道如果没有幼鲸在场，这种搁浅游戏是否还会发生。不过，吉内和布

① 水手们将赤道以南40°—50°之间的纬度区域称为"咆哮40°"，这是世界上最危险的航行通道之一。——译者注

维耶描述了虎鲸母亲把幼崽推到海滩上，然后再推回来的行为，而且有时是在海豹的繁殖地这样做，用它们的头把幼崽推向幼年海豹。如果没有幼崽在场，所有这些行为简直是不可能发生的。成年虎鲸在没有猎物的情况下游到沙滩上是否能得到即刻的回报？这是很难确定地进行评估的——比如也许，皮肤上的寄生虫被消除了，所以即使没有捕捉猎物的希望，游上海滩也有其功能——但它们似乎不太可能会这样做。在阿根廷的北部蓬塔那里，成年虎鲸曾被目击到将已被捕获的猎物扔向幼崽[56]。扔开午餐确实是一种代价很大的行为，但是我们也不清楚这是否实际上有助于虎鲸幼崽们了解幼年鳍足类动物是多么地美味。

有什么证据表明虎鲸母亲们陪伴幼崽进行冲上海滩的游戏影响了幼崽学会自己捕捉猎物的速度吗？我们可以在这里考虑 A4 和 A5 之间的区别，也就是吉内和布维耶跟踪的那两头虎鲸幼崽。在研究刚开始时，A4 是 4 岁，A5 是 3 岁，它们经常参加冲上海滩的游戏。两头幼崽在 5 岁时第一次被观察到独自搁浅。A5 在观察期接近尾声时成为一名成熟的海滩猎手，在 6 岁时"单飞地"捕捉到了它的第一头海豹幼崽（学习这项技术真是一项长期投资）。然而，A4 虽然比 A5 大了一岁，却从来没被看到过它自己进行捕食。这种差异背后的原因是什么？一种可能是 A5 的母亲是位更好的老师。在吉内和布维耶的观察期间，当 A5 搁浅时，它的母亲总是在场。然而对于 A4，在它被观察到的 35 次尝试搁浅中，只有两次有妈妈在身边。A4 的母亲显然不太喜欢进行海滩捕猎——它很少参加冲上海滩的游戏，也从来没人看到过它自己这样捕猎。然而，A5 的超级母亲却密切监督着它的幼崽的搁浅活动。它被观察到把幼崽推上海滩、搁浅在岸上，就是为了把幼崽再推回水中，它陪同幼崽进行并未成功的捕猎尝试，最后通过将幼崽推向猎物而协助其完成了第一次成功捕猎，之后还帮助幼崽在捕获后返回水中。相比之下，还记得吗，当 A4 被恰当地搁浅时却是研究人员救下了它，这意味着对于那些不太关注幼崽练习搁浅的虎鲸母亲来说，这有着巨大的适应性代价。这让人倾向于得出这样一个结论：A5 母亲的行为似乎让它的幼崽比 A4 至少早一年学会了捕猎技术，而 A4 接受的"指导"则很少，它从未被见到成功完成独立捕猎，而且要不是有研究人员的干预它可能已经死掉了。如果搁浅游戏的行为导致一项技能被学会的速度比其他方式更快或者风险更小，那么这就支持了虎鲸正在教授它们的幼崽进行海滩捕猎技术的说法。就像狐獴捕蝎一样，它符合我们从演化视角预期的在何时会看到教学发生——在高度社会化的动物学习复杂而危险的觅食技能时。然而，与狐獴的例子有所不同的是，它并非来自人为操作的实验条件。例如，进行狐獴研究的亚历克斯·桑顿（Alex Thornton）和凯蒂·麦考利夫（Katie McAuliffe）通过播放不同年龄的其他狐獴幼崽的叫声，改变了成年狐獴在把蝎子展示给幼崽前将蝎子弄残的程度 [57]。播放一只年龄更大的幼崽的叫声，那么成年狐獴则展示出一只相对完整，也相对更危险的蝎子。虎鲸的情况则受到了一定妨碍，因为事实上只有两头幼鲸参与，因此它们在学习速度上的差异可能是由于二者身上所特有的其他因素造成的，比如 A4 在其他方面受到过损害（它的母亲显然也没有特别兴致勃勃）。路易斯·赫尔曼和亚当·帕克（Adam Pack）将虎鲸教学的证据描述为"不可抗拒但不令人信服的"，我们认为这是一个相当公允的描述 [58]。

巴哈马群岛清澈温暖的海水与咆哮 40° 形成了鲜明对比，这使得人们更容易观察水下行为的某些细节。在大西洋上大巴哈马（Grand Bahama）北部的小巴哈马海岸（Little Bahama Bank）有人目击到海豚在海床上挖出藏在沙子里的鱼。海豚们用回声定位找到鱼，然后把吻部插进沙子里把鱼激惹到水流柱里，在那里它们很容易被抓住。由于这种方法在沙子上留下凹坑，该技术被人们称为"坑口摄食法"（crater feeding）。丹尼斯·赫尔津（Danise Herzing）已经收集了一个关于这种行为的视频档案，她的学生考特尼·本德（Courtney Bender）用这个档案找出了证据证明带着幼崽的海豚改变了它们的捕猎方式 [59]。

由于这份档案中的视频资料跨越了 13 年，他们能够把没有幼崽时的雌性海豚的捕猎以及有幼崽在身边时它们的捕猎进行对比。研究者们发现，与没有幼崽时相比，当有幼崽们在身边时海豚妈妈们把猎物逼出藏身之处后，平均要多花大约 5 倍的时间来捉住猎物，而且，海豚妈妈们还做出了更多的被研究人员称之为"身体定向运动"的动作。这些身体定向运动被形容为"在朝着猎物的方向上的夸张运动"。这些运动是让研究人员感兴趣的地方，因为之前它们已经发现了圈养的宽吻海豚既能理解人类的指向（pointing）动作就是指示事物的方式，又能自发地使用类似的身体定向来给人类训练员指出装满食饵的罐子的位置[60]。后者被阐释为"指向"是因为海豚在潜水员面对它们时所做的动作是潜水员背朝它们时的两倍之多，是潜水员正在游开时的近 10 倍。这暗示了海豚非常敏感于它们的指向是否会对它们意向的目标对象产生有价值的效果。相应地，在本德的研究中，她考察花斑原海豚妈妈们是否会在猎物从沙子里现身后更多地"指向"它们，而看起来它们确实如此。因此，看起来它们有些行为只有在幼崽出现的情况下才会发生变化，而且这种变化似乎并没有给海豚母亲带来立竿见影的益处；而事实上，考虑到这会让母亲延迟把猎物吃掉，说这是一种代价也不为过。然而，我们没有证据表明，海豚幼崽因为它们母亲的行动学到或更快地学会了。因为缺少可以既能从伦理上接受又能干扰到它们的自然行为的方式，很难想象这如何还能被进行实验证明。最好的希望也许是来自相关性（correlation）的证据——例如，如果做出"指向"更多的母亲其幼崽日后也能更有效地觅食。但即便如此，也很容易受到这样一种说法的驳斥，即由于遗传原因有些母亲－幼崽组合比其他的更活跃或更聪明，这也会导致母亲虽然做出更多指向且幼崽更好地摄食了，但指向和摄食之间依然没有直接的联系。

因此，虽然看起来虎鲸和花斑原海豚像是在教学，但证据并不完全满足全部的功能定义。如果某人被迫要就此问题做出"是或否"的选择，此人可能将不得不说"否"，不过我们认为用这种方式来解决问题会适得其反，并且可能对非人类教学的真实程度产生误导。我们同意心理学家迪克·伯恩（Dick Byrne）和丽莎·拉帕波特（Lisa Rapaport）的观点，他们建议我们应该效仿苏格兰法律，搞出第三个分类是"未经证实"的证据，好让我们在这类例子中不是仅仅停止思考关于教学的问题[61]。在鲸鱼和海豚中可能有更加暗示了其存在教学的例子，但它们会很难被看到和被研究。

超越模仿与教学

其他类型的社会性学习对科学家来说似乎没有那么大的吸引力，其所受到的关注也远不及模仿，甚至是教学。但是其他类型的社会性学习仍然可以很重要。例如，幼年的座头鲸和露脊鲸很可能仅仅通过跟在它们母亲身边，从而学习到每年从温水繁殖地（它们的出生地）到冷水摄食地（它们在那里度过夏天）的迁徙路线[62]。这就导致了鲸鱼种群按照摄食地而进行社会分层。类似地，白鲸们夏天迁徙到私密但传统的摄食地，而这种迁徙可能是通过跟随着鲸鱼母亲而学到的[63]。虽然圈养海豚中模仿的实验证据令人印象深刻，但这并不意味着鲨鱼湾的海绵客海豚们也是通过模仿其母亲而学到这些技能的。可能跟随着它们的母亲四处游来游去——作为一头典型的海豚幼崽会做的事情，使得那里的海豚幼崽被暴露在正确的学习环境中从而学会了相同的技能。从我们对文化的演化视角来看，结果基本上是相同的：关于使用海绵的信息是独立于海豚的 DNA 而流动到下一代中的。

那种认为只有在圈养中进行控制条件下的实验才能让我们了解社会性学习的观点是错误的。对动物的自然行为的观察可以——有时很清晰地——表明，社会性学习正在发生。例如，我们只能观察座头鲸或弓头鲸的歌声随空间和时间的变化，但我们所观察到的现象，除了鲸鱼互相学习之外，无法用其他任何东西来进行合理的解释。在野外进行控制条件下的实验可以消除圈养研究的一些缺点，而且在某种程

鲸鱼海豚有文化：探索海洋哺乳动物的社会与行为

度上，它们是社会性学习研究的圣杯——它将一个自然的社会群体的生态有效性与精心构建的实验控制操作相结合 [64]。这类实验对它们所适用的物种提供了大量相关信息，比如对狐獴 [65]。它们有可能告诉我们更多的东西。但这一经验也表明，在野外"控制"环境是极其困难的，而要想弄清楚这些实验的结果，我们需要比当下更多地去了解动物的自然行为，因此野外的观测数据永远是必不可少的。

人类和鲸类的社会性学习之间的差距有多大？我们认为这本身就是一个错误的问题。最近，实验心理学家花费几十年时间所建立的社会性学习过程的层级体系遭到了来自内部的攻击。心理学家西莉亚·海耶斯（Celia Heyes）提出了一个很有煽动性的，而且对我们而言非常有趣的论点，关于我们是如何正在提出错误的问题的 [66]。对她而言，社会性学习并没有什么特别之处——无论是人类还是非人类都类似，它都依赖于一个关于学习的共有的神经框架，它"适于检测所有自然领域中的预测性关联"。此外，我们和其他动物在没有来自他者输入的情况下，也都是使用这同一个学习框架——被称为关联学习（associative learning）——来学习的。任何能够以这种方式学习的动物，如果被放在适当的环境中，理论上就应该能进行社会性学习。而海耶斯指出，有支持证据表明，在野外通常是独自生活的动物也有社会性学习，比如章鱼和龟 [67]。从这个视角来看，社会性学习是基于从社会性渠道所获得的信息而习得知识。社会性学习与其他类型的学习所不同的改变是，它偏重于社会性信息：学习者有动机去参照他者以找寻到信息，并且可能已经演化出了感知他者行为的相关性及其意图的机制。考虑到同步性在海豚社会中所起到的作用，很容易明白它们的社会性学习的能力是反映了关注和匹配他者行为的这种必要性。我们将不得不拭目以待，看看海耶斯大胆的论点是如何被接受的，但是对我们来说，它代表着一种令人耳目一新的突破，它打破了将非人类物种在以模仿和教学作为黄金标准的一个梯队上所进行的排名，而那已经引发了一些致力于列出哪些其他物种可能或不能符合标准的相当无味的研究。然而，海耶斯对社会性和非社会性学习机制的整合观点并没有改变当有社会性学习被共享时其在种群层面上的后果：文化。其演化和生态学影响将是我们在第 10 章和第 11 章中要探讨的。

还有，我们在这里已经概述过的那些事实也未曾因此改变。宽吻海豚和虎鲸作为唯一曾被深入测试的鲸类动物，它们都已表现出完美的互相模仿和互相学习新行为的能力。这两种鲸类都展现出能够在同类中互相学习新的声音。对我们来说，这些研究结果说明我们在野外观察到的行为复杂性更有可能也来自这种学习。虎鲸和海豚（在本章所举例中是花斑原海豚）都做出了看起来像是教学的行为，但还没有被实验证明是如此。我们会很乐意对像抹香鲸和座头鲸这样的鲸类动物进行类似的考察研究，但这种实验应该不会很快就能做出来。接下来的章节将讨论我们所提供的所有证据是如何支持鲸鱼和海豚拥有某种我们可以称之为文化的东西，并继续探索这对它们和我们的生活意味着什么。

注释

[1] Marino and Frohoff 2011.

[2] Kuczaj 2010; Marino and Frohoff 2011.

[3] Madsen et al., 2003; Møhl et al., 2003.

[4] Hoppitt and Laland 2008.

[5] Richerson and Boyd 2005, 108; Tomasello 1999a.

[6] 关于模仿在社会性学习机制中占据主导地位的一个辩论总结，参见 Laland, Kendal and Kendal, 2009。

[7] Pryor 2001.

[8] "海洋哺乳动物计划"（Marine Mammal Program），美国海军，http://www.public.navy.mil/spawar/Pacific/71500/Pages/default.aspx；威廉·加斯佩里尼（William Gasperini），《山姆大叔的海豚：在伊拉克战争中，训练有素的鲸类动物帮助美军清除乌姆卡斯尔港口的水雷》，《史密森杂志》（*Smithsonian*

Magazine），2003 年 9 月，http://www.smithsonianmag.com/science-nature/ Uncle_Sams_Dolphins.html；约翰·皮克雷尔（John Pickrell），"海豚在伊拉克被部署为海底特工"，《国家地理新闻》（*National Geographic News*），2003 年 3 月 28 日，http://news.nationalgeographic.com/news/2003/03/0328_030328_ wardolphins.html。

[9] Tayler and Saayman 1973.

[10] Candland 1993.

[11] 玛丽·沃西诺（Mary Vorsino），"最后一头海豚在海洋实验室死去：一名 UH 官员说宽吻海豚的死亡是一个意外"，《檀香山星报》（*Honolulu Star-Bulletin*），2004 年 2 月 26 日，http://archives.starbulletin.com/2004/02/26/ news/story3.html。

[12] 在 Herman, 2002a 中被报道。据我们所知，这项工作还没有发表在主要的科学期刊中，我们非常感谢马克·西特科帮助我们把细节弄清楚。

[13] Herman 2002b, 281.

[14] Bauer and Johnson 1994.

[15] Bauer and Johnson 1994, 1312.

[16] 马克·西特科，私人沟通，2012 年 11 月 20 日。

[17] Call and Tomasello 1996.

[18] 关于这是如何在人类身上发生的一个见解是，最近的研究表明，童年早期的刺激性的环境影响到了成年早期某些脑区的大小（Avants, et al., 2012）。

[19] Candland 1993；我们将在下一章回到这些儿童上面来。

[20] Jaakkola, Guarino, and Rodriguez 2010.

[21] Jaakkola et al., 2013.

[22] Jaakkola et al., 2013, 7.

[23] Whiten 2001, 359.

[24] Abramson et al., 2013.

[25] Abramson et al., 2013, 3.

[26] Abramson et al., 2013, 4.

第 7 章　它们是如何做到的？

[27] Abramson et al., 2013, 7.

[28] Janik and Slater 1997.

[29] Janik and Slater 1997.

[30] Shettleworth, 1998——不过"视觉 – 触觉的跨模态表现"确实有一个优点，即是作为对这一过程的一种较短的描述方式。

[31] 关于镜像神经元的发现参见 Rizzolatti and Craighero, 2004。关于对感觉系统分离的假设，参见 Herman, 2002a。

[32] Catchpole and Slater 2008.

[33] 长鼻蝠（spear-nosed bat）的发声学习能力在 Boughman, 1998 中有所探讨。

[34] Richards 1986.

[35] Reiss and McCowan 1993.

[36] Ridgway et al., 2012.

[37] Lilly 1965.

[38] Miksis, Tyack, and Buck 2002.

[39] Fripp et al., 2005; Sayigh et al., 1995.

[40] Janik 2000b; King et al., 2013; King and Janik 2013; Quick and Janik 2012; Tyack 1986.

[41] 关于已经结成联盟的成年雄性海豚哨声的相似性，参见 Smolker and Pepper, 1999 和 Watwood, Tyack, and Wells 2004。

[42] Miller et al., 2004.

[43] Bain 1989.

[44] Foote et al., 2006.

[45] Csibra and Gergely 2009, 2011.

[46] Byrne 1995.

[47] Premack and Premack 1996.

[48] Caro and Hauser 1992; Fogarty, Strimling, and Laland 2011; Hoppitt et al., 2008; Thornton and Raihani 2008.

[49] Caro and Hauser 1992.

[50] 该定义全文如下："如果一名个体行为者 A 只在一名无经验的观察者 B 面前改变它自己的行为，并付出了一定的代价或者至少没有为它自己获得直接的利益，就可以说这是在教学。因此，A 的行为鼓励或惩罚了 B 的行为，或者为 B 提供了经验，或者为 B 树立了榜样。其结果是，B 得以在生命更早的时期获得知识或技能，或是比它否则可能会的那样更快或更有效地学会，或者否则的话它根本无法学会。"（Caro and Hauser, 1992, 153）

[51] Byrne and Rapaport 2011.

[52] Hoppitt et al., 2008.

[53] 动物中进行教学的例子如下：狐獴（Thornton and McAuliffe, 2006）、斑鸫鹛（Raihani and Ridley, 2008）以及蚂蚁（Franks and Richardson, 2006）。

[54] Fogarty, Strimling, and Laland 2011; Hoppitt et al., 2008.

[55] Guinet 1991; Guinet and Bouvier 1995.

[56] Hoelzel 1991; Lopez and Lopez 1985.

[57] Thornton and McAuliffe 2006.

[58] Herman and Pack 2001.

[59] Bender, Herzing, and Bjorklund 2009.

[60] 海豚对人类指向的意图的理解记录在 Herman et al., 1999。它们运用身体朝向来进行"指向"，Xitco, Gory and Kuczaj, 2001, 2004 中有所描绘。

[61] Byrne and Rapaport 2011.

[62] Baker et al., 1998; Valenzuela et al., 2009.

[63] Colbeck et al., 2013.

[64] 参见 Reader and Biro, 2010。

[65] Thornton and McAuliffe 2006.

[66] Heyes 2012.

[67] 对于章鱼中的社会性学习，参见 Fiorito and Scotto 1992，而对于海龟中的社会性学习，参见 Wilkinson et al., 2010。

第 8 章

这是文化的证据吗？

我们去过海上。我们曾经被实实在在的鲸鱼和海豚那极其丰富的行为所围绕。作为两位科学家，我们曾被震惊、感动和迷恋，但我们通常不知道从这些动物的视角来看到底发生了什么。从科学界更一般的意义上说，尽管我们有几十年的专注研究和来之不易的大量数据，但我们对鲸鱼和海豚的世界仍然只是略知一二。即便如此，我们希望你会认同我们所发现的一切都是不寻常的。在这一章中，我们将暂时沉下船锚，开始思考这对于我们所探索的文化意味着什么。当我们真正做到这一点，在小型研究船上抛锚停下休息时，我们两人都发现，这种思考的过程得益于人类文化的一个真正的巅峰——来自苏格兰艾莱岛的威士忌。来上一口的话，最初的烧灼感会很快让位于一种奇妙丰富的口味。这种比喻对本章也行得通，在这一章中，烧灼感所涉及的是要面对所有对我们罗列出的证据的批评，以及我们对它的解释，但希望之处在于，我们对鲸类文化的见解将使其口味更加丰富多彩。我们要关注的问题则是，鉴于手头的证据，我们在谈论的鲸类动物"拥有"文化的说法是否有道理（不管"文化"一词是什么含义）。我们认为有道理，但对鲸鱼和海豚文化的批评者有两个主要争论点，对此我们曾在第 2 章中介绍过：首先，关于这些行为真的是从他者身上所学的科学论据并不能令人信服；其次，无论如何，这些行为与我

鲸鱼海豚有文化：探索海洋哺乳动物的社会与行为

们所说的人类文化相去甚远，因此称之为文化是没有意义的。

对动物文化的批判："这有什么实质用处？"

简单地说，据我们所知还没有实验证据证明在野外观察到的鲸类动物的行为是依赖于文化传播的[1]。这是争论的第一个焦点。如果在我们讨论鲸鱼和海豚的文化之前你的观点就是需要有这些证据，那么你会发现这一章是令人失望的。

在这一点上，那些接受了我们对文化的类似定义，却对鲸类动物中存在文化的主张犹豫不决的批评家们，一般都会质疑社会性学习是我们所观察到的行为模式背后机制的证据。首先，有时他们提出，其行为模式可能是生态差异的结果，在同一环境中的动物可以独立学习相同的行为，且不需要相互参照或者对变化的环境随着不同的空间或时间而改变行为反应。如果是这样的话，说其是文化则是不正确的。其次，他们提出基因变异可能以某种很容易被忽略的潜在方式导致了这些变化。笼统说来，这种批评是科学研究过程中的健康组成部分，也正是它赋予了科学力量。我们可能会抱怨说，我们的批评者居然准备接受对我们所观察到的行为的另一种解释，和直截了当用文化传播的概念去解释相比，我们认为这些解释是基本不太合理的。但是如果我们想建立科学的知识，我们就必须接受游戏规则。否则我们会成为牧师。

传统上将行为归因于文化所采用的"排除法"使得批评者的这些攻击更具说服力。我们在第2章曾讨论了排除遗传或生态原因的方法是如何被打上"小心处理！"的标签的。通过排除法，文化只有在生态差异和基因影响能被排除的情况下才能被援引。这涉及一个逻辑上的棘手任务，即要去证明一个否定，而且不幸的是，还重蹈了"先天/后天争论"的覆辙。有时，动物文化的支持者，包括我们自己在内，在考虑这些替代假设时不够严谨。通常，遗传学和生态学因素不能被明确地排除在外。在我们看来重要的问题在于，一种行为要得到充分发展，社会性影响就算不是充分的，它是否也算是必要的。

另一种对排除法的批评是，它很容易低估文化的重要性。文化之所以被认为如此具有适应性，其中一个原因正是它使种群能够调整从而适应变化的生态条件。但使用了排除法，任何其行为随着生态进行变化的例子都会被自动"排除"。这种方法也排除了任何具有普遍性的行为——在一个有着合理联结的种群中，任何真正好的文化创新都很可能传播到每名个体，因此将导致同质化，而不是变异[2]。同样，如果文化传播的主导性方式是垂直传播，那么大多数的文化则是与来自父母的基因一起平行传播的，而我们可以预期在基因和文化之间会建立起相关性，从而导致另一种错误的排除。

一般来说，当整个社群的行为在动物们的一生中发生了系统性的变化，并因此排除了遗传因素的影响时，我们可以更加肯定这种行为形式就是文化。这同样适用于当行为是与交流有关而不是与资源的利用有关时（因为这减少了生态变异的作用），也同样适用于当行为必须同时由几只动物做出，以及当种群中包含有明确定义的社群，这些社群的行为不同，但活动范围彼此重叠且并没有遗传上的差异时。这并不意味着结成网络的动物社会中个体所展现的稳定的觅食特化不是文化，也不是说这些觅食特化对海豚鲸鱼本身，或是对其演化过程或生态过程都不重要。在某些方面，这些觅食特化可能是所有文化中最重要的。我们只是在将它们识别为文化时遇到了一些困难，因为如果它们真的帮助某些种群或社群来适应当地的生态条件，那么不可避免的是，这些行为将在不同的社群之间发生变化，且其变化方式既不独立于遗传特征，也不独立于当地的生态。如果某种觅食上的创新能让雌性及其后代利用到它们栖息地生态所特有的猎物资源，那么这种行为将既与其遗传血统又与其生态实践有所关联，因此要厘清是什么导致个体中发展出了这种行为就更加困难了。

那我们该怎么办呢？与其采用排除法那种"全有或全无"（all-or-nothing）的方法，我们的目标应该是去估量行为变异性中有多大是由遗传、生态和文化所分别引起的。如果社会性学习是一个必要的条件，那么包含了社会性影响的模型在解释这些数据时应该更加有力。我们需要多方面数据来做到这一点，需要包括行为、遗传学和生态学等方面的数据，以及它们每个如何随空间、时间和社会关系的变化而变化。目前，我们在这方面只有一小部分被推定是鲸类动物的文化行为的数据：第 4 章中所描述的对缅因湾座头鲸拍尾摄食的扩散的分析就是最好的例子。不过我们在这里能做的是考虑文化对我们第 4—6 章中所描述的那些行为模式有所影响的可能性，在适当的地方引入第 7 章的实验结果。在某些情况下，很少有人会怀疑文化（正如我们所定义的"文化"）是那个行为背后的原因。在许多时候，文化看起来很可能是行为变异的主要驱动力。潜在的替代性机制，虽然几乎算是可行的，但需要满足一些相当曲折的条件以及巧合的存在才行。而对于我们所列出的其他一些行为，社会性学习在其中的作用还并不清晰，所以也许它可能不是文化。我们认为社会性学习很有可能是其产生原因，但也可能不是，而且我们还并没有关键的数据。

假阳性和假阴性

在考虑这些证据时，重要的是要理解在科学性运作的背景下做出决策的过程。每次我们决定调查某件事在本质上是否真实时，我们都会——内隐地或理想情况下外显地——在两个次优结果之间进行风险的平衡。我们希望我们能得到正确的答案，但有两种方法让我们可能弄错。第一种是假阳性，这种情况是将文化归于没有文化的地方，而第二种是假阴性，即在文化发挥重要作用时却未能将其归因于文化。科学家们出于保守，倾向于关注假阳性的风险，而并不经常考虑假阴性的后果。那么其后果是什么呢？其中一种错误是否比另一种更严重呢？实验心理学和比较心理学的观点依赖于 19 世纪英国心理学家 C.

劳埃德·摩根（C. Lloyd Morgan）的一个主张："在任何情况下，如果一个行为可以被解释为是对较低层级心理运用的结果，那么我们就不应把它解释为更高的心理能力的产出。"[3] 这也就是今天所称的"摩根法则"（Morgan's canon）。它如今仍然具有巨大的影响力，并且是那些对非人类文化等复杂行为现象持怀疑态度的人所不断套用的说法。然而他的思想在他自己看来，后来很容易被滥用为是去主张不管情境如何，最简单充分的"能力"（faculty）永远是主要的解释。这使得摩根后来又写了一条警告："然而，为了避免对原则的范围产生误解，应该加上一条，即如果我们已经有独立的证据证明在被观察的动物身上发生了这些更高级的过程，那么这个法则就绝不能排除去用更高级的过程对某一特定活动进行解释。"[4]

对摩根的警告的重复传述比对他的经典原则的传述要少得多，这就导致了令人遗憾地甚至是有危害地误用摩根法则来强调心理过程（比如文化传播）之间的不连续性，比如对人类和其他动物之间，而这与达尔文的跨物种连续性原则相悖[5]。也有可能会有科学家使用法则来强调对行为的其中一种解释（不那么"精妙复杂的"），不是因为有任何数据有利于其中一种解释，而是仅仅来自法则本身的权威性。问题是，这只是用另一种"简单"的解释取代了用拟人（anthropomorphic）或复杂精妙解释的那种偏见，即使它们同样未受到手头数据的支持[6]。这对我们思考鲸类文化似乎并不特别有用，例如，对于海豚中的觅食特化，考虑到我们有关于海豚社会性学习能力的独立证据，我们可能更加强调摩根的警告而不是他的法则，那么这似乎会让我们的解释——以社会性学习作为主要假设来解释观察到的觅食技术的变化——看起来相当合理，甚至相当简明扼要。

更为根本的是，在研究文化及其主要替代解释——生态变异和遗传原因时，对于我们应该向哪个方向倾斜，或者更正式地讲，什么是无效假设（或是简单的解释）和什么是替代假设（或是复杂的解释），还没有达成共识。在对人类的研究中，文化通常被视为无效假设，因此证明的负担落在了那些对基因因果关系的假设进行的检验上。而在非人类研究中，证明的方向总是反过来的，因此，毫无原因就把事情归咎于文化被视作是假阳性。这非常让人不满意。这种方法是按照解决"关于文化的问题"的思路设定的[7]。这意味着必然有一个是或否的答案。作为一种二分法的假设检验方法，一切都取决于在统计检验中跨越一个完全随意的"显著性水平"，而这种方法几乎可以保证只能给出不完整的答案。这种方法已经被统计学家自己，以及在应用领域工作、必须要做出真正决定的科学家们（例如野生动物管理）所怀疑[8]。因此，我们赞成在相同的基础上来看待导致行为变化潜在原因的概念框架，并采取一种进行模型比较的方法，而不是二元假设检验方法。换句话说，出发点应该是，遗传、生态、社会性影响可能都在行为的改变中起到了某种作用，而研究人员应该通过比较其中每个要素的统计模型（要让每种要素的相对贡献可以进行变化）能够多大程度地解释我们在自然界中看到的情况，从而试图了解每种要素影响的相对贡献[9]。在我们看来，这更可能带来有用的见解。

在某些情境下，人们有理由认为默认假定（default assumptions）甚至应该被推翻。日本的鲸类科学家粕谷俊夫（Toshio Kasuya，图8.1）在接受海洋哺乳动物学会一项终身成就奖的演讲中提出，在鲸类保护问题上，我们应该将文化多样性作为生物多样性的一个要素（我们将在第 11 章和第 12 章回到保护这个主题以及这位杰出的科学家上）。他警告说，不要把缺乏证据等同于证明不存在，他写道："如果某个鲸类动物的物种表现出提示有文化存在的行为特征，或者像短鳍领航鲸和其他一些齿鲸那样，如果它具有适宜保持一种文化的生活史或社会结构，那么出于保护的目的，更安全的做法是，假定文化是存在的。"[10] 在任何科学上有不确定性的领域中权衡不同的证据时，都应该考虑到我们可能出错的风险。在保护的情况下，一个预防性的方法可能是寻求保护行为的多样性，以减轻风险——如果它是文化，然后还遗失了，那它可能很难再生。

图 8.1　日本科学家粕谷俊夫对鲸鱼社会有重要发现，并且揭露了日本捕鲸业的非法行为。他雄辩地强调了鲸鱼和海豚文化的意义。此刻，他正在缅甸的伊洛瓦底江寻找伊河海豚（Irrawaddy dolphins）。照片由粕谷俊夫提供

　　并非所有鲸类文化的证据都是同等的。再看看我们在前几章中提出的证据，并没有包括任何我们认为合理性最小的那些可能是文化的证据，根据我们能确定文化实际上是其潜在解释的程度，我们可以将证据分为三类：肯定是（definitely）、可能是（likely）、似乎是（plausibly）。

肯定是文化

　　对于鲸类动物中的文化——我们所定义的文化——最好的证据就

　　　　　　鲸鱼海豚有文化：探索海洋哺乳动物的社会与行为

是座头鲸的歌声，它不来自实验而来自严谨的观察。这是我们出示的物证A，以反驳认为只有实验才能告知我们关于非人类文化的那种教条主义观点。科学家们已经记录到座头鲸之歌在座头鲸个体的生命周期内是如何以演化和革命性的方式发生变化的。即使是最古怪的构想也无法单独用遗传学来解释这种模式。即使是一些对动物文化持最为强硬态度的批评家也不反对这一点[11]。在一个海洋盆地里，所有雄性座头鲸都唱同一首歌，并让这首歌在数月或数年的时间里产生演变，而如果它们不是去听彼此的歌曲并相应地调整自己的歌曲，那是不可能做到这些的。我们不能确定其中所涉及的精确机制，我们认为这很可能是发声学习的结果，而在发声学习中，每名个体都会从听到的他者所唱歌曲中习得新的歌曲和新的主题。然而，理论上是可能的——那就是座头鲸一生下来就有歌曲单元的固有词汇表，而它们所产生的歌曲是在听到了他者所产生的歌曲时被触发的。这些都是有趣的问题，但与我们手上的中心议题无关。不管是哪种机制在起作用，歌曲的变化都依赖于座头鲸要聆听彼此。而这样就有了社会性学习，并且这种行为是群体共有的，于是我们就有了我们所定义的文化。其他的那些须鲸歌曲，像是弓头鲸和蓝鲸的歌，尽管不像座头鲸的歌声那么出名，但是如果所有歌唱的鲸鱼所使用的歌曲形式都随着某种时间尺度——比种群更迭要短得多的时间尺度——而有系统地进行改变，那么以同样的推理来讲必须也是文化。

座头鲸之歌的关键之处在于它是在个体的生命周期内发生了巨大的变化。所以根据类似的逻辑，还有其他一些行为迅速变化的例子即任意的规范性标准行为在种群中迅速传播——比如虎鲸推死鲑鱼的行为和海豚比莉引入它种群的尾巴行走，也一定是文化。不过它们相对而言转眼即过，因此或许不太可能产生持久的影响。同样地，拍尾摄食在缅因湾座头鲸种群中进行传播的细节，与设想其中不涉及某种社会性学习的推定不相匹配，不过，不断变化的生态条件可能让这种行为更加有优势，因此也更有可能通过个体性学习而被发现——对拍尾摄食传播过程的建模分析表明，这两个过程都在其中发挥了作用 [12]。

最后，我们现在所知的已经足够确定虎鲸的脉冲叫声方言是文化性的了。我们有证据表明，叫声是如何在不同的虎鲸氏族、部族和社群之间变化的 [13]。科学家追踪到了特定的叫声是如何随着时间的推移而逐渐积累微小的变化，以及这些变化是如何在相互关联的氏族中并行发生的 [14]。如果你把一头幼年虎鲸移到一个其中有着使用不同方言的成年虎鲸的水池里，它就会习得这种方言 [15]。没有理由可以去质疑虎鲸的交流有着文化性的本质。

可能是文化

我们曾描述过的大型母系鲸鱼中其他发声以及非发声行为几乎可以肯定是文化。人们确实可能去做出一些理论上可行的假设，但是在实际应用时不太可能用遗传学、个体性学习，以及环境变化来解释抹香鲸的特征性移动方式，或是虎鲸只有一个社群会在沙滩上蹭来蹭去而其他社群则不会这样做的行为。然而，抹香鲸和虎鲸（社会性）学习到这种行为的可能性则要大得多，而且很有可能大多是从它们的母亲那里学来的。

我们已经在第 6 章中描述了在世界不同地区的虎鲸所使用的多样性的觅食策略，包括赶牧鲱鱼、在海滩上故意搁浅以及将浮冰上的海豹冲刷下来。有时不同的策略同时出现在相同的区域，比如在东北太平洋的食用鱼类和食用哺乳动物的虎鲸生态型（居留虎鲸和过客虎鲸）。但是，我们可以检测出在这些种群之间的遗传差异，而这可能导致人们对文化在其中的作用有所怀疑，并导致我们将这些行为归入"可能是"文化的类别中。不过我们也知道，经过测试发现，圈养虎鲸在模仿彼此的行为方面——甚至是它们之前从未见过的行为——表现出了令人印象深刻的精通程度。因此，请记得摩根的警告，我们有独立的证据表明虎鲸具备很好的能力来进行文化的传播，这就使得该过程很有可能在解释野生虎鲸的行为变异中扮演了重要角色。

而对于抹香鲸，我们再次有强有力的证据表明，占据了热带太平洋东部同一地区的不同抹香鲸群体有着不同的方言和不同的对栖息地的使用。在这里，我们通过分析它们自然脱落皮肤中的 DNA 来寻找遗传差异，这些遗传差异在通过母系传递时可能对产生这种行为的变异起到了重要作用。然而我们并没有探测出有这种遗传差异。看来在没有文化传播发挥重要作用的情况下就产生和维持这种变异是说不通的。然而，一点可质疑的地方在于，我们只对母系血统的遗传学进行了适当的测试。理论上讲，如果雄性抹香鲸只与和它们出生在同一发声部族的雌性进行交配，那么性连锁基因理论上也能够通过父系遗传传递下去从而产生这些行为模式，这是我们目前还没有足够的数据来进行研究的。不过这看起来是不太可能的，因为雄性抹香鲸离开热带地区以及离开它们出生的群体 10 年或更长时间之后才会返回来寻找交配机会，而当它们在交配地时，则会在不同的雌性群体之间游荡。如果有这种特定于部族的父系基因的存在，那也将与一项初步研究的结果完全矛盾：该研究发现，抹香鲸部族之间在通过双亲遗传的基因上完全没有差别[16]。如果鉴定出了有这样的父系基因将十分令人震惊。尽管如此，因为我们不能排除它们，我们还是必须接受有少许的质疑存在。

对于宽吻海豚中的觅食特化——从像海绵客一样的独行者到像合作捕鱼这样真正独特的现象——则更难进行定论。比如，我们现在知道海绵的使用是由特定的母系在特定的地方进行的，所以很可能环境和遗传二者都发挥了作用（尽管这并不能排除文化的作用）。对海绵客进行基因研究的技术细节使得我们必须还保留一小部分怀疑。我们知道，在鲨鱼湾的一个地区，除了一头海豚外所有戴海绵的海豚都有着相同的随母系血统传下来的线粒体基因型，而在另一个地区，大多数海绵客海豚则有和前者不同的基因型。在某些情况下，海绵客和非海绵客海豚的关联基因型之间的差异小到只有单个核苷酸置换（nucleotide substitution）。这有点像交换了一个单词中的一个字母，虽然这是一个小变化，但在正确的位置它就可以产生很大的不同。不过，它们线粒体 DNA 中被研究过的那部分——"高变区"（hypervariable regions）的部分——被认为是非编码的，因为它们在产生生命所必需的呼吸酶方面并没有起什么作用。在科学家们已经研究过的线粒体 DNA 中确实会进行编码的那部分区域里，他们没有发现有证据表明特定的序列与戴海绵行为有关联[17]。这意味着非文化解释能进行操作的窗口是非常小的，而唯一合理的遗传学解释则依赖于基因间复杂的加性作用（additive interactions）：这种加性作用只发生在于不同的地方有所不同的特定母系中。尽管如此，该窗口仍然是存在的，因此我们必须保持一定程度的不确定性。没有那么确定是由于它们被研究得更少一些。对于人类 – 海豚捕鱼合作联盟，尽管环境条件——鱼的出现和人类渔民的存在——显然很重要，而且遗传可能也起到作用，但似乎在我们看来仍然很有可能必须包含有一些文化元素，以便它们能够在当地种群的子集中持续存在数个世代。供给和乞讨摄食看起来也很具文化性。在西澳大利亚的鲨鱼湾和科伯恩湾这两个地方，海豚这种从人类那里要到鱼的习惯其习得的模式似乎也遵循着海豚的社交网络中的路径。

　　如果我们对海豚的学习能力一无所知，我们可能会把这些行为放在一个更不确定的文化类别中。然而，与虎鲸一样，我们可以在这些证据中再增加上实验表明海豚可以相互模仿的研究结果。诚然，没有一种野外行为可以用这种方式进行专门的测试，因此它们都可以单独地分别被批评为是未经证实的。然而，当我们把证据作为一个整体来考虑时，我们手上所拥有的就是一系列在野外难以置信的多样性行为和在圈养条件下精妙的社会性学习能力的证据结合体。若从一个天平上权衡来看，这个图景中的证据严重倾斜于要用文化性来解释海豚行为的多样性，尽管由于被研究得还比较少，我们将把一些特殊的例子

鲸鱼海豚有文化：探索海洋哺乳动物的社会与行为

放到下面的"似乎是文化"的类别中。

我们也把小须鲸和长须鲸的歌声归入到"可能是文化"的类别中来。在这些物种的歌声中，我们没有确凿的"随时间推移而发展"的证据来印证像对座头鲸、弓头鲸和蓝鲸歌声那样的文化论据。但这些歌声确实在空间上有变化，而且虽然理论上可能存在基因或环境场景而导致空间上的变异，但它们几乎是没有可能的。它们在特定区域内的歌声是高度定型的，而不同地区的歌曲则截然不同。无论是鲸鱼的环境还是它们的基因变异都并不遵循这种模式。取而代之的是，环境和基因的模式都遵循着更为缓慢渐进的倾斜变化[18]。

最后，另一个有证据表明文化很可能起到作用的领域是一些物种的季节性迁徙运动。我们之所以知道这一点，是通过照片识别和基因研究揭示出了不同摄食地之间母系隔离的模式，即鲸鱼总是一贯地使用它们母亲的迁徙目的地，而不是父亲的。最简单的解释是迁徙路线从母亲到幼崽的文化性传播。因此我们可以把露脊鲸和座头鲸的迁徙行为也归入这一类。我们不认为迁徙的冲动本身就必须是文化传播的——这很容易用遗传学来解释——但是具体的迁徙路线，以及特定的夏季和冬季的活动场地，很可能是年幼的鲸鱼在它们生命的第一次迁徙过程中跟随着它们的母亲而学会的。类似的过程似乎也发生在白鲸的种群之中。

似乎是文化

社群或地区之间的行为差异提示了应该在哪里寻找文化，但不能证明这种差异是被社会性学习所解释的。虽然我们可能强烈怀疑某些行为的起源是文化性的，但由于缺乏其他证据，我们所能得出结论的强度十分有限。请注意，这并不等同于证明了文化并不存在的证据。我们认为，我们不得不认为这些案例仅仅"似乎是文化"的原因是因为它们还未被深入调查过。在鲸类动物的研究中，我们还没有发现有任何一个研究，在其中科学家们探究行为如何发展而产生的证据是与文化的重要作用不相符合的，然而二者的一致性并不是就确认证实了文化的存在。因此，我们把曾在前几章中提到的一些行为放在这个分类中，是因为这些行为的复杂性和／或这些行为的合作性本质向我们提示，文化正在其中发挥作用，只不过我们对这些行为的了解仅限于它们最初的描述。这些行为包括宽吻海豚处理墨鱼的方式，以及参与各种合作性摄食技术，例如泥环摄食以及成群结队地把鱼赶到泥滩上。我们还会在这一类中纳入座头鲸的各种摄食技术（除了有利于表明文化的拍尾摄食）、宽吻海豚的方，以及沿着新西兰海岸的暗色斑纹海豚的迁徙和南极虎鲸往返巴西的迁徙行为。

一头没有文化的鲸鱼？

评估文化在动物生活中的重要性的一个显而易见的方法是问出一个相反的问题：当获得文化的机会受到限制时会发生什么？这是可以通过实验来实现的，你只要将任何潜在的社会性学习来源都移除，让个体独自长大。另一个相关的方法是改变可获得的文化的性质，将幼崽或卵转移到一个社会性信息不同于其亲生父母所提供社会性信息的环境中，学名为"交叉抚养"（cross-fostering）。如果独自长大的个体没有发展出所研究的行为，那么我们可以得出结论，某种社会性学习对于这种行为是必要的。这种独自长大的抚养方式是我们去理解文化传播在鸟鸣发展中的作用的一个重要部分[19]。类似地，如果被交叉抚养的个体的行为相比于它们的亲生父母所出生的社会群体，与其养父母或社会群体的行为更相似，那么同样似乎说明社会性学习在其中有很大的作用。挪威科学家托雷·斯莱格斯沃德（Tore Slagsvold）曾用这种方法来很好地证明了社会性学习在小型森林鸟类的觅食发展中起着重要作用[20]。

不过同样显而易见的是这些方法也存在一些问题，这就是为什么

鲸鱼海豚有文化：探索海洋哺乳动物的社会与行为

它们没有被广泛地应用于哺乳动物的研究中。让个体独自长大需要人类亲手来饲养。在某些物种中，这是简单直接的，但在其他物种中，这是众所周知难以实现的。此外，在这种条件下被抚养长大也会剥夺幼崽的一整套学习机会，而不仅仅只是社会性学习的机会——因为要实现真正地独自成长所需要进行的一些限制。交叉抚养也是非常具有挑战性的，因为自然选择已经让许多物种具备了种种办法来避免让父母照顾不携带自己基因的幼崽。在某些情况下，这些可以被颠覆——比如对于鸟类中的印记（imprint），即孵化出来的小鸟通常认为其周围环境中移动的唯一大型物体是其父母，这个对象可以被"移花接木"，让小鸟对人类或者是对我们所选择的立即与之面对的任何其他东西产生"印记"——但是通常很多鸟类都不会被骗到。对于鲸类动物来说，这些问题更是如此严重，以至于从伦理和后勤的角度出发，其失败的可能性和对相关动物的可怕后果几乎完全阻止了我们用这种方式研究鲸类文化。

然而，生活境遇有时会创造出一些我们从未想过要刻意设计的情境，却让我们从中可以学到很多东西。例如，大多数人会认为故意用这种方式研究人类是不道德的，比如用机器人养大婴儿，或者让婴儿完全没有与人类的接触，或者在产房里交换新生儿。尽管如此，有时这些事却会发生，比如双胞胎在一出生时就被分开了——幸运的是现在这种情况已经不那么严重——而这让我们可以从研究他们随后发展的过程中学到很多东西[21]。历史上也有过这样的案例，人类的婴孩在他们的生命早期就基本上与人类隔绝了，也就是所谓的野孩子[22]。其中一个是维克托的例子，也就是"阿韦龙的野男孩"：阿韦龙（Aveyron）是法国南部一个地区，1799 年被发现时，他正赤身裸体地在林区里寻找橡子。维克托看起来有 11 或 12 岁的年龄（只能是看起来，因为不可能确切地知道），他被描述为"一个肮脏的、口齿不清的生物，像田野中的野兽一样小跑和咕噜"[23]。维克托被带走进行国家监护。一名年轻的法国心理学家让·伊塔德（Jean Itard）刚刚完成他的博士课题，在接下来的 7 年中，他大部分时间都在与维克托一起工作和研究，试图教会他如何在人类社会中生活。但他最终放弃了。维克托从来没有学会说出比几个词更多的话，而即使是伊塔德后来也不确定他是否真的理解了这些词的意思。维克托直到 1828 年去世都处于一种我们今天会诊断为患有严重学习障碍的状态。尽管他缺乏语言或任何其他类型的人类文化，但他显然有共情能力，在他的主要照顾者的丈夫去世后，他坐在她身边一起哭泣。仅仅是这一项观察就对我们如何看待文化、语言和情感之间的关系产生了深远的影响。还有一个令人难以置信但真实的故事，是印度米德纳波利（Midnapore）的狼孩子们。两个女孩在大约 8 岁时被发现与狼崽一起生活，显然是被狼妈妈接纳为是同一窝里的崽。再一次，这些孩子的余生都受到了护理人员的密切关注，而她们却不幸因疾病而过早失去了生命，最大的孩子才活到 17 岁左右。这次在她们身上显然比在维克托身上所付出过的努力更有成效，因为寿命较长的女孩最终学会了大约 30 个单词，但狼女们在这方面和其他社会技能方面仍然远远不及在人类社会中正常生活所需的水平。关键的一点是，在以上两个及其他一些案例中，即都是在他们关键性的早年绝对缺乏人类接触的案例中，这样的孩童在人类社会中完全无法独立生活，而且也没有证据表明他们曾经接近过诸如共享意义或文化认同之类的概念。他们的故事相当残酷地说明了社会性输入对于人类行为的发展多么至关重要。

在鲸类动物中，有一些例子表明对圈养的鲸豚进行各种地点间的转移无意间也造就了类似的实验。其中一个是我们理解虎鲸如何学习其所在群体叫声的重要见解的来源：如我们在第 6 章中所描述的，当时一头幼小的虎鲸被移到一个水池中，池子里有其他带有不同方言的年长虎鲸。人类的维克托和狼女的案例对应到虎鲸上是一头名叫"庆子"（Keiko）的圈养虎鲸的故事。他主演了 1993 年的大片《自由吧威利》（Free Willy，也被翻译为"威鲸闯天关"或"人鱼童话"），该影片讲述了一个男孩把一头虎鲸从囚禁圈养中解救出来的甜蜜故事[24]。在现实中，在电影的杀青宴结束后，庆子回到了他在墨西哥的一个圈养设施里的生活，而他在那里形单影只，只有几头宽吻海豚陪伴。在这个像颗洋葱般层层叠叠充满讽刺意味的故事中有那么一层是，庆子这个名字是日语的，其意思是"幸运"或"受祝福的孩子"。实际却不是那么回事。庆子是 1979 年在冰岛附近海域被抓获的，当时两岁左右。它先是被养在冰岛的一家水族馆，然后被卖给加拿大的一家水族馆，最后在 1985 年搬到墨西哥城的一处场所。在冰岛和加拿大显然还有其他虎鲸和它同在一个水池，但在墨西哥城却一个都没有。之后庆子以"威利"的身份取得了重大突破。在电影成功之后，一场解救庆子的运动吸引了数百万美元的资金，其中一些来自华纳兄弟电影公司自身。与海洋哺乳动物科学家在研究整个鲸鱼种群时通常要花费的预算相比，这种和单独一头鲸鱼的命运相关的资金数量真是一个极大的讽刺。庆子被转移到美国的一个临时的康复场所，最后被空运回冰岛大陆以南的韦斯特曼纳群岛（Vestmannaeyjar）的一个海洋围栏（sea pen）中开始一项训练计划，好让它最终被放归。

一个主要的挑战是，庆子在成年后整个生活都是从人类那里接受照顾和获得食物的，而如果它想在野外繁衍生息，就必须在人类这里"断奶"。在 2000 年至 2002 年的 3 个夏天里，人们开始训练庆子跟随它的看护者从它的家（所住的围栏）远行到冰岛附近野生虎鲸经常出没的地方，希望它最终能够——与和人类相处和谐相比——更加融入到这些野生虎鲸中。在 2002 年，它有两个不同的时期与野生虎鲸交往，但正如看护小组指出的那样，它与它们的互动看起来明显很尴尬。它与野生虎鲸保持着距离而且似乎并没有参与到野生虎鲸的觅食活动中，而野生虎鲸这边显然也不怎么搭理它。在这段时间里，庆子的看护者两次从它的胃里取得样本，但这两次都没有证据显示它能自己摄食。几周后，社交方面的事情似乎有点热络起来了，但后来有一头野生虎鲸迈出了对庆子而言太过火的一步：

有人在 7 月 30 日目击到一次短暂的身体互动，当时庆子潜入摄食的鲸鱼中间，它浮出水面时离 3 头成年雄性虎鲸和至少两头雌性或未成年的雄性虎鲸非常近。其中一头野生虎鲸当时正在水面上，它腹侧朝上游着，头在庆子的下面，它用尾巴拍击起一阵水花。伴随着这阵水花的是庆子做出的"受惊吓"反应，它游向了跟踪船，而当时其中一头雌性或少年虎鲸在它之后浮出了水面。[25]

换言之，其中一头野生虎鲸似乎发起了一次对它们来说相当典型的社交活动，但可怜的庆子被吓坏了，这使得它立刻跑去寻找它所知道的安全感的唯一来源——人类。

在这些互动之后的几天里，庆子游离了冰岛。在接下来的 3 个星期里，它游到了 1300 公里外的挪威。在这段时间里，科学家们用安在它背鳍上的卫星发射器追踪着它，希望这次远行会是一个积极的发展，但同时也担心它的风险，例如北上和被冰困住。我们不知道它是否是在其他虎鲸的陪伴下踏上这段旅程的，但当它下一次被见到时，它就在离海岸几米远的一个叫克里斯蒂安松（Kristiansund）的地方，当时它"独自一人"。它在挪威的第一次有记录的行为是跟随一艘小型游船进入了附近的斯克吕维克峡湾（Skålvikfjorden），也是船基地所在之处。庆子当时似乎将斯克吕维克峡湾作为它的新家，这是一个有遮蔽的近岸峡湾，距离开阔水域约 10 公里，于是基金会在那里又建造了另一个开放的海洋围栏，就像它在冰岛生活时的那个一样。它在这家机构得到了食物和照料，它的看护者决定重新开始为它提供食物，因为反正当地人也开始喂它食物了（到那时为止，它在离开冰岛后是否真的吃过饭也并不清楚）。就像曾经在冰岛那样，它的看护者又开始带它在当地水域进行巡游，但就它的看护者所知，它不再与任何野生虎鲸进行接触。它就用这种方式度过了余生，并在 2003 年 12 月因明显的肺炎而去世，当时 26 岁左右。丹麦科学家马琳·西蒙（Malene Simon）

　　　鲸鱼海豚有文化：探索海洋哺乳动物的社会与行为

和她的同事们在这段时间里与庆子一起工作，他们得出结论：对庆子的放归尝试是一次失败——它从来没有变得真正独立起来，也从来没有成功地融入任何同类的社会群体，而且到它死时仍然完全依赖人类来获取食物。

并非所有对虎鲸的放归尝试都以这种失败告终。2002年，在美国西雅图市附近的普吉特湾，一头当时两岁左右的幼年虎鲸被发现正独自游来游去。这头鲸被拍了下来，并且它的叫声也被录了下来。随后它被识别出是一头被命名为A73的虎鲸幼崽，绰号为"斯普林格"（Springer），于2000年出生在北部居留虎鲸社群A4氏族中的A24母系中[26]。整个2001年的夏天人们都没有在北方居留虎鲸活动区域的核心部分、不列颠哥伦比亚省的约翰斯顿海峡（Johnstone Strait）中见到过斯普林格和它的母亲，当时一直担心它们已经死了。它的母亲A45从此也再没有被见到过，所以很可能是2001年的某个时候，斯普林格成了孤儿。美国国家海洋渔业局（U. S. National Marine Fishery Service）决定介入干预、支持一项使斯普林格和它的群体重聚并且让它回到约翰斯顿海峡的努力，而这个海峡距离斯普林格被发现的地方以北大约400公里。斯普林格被成功地捕获，并在普吉特湾的一个海洋围栏设施里待了大约4个星期。它与人类的接触受到了限制，而且人们发射降落伞对它投喂活鲑鱼（为了避免使其看到喂食人）。随后，当研究人员用水听器确认了A4虎鲸氏族的成员正在约翰斯顿海峡北部区域时，它被向北运送到另一个在该区域的海洋围栏中。到达之后，斯普林格肉眼可见地兴奋起来，当A4氏族的叫声能被听到时，它用自己的叫声回应了它们；然后它被释放并重新加入了氏族。之后它一直持续地被看到和A4氏族在一起[27]。2013年7月，13岁左右的斯普林格被看到与它产下的第一头幼崽在一起[28]。斯普林格成功地重新融入了虎鲸社群。

那么为什么庆子有所不同呢？西蒙总结了几年前美国海豚专家兰迪·威尔斯（Randy Wells）在佛罗里达指导了对两头宽吻海豚的成功

放归后所陈述的一系列鲸类动物放归指南 [29]。放归庆子的尝试未能满足该指南中前三项具体要求：即动物应以某种功能性社会单元的形式一起被放归，被放归的动物应该是年轻的，而且它们首先应该只被短期圈养过。简言之，庆子从来就不是成功放归的良好候选者。与斯普林格形成鲜明对比的是，庆子被圈养的时间要长得多，而冰岛虎鲸对于它或是对科学家来说，都从来没有被充分地熟悉到能够将它放归到一个适当的社会环境中。但为什么尤其是这些因素如此重要呢？对我们来说，如果我们把庆子理解为一头没有文化的鲸，或者至少是缺失了文化中非常重要的部分，那么这就说得通了。庆子在很小的时候就被抓了，它在圈养中度过了它的发展期和成年早期，它从未习得那些对在冰岛附近海域生存和作为当地虎鲸社会成员有效运作而至关重要的文化性知识的"复杂整体"（或者它在漫长的圈养中可能丢掉了它曾经习得的东西）。就像维克托和狼女一样，在庆子成长的重要阶段，它错失了关键的社会输入，而且永远无法将其弥补上了。相比之下，斯普林格在被捕获时已经学会了它的氏族的方言，这足以使研究人员甚至也许是其他鲸鱼都能认出它是 A4 氏族的一员。它还学到了关于鲑鱼的东西，因为它热情地以活鲑鱼为食，这些活鲑鱼是由当地种族群体中的"第一民族"（First Nations）渔民所提供，并在它被圈养在海洋围栏中时引入给它。这两个虎鲸相互对比的故事代表了一个不经意间进行（也不是完全受控制）的实验，即当虎鲸在成长过程中被剥夺了接触到它们文化的机会时会发生什么。其后果对于虎鲸来说就像对人类一样是灾难性的，而对我们来说，这充分说明了文化对两者的重要性。

我们将以北太平洋"52 赫兹的幽灵鲸"这一有趣的案例作为本节的结尾 [30]。美国海军在世界各地遍布水听器阵列，科学家们曾被授权获得这些录音资料，并利用它们取得了一些我们在第 4 章中总结过的惊人发现——百慕大座头鲸歌声的原始录音和蓝鲸歌声频率在全球有所下降是其中两个最突出的例子。这些科学家已经学会将海军水听器上听到的各种鲸鱼声音分为不同的物种和种群。而他们听到的几乎每一种声音都可以被归入其中的某一类。但从 1989 年开始，他们听到了一种不寻常的歌声，频率约为 52 赫兹。这头唱歌的鲸鱼的活动从 1992 年到 2004 年每年的 8 月到 2 月之间都被跟踪着：这头鲸一边在墨西哥和阿拉斯加水域之间的东北太平洋上移动一边唱歌。这么多年来，这首歌似乎只由这一头鲸唱出，而且与已知的任何须鲸的歌声都不同。并且它的踪迹与科学家们用海军水听器监测的其他须鲸物种的活动或者存在毫无关联。他们不知道也猜不出它的物种。它可能是头"混血"鲸。它似乎是个既没有学到歌曲文化也没有学到迁徙文化的个体。不像庆子那样，幽灵鲸至少在 2004 年之前都还活着。它有它自己的歌，有它自己的移动模式，但这些不是文化。而没有文化，它就只是"52 赫兹的幽灵鲸"。

对鲸类文化的批判："完全荒谬"

给猿类行为贴上"文化"的标签简直意味着你必须为人类所做之事找到另一个词。[31]

来自美国人类学家乔纳森·马克斯（Jonathan Marks）的这句话，代表了争论中的第二个典型看法。在动物文化争论中来自人类学一派的抱怨说，我们所称的文化根本不是文化。这与其说是专门针对鲸类文化的批评，不如说是对整个非人类文化概念的总体批判，无论是对黑猩猩（正如引用的话所表明的）、海豚、蝙蝠、鸟类抑或老鼠。所以在这一点上，"我们"包括我们自己——关注鲸鱼和海豚的，以及所有其他跟我们有着共同的对文化的广义看法且认为非人类所做的一些事情可被称为"文化"的科学家。这些批评家攻击我们对"文化"这个词的使用是因为人类文化和动物所做的任何事情之间的差异——因为文化在人类中不仅仅是简单的信息和行为：它包含了抽象的组成部分，例如共享的意义系统、支配行为的道德准则，以及身份的象征性标记³²。从这个角度来看，单独只为人类保留"文化"一词就强调出了这是人类与其他动物之间的一个关键的鸿沟。他们认为我们对文化的定义过于简单，因此适用范围也太广。定义当然是关于观点和选择的一件事。正如我们在第 2 章中所讨论的，我们认为我们对文化的广义定义是有用的。尽管如此，我们必须接受它的后果，而且根据这个定义，文化在动物中相当普遍。我们对此很满意，因为它允许我们继续提问，而且有时甚至回答出一些关于鲸类动物中实际发生了什么以及它与其他物种中所发生的什么相比有何不同的重要问题。

我们的广义的文化概念在多大程度上能与这些批评家所认为的他们的文化概念的核心——抽象概念（比如"意义"）——有所关联呢？如果"意义"被定义为"心智赋予文化性知识的属性"，那么从一开始这二者似乎就没什么希望会有交集³³。我们对鲸类文化的全部考察都植根于观察。鲸类文化中的意义——如果它们存在的话——是我们所不可及的。在这一点上我们并不孤单，因为可能对于任何研究非人类文化的人来说，意义都是不可及的。而且意义实际上只对人类文化研究者是部分可及的——更明确些就是，对于一个访谈中受访者在说真话的部分。直截了当地讲，在我们的研究中，意义的概念似乎与我们没有什么关系。如果文化必须包括像语言这样的意义系统，那么鲸类（以及其他非人类）在现有证据上就不可能有文化，而且尚不清楚我们在未来如何能够获得这样的证据。在第 2 章中我们曾阐述过，在我们看来，共享的意义系统（即语言）对文化来说并不是必需的，尽管它们是人类学家杰罗姆·巴科（Jerome Barkow）所说的人类"超文化"（hyperculture）中一个突出的组成部分³⁴。我们对鲸类文化的理解还有很长的路要走，之后我们才能在实证的基础上引入"意义"，而对其意义的相关知识充其量只是激励着我们的那些演化问题的外围因素。我们也不清楚为什么文化的重要成分是文化的意义性，甚至要超过文化是社会性传播的这个事实。除了仅仅声称因为它们是人类文化的一部

鲸鱼海豚有文化：探索海洋哺乳动物的社会与行为

分，所以必须是任何文化概念的一部分之外，我们并未看到过其他任何论据。

我们应该在此说得更明确一些，虽然我们把某些非人类所做的事称为文化，但我们并不打算把它等同于人类文化。心理学家迈克尔·托马塞洛是一位持续清晰地思考关于人类文化与其他动物所做之事之间真正差异的思想家，他引用了威廉·麦克格鲁（William McGrew, 1998）发表的一篇支持黑猩猩文化的论文来表述这个问题："麦克格鲁声称，非人类灵长类动物所从事的社会性活动最具有文化性的特征，因为它们具有人类文化的所有关键特征。我同意这一点。尽管如此，与此同时我仍坚持认为，人类文化除此之外还有些独一无二的特点（而其他灵长类动物的文化也是如此，也有着它们自己文化的独一无二的特点）。"[35]

尽管我们可能会挑剔他过于专注在灵长类动物上面，但他所说的东西似乎很有道理。人类文化有其独一无二的特点，如人类的语言和技术，这也是使其与众不同之所在。然而，非人类文化也可能有它们自己独一无二的特点，但将它们结合在一起的是社会性传播的知识和行为的一个共享集合。为什么我们不能安于这种广义的文化定义呢，就像对于广义的移动能力（locomotion）那样？比如说，以广义的概念来看待动物的移动能力，可以囊括进来的属性是如此多种多样：飞行、猎豹的四条腿短跑、岩石海岸上帽贝的挪动，以及我们自己这样的双足行走。每一种都有其特点。例如，我们在短距离内不可能跑得过一只猎豹，但似乎两足行走让我们在马拉松式的追逐中更善于耗尽猎物的精力[36]。对我们这些演化生物学家来说，这些不同的移动方式因同样的原因演化出来：是为了让动物按照它们的优势来进行迁移。同样，我们所说的人类和鲸类的文化是由一个共同的特征联合起来的：即知识在个体之间的传播，以及也许更重要的是，独立于基因的代际传播——并因此有可能对演化过程本身的动力产生深远的影响。

我们可能会被指责既要享受便利——在所有人类的文化性标志方

面使用"文化"这个词，又要享受到好处——不必为鲸鱼和海豚拥有像人类般的文化这种说法辩护。我们试图避免这种情况，通过宣布我们对文化的定义是广义的而接受这种广泛性的后果。不过，对一些人类学家的立场也有类似"两者要兼得"的批评。人类拥有成熟的象征文化多久了？乔纳森·马克斯最近指出，人类演化受到文化的影响如此之大，以至于不参照文化就无法理解它，并且他还明确指出，他所说的"文化"是指"在人类学意义上的一种象征性、语言性和历史性的环境，在现存物种中仅限于智人"[37]。他的观点是在过去的 250 万年里，这种意义上的文化一直存在于人类血统中，并与我们的基因积极地共同演化。他的证据是在考古记录中石器时代技术（石头工具）的存在。他的论点是，这些工具的存在证明了"人类学意义上的"文化当时就出现了。这就是非人类文化争论中人类学批评者和心理学批评者产生冲突的地方：后者认为它除了证明有制造和使用工具之外什么都没有证明[38]。一些加拉帕戈斯树雀会修整树枝做出工具探测昆虫猎物所藏身的缝隙，但社会性学习对这种行为的发展不是必要的——那么我们为什么要承认石头工具是象征文化存在的证据呢[39]？以迈克尔·托马塞洛为例，他对于何时发生了人类学家所认为的推动了人类文化进入到象征性领域的重大变化有着不同的看法，而人类学家也承认了这个时间点的不确定性："是在 200 万年前到 30 万年前的这个时间范围内，而我自己的理论偏好倾向于那些较小的数字。"[40] 金·希尔则更进一步，他提出考古学记录提示了人类可能只在过去的 16 万年里有他所谓的"完整'文化'，其中包括社会规范、仪式和种族信号"——这仅是托马塞洛所估下限的一半[41]。在我们看来，如果有人希望发出这样的声明——我们也会同意该说法——即文化与人类的演化交织在一起已经有 250 万年了，就像马克斯所认为的那样，那么此人必须得接受一个相当广义的文化概念定义——非常类似于我们的文化概念定义。根据现有的证据，似乎不太可能既号称只有在有符号的情况下才能拥有文化的，又号称文化早在 20 万年前解剖学上的现代智人起源之前就已经以它独特于人类的形式存在了。人们要么必须接受一个广义的文化概念定义使得这一概念并不局限于人类，要么就要为我们的祖先在大约 30 万年前所做的事情找到另一个词。

人类演化中的某些东西发生了变化（我们还不确定是什么以及是什么时候），这给了我们一种新的来理解彼此的方式，并且因而通过共享注意机制（shared attention）以及合作来创造和交流，这使我们开始建立累积性的人类文化。因此，每一代人都可以从自己这代积累的知识以及前面世代中积累的知识中获益。通过这个过程，我们从洞穴到达了月球，而我们是唯一做到此事的物种。强调这些非常真实的差异并不是要以人类为中心（anthropocentric）[42]。只是这些改变到底是如何发生的，其中的奥秘也是我们为什么想要去了解进化在鲸鱼和海豚身上产生了何种文化的一个原因，因为它有助于我们了解我们是如何拥有了我们人类的文化的。

鲸类文化与身份的意义

> 我个人的定义是，文化是人类思维的集体程序，它将一个人类群体的成员与另一个群体的成员区分开来。[43]

这一文化概念来自颇有影响力的荷兰社会科学家吉尔特·霍夫斯特德（Geert Hofstede），这概括出了一个区域——我们可以考虑在其中架起一座连接人类学关于文化的观念和鲸类动物的证据之间的桥梁。金·希尔将其表述得更加形象："如果动物有文化，为什么它们不去在任意一群个体之间形成想象中的社会性边界，好让它们打上千年的战争并招募自杀式炸弹手去杀死异己呢？"[44] 尽管为了证明人类文化的特殊性而举出这些相当可怕的特点似乎有点奇怪，但这些观念也展现了让一些人类学家如此抗拒非人类文化观念的一个主要裂痕。美国的人类学家苏珊·佩里花了多年时间研究野生卷尾猴的行为，她还强调，像我们这样对文化的广泛定义忽略了"将特定符号、制品或行为特征与群体身份联系在一起的情绪显著性（emotional sailence），以及需要服从一系列特质所带来的道德压力"[45]。简言之，这种看法是说，只有人类才有族群标记（ethnic marker）。而这个标记对于人类文化很重要的其中一个原因是它们既充当了合作的标志，又充当了敌对的标志[46]。例如，在苏格兰的格拉斯哥，有人因为在一个城市里穿着错误的足球队队服而被陌生人谋杀了，而这个城市中对体育的效忠类似于一种教派的分裂[47]。族群标记是文化影响社会结构的一种关键途径[48]。

在她的著作中，佩里描述了卷尾猴互相表演的像仪式一般的游戏。其中包括嗅闻手部、吮吸身体部位、将伙伴的一根手指伸入自己的眼窝，以及轮流进行诸如"把手指放入嘴里"的游戏：

> 在这个游戏中，猴子 A 把它的手指放在猴子 B 的嘴里，这是在整理嘴巴内部的背景下开始的。猴子 B 用手夹住 A 的手指，显然不足以让 A 受伤，但 A 也很难轻易移动它的手指了。猴子 A 通过各种各样的扭动来拔出它的手指——这可能涉及手脚并用来撬开 B 的嘴，或者把脚放在 B 的脸上作为杠杆同时用力往外拉被抓住的手。一旦 A 的手指被成功拔出来后，要么是 A 将它的手重新插到 B 嘴里进行另一轮游戏，要么是 B 将手指插入 A 的嘴里，这样游戏就以角色互换而继续下去。[49]

或者是"传毛游戏"：

> 在这个游戏中，猴子 A 从猴子 B 的脸上或肩膀上咬下一撮毛发。然后猴子 B 试图从 A 的嘴里拔出毛发，使用在"把手指放入嘴中"描述过的相同的技术。一旦猴子 B 成功地拿回了毛发，A 就试图再从 B 的嘴里取回毛发。游戏继续进行，A 和 B 不情不愿地将毛发从一张嘴里传到另一张嘴里，直到所有的毛发都被意外地吞

下或掉落了。然后 A 又咬了 B 的另一撮头发重新开始游戏。[50]

这些习俗只在少数一些卷尾猴的群体中被发现，只有其中几只动物中存在，并在几年后就消失了。当佩里发现这些游戏在不同的群体中有所不同时，她最初"对这样一个想法很感兴趣，那就是认为这些仪式可能是族群标记——是由一个群体的成员举行的仪式，这种仪式不仅有助于加强它们之间的纽带，而且也有助于向不是自己这个小圈子的其他群体成员宣传它们小圈子的团结和圈子成员的身份"[51]。但随着更多的观察和反思，她逐渐认为它们不是这样的。嗅闻手部、毛发传递和手指入嘴的行为都是私下里发生的，安静且不显眼——这并不利于对向他者传递任何信息，更不用说你的群体身份了。然而，尽管她的卷尾猴和其他猿类以及猴子明显缺乏族群标记，佩里并不排除这种族群标记可能存在于非人类的可能性。她建议说，我们可以看看那些有着重要合作关系、社会性学习和其中的个体有足够多的身体活动的社会，在这样的社会中这些或许可以帮助你在可能遭遇到的一系列个体中识认出潜在的合作伙伴。所有这些特征都能让人想起鲸类动物的社会，而佩里也注意到了这一点，她写道："我发现，族群标记存在于鲸类、鸟类或蝙蝠中可能比存在于非人类灵长类动物中更为合理。"[52]

也许我们可以通过研究鲸鱼和海豚的一些最著名的文化行为——它们的发声交流——之中的意义和身份的重叠，来逐渐消除这种分歧。例如，我们在第 5 章中呈现出了一个证据，即宽吻海豚可以通过签名哨声来识别出彼此，并在野外进行哨声匹配。文森特·贾尼克认为，这些哨声可能被用来指代个体，而且还提供了证据表明在野外就是这种情况——因此，从指称的意义上来说，这些哨声可以说是有意义的[53]。然而，这与海豚种群中发生的文化过程之间的关系尚不清楚：宽吻海豚是否学会了将特定哨声与它们出生的社群中特定个体联系起来的这一套特定意义？我们将回答，可能是这样的，但我们不是完全确定。

更深层次的问题是，不同群体的哨声之间的这些差异是否阻碍了各种形式的合作，比如联合觅食。离开发声领域，还有莫顿湾追着拖网渔船的和不去追拖网渔船的海豚之间的分别，这种分别是否由蔑视所驱动，比如对于那些屈尊让自己去吃船上抛下的鱼杂碎的海豚不屑一顾？这些问题我们无法回答，但确实值得一问。

但是，那些定义了海豚中的标志性哨声以及抹香鲸中的方言群体的发声变化是否对于动物自身是有意义的，就像人类学家所说在人类文化中的有意义的符号一样呢？如果是这样的话，这一意义就可能涉及身份了。例如，发声者所在的群组相对于听者群组的身份标识。这是否符合人类学家的"意义体系"的条件，我们还不知道。根据目前的证据我们猜测它们并不符合——这些方言的功能目前仍然是出于推测，所以再一次，我们无法现在就做出回答。然而，我们手头的技术工具有了先进的录音标识和水下扬声器，可以开始对野生动物群体进行录音重放实验，这可能会开始揭开这一大罐问题的盖子。如果未来的研究能够证实这种功能，那么我们也可以开始研究它们对动物所具有的意义了。与此同时，我们还可以思考鲸鱼和海豚的文化身份这个问题。

虎鲸和抹香鲸的种群似乎是按照文化脉络来构建的，而且这种结构包含了一整套生存所必需的栖息地和摄食的知识，因此我们可以提出一个具有挑衅性的看法，即一个文化性身份的重要性可能并不是人类所独有的。尽管不同文化群体之间有接触且在抹香鲸的例子中个体在不同文化群体之间还有迁移，这些群体仍然被它们的发音方言所明确界定。在人类中，方言边界通常是重要的社会性边界，并且可以被当成族群标记，这类族群标记可能还会成为利他行为的阻碍[54]。第6章中描述的进食鱼类和进食哺乳动物的虎鲸之间有所交往并不表明它们可能会合作捕猎，而且这些虎鲸种群中看起来很强的文化保守主义可能与兰斯·巴雷特-伦纳德所说的它们的仇外心理有关[55]。因此，虎鲸叫声的方言看起来像是象征性的标记，至少在表面上是如此，这与合作以及明显的敌意等事有着相当大的关联。

　　与此同时，有人观察到抹香鲸会以身涉险来拯救群体成员免受虎鲸的攻击[56]。当个体抹香鲸离开群体集中的相对安全地带、去引导分离和受伤的群体同伴回到更安全的集体防御队形时，用目击者、生物学家罗伯特·皮特曼和苏珊·奇弗斯（Susan Chivers）的话说："所有观看的人都被这些明显的利他主义行为所震撼了。"[57]我们知道抹香鲸的社会单元只与具有相同方言的他者进行交往，但这种帮助行为是否仅限于同一社会单元的成员，或者，它是否延伸到那天可能正在交往的同一个部族的任何成员呢？如果说——而且是假设性的如果——部族方言的边界也是抹香鲸利他主义的界限，那么我们或许可以将其与人类语言变异的演变进行非常近似的类比，而且或许离抹香鲸的方言起到了族群标记作用的结论更进了一步。同样，这些问题绝对值得被问出来。

文化的正当性？

　　正如我们在本章开始时所了解到的，乔纳森·马克斯对鲸鱼拥有某种被称为文化的想法几乎没有什么概念。显然我们并不同意。尽管如此，我们认为他的主张是正确的，仅靠生物演化而不借助文化在人类事务中的中心地位是无法解释人类行为的，他称其为"生物文化的演化"（biocultural evolution），而我们称之为基因–文化协同演化[58]。我们希望我们的书迄今为止给人留下的印象是已经尽量贴切地描述了鲸鱼和海豚社会的不管是你称之为社会性学习（当然这也适用于所有人类文化）还是传统或是其他什么更具争议性的名称的文化标签。

　　也许正是我们的演化生物学背景导致我们对某些文化特征相比于其他特征格外重视。当大量社会性传播的信息对一个物种内个体的生活产生如此大的影响，以至于它构建起了它们的种群，定义了它们的生态关系，并且最终——正如我们将继续探索的那样——反馈回来甚至影响到种群的遗传演化，那么对我们来说，给它贴上文化标签是很有信息量的。对某些人来说，这是徒劳的语义练习。乔纳森·马克斯问道，将用词换来换去的意义是什么？它并不能让你摆脱非人类文化和人类文化之间的基本鸿沟，而只是在一艘正在下沉的船——一艘与象征意义和累积性技术的冰山相撞后正在无情沉没的船——的甲板上重新摆放躺椅罢了[59]。金·希尔至少会考虑一下这个问题：通过采用一个更广义的文化概念定义我们到底是有所得还是有所失，只不过他认为我们失败了："我的担心是，把'文化'一词松散地应用到所有的社会性学习行为上可能会让我们费解智人某些非常独特的特征性的演变。"[60]

虽然这是一个值得称赞的担心，但我们认为这个问题放错了地方。事实上，我们认为一个广义的文化概念所产生的影响与他所担心的恰恰相反。通过拥有如此广义的概念定义并因此确认人类文化达到了该标准，我们就可以更准确地将我们的语言集中在使人类文化独一无二的东西上。它承认了相似之处——对共享行为的社会性学习——并通过这样做而聚焦于不同之处。因此，我们把一些非人类描述为具有文化，把人类描述为具有象征性的、累积性的文化，而不是人类具有文化而其他动物有着不同的东西。并且如果我们选择这样做，我们可以问出这些文化是如何相似或是不同——只不过这并不是其唯一的要点。在对文化的各种形式和特征的演变进行研究时，精准地确定你想解释的是关于什么的演化，这是至关重要的第一步，而我们认为，对文化有一个广阔的视角有助于我们做到这一点。在我们看来，这似乎比只有我们人类跨越这一条文化的鸿沟更令人满意，按理说也更精确。不是每个人都会同意。而你是否会这样做很大程度上取决于你认为文化最重要的特征是什么——它是世代之间在基因之外的信息流动，抑或是一个具有共同象征性意义的系统。

你可能已经注意到了我们讨论过的大部分鲸鱼和海豚行为的例子都落入了"可能是文化"这个分类中。即使证据的天平在很大程度上向具有文化这个方向倾斜，其中仍然存在不确定性。如果要等到能把所有的东西都放在"绝对是"和"绝对不是"的标题下才可以，那就不是我们来写出本书了；取而代之地，本书的作者将是未来的一个幸运的鲸鱼生物学家，拥有目前仅在科幻小说中才有的研究设备。我们什么时候才能成功地交叉抚养抹香鲸幼崽呢（假使我们认为这是合乎伦理的，当然其实我们并不这么认为）？我们不知道，但这不会很快发生，而且与此同时，我们的社会需要现在就决定我们该如何对待、保护和管理鲸鱼和海豚种群。如果我们没有把事情弄对，以我们如今对这些种群中存在的文化形式的有限理解，我们未来的鲸鱼科学家就不会是位生物学家——她将是一位古生物学家。我们需要评估手上可用的证据，就是现在。

那么研究鲸鱼和海豚的文化有什么收获呢？来自文化鲸类学——即在知晓文化在鲸鱼和海豚生活中的可能作用下对鲸鱼和海豚的研究——的承诺是，其收获是多方面的。它能使我们对鲸类动物的行为有一个正确的了解。仅仅是让我们掌握关于它们本性的正确事实，也会帮我们在如何与鲸鱼和海豚共存的问题上做出正确的决定。除此之外，我们对能够去比较不同物种文化的不同演化方式感到兴奋；而鲸类动物有着各种各样的社会结构，栖息在广泛的生态环境中，并且有着变化多端的文化系统，这让我们有可能更深入地理解社会和生态因素对文化演变和文化能力的影响。这种理解将为那些寻求了解人类自身的生物演化和文化演化历史的人提供丰富信息。

注释

[1] 《这有什么实质用处？》（直译为《牛肉在哪里？》）是心理学家杰夫·加利夫对于我们 2001 年那篇鲸鱼和海豚文化综述的一个负面评论的标题（Galef 2001）。

[2] Byrne 2007.

[3] Morgan 1894, 53.

4　Morgan 1903, 59.

5　Costall 1998; de Waal 2001; Fitzpatrick 2008; Sober 2005.

6　Fitzpatrick 2008.

7　《动物文化的问题》是凯文·莱兰和杰夫·加利夫编辑的一本有影响的书
　　（Kevin Laland and Jeff Galef, 2009b）。

8　Johnson 1999; Whitehead 2009.

9　Hoppitt and Laland 2013; Whitehead 2009.

10　Kasuya 2008, 768.

11　Laland and Janik 2006.

12　Allen et al., 2013.

13　Ford 1991; Yurk et al., 2002.

14　Deecke, Ford, and Spong 2000.

15　Bain 1989.

16　对通过双亲遗传的常染色体基因的一个初步分析发现，使用不同方言的抹
　　香鲸部族之间没有差异（Whitehead, 2003b）。

17　Bacher et al., 2010.

18　例如，Anderwald, et al., 2011; Pastene, et al., 2010。

19　Catchpole and Slater 2008.

20　Slagsvold and Wiebe 2011.

21　Bouchard et al., 1990.

22　关于这些例子的详细说明以及更多的例子，请参阅道格拉斯·坎德兰
　　（Douglas Candland）的书《野性的孩子和聪明的动物》（*Feral Children and
　　Clever Animals*, 1993），我们的总结从其中而来。

23　Candland 1993, 18.

24　我们在这里介绍的关于庆子的细节大部分来自 Simon et al., 2009。

25　Simon et al., 2009, 697.

26　这些细节来自 Francis and Hewlett 2007。

27　《庆祝吧，斯普林格——克服了困难的孤儿虎鲸》，美国国家海洋和大气管

理局渔业局，2012 年 7 月 12 日，http://www.nmfs.noaa.gov/pr/laws/mmpa/anniversary/celebrating_springer.html。

28 《孤儿虎鲸斯普林格被目击到在不列颠哥伦比亚省北海岸带着幼崽》，基文·德鲁斯（Keven Drews），《麦考林》（*MacLean's*）杂志，2013 年 7 月 8 日 发 布，http://www.macleans.ca/news/springer-the-orphaned-killer-whale-spotted-with-calf-off-b-c-s-north-coast/。

29 Wells, Bassos-Hull, and Norris 1998.

30 Watkins et al., 2004.

31 这段题词来自马克斯（Marks, 2002，第 16 章）。"完全荒谬"一语来自人类学家蒂姆·英戈尔德对我们 2001 年论文的评论（Ingold, 2001, 337）。这一整句话是："此外，认为文化是行为的第三个决定因素的观点——在考虑到环境和基因的决定因素之后——是完全荒谬的。"

32 例如，Hill 2009; Marks 2002。

33 这个对意义的定义来自 McGrew 1998。

34 Barkow 2001.

35 McGrew 1998; Tomasello 1999b.

36 Carrier et al., 1984; Liebenberg 2006; Wheeler 1991. 一个更容易获取的记述请参阅克里斯托弗·麦克杜格尔（Christopher McDougall）的畅销书《为跑步而生》（*Born to Run*, 2009）第 28 章。

37 Marks 2012, 155.

38 我们将这一见解归功于与行为生态学家以及成就卓著的单簧管演奏家卢克–阿兰·吉拉多（Luc-Alain Giraldeau）的对话。

39 加拉帕戈斯树雀使用工具的情况记录于 Tebbich et al., 2001。

40 Tomasello 1999b.

41 Hill 2009, 283. 这些证据中最早也是最脆弱的证据在大约 164000 年前提示了运用赭石颜料的南非遗迹之中（Marean, et al., 2007）。到 10 万年前，我们有充分的证据表明赭石的加工工艺相对精妙复杂（Henshilwood, et al., 2011）。而到了 6 万年前，已经有了更有力的证据，其形式是类似雕刻的蛋壳这种事物（Texier et al., 2010）。

42　Sterelny 2009.

43　Hofstede 1981.

44　Hill 2009, 275.

45　Perry 2009, 260.

46　关于族群标记作为合作的标志，参见 Bowles and Gintis, 2003 和 McElreath,
　　Boyd and Richerson 2003。

47　Kelly 2002.

48　Cantor and Whitehead 2013.

49　Perry et al., 2003, 249.

50　Perry et al., 2003, 251.

51　Perry 2009, 262.

52　Perry 2009, 267.

53　哨声可以用来指代个体是在 Janik, 2000b 中提出的。关于这就是在野外的
　　实际情况的证据可见于 King, et al., 2013。

54　Nettle 1999.

55　Barrett-Lennard 2011.

56　Pitman et al., 2001.

57　Pitman and Chivers 1999.

58　Marks 2012.

59　Marks 2002, 2012.

60　Hill 2009, 271.

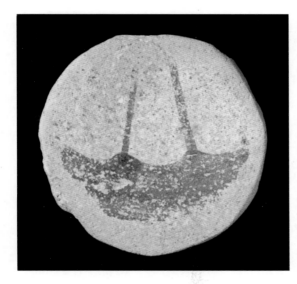

插图 1　在科威特发现的来自大约 7000 年前的石盘上有船的图像。摄影：穆罕默德·阿里先生（Mr. Mohammed Ali），版权归英国科威特考古队所有

插图 2　作者们在抹香鲸研究中使用的 12 米长的小快艇，此处是在智利附近，这也展示出帆船的文化演化在 1973 年时的状态，正是在那年设计出了这艘"勇敢者 40"（Valiant 40）

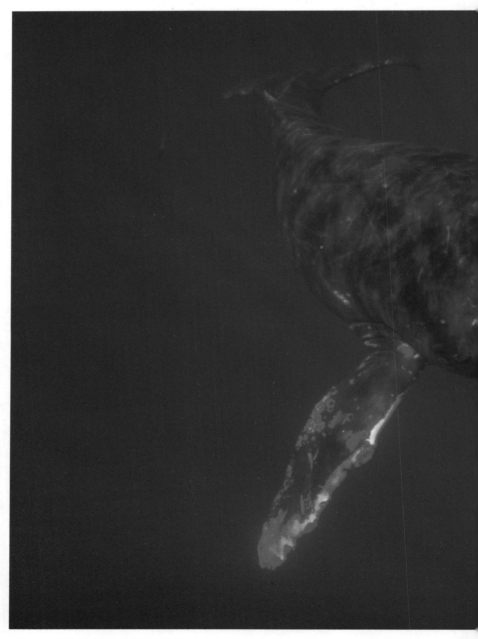

插图3　一头雄性座头鲸在夏威夷附近唱歌

图片由弗利普·尼克林（Flip Nicklin）/ 明登图片（Minden Pictures）提供

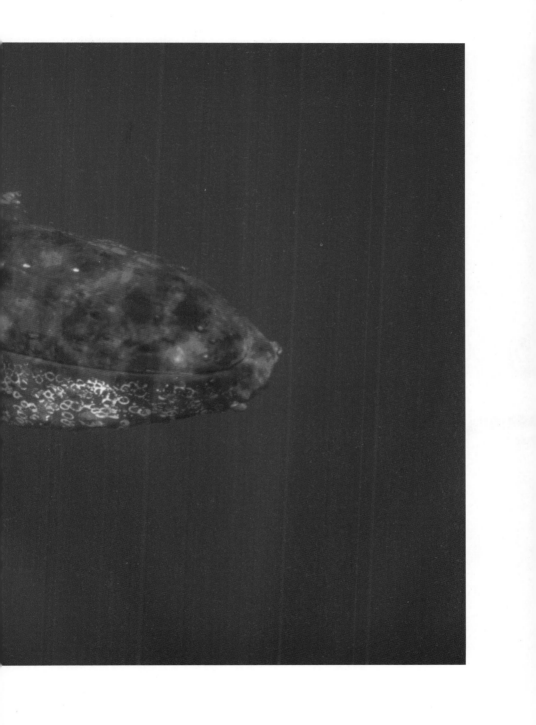

插图 4　正在东南阿拉斯加摄食鲱鱼的座头鲸进行同步猛冲

图片由弗利普·尼克林 / 明登图片提供

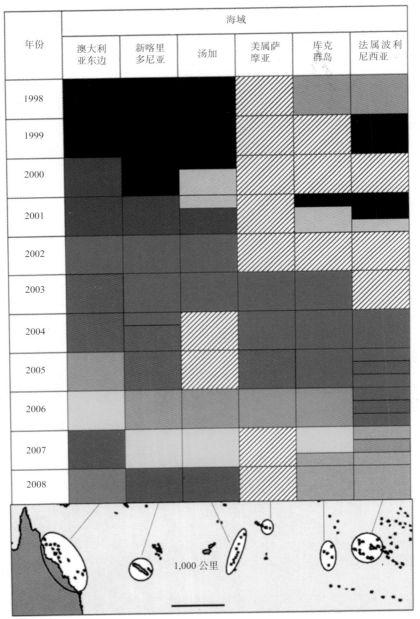

插图 5　跨越南太平洋的座头鲸之歌的发展过程。每种颜色代表一种歌曲类型；斜线阴影表示没有歌曲被录到，修改自佳兰德（Garland）等人（2011）

插图 6　蓝鲸，一头长 24 米蓝鲸的鸟瞰图，墨西哥科特斯海（Sea of Cortez, Mexico）
图片由弗利普·尼克林／明登图片提供

插图 7　佛罗里达湾的泥环摄食海豚。在图片的右边，一头宽吻海豚在一个鱼群周围制造出一圈泥。鱼从泥圈里跳出来，落入等待的海豚的嘴中

图片由利·托雷斯（Leigh Torres）提供，在 NMFS 许可证 572-1639 下拍摄

插图 8　海绵客，澳大利亚鲨鱼湾的宽吻海豚，其喙上有一块海绵

图片版权归拉尔斯·贝杰德（Lars Bejder），默多克大学（Murdoch University）

插图 9 "波浪"在澳大利亚南部进行尾巴行走。宽吻海豚"波浪"从比莉那里学来这项技术,而比莉是在一段短暂的圈养时期中从表演的海豚那里学会的
图片由迈克·博斯利(Mike Bossley)提供

插图 10 巴西拉古纳(Laguna Brazil)的渔夫在等待,而宽吻海豚正把鲻鱼赶向他身边
图片由法比奥·达乌拉·豪尔赫(Fábio Daura Jorge)提供

插图 11　南加州附近的真海豚。这些海豚在多大程度上在一个"感觉整合系统"里整合了关于它们的环境以及关于它们彼此的动态信息呢？有关这个概念的更多信息，请参阅本书第 5 章中题为"海洋性的海豚"的章节

图片由索菲·韦伯（Sophie Webb）提供

插图 12　社会性学习。进行浮冰捕猎的成年南极虎鲸和幼崽在评估潜在的猎物

图片由罗伯特·皮特曼（Robert Pitman）提供

插图 13　接下来所发生的：这头海豹即将被由虎鲸产生的波浪从冰上击落，可以看得到在水下的虎鲸的白色身体标记。它们随后会吃掉它的

图片由罗伯特·皮特曼提供

插图 14　亚速尔群岛附近的一个抹香鲸家族群体

图片由韦恩·奥斯本（Wayne Osborn）提供

插图 15　长鳍领航鲸集体搁浅，新西兰查塔姆岛（Chatham Island, New Zealand）
图片版权归新西兰环保部（Department of Conservation, New Zealand）

第 9 章

鲸鱼如何获得文化

我们希望已经成功地说服你，鲸鱼和海豚的很多行为都是通过社会性学习获得的，是群体共享的，并且因此是文化（及其争议）。在上一章中，我们概括出一个最小备选集——"肯定是文化"类别，以及它周围的一些模糊区域——"可能是文化"类别。到目前为止只研究了几种鲸类动物的几个行为领域，我们肯定错过了许多鲸鱼和海豚的文化。这巨大的未知的鲸鱼文化令人垂涎，而它推动了我们自己的研究。它会到达何处？它们是如何彼此联系起来的：从一种文化行为到另一种文化行为；从一种文化动物到另一种文化动物；从一个文化物种到另一个文化物种？以及文化如何影响社会性、生态性、保护性和演化？我们怎么才能找到进入这一切的道路呢？

对于人类以外文化存在的程度也有很多的不确定性。我们一定错过了很多关于黑猩猩、乌鸦和大象的文化。鱼类文化和鼠类文化也是我们所不知道的。然而，这种不确定性的程度通常比鲸鱼要小得多。大多数陆地哺乳动物和鸟类都是可见的，而且它们生活在与人类相似的环境中，这是一个我们觉得天生就很了解的环境。这些动物中许多都可以在受控的圈养条件下进行研究。因此我们对它们的生活有更好的了解。科学作为一个整体已经对动物中文化的程度达到了一种可以称得上是基本的理解，除了鲸鱼和海豚是例外，或者也许还有大象

（见第 12 章）是例外[1]。文化看起来似乎是非常局限的。虽然文化似乎对很多社会性物种的行为有所贡献，例如对许多鸣禽、珊瑚礁鱼类以及一些昆虫，但文化对大部分物种的生活不是很重要，而且并没有很多物种的后代在成长的关键时期没有重要的文化输入就存活不下来。

这就成了一个谜。如果文化是有用的，那么为什么没有更多的物种经常使用它呢？而如果它没有用处，为什么少数物种又会大量使用它呢？用彼得·理查森和罗伯特·博伊德的话来说："人类物种的特殊性加深了这个谜团：如果文化如此伟大，为什么许多其他物种没有它呢？查尔斯·达尔文的一个罕见的过失是他坚信模仿的能力是一种常见的动物适应性。"[2] 从这个角度来看，是模仿的罕见性解释了文化的罕见性，这也导致了某些对文化的定义将模仿作为其支柱。然而，我们希望到目前为止已经清楚地表明了，我们并不认为模仿是社会性学习能够导致持续的行为复杂化（也就是我们可能将其视为文化的那些行为）的唯一途径。对我们来说，文化的罕见性很可能是两种原因的组合：既因为文化只在相当特殊的环境中才有价值，同时也因为动物需要满足某些先决条件———一些智慧和一种关注正确事物的倾向——才能有效地利用文化。而鲸鱼既生活在这些特殊的环境中，又满足这些先决条件。

因此，在本章中，我们提出三个问题。文化在何时有用处？一个物种需要什么特性来充分利用它？在这个给定框架下，鲸鱼和海豚可能是如何获得文化能力的呢？

文化在何时有用？

生命依赖于信息从一个有机体转移到另一个有机体。没有这样的传承，就没有生物学，就没有生命，也没有演化。在地球上，传递这些信息的主要方法是通过 DNA 或 RNA，也就是我们称之为基因的东西。大多数生命形式几乎是只使用这些生化形式来进行信息的各种转

鲸鱼海豚有文化：探索海洋哺乳动物的社会与行为

移。基因的演化对地球上的生命是至关重要的。正如每个有机体的表型（phenotype）——表型是我们所能观察到的个体有机体的所有组成部分——的其他部分一样，早期动物的行为是由基因产物所控制的。所以同一物种的成员有着相似的行为，因为它们有相似的基因。

和表型的其他要素——比如身体结构———样，行为也通过遗传演化而改变，而演化的最重要形式就是达尔文的自然选择。在不断变化的世界里，自然选择使物种的表型适应于环境。因此，如果冬天变得更冷，促进挖洞行为的基因可能会被选择，因为拥有这些基因的动物存活得更好且后代也会相对更多，而这些后代也往往拥有这些基因，结果是挖洞行为在种群中增加了。

在一个不断变化的世界里，表型只由基因演化来决定是存在两个问题的。首先，通过自然选择而对环境的变化进行适应是缓慢的；它发生在世代这个时间尺度上。虽然这种方法通常只需几个世代就能奏效，但如果环境变化迅速且世代又很长，通过自然选择进行适应仍然是有问题的[3]。一个种群中的基因库可能无法适应当前的状况——或许那更接近于在一两个世代前有意义的东西——所以组成种群的有机体落后于时代并为此而受苦。这是种群的问题。在某些情况下，过时的行为可能会威胁到种群在一个新的且不同的世界中的生存。第二个问题更重要，而且是针对个体的。如果你对你所生活的环境有着错误的基因，而基因完全决定了行为，那么你将对此无能为力。

显而易见的解决办法是在变化发生时进行适应性改变。如果天气变冷，就去挖洞；如果变暖和，就去觅食。这严格来说被称为表型可塑性（phenotypic plasticity），因为一个动物的表型能够在不改变其基因的情况下发生改变。表型可塑性对生活在一个变化环境中的任何有机体都很有意义，而且在整个生命世界中都可以被找到[4]。在一个不可预测的世界里，能够使其生长、形状、生理或行为适应于不同环境的动物以及植物通常比不能适应的那些要过得更好。因此，表型可塑性本身的二阶特征也是通过自然选择而被选出的[5]。但是表型可塑性并不像人们最初预期的那样具有普遍性；有些有机体似乎不会随着环境的变化而对其表型做出看起来很明智的改变。人类在冬天不会长出更多的毛发并且夏天也不会让其脱落——甚至如果是在斯堪的纳维亚长大的人，也不会比在意大利长大的人长出更多的毛发。这些应该是让我们的表型适应于环境的明智方法，而且其他哺乳动物正是这样做的。但是人类的生理学是受限的。它受限是因为表型可塑性代价高昂。一名个体需要额外的、高代价的系统来使自己的表型随环境而改变[6]。

在这个关于权衡（trade-offs）的演化世界里，自然选择寻找最便宜、最有效的方法来达到目的。"便宜的"和"有效的"往往是相互对立的，因为最好的工具往往是代价最高的。表型可塑性的一种特别有效的形式是学习：在认知上或许通过试错来弄清在当前环境中什么是最好的。但是，个体性学习的代价也是昂贵的。一名个体需要一个大脑或其他一些相当复杂且耗能高的决策系统，并且个体性学习本身可能也需要花费宝贵的时间，或将其暴露在危险中，比如中毒或面对捕食者。通过试错而进行学习，错误就是其问题：如果一次错误导致你被吃掉，这就是一个不利之处了。不过在许多情况下，这种权衡在过往和当下都是值得的。生活在变化环境之中的动物发展其大脑并为自己而学习。

至此，一条捷径或许冒出来了。与其直接从环境中学习，与其进行个体性学习，为什么不向其他动物学习呢（我们称之为社会性学习）？它通常会更快、更安全、更容易，而且如果模范者选择得好，在学会合适的行为方面也同样有效率。用于学习的大脑基础设施已经到位——且正被用在个体性学习上——而动物们只是以不同的方式来使用它、专注于彼此而不是环境本身[7]。如果许多动物从彼此身上进行学习，它们的行为就会变得同质化，于是它们就有了文化。

那么这就是一个被普遍接受的关于文化能力演化过程的概述：环境变化驱动了表型可塑性和个体性学习，然后，社会性学习提供了一条代价低的捷径。但是正如第 2 章所指出的，社会性学习也有其风

鲸鱼海豚有文化：探索海洋哺乳动物的社会与行为

险，因为无法保证你所得到的低代价的信息是好的[8]。什么样的环境促进了从基因决定到个体性学习，以及从个体性学习到社会性学习的转变呢？

第一步转变需要有一个足够不可预测的环境，在此环境中，那些行为习性不灵活或是预先定好的动物与那些能够有效地跟踪环境变化的动物相比，往往做得很差，以至于它们对下一代的基因贡献有所减少。例如，一只啮齿动物可能每天都花费一段固定长度的时间去挖洞，而这个时间长度在环境温度较高时已超出了需要，因此让它失去了觅食的时间，而当温度较低时，这一时间又不够了，因此它可能会死于暴露在寒冷中。为了实现演化的转变，个体性学习必须充分改善这种欠佳的行为，这样个体性学习的代价——大脑、时间和风险——都能获得附带利息的回报。一般来说，为了让个体性学习或其他形式的表型可塑性有所收益，环境的变化必须能让积极改变其表型的个体具有适应能力（基本上就是其预期的子孙后代数量），即与不主动改变其表型的动物相比平均有所增加[9]。因此，如果环境中的变化对适应性没有太大的影响，就没有必要进行个体性学习。相比之下，如果环境波动很大**并且**影响了适应性，那么我们预期个体性学习或其他类型的表型可塑性会进行演化以解决这个问题。

从个体性学习到社会性学习的第二步转变似乎是由一种特定类型的环境变化所促成的。环境必须变化，这让表型可塑性是有收益的。但是如果这种变化在学习和行为之间的时间跨度之内是不可预测的，那么模仿他者就没有帮助了。比如挖洞的啮齿动物可以从它的父母那里学习到要花多久来挖洞，但是如果它经历的气候比它父母那一代温暖或凉爽，那么这些信息就没有什么价值了。相反地，如果温度在几个世代的时间尺度上保持恒定，那么模仿母亲可能还是有意义的。横向的社会性学习——使用来自周围的无论是亲属还是其他个体的短期信息——受到中等时间尺度的环境变化的影响较小。但是如果事情变化得非常快，没有人能知道什么将会是正确的，那么社会性学习不会有帮助。

　　我们可以借用自然环境科学中的一个概念来将这各种环境变化形式化，比如像气象学的"1/f 噪音"[10]。这里的 f 代表频率——单位时间内环境变化的频率。1/f 噪音的概念是一种从数学上描述一系列环境可以以不同方式变化的方法。我们在第 3 章描述海洋的变化时对其有过介绍，但在此处将更具体一些。其中一个极端是白噪音，在这种情况下，环境是完全不可预测的：现在发生的事情与以后发生的事情没有关系，而所有变化的频率都以相等的数量出现。白光就是白噪音，因此而得名。在声音领域中的无线电静态噪音（radio static）也是如此。但是加上一点可预测性——这样今天发生的东西会更像昨天发生的而不是上周发生的东西——我们就有了粉红噪音（pink noise）。沿着声谱走得更远一些（如果我们谈论的是光，那么它就是"光谱"）则会有红噪音（red noise）。在红色的环境中，大部分变化是在长时间尺度上的，因此世界在短时间尺度上基本保持不变，但在长时间尺度上会发生很大变化[11]。我们可以使用一个参数（技术上是功率频谱倒数的斜率），通常称为 ω（希腊字母"欧米伽"），来量化这个轴，因此 ω=0 是白噪音，ω=1 是粉红噪音，ω=2 是消防车发出的那种红噪音。

　　社会性学习在红噪音的环境中蓬勃发展，在这种环境中有着大量的变化，但变化的速度足够慢，以至于从他者那里学习会有所帮助——在这种环境中 ω 大于 1[12]。因此，我们可以从一个物种的角度来考察在不同环境之下，从演化上来讲如何控制其行为，通过比较在以下这三种不同类型的环境中的情况：在低噪音下，其环境的正常变化对适应性没有太大影响；白噪音环境可以改变适应性，但其改变方式几乎完全不可预测；还有红噪音环境，有变化，但其发生地相对缓慢。在低噪音环境中，动物通常可以依靠它们的基因来给予它们明智的行为；在白噪音环境中，个体性学习或其他某种表型可塑性是具有适应性的；但在红色环境中，社会性学习可能会成为获得有用行为的最有效途径。因此，这些红色环境是我们预期最可能找到动物文化的

　　鲸鱼海豚有文化：探索海洋哺乳动物的社会与行为

地方。

这个理论整体都很好,其妙处在于环境变化对适应性的(巨大或几乎没有)影响及其发红程度(ω 是否大于1)用简单的方法就预测出了演化的学习策略。然而其中关键的预测因子——环境——除了一些可能影响适应性的一维因素,其他的却并没有被确定。对于一个真正的物种来说,这种环境是什么?要定义"环境",我们需要从另一个角度来看待这个问题。在动物自身之外有哪些因素影响了它们的适应性?这些因素都是环境的要素。它们构成了其生态位的维度。在寻找文化的时候,我们搜寻相关物种的地方就是那些具有上述某个因素的地方,在这些地方这个因素的自然变异对适应性有很大的影响,而且这个因素中的变异是红色的。

气温是自然变异的一个候选者,也许对于大多数动物来说是对于一个关键环境因素的首要候选者[13]。任何特定物种的动物都是在一定的气温范围内表现良好,而在这个范围之外则表现不佳。许多物种也有遗传控制机制来应对环境中可预测的变化,比如冬眠。问题可能出在这些可预测的基准周围的那些变化里。对于寿命很短的动物,如一些昆虫和浮游动物,在它们短暂的生命期内气温可能相当稳定,而且它们不需要代价昂贵的表型可塑性来应对它。但对于其他寿命长达数周或更长时间的物种来说,气温可以很致命。表型可塑性或某种类型的学习——比如随着气温的变化而挖洞或进入阴凉处——是有意义的。那么社会性学习呢?考虑到人类对天气的长久关注(气温对我们也至关重要!),人们对各种时间尺度上的气温变化结构进行过大量研究这就并不奇怪了[14]。在最短的时间尺度上,气温相当于红色,其 ω 约为1.5。然而,在较长的时间尺度上,这就发生了变化:ω 降低到0.5左右,在浅粉色范围内且远远低于社会性学习的阈值。因此,如果气温是环境变化的主要来源,我们可能会预期只在寿命短暂的生物中有文化。然而,对于这些稍纵即逝的动物来说,气温变化的不可预测部分往往太小,以至于从一开始就无法选择用表型可塑性来应对,而且正如我们将在下一节讨论的那样，可能还有其他在社会性学习和文化能力的演化上的制约因素，不利于寿命短暂（通常体型也较小）的物种拥有文化。因此，气温变化似乎不是文化能力演化的直接驱动因素。

　　所有的动物都依赖其他物种来维持生存。因此，个体所食用的植物或动物也是环境的一个重要组成部分，而且这些植物或动物的丰富程度的变化是一个潜在的问题。很明显，有些资源的变化是巨大且不可预测的，例如，飞虫的数量。这种变化本身是由天气——通常是气温——所驱动的。那么我们又回到了一开始的地方了吗？不完全是这样，因为沿着食物链每向上一步，其变化都会变得更红，因此 ω 通常会随着以下这条路径而越来越高：从气温的变化，到飞虫的丰富程度，到食虫鸟的丰富程度，再到捕食鸟类的鹰的丰富程度[15]。此外，体型较大的物种通常具有更红的种群轨迹（population trajectory），就像哺乳动物与其他脊椎动物相比也是如此[16]。因此，捕食大型哺乳动物的高级捕食者可能生活在颜色特别红的环境中——就其猎物的可利用性而言——其 ω 远大于 1，也正因如此，它们生活在通常有利于社会性学习的条件下。

　　还有什么会造就一个红色的环境呢？ 1985 年，海洋学家约翰·斯蒂尔（John Steele）在一篇论文中比较了陆地和海洋生态系统的基础，阅读他这篇论文也让我们第一次对环境噪音的颜色产生了兴趣[17]。他指出，就温度和其他物理性质而言，海洋很自然要比陆地红得多。例如，我们已经注意到的，对于温度，ω 从短时间尺度下约 1.5（相当红）到较长尺度下变为 0.5（淡粉色）。这种转变在陆地上发生在大约一个月的尺度上，而在海洋中则是一年[18]。因此，在几个月的尺度上，两种环境之间的对比尤其明显：在季节尺度上，陆地环境是可以合理预测的，而海洋环境则更不容易预测。斯蒂尔因而认为，与陆地物种相比，海洋物种的种群轨迹通常应该更红，ω 更高[19]。生态学家帕布罗·因查斯蒂（Pablo Inchausti）和约翰·哈利（John Halley）后来研究了 123 个物种中 544 个种群的种群轨迹的红色程度[20]。他们发现，总体而言，水生生物的种群光谱变红的较少，这与斯蒂尔的假说相矛盾了。然而，在他们的数据库中，5 种属于次级食肉动物的水生动物——因此至少处于第三营养级（third trophic level）——其种群数量最红，ω 约为 1.5，这远高于任何其他物种群体，而且也高于社会性学习在其中会有所帮助的区域。

我们已经谈到了自然环境的结构和物种的生物环境。但对某些动物来说，社会环境的变化可能至少也同样重要。想想你可能不得不面对的所有意想不到的社会场景：意想不到的访客、强烈叛逆的青少年、重要家庭成员的突然死亡、不忠等。你从父母、朋友和媒体那里积累起来的文化对于度过这些艰难时期至关重要。生活在高度群居的社会单元中的一头雌性抹香鲸可能必须要处理一些同样的问题。对鲸鱼来说，不忠可能不是一个问题，但是访客、青少年和家庭中的突然死亡都可能是挑战[21]。它从所在单元的成员那里学到的知识以及它们单元特定的或部族特定的行为规范，可能都是必不可少的。因此，当面对社会环境中的变化时，社会性学习对于那些社会生活强度高而且复杂的动物——如人类、大象、宽吻海豚、抹香鲸和虎鲸——尤其是至关重要的。

这些想法支撑了一些关于文化能力如何演变的推测。例如，彼得·理查森和罗伯特·博伊德提出，为了应对 80 万年前到 11 万年前更新世晚期气候极端变化的挑战，人类大规模地获得了文化以及更大的脑[22]。我们将在下一章回到文化与大脑之间可能的关系上，但现在我们想从所有以上这些中得出一个非常明显的结论。如果社会性学习在红色环境中受到偏爱，而最红的环境是由大型的、在高营养级摄食的、生活在海洋中的或是哺乳动物的那些动物种群所组成的，那么这类动物的捕食者应该尤其偏爱社会性学习以及文化，尤其是当社会生活也对它们很重要而且不可预测的时候。因此其他的海洋哺乳动物，特别是虎鲸，成了文化的首选。

文化的先决条件

但是，稍等一下。极具文化气息的大白鲨在哪里呢？它们处于海洋食物链的顶端，有时还吃大型海洋哺乳动物。它们的物理和生物环境与虎鲸的非常相似，并且这些环境也会具有相似的变异模式。鲨鱼可能有一些文化行为，但并不明显，而且几乎可以肯定的是这些行为与鲸类动物或一些陆地哺乳动物的行为不符。为了演化出文化能力，一个物种需要的显然不仅仅是一个合适的红色环境。

首先，这种动物必须能够学习。但是如果它已经在进行个体性学习——而且鲨鱼是可以学习的——那么跳转到社会性学习就不会显得特别困难[23]。在许多情境下，模仿他者似乎要比自己搞明白更容易。这也是社会性学习在上一节概述的演化场景中的优势之一[24]。然而，要有效地大量运用社会性学习，可能需要复杂精细的认知[25]。我应该在什么时候进行社会性的学习？谁是最好的模范？我应该向谁去学习哪种行为？我应该如何将我从不同模范那里获得的经验和我个体化学到的知识结合起来，以使我的行为最有效？即使对我们人类来说，这些都不是容易的事情。这种认知约束给了我们一个解释，为何明显更常见到的是"只有一点点的文化"——许多物种将文化只用在其生活的一点点或几个小点上——但是精致复杂的文化却很稀少。个体塑造其歌声，使之与发声的近邻中其他鸟类的歌声非常相似，这在认知上并非微不足道的，但它可以被分解为一系列相当直截了当的步骤。相反，如果行为类型和模范之间有许多潜在的相互作用，那么个体就需要相当好的高阶推理才能有效地运用社会性学习了[26]。你可以想想从团队其他成员那里学习以下这些事：关于建造一个蒙古包的所有方方面面以及各种不同的可能性，或者是虽然困难且冒着风险但还算有利可图地搁浅到海滩上去捕捉海豹。

第二，社会性学习者需要一个模范，因此必须围绕着其他动物。其中有些可能并不是合适的模范，因此一套强有力的社会关系将给出

鲸鱼海豚有文化：探索海洋哺乳动物的社会与行为

更好的学习机会——个体将知道对于某种特定信息谁会是好的或坏的获取源头——而社会结构的形式将影响文化的本质，社会更多的结构化通常会导致更多的文化性结构[27]。如果行为是复杂的，比如像是在海滩上搁浅的虎鲸，那么与模范（或模范们）接触的时间可能就很长，因此长期的关系也是有益的。

弗朗斯·德·瓦尔提出，这不仅仅关于要围绕着其他动物，而且关于社会性学习与社会结构之间的啮合[28]。社会性学习被墨守成规以及受到要像他者那样行动（要么是个体已经具有或希望具有某种强烈联结的一名特定的他者，要么是一名普遍意义上的"他者"——其社群成员）的动机驱使而高速发展。德瓦尔称这种基于联结和认同的观察学习（bonding-and identification-based observational learning, BIOL）为"一种出于归属和融入的愿望而产生的学习形式"[29]。有了这种社会性学习，完全仿照模范和从众的动力就非常强烈了。当动物受其支配时，它们将在广泛的领域进行社会性学习，而不仅仅是那些社会学习具有明显适应性的领域。因此，它们可能会发展出共同的觅食方法、方言以及移动方式，而且它们可能会玩同样的游戏。所有这些都是文化，所有这些都是受到彼此之间的强烈社会关系和对群体本身的认同所驱动的。重要的是，与其他社会性学习理论不同的是，通过 BIOL 而来的这种行为上的文化同质化（cultural homogenization）可能对动物来说没有任何非社会性的利益[30]。德·瓦尔举了一个关于"鼻子"的例子。"鼻子"是美国的恒河猴圈养地中一个家族群体的女家长[31]，它发展出一种不寻常的饮水方法，把整只胳膊浸泡水中然后舔着喝。它的家族采用着这种方法，但是住在同一个圈养地里的其他家庭成员都没有采用。"鼻子"的喝水方式没有什么特别的好处——对大家来说有很多更容易喝到的水——但这是它的家族做事的方式。我们在第 6 章讨论的母系鲸鱼文化中看到了强烈的相似性——将死去的鲑鱼推来推去可能主要也是联结和身份认同的作用。

与此相关的是我们在上一节末尾介绍的特性：驱动文化的社会

行为中的变异性。野生大象或虎鲸的一个家庭群体会遇到各种各样的其他家庭群体，其中一些是亲密的伙伴，一些则是非常陌生的。有效地处理这些错综复杂的社会情境并不容易。凯伦·麦考姆（Karen McComb）和她的同事们发现，当大象群体中有一名年长的女家长时，它们能更有效地应对这种社会不确定性，大概是因为这名女家长所拥有的大量知识和领导力为做出正确的社会决策做出了贡献[32]。这个大象的例子清楚地显示出，在复杂的社会中，强大的文化是至关重要的。

因此，在社会性和文化的复杂性之间似乎有一个强大的反馈系统。复杂且重要的社会系统——其中的一名动物和它所遭遇的他者之间的关系中有许多不可预测但很重要的变化性——驱动了复杂的文化，让动物能够在社会迷宫中行走而不致迷路。而且复杂的文化需要模范和学习者之间建立强大的社会关系。

现在回到大白鲨。虽然鲨鱼和虎鲸生活在同样的红色环境中，并且它们确实有社会生活，但它们的社会无疑比虎鲸的社会简单得多[33]。我们也可以合理地假设，它们社会环境的变化不那么复杂，这种变化对它们适应性的影响比社会因素对虎鲸的影响要小。从根本上说，这是因为鲨鱼没有那种作为构成大多数哺乳动物社会系统基石的长期母亲–幼崽关系，不管是简单的还是复杂的。它们社会性学习的复杂程度也可能存在认知局限，可能部分原因如第3章所述，因为没有持续稳定的高体温，鲨鱼大脑的演化受到了某种拘束，而哺乳动物则并没有受到这种局限。

海洋哺乳动物文化能力的演化

海洋哺乳动物带着温暖的身体以及可以维持大而复杂的脑的旺盛新陈代谢进入海洋，还有它们以哺乳为基础的母婴联结。在那里，正如我们在第3章中所描述过的，它们发现了一个没有避难所的栖息地，而那里的资源和领土很少能被经济地保护起来，而且一般不值得为之

鲸鱼海豚有文化：探索海洋哺乳动物的社会与行为

争执不休。这些都是发展复杂的、重要的以及在很大程度上合作的社会系统的理想条件。在进入海洋时，最初的海洋哺乳动物还遇到了红色环境，在这种环境中，社会性学习非常有利。所以文化变得对它们很重要。这概括了我们所认为的鲸类动物文化能力的演化方式。在本章的最后一节，我们将把这个场景补充完整——我们也承认这主要是通过推测来完成的。但首先让我们考虑一下其他海洋哺乳动物。

海豹和海狮的祖先、海牛和儒艮的祖先也带着几乎所有哺乳动物的好处和鲸类的负担进入了略带红色的海洋，却很少有人讨论海豹或海牛的文化。为什么呢？

首先是海牛类，海牛和儒艮。它们是社会性的，而且这种社会性似乎和鲸类动物一样，是建立在母亲－幼崽持续一到两年的纽带关系之上的[34]。然而，保罗·安德森（Paul Anderson），也许是第一个真正思考海牛的社会性的科学家，把它们的社交行为描述为"明显地简单"，而且它们的物理和生物环境似乎比鲸类动物的更简单，而且也不那么红[35]。它们在浅水区吃海草。与大多数鲸类动物以远洋鱼类和鱿鱼为主食相比，海草是一种相对可预测和稳定的资源，因此海牛的食物来源在变化模式上并不特别红。它们的环境中有一些部分是不可预测的，比如有吃儒艮的鲨鱼和使海牛变虚弱的寒流。它们可以从彼此身上学习，而且或许尤其是向它们的母亲学习对抗这些威胁的方法——例如，在寒冷的天气里游到发电厂流出的暖流里去[36]。因此，文化可能在它们的生活中起着重要的作用。海牛的叫声与它们母亲的叫声相似，但尚不清楚这是因为共同的基因还是社会性学习[37]。因为海牛类没有较大型鲸鱼的那种紧密母系群体，它们的文化——如果存在的话——也很难让我们了解透彻。

虽然支撑海牛食物来源的海草床没有特别的红色变异，但许多鳍足类（海豹、海狮和海象）却生活在深海或颇深的海里，那里的资源和环境长期以来都是天然不可预测的。它们经常和鲸类动物一起摄食。但是，在从陆地成功地来到海洋的过程中，鳍足动物抛弃了鲸类动物和海牛类动物所保留的哺乳动物的一种固有特征，而且这是一种至关重要的特征。鳍足类让它们的幼畜待在陆地或冰上，在那里喂养它们，然后把它们留在那里。鳍足类动物（除了一个物种例外）在断奶后似乎没有实质性的母子关系。这严重限制了它们社会系统的范围。像鲨鱼一样，它们为幼畜提供优质的照料，并多走了一步，在幼畜生命的第一个阶段给它们提供营养——但只是到幼畜能自由游泳之前。对于海豹和海狮，正如鲨鱼一样，它们没有长时间地跟随母亲、看看她在做什么并将这些观察和经验作为幼年动物行为的模板。由于没有机会从它们的母亲那里了解它们的物理、生物和社会环境，年幼的鳍足动物必须主要依靠本能和个体性学习。社会性学习仍然是一种可能性，然而它更多是在同龄人中的横向社会学习，并且与以母系为导向的结构化的社会（如一些鲸类动物的）相比更具有临时性。我们之前提到了一个例外：那就是海象。与其他鳍足类动物不同，海象幼畜在海洋中跟随着它们的母亲，在哺乳期的两年或更长时间里几乎连续不断地与它们待在一起，在接下来的几年里也保持联系[38]。我们对海象文化的性质和范围知之甚少——因为对野生海象行为的研究很少——但它们确实会发出复杂的、定型的歌声[39]。

也许显而易见的是，在鲸类动物之外，我们对于社会性学习拥有最好证据的海洋哺乳动物是海獭。我们对海獭的觅食有很多了解，因为它们把每一件东西都带到水面上进行加工，在那里，观察者可以用望远镜精确地统计出谁吃了什么。与海牛大嚼海草形成对比的是，海獭吃的食物种类范围很广——鲍鱼、海胆、螃蟹、龙虾和蜗牛等——其中有些食物需要相当复杂的加工。海獭与鳍足动物不同，海獭母亲和幼畜在断奶后还有重要的关系，在这种关系中，海獭幼畜从母亲那里学习其中一种或多种觅食技巧[40]。因此，海獭母亲和它们的幼畜由于社会性学习而共享独特的谋生方式。这是否是文化还有待商榷；如果唯一重要的社会性学习是在母亲和幼畜之间进行的，而具有相似觅食策略的无关海獭并不会被优先进行联结和交往，那么海獭的觅食并

鲸鱼海豚有文化：探索海洋哺乳动物的社会与行为

不能满足我们对文化定义的第二部分，即它应是一种群体共有的活动。海獭是一个重要的例子。它证明了母子关系对社会性学习的重要性，但也表明：要拥有一个重要的文化，一个群体需要其他非物质的社会纽带[41]。

而鲸鱼和海豚的觅食策略则一般是群体共有，是它们经由社会性学习而来的，从而形成文化。这是一幅关于鲸类文化可能是如何发生的草图。这是一幅草图中的草图。我们其实连人类是如何"获得"文化的都不知道，而在研究人类时我们还有几个相当大的优势。我们对自己的身体很了解，对我们现在的文化也很了解，而且人类文化的大爆炸发生在近期，在几十万年之内。因为人类文化的一个重要组成部分是材料，而我们所使用的一些材料颇为耐用，所以有着关于过去人类文化的物质遗迹。石斧告诉了我们很多关于人类文化发展的信息[42]。它出现在距今约150万年到50万年前，斧子的其中一种形式，即阿舍利手斧（Acheulean），在大约100万年的人类史前历史和广大的地理区域中在大小和形状上都保持着惊人的一致性。这可以被解释为在那个时期的人类还未演化出重要的文化。然后，大约35万年前，斧子开始变得更加复杂并且极具多样化起来。正如我们在前一章中所讨论的，人类文化此时似乎显露端倪了。

鲸类动物不制造手斧，也不制造其他能持久留存的东西，那么我们如何能绘制出鲸类文化发展的图表呢？好吧，在探究人类文化起源时所使用的证据之一就是我们大脑的发展。大个儿的脑是文化上最复杂精细的物种的一个特征，而人脑就在斧子变得复杂和多样时同步变大了[43]。这种关联到底是复杂文化的先决条件还是复杂文化的结果，正如我们在本书的几个地方讨论的，尚不清楚。不过，这两者之间有很强的相关性，所以用鲸脑的发育作为鲸类文化发展的追踪器似乎是合理的。脑的大小是我们确实有古生物学证据的一个方面。

神经解剖学家洛里·马里诺和她的同事利用计算机断层扫描（computed tomography, CT）来观察鲸鱼化石的头骨，并由此测量它们的大脑[44]。他们发现鲸类动物的脑的大小相对于身体大小，在大约3800万年前当齿鲸从古代的古鲸亚目进化而来时，有了大幅的增加[45]。总体而言，这些动物变得更小了，而它们的脑则长得更大了[46]。它们的结构也发生了变化。马里诺从 CT 扫描中发现，随着齿鲸的出现，"大脑半球开始变得越来越具球状，而且呈现出现代海豚大脑的形状（虽然没有那么大），并且嗅球也开始缩退"。她怀疑脑皮层的卷曲度也增加了——尽管这些没有被保存在化石中，她总结道："因此，脑在当时不仅变大了，而且形状也开始发生变化，其变化方式提示了齿鲸动物正在变得更加'脑智'（cerebral）。"[47]

是什么驱动了这些变化呢？这似乎并非是源于其自身向水生生物的转变，因为那发生在大约 5500 万年前，而古鲸亚目在逐渐进入海洋时它们的脑和身体相比维持着较小的比例而大致没有变化。一个更好的假说是，3800 万年前齿鲸动物脑尺寸的增加是由回声定位系统的演化所驱动的[48]。早期的齿鲸有着善于拾取高频声音的内耳骨（inner ear bones），这提示了它们当时已经发展出某种声呐。洛里·马里诺认为，"回声定位系统开始运作，并在随后为了社会交流的目的而被征用"[49]。在这种场景下，齿鲸的脑在相对大小方面有所增加，为了处理声音信息本身，以及或许还有一个基于返回的回声数据的新的感知系统[50]。但是，正如马里诺和她的同事们（其中也包括我们两人）所指出的，这种变化可能更为深远："这可能表明早期齿鲸动物的大个儿脑被用于（至少部分地被用于）处理这种全新的与解剖结构的变化同时演化而来的感觉模式（回声定位），而且或许也被用于将这种新的感觉模式整合到一个日益复杂的行为生态系统中去。"[51]

我们认为这个新的"行为生态系统"是复杂鲸类文化演化的关键，而且可能已经发生过类似的事情。据我们所知，早期古鲸类的生活方式有点像鳄鱼，坐在那里、等待，并且偷袭接近的猎物，然后抓住它们[52]。这主要发生在靠近海岸的浅水区。后来古鲸类更加积极，可能更像鳍足类动物那样进行捕猎，单独地追逐着猎物，但仍然通常是在浅水中[53]。有了回声定位之后，一个全新的世界被打开了。潜在的猎物在很远的地方就能被感觉到。猎物们可以被精确追踪并在一定范围内形成影像。现在，根据我们的场景设想，把从猎物身上获得的能量和花费在获取猎物上的能量之差最大化的这个角度来说，这就是说得通的了：积极地寻找猎物、进入到更深的水域，在那里虽然花费更多才能发现食物，但食物的数量都会更大。在有这么多的快速移行时，也许体型更小一些回报更好。此时，社会性的益处开始起作用了。社会同伴可以一起在深海中搜寻大群的猎物，就像在今天的一些海豚中所做的那样[54]。而且，由于体型相对较小，避免被捕食成为一个更大的问题。那里有鲨鱼。起初，那些又大又刁钻的古鲸类还在潜伏之中。后来，新的捕食者从它们自己的齿鲸一系中出现了[55]。而且，正如我们在前几章中所指出的，社会性对于小型鲸类可以是一种对抗被捕食的有效方式[56]。这些新的生态系统、移动模式和社会是马里诺和同事们提出的那个新的"日益复杂的行为生态学"。这些齿鲸动物的脑不同于它们的祖先，不仅因为它们有声呐系统来管理，而且因为一个全新的生态化和社会化的世界已经打开。

因此，从大约 3500 万年前开始，这些早期的齿鲸以其回声定位在海洋中快速移动，并且变得越来越社会化。它们依靠彼此来寻找和捕获食物以及识别和应对捕食者。在这样的社会环境中，社会性学习是有意义的。它们与其群体中的其他成员交换信息。也许这就是鲸类发声学习能力演化的时候，而这种能力在大多数其他哺乳动物中都是缺失的[57]。

或许这也是它们所谓的维果斯基智力（Vygotskian intelligence）的开始[58]。苏联心理学家列夫·维果斯基（Lev Vygotsky）提出，人类的孩子会发展一种认知能力，这种认知能力是通过与其他人类的合作而形成的，而且这种合作是嵌入并包括了儿童的社群文化的[59]。儿童在发展过程中，开始互相分享——并且也和成年人分享——对同样事物的关注。共同的关注驱动了合作与协作（cooperation and collaboration）。这种对社会智力演化的合作观点与更为标准的马基雅维利智力假说（Machiavellian intelligence）形成了对比，后者认为智力的演化是为了应对复杂的社会竞争[60]。亨利克·莫尔（Henrike Moll）和迈克尔·托马塞洛利用人类和其他大型猿类中社会认知技能发展的数据表明，虽然竞争的马基雅维利式智力驱动了其他灵长类动物的智能的发展，合作的维果斯基智力对人类来说则是最重要的[61]。海洋在三维尺度上资源分散的本质，使得竞争并不那么具有体系。动物仍然在竞争，但并不是经常在马基雅维利智力所发挥作用的那种对这个或对那个的直接竞争中；相反，这种竞争往往是对可用资源的争夺，并且在争夺过程中对他者的操纵不那么有效。海洋没有避难所却有捕食者，以及具有不可预测的资源的这种结构，可以给合作带来很大的好处。因此我们假设，大约3500万年前，当声呐和社会性在早期齿鲸动物中得以发展时，维果斯基智力也在演化——为了最好地利用社群成员的知识和帮助。如果大量的文化**导致了**大个儿脑的演化，那么在文化和演化之间就有可能存在反馈，正如我们将在下一章要进一步讨论的。复杂的文化重视模仿和维果斯基智力等特质，这些特质在演化过程中被选择，并且它们反过来又会导致更复杂精致的文化。因此我们推测鲸类动物已经拥有重要的文化超过3000万年了。

齿鲸的脑尺寸在大约1500万年前随着海豚总科（Delphinoidae，是现代海豚、鼠海豚、虎鲸、白鲸等的祖先）的出现而再次增加[62]。这可能标志着社会和文化复杂性的第二次进步。然而，我们最典型的文化性鲸类动物之一——抹香鲸却在这次分叉中站错了边。洛里·马里诺和她的同事收集的关于脑尺寸和体型演化的数据提示，海豚总科的演化并不代表在脑和行为生态学中发生了突然的重大变化。相反，其数据表明，自从3800万年前齿鲸动物出现以来，脑的大小是逐渐增加的，其中海豚总科包含了在过去的1500万年里大多数有着相对最大的脑的物种（见图3.1）[63]。在这种诠释中，海豚总科的出现并没有像早期出现的齿鲸类那样在行为、社会、认知和文化复杂性上有一次明显的飞跃。应该说，这些海豚般的生物能够最好地利用在其中大的脑能派上用场的大部分生态位——或许这些生态位里也包括了到处追逐猎物的生活方式，并且它们把其他齿鲸挤到了边缘，在那里的大的脑通常不那么重要。这些边缘就是我们今天发现非海豚总科齿鲸的地方：淡水河流中的江豚，深海海底峡谷中的剑吻鲸科……还有抹香鲸。

在抹香鲸身上发生了一些非常特别的事情。我们认为是鲸蜡油器的演化[64]。这个非凡的鼻子——一个壮观的声呐系统——让抹香鲸能对它的世界有一个前所未有的、无与伦比的视角，使它在奇怪的深水中占据主导地位。在争夺深海鱿鱼资源的斗争中，抹香鲸主要是与其他抹香鲸竞争。而当与自己的同类竞争时，通常的规则是要谨慎、缓慢，并且稳重。随着父母投入越来越多的精力到每个后代身上以及保护自己上面，其繁殖率有所下降[65]。这些动物生存得更好而且寿命更长了。在这种缓慢、谨慎的生活史轨道上的物种往往变得更加社会化，且建立起重要的关系来帮助它们生存和繁衍。对抹香鲸来说，社会性有一个特别的好处：照看宝宝。当它们的母亲在深处摄食时，幼崽则必须留在水面上，因此，拥有长期的同伴作为保姆——通常是亲属——留在它们身边，这是一个巨大的优势。鲸蜡油器寻找食物的高效率使得抹香鲸体型变大了，也使安全性有所提高，这既是因为潜在捕食者的数量由此减少了，也因为大型动物在恶劣的环境中可以通过身体储备而更好地生存下来。所以它们活得甚至更久了，投入到后代身上的关爱也更多，而且变得更加社会化。在这个关系的网络中，它们进行学习。这种社会性学习是它们文化的精髓。社会关系和文化促进了大个儿脑的发展，这些大个儿的脑是抹香鲸可以很容易地在它们大型的身体里安顿下来的，而且这些脑有助于长寿、社会性、生态的成功，以及文化。因此，这就是我们递上来的关于奇怪而奇妙的抹香鲸演化的正反馈设想场景。

而须鲸又是如何被归入其中的呢？我们之前用了整整一章（第4章）来专门论述须鲸的文化。因为对于须鲸的脑尺寸的演化目前还没有过系统性的分析，所以我们对于须鲸比对于齿鲸知道得更少。尽管须鲸拥有庞大而复杂的脑，但从相对尺寸上看，它们的脑比大多数齿鲸的脑要小[66]。即使从绝对值上看，最大的须鲸的脑——属于蓝鲸和长须鲸的——虽然比地球上几乎所有其他动物的脑都大，但还是比相对娇小的抹香鲸的脑要小。须鲸和齿鲸似乎是各自分别地从小脑袋的古鲸类祖先龙王鲸（basilosaurus）演化而来的，因此，须鲸的大个儿脑的演化似乎独立于声呐驱动的齿鲸的演化轨迹[67]。我们猜想，随着鲸须及其相关结构（如将鲸须安置其中的颌骨）的演化发展，早期的须鲸能够过上全新的、更好的生活。它们逐渐转移到更深的水域，那里的猎物群通常更大而且更密，更适合大口进食的摄食者。它们做得很好。就像在抹香鲸的设想场景中那样，高效的摄食使得须鲸能够长出可以容纳大个儿脑的大身体。当它们变得占主导地位时，它们的生活慢了下来，而社会性也变得更加重要。有时它们会互相合作寻找和捕捉食物，或许也是为了躲避捕食者。弗雷德·夏普认为，他在东南阿拉斯加观察到的座头鲸的合作气泡网摄食法"提供了一个维果斯基智力的美妙例子"[68]。在这个合作的社会里，它们从彼此身上学习。文化深入人心。但是，与抹香鲸形成鲜明对比的是，须鲸不需要下潜很深或很长时间才能找到猎物，所以照看宝宝并不是一个大问题，而雌性鲸也没有感受到要形成大型的、永久性群体的压力。这就形成了一种完全不同的文化形式：与第6章的母系鲸鱼紧密的、特定于每个群体的文化相比，第4章中须鲸有着庞大的、全种群的文化。

因此，我们认为鲸类动物作为文化动物已经有相当长的一段时间了，直到现代人类在过去几十万年中（即演化的一瞬间）出现时，地球上最重要的文化是在海洋中的。但这并不意味着鲸类文化是永恒不变的。我们已经看到，在10年内座头鲸的觅食文化发生了怎样的变化，虎鲸在几周内就开始把死鲑鱼推来推去，然后又都作罢了。然而，鲸类文化的一般类型和普遍水平是否在2000万年里都保持不变呢？我们怀疑有新的结构演化了出来，这也许是随着 1500 万年前海豚总科的起源，以及大型齿鲸的紧密母系群体的出现（无论那是在什么时候）而来的。我们在第 6 章中提到的鲸类文化的另一个驱动力是 1000 万年前虎鲸和它们出色捕食能力的到来。文化可能是那些在新的威胁下幸存下来的物种所采取的防御策略。

这就是我们对鲸类文化演化的草图。我们乐意去承认，这具有相当强的推测性。其中有些细节将来可能会被发现是错误的。这种设想场景也许在更根本的方面是错误的。也许鲸类文化远没有我们想象的那么古老。随着科学的飞速发展，我们将会逐渐认识到这些。

注释

[1] Laland and Hoppitt 2003.

[2] Richerson and Boyd 2005, 100.

[3] 当条件合适时，自然选择只需几个世代就能对环境变化做出反应（例如，Hairston et al., 2005; Svensson, Abbott and Härdling, 2005）。

[4] Auld, Agrawal, and Relyea 2010.

[5] Agrawal 2001.

[6] Auld, Agrawal, and Relyea 2010.

[7] 因此，有些人使用"社会性偏见学习"（socially biased learning）而不是"社会性学习"（另见 Fragaszy and Visalberghi, 2001; Heyes, 2012）。

[8] Rendell et al., 2011b; Rogers 1988.

[9] Whitehead 2007.

[10] 这个公式是因为能量与频率的倒数相关。参见 Halley 1996。

[11] 理论上，我们也可以有"蓝噪音"（blue noise），即短尺度上的变化比长尺度上的变化更大，但真实的环境不太可能有这种特性。

[12] Whitehead 2007.

[13] 在最入门的生态学教科书中有所解释，诸如 Begon, Harper, and Townsend, 1996。

[14]   Dommenget and Latif 2002; Hall and Manabe 1997; Leeuwenburgh and Stammer 2001; Pelletier 1997; Timmermann et al., 1998.

[15]   关于沿着食物链每向上一步其变化的红色程度就有所增加，参见 Inchausti and Halley 2002。

[16]   Inchausti and Halley 2002.

[17]   Steele 1985.

[18]   Dommenget and Latif 2002; Hall and Manabe 1997; Leeuwenburgh and Stammer 2001; Timmermann et al., 1998.

[19]   Steele 1985.

[20]   Inchausti and Halley 2002.

[21]   例如，Gero 2012b。

[22]   Richerson and Boyd 2005, 131–136; 2013.

[23]   鲨鱼中的学习是 Guttridge et al., 2009 所探讨的主题。

[24]   Laland and Hoppitt 2003.

[25]   Rendell et al., 2011b.

[26]   对于精妙复杂的多方面文化的稀有性，另一种解释是，尽管许多物种可以进行社会性学习，但只有某些种类的社会性学习，特别是模仿，会导致复杂和累积性的文化，而模仿很难演化（Boyd and Richerson, 1996; Tomasello, 1994）。不过，最近的学者们已经反对在社会性学习机制中做出一个对模仿的明确界定——关于它的性质，或者我们对它进行分类的能力，或者是对其效果（例如，Heyes, 2012; Laland, Kendal and Kendal, 2009）。

[27]   Coussi-Korbel and Fragaszy 1995; Whitehead and Lusseau 2012.

[28]   De Waal 2001, 231.

[29]   De Waal and Bonnie 2009, 22.

[30]   De Waal and Bonnie 2009, 22–24.

[31]   De Waal 2001, 231.

[32]   McComb et al., 2001.

[33]   关于鲨鱼的社会生活，参见 Mourier, Vercelloni, and Planes 2012.

[34] Anderson 2004.

[35] Anderson 2004, 65. 不过，海牛类的社会关系并非完全是随机的（Young Harper and Schulte, 2005）。

[36] Reynolds and Wilcox 1986.

[37] Sousa-Lima, Paglia, and Da Fonseca 2002.

[38] Stewart and Fay 2001.

[39] Sjare and Stirling 1996.

[40] Estes et al., 2003.

[41] Enquist et al., 2010. 布鲁克·萨金特和珍妮特·曼恩（Brooke Sargeant and Janet Mann, 2009）也讨论了个体的特化与文化之间的关系。

[42] Mithven 1999; Richerson and Boyd 2005, 141–143.

[43] Richerson and Boyd 2005, 142.

[44] Marino et al., 2003.

[45] Marino, McShea, and Uhen 2004.

[46] 参见 Montgomery et al., 2013。

[47] 与洛里·马里诺的私人沟通，2012 年 3 月 15 日。

[48] Ridgway and Au 1999.

[49] 与洛里·马里诺的私人沟通，2012 年 3 月 15 日。

[50] Jerison 1986.

[51] Marino et al., 2008, 4.

[52] Thewissen 2009.

[53] Thewissen 2009.

[54] Würsig and Würsig 1980.

[55] 我们所知道的最夸张的是巨型食肉抹香鲸——利维坦——大约出现在 1200 万年前（Lambert et al., 2010）。

[56] Connor 2000.

[57] 关于其他哺乳动物中缺少发声学习，参见 Janik and Slater 1997。

[58] Moll and Tomasello 2007.

59　Vygotsky 1978.

60　马基雅维利智力假说 1976 年在尼古拉斯·汉弗莱（Nicholas Humphrey, 1976）的介绍下增加了知名度，并在 1988 年出版的一本书中得到了发展（Byrne and Whiten, 1988）。

61　Moll and Tomasello 2007.

62　Marino, McShea, and Uhen 2004.

63　Marino, McShea, and Uhen 2004, figs. 2–4.

64　参见 Whitehead 2003b。

65　Horn and Rubinstein 1984.

66　Marino et al., 2008 讨论了须鲸的脑的大小与复杂度。

67　Uhen 2010.

68　与弗雷德·夏普的私人沟通，2011 年 12 月 5 日。

第 10 章

鲸鱼文化与鲸鱼基因

文化把一切都改变了。当大量的信息开始在物种内部独立于它们的 DNA 而流动时，演化过程可能会受到深远的影响。如第 2 章所述，我们可以在我们自己的基因组历史上看到这一点。现在既然我们已经详细地探索了鲸类动物的文化，我们将开始考虑它是否以及如何影响了这类动物的演化史。在这一章中，我们将讨论尚有争议的一个可能性，即文化可能驱动着鲸鱼和海豚的基因演化。

演化转变：基因 - 文化协同演化

1995 年，约翰·梅纳德·史密斯（John Maynard Smith）和埃尔斯·萨瑟马利（Eörs Szathmáry）撰写了《演化中的主要转变》（*The Major Transitions in Evolution*），这本书正如书名所暗示的那样具有开创性 [1]。这两位演化生物学家描述了生命复杂性急剧增加的 8 次转变，以及在每一次转变中，一系列新的演化过程是如何发挥作用的。这些转变为生命引入了新的存储和 / 或传递信息的方法，例如，从复制分子到出现类似 RNA 的东西——这是第 1 次转变。在许多转变过程中，先前自主运作的实体开始一起工作。比如在第 4 次转变中从原核生物（prokaryotes）到真核生物（eukaryotes）的转变：真核生物细胞包含了带有它们自己的遗传物质的细胞器，而这些遗传物质是不同于整个有机体的。在这些转变中还引入了特化（specialization），即在第3次转变之后，信息由DNA储存，而身体则由蛋白质构成——这两项工作以前只靠RNA完成，效率较低。另一个特化的例子是在第5次转变（性别的演化）之后引入了雄性和雌性。最后一次转变则是从社会动物种群到具有文化的社会动物种群，"社会文化的演化"。梅纳德·史密斯和萨瑟马利将第8次转变描述为从"灵长类社会"到"人类社会，以及语言的起源"[2]。

在这次转变之后，信息主要从文化上传播，而不是从遗传上。被文化标记的群体中的个体可能彼此之间是遗传上无关的，它们可以彼此合作，并且可能和其他群体进行竞争。而且由于社会各阶层掌握并且使用特定的文化信息，它们可能存在着分工。

在第8次转变之后，演化则主要作用于两种主要的传承形式，基因和文化，以及它们之间的相互作用，基因 - 文化的协同演化。用彼得·理查森和罗伯特·博伊德的话来说："人类物种中基因和文化的共生关系导致了生命史上一次类似的重大转变——复杂的合作性人类社会的演化，它在过去的1万年里彻底改变了几乎全世界的栖息地。"[3]因此这最后一次重大的演化转变，正如现代人所看到的那样，其结果既壮观又不可预测。

是什么导致了地球上生命的第8次重大转变呢？这是一个巨大谜题中的一环，也是一个对来自许多学科的学者都提出了挑战的问题。我们在前几章提到的考古学数据提示，它发生在35万年前（当我们摆脱了阿舍利手斧的套路时）到5万年前（当我们在技术上和其他方面蓬勃发展时）之间[4]。在这期间，我们变成了"现代"人类，拥有了我们大个儿的脑，进入了新的栖息地，驯服了火并且发展了象征文化。但这一切为什么会发生呢？彼得·理查森曾经写信给哈尔（本书作者之一）说："据我所知，如果你给一名聪明的、知识渊博的本科生来上几杯啤酒，让他听听符合我们已知数据的每一个有理有据的设想场景，那么这个孩子在故事说不下去之前已经烂醉如泥了。"[5]

梅纳德·史密斯和萨瑟马利以及其他一大批学者都认为语言是关键[6]。因此，他们的第 8 次转变的标题包括"语言的起源"。现代人类对某种指称语言的发展让文化得以更有效，且用更复杂的方式进行传播，比前人类时期的原始人或是其文化因而必然受到局限的其他物种所能做到的还要多。语言也带来了应对其他人类和自然世界的新方式。

如果说语言是第 8 次重大演化转变的关键，那么，像梅纳德·史密斯和萨瑟马利所描述的那样，没有其他物种——包括鲸鱼和海豚——成功地完成了这一转变。然而，正如我们在第 2 章中提到过的，其他思想学派并没有得出结论认为语言是人类文化的关键核心。例如，心理学家梅林·唐纳德（Merlin Donald）提出了通往现代人类的三大认知转变：模仿技能（即高级的社会性学习）、语言和外部符号[7]。在这个方案中，语言是人类认知过程中极为重要的一部分，但不是其触发因素。在反对语言在人类文化爆炸中起到了中心作用的争论中，有一种观点认为，聋哑人在人类文化的许多非语言领域都应付得相当好，而我们自己通过观察比通过被告知能够更好地学习很多东西，并且人类语言本身可能主要是为了助力社会关系的复杂性的——谁（who）对谁（whom）做了些什么（what）——而不是为了传达特定的文化知识[8]。而且还有一些语言学家，如我们在第 2 章中所解释的那样，他们提出，你需要一个重要的文化演化的历史过程来产生出恰当的语言，如果他们是正确的，就是把因果方向的箭头颠倒了过来[9]。不过，当文化变得真正复杂起来时，比如出现了故事和法律时，那么语言至少应该是文化传播中的一种主要资产。

人类——或多或少在语言的帮助下——将第 8 次转变变成了一种崭新的生活方式，一种社会文化的生活。有没有一些鲸鱼或海豚也做出了这种转变呢？如果是这样的话，它们就处在一个完全不同的演化空间里，在这个空间里有两种主要的信息传递方式，遗传的和文化的，而且它们可能以复杂和不可预测的方式相互作用。研究基因 - 文化协同演化是困难的——非常困难。直到最近，在人类身上关于它也只有很少的证据。我们在第 2 章中提到的奶牛养殖业和成年人乳糖耐受性之间的关联经常被扯出来，但也似乎没有太多其他的关联了[10]。不过，在过去的几年里，巨大的基因组数据库已经可以被用于跨文化研究。虽然对于基因和文化之间关系的基因组学研究才刚刚起步，但人类中出现基因 – 文化协同演化的范围是不同寻常的：许多人类基因似乎是为了应对文化压力而演化的，这些文化压力尤其来自农业的引入、农业方法的改变，农业使人口更稠密以致种群之间疾病的传播率有所增加，以及与动物更密切的关系让农业成为可能[11]。由于农业在时间和空间上的变化能比大多数其他人类文化过程更好地描绘出来，因此基因 – 文化协同演化在这里得到了最清楚的认识。例如，饮食中淀粉比例高的人群拥有更多唾液淀粉酶基因，这种基因可能改善了对淀粉类食物的消化能力[12]。其他非农业的影响——比如文化性地驱动着社会环境的那些变化可能也推动了人类基因的演化。人类学家格雷戈里·科克伦（Gregory Cochrane）和亨利·哈彭丁（Henry Harpending）在 2009 年出版的《10000 年爆炸：文明如何加速了人类演化》一书中，提出了推动人类基因演化的文化实践[13]。例如，他们认为，在中世纪欧洲的阿什肯纳兹犹太人（Ashkenazi Jews）中，那些可以影响大脑运作从而提高了他们商业技能的基因受到了选择。因为阿什肯纳兹犹太人的人口数量很少而且与世隔绝，所以他们中影响大脑发育的基因的多样性与欧洲更广泛的人群相比是减少了的。这使得犹太银行家和商人的后代更容易受到一系列神经系统紊乱病症的影响。

那么鲸鱼呢？揭示出它们的基因 – 文化协同演化的程度将要比对于人类的揭示更加缓慢和困难。首先，正如我们在前一章中所提出的，大多数鲸鱼文化可能很古老，比现代人类要古老许多倍，因此，受新兴文化习俗影响的基因通常会在几千年内被打乱，也许会变得很普遍。此外，我们对鲸鱼文化的了解远不及对人类文化的了解；而且，也没有类似的研究在寻找鲸鱼基因组学中最近期的基因选择的统计特征。

正如我们所展示的，对鲸鱼中的功能性基因（那些确实起到了作用的基因）还没有进行过大规模的考察。几乎所有关于鲸鱼遗传学的研究都检查了基因组中被认为是中性的部分，它们的变异对鲸鱼本身没有实际的、表型上的差异。这是因为它们是基因组中积累突变最为迅速的部分，而因为它们没有被选择出来，因此可以为探查种群结构提供最大化的分辨率，这也是大多数鲸鱼基因研究的目的。尽管如此，有两派主要论点认为文化直接对鲸鱼的基因演化造成了影响，而我们相信鲸鱼和海豚还有其他的特质也是文化在其中留下了印记的。

虎鲸的辐射

我们已经描述了在北太平洋东部和南极洲以及其他某些可能的区域中的虎鲸是如何存在几种不同的生态型的，这些生态型享有共同的活动范围，但却有着完全不同的谋生方式。例如，在北太平洋东部的水域，至少从加利福尼亚到不列颠哥伦比亚省、阿拉斯加和俄罗斯远东地区，居留虎鲸吃鲑鱼，而过客虎鲸则吃哺乳动物。这些生态型现在在很多方面都如此地不同，以至于有些人认为，它们应该至少被看成是不同的亚种——以及或许是不同的物种[14]。那么这是如何发生的呢？吕迪格·里希（Rüdiger Riesch）和他的同事——兰斯·巴雷特－伦纳德、格雷姆·埃利斯（Graeme Ellis）、约翰·福特和沃尔克·迪克（Volker Deecke）——这些世界上最有经验的虎鲸生物学家提出了一个设想场景，在其中文化传统导致了生态物种的形成[15]。这是一个对我们而言很说得通的场景。当一个物种的成员开始使用不同的环境或生态位时，生态性物种形成（ecological speciation）就发生了，然后自然选择根据这些环境对它们进行塑造，最终，群体的属性产生了足够的分化，而个体则不再进行跨群体的交配，于是我们就有了两个物种。里希和他的合著者认为，不同生态型虎鲸的祖先是专吃不同食物——例如海豹或鲑鱼——的虎鲸群体，而且这种饮食偏好在文化上从母亲传给了女儿。于是不同群体的后代在行为上变得更加截然不同，而且现在大多是分开繁殖的，至少在雌性血统中是这样。

他们提出了四种让这个可能性发生的方式。其中第一种，我们怀疑可能是最重要的，就是仇外心理，而兰斯·巴雷特－伦纳德将其视为虎鲸最具决定性的行为特征之一[16]。通过社会性学习得来的它们自身生态型的特征——像是饮食偏好、问候仪式，特别是方言——可以形成生态型成员身份的文化标志（cultural badges）。于是，虎鲸可以识别出谁是自己生态型的成员，以及谁不是。在这种设想下，标志的重要性变得足够强大，以至于动物只能与拥有同一个标志或同一套标志的其他动物交配。这些交配分界线可以经由不同生态型利用一个栖息地的独特方式而得到加强，这就难怪即使是在同一地理区域的动物，也很少遇到来自其他生态型的潜在交配对象。例如，居留虎鲸集中在鲑鱼迁徙路线沿途上，而过客虎鲸则在海豹的群栖地（rookery）周围活动。

第二个阻碍不同生态型间交配的过程是虎鲸的"移民"在转换到不同生态型里时可能面临的困难。虎鲸已经从它们的母亲和母系亲属那里学会了一种特殊的谋生方式，而它们现在需要融入一个做事方式迥异的社群。没有任何记录表明曾经有哪头虎鲸做到过这一点。在第8章中我们见过了《自由吧威利》中的虎鲸庆子，它从圈养中被放归后未能与其他虎鲸建立起社会关系，最终孤独地死去了。

限制生态型间交配的第三个因素则需要几个世代才能起作用。一旦这些生态型有一阵子在交配或迁徙过程中几乎没有遗传联系，它们将会经由遗传漂变而发展出不同的基因型——也就是成套的基因。这些基因型可能至少部分是不相容的，因此杂交物种要么不易存活、要么不易生育。虎鲸生态型的种群规模很小——每一种生态型都只有几百或几千头虎鲸——这将增加遗传漂变的速度，因而这一效应的重要性也就增加了。

里希及其同事提出的最后一个可能的分离机制是基因－文化协同

演化本身。一个虎鲸生态型中由文化所决定的生活方式可能会选择不同的基因，例如，为进食大型哺乳动物的食客产生更强壮的下颚的那些基因（有一点点证据表明，进食哺乳动物的过客虎鲸有着比食鱼的居留虎鲸更强壮的嘴部），或者也许还有，让浮冰虎鲸在水外有良好的视力以便探查时在浮冰上面发现它们猎物的基因[17]。来自其他生态型的移民虎鲸往往缺乏这些基因和才能，因而杂交的后代只会部分拥有这些基因和才能。

通过这四种机制的某种混合，野生虎鲸通常不会——或许永远也不会——转换生态型或与其他生态型的成员交配。然而，这些生态型可以在圈养情况下交配并产生杂交后代，而这些后代本身是具有繁殖能力的，因此遗传隔离并不是绝对的[18]。由于这种杂交似乎在野生环境中不会发生，有些生态型在遗传上就是截然不同的，尤其是在母系中，而且它们似乎正在朝着成为独立物种的方向发展[19]。在太平洋中，进食鱼类和进食哺乳类的虎鲸是在行为和遗传这两方面都差异最大的一些生态型，而且似乎它们在遗传上的分离一定程度上是源于两个家系在历史上曾经有段时期有过地理上的分离。然而，我们不知道生态上分成食用鱼类和哺乳动物是发生在地理分离之前还是分离结束之后[20]。不过在大西洋中，似乎也有虎鲸专注于鱼类或哺乳动物，而且还可能有"通食者"[21]。对鲸鱼牙齿和器官组织中残留的食物的化学痕迹的研究提示，大西洋中不同生态型之间的分离可能不如太平洋中的那么强烈，因此生态型的分离或许发生在更早的阶段——然而我们并没有来自大西洋的大量行为观察数据。不管到底谁先谁后，里希和他的同事提出，正是社会性学习和文化让这些生态型走上了不同的道路，并让它们继续前进[22]。

甚至还有一种可能性，即可能是非生态的文化特征启动了这一过程[23]。在这种情况下，不同的群体不是主要由不同的饮食所定义，而是有其他独特的文化决定的行为促成了这种分化。例如，在温哥华岛附近的食鱼居留虎鲸中，北部居留虎鲸**社群**和南部居留虎鲸**社群**的成员都吃鲑鱼，但是它们有自己社群特定的问候仪式和其他行为。这两个社群有着基本完全分开的活动范围，所以它们不经常见面。但是，如果问候仪式或其他社会行为的差异阻止了它们在相遇时进行交配，那么这些社群可能正走在物种形成的路上：形成社会型而不是生态型。

不管是生态型还是社会型，我们认为里希的设想可能是正确的。文化的演化推动了虎鲸生态型的遗传趋异（genetic divergence）。现在，基因的演化和文化的演化分别作用于每一个类型，引导着它们走上独立的发展道路。里希及其同事考虑到了文化上分离的生态型有可能还会重新聚在一起[24]。有可能偶尔会有生态型之间的交配，但这种交配非常罕见。总的来说，看起来生态型是保持着分开状态的。

这就带来了一个潜在的谜题。如果虎鲸——以其特征性的食物挑剔、仇外心理和文化——注定要分裂成一个个生态型然后沿着物种形成的道路前行，为什么现在并没有很多或者至少有那么几个真正明显的虎鲸物种呢？虎鲸已经存在了大约1000万年，但在现存的所有38个左右的海豚总科的海豚物种中，虎鲸属的虎鲸（Orcinus orca）是唯一没有现存姐妹种的——所谓姐妹种就是一个不到1000万年前加入的和它们有着共同祖先的物种[25]。目前被确认的8种虎鲸生态型似乎是在过去的15万—70万年里彼此分化开来的[26]。因此还是那个问题，虎鲸拥有如此有效的多样化手段——文化驱动的生态物种形成——以及1000万年的时间来发展，为什么却没有很多真正和明确的物种呢？

该谜题的一个重要部分可能是源于生态型是不稳固的。它们很容易遭到毁灭和局部灭绝。随着时间的推移，它们往往变得越来越特化，以一种与众不同的方式谋生，然后以一种更为特殊的方式过上好生活。技术将通过文化演化而得到磨炼提高：从浮冰上掀翻海豹或者阻止奇努克鲑鱼迁徙的最佳方式，以及可能的基因–文化协同演化，比如进食哺乳动物的虎鲸变得下颌更强壮，或者掀翻海豹的虎鲸的水上视力更好。生态型本身有时会分裂成甚至更为特化的生态型。特化程度的提高使得生态型在两个重要方面变得脆弱。首先，任何依赖于某一特定资源的生态型都容易受到该资源消失或减少的影响。这可以通过各种过程发生，比如奇努克鲑鱼繁殖栖息地的改变，或是在河流中出现了一种新的奇努克鲑鱼的捕食者，或者通过虎鲸自身的努力而让鲑鱼资源减少。正如我们在第 6 章中提到的，人类可能不是第一个破坏了自己的资源基础的物种。随着效率和特化程度的提高，这对虎鲸生态型来说也变得更为可能。第二个因素是种群规模。虎鲸无论如何都是顶级捕食者，而"营养级金字塔"（trophic pyramid）迫使顶级捕食者拥有相对较小的种群规模。特化使得种群规模进一步缩小。小型的种群规模由于其遗传多样性低、易受疾病影响、随机环境事件的重要性日益增加，以及其他影响而大大增加了灭绝的风险[27]。阿拉斯加威廉王子湾（Prince William Sound）的 AT1 过客虎鲸——也就是被埃克森·瓦尔迪兹油轮漏油事件所大批杀死的虎鲸——似乎注定要被消灭[28]。因此，随着生态型变得更加特化，它们也变得越来越脆弱。

在这个设想场景中，我们将虎鲸的演化视为一个缓慢变化的生态型之间拼拼凑凑的过程，它们分化开来、演化、特化，然后消失：这是一个由文化驱动着多样化的动态的、生动的模式。最不那么特化的生态型，如北大西洋东部的"通食者"，通常不会像它们高度磨炼技艺的邻居那样成功，但它们更坚韧、适应性更强——它们有着更广泛的多样性的猎物，有着更大的种群，并且通常对特定的猎物类型的影响也较小[29]。它们持续耐久地生存着，并因此很可能为后面的一系列生态型的辐射提供了物质基础。这种不同寻常的演化模式是由虎鲸生活中文化的重要性所驱动的。虎鲸的演化与虎鲸的文化息息相关。

鲸鱼和海豚中的文化"搭便车"（cultural hitchhiking）

我们的第二个关于鲸类动物中基因 – 文化协同演化的例子是从观察母系鲸鱼（虎鲸、抹香鲸和黑鲸物种）所具有的一个遗传异常现象开始的。它们从母亲那里遗传的线粒体基因组的多样性非常之低，大约是其他具有相似种群的鲸鱼和海豚物种的（1/10）[30]。因此，如果我们从线粒体 DNA 中已被大量研究的"控制区"里提取 400 个碱基对，则每个母系鲸鱼物种有不到 20 个单倍型（haplotypes，即这段 DNA 具有不同的排列方式），而其他鲸类动物，比如具有相似地理范围和种群规模的长须鲸和真海豚则拥有 30 到 50 个单倍型[31]。

当鲸鱼遗传学家在 20 世纪 90 年代末第一次发现这些出人意料的较低的多样性时，他们援引了两种通常用来阐释任意物种中低遗传多样性的解释。第一个是"遗传瓶颈"（genetic bottleneck）[32]。当一个种群很小时（即瓶颈时期），携带着基因的个体总共就只有那么几个。其中一些基因是相关的，所以必然有许多相同的基因。因此，在瓶颈时期，种群中不同基因的总数目很少。后来，种群规模可能增加了，但不同基因的数量——这些基因都来自那些经历过瓶颈时期的少数几个个体——则一直都很低。因此，一次瓶颈期会降低一个种群的遗传多样性。然而，用遗传瓶颈作为对抹香鲸、虎鲸等动物线粒体遗传多样性较低的解释有两个问题。第一个是，要使瓶颈产生出在母系鲸鱼中所见的那种效果，种群数量必须变得难以置信地小，又或者是瓶颈时期必须持续相当长的时间——大约 100 只动物持续 100 个世代，或者 1000 只动物要持续 1000 个世代——然而没有非遗传的证据显示任何母系鲸鱼物种曾因捕鲸、冰川作用和其他任何自然或人为因素而减少到这种水平[33]。事实上，瓶颈理论的第二个问题也就是，非母系鲸鱼物种诸如长须鲸和座头鲸，现代捕鲸把它们的数量拉到比母系鲸鱼物种更接近瓶颈数量的水平上了，可它们的线粒体多样性仍高于母系鲸鱼。

对于低遗传多样性的第二个"通常"的解释是选择。这一观点认为，被研究的基因之所以几乎没有变化，原因在于这些基因对生物体很重要。如果个体拥有"错误"类型的基因，它们就不会繁荣昌盛，产出不了什么后代来携带这种适应不良的基因类型，并且因此这种类型的基因就会从种群中被淘汰。在线粒体 DNA——亦即母系鲸鱼具有如此低遗传多样性的地方——其控制区中的遗传变异通常集中在所谓的超变位点（hypervariable sites），即突变的热点，它们本被假定为是功能中性的，然而可能在这种情况下却并非如此 [34]。但是为什么只有母系鲸鱼才有这种例外？我们实在想不出什么好理由。

对于母系鲸鱼线粒体遗传多样性较低的第 3 种解释看起来更好一些，因为它用上了它们种群的母系本质。这种种群统计学（demographic）的解释曾以多种形式被提出来，但实质都是：一个种群的中性基因的预期多样性随着种群规模的增加而增加，即个体越多，遗传变异就越多 [35]。在母系种群中，因为同一母系的所有成员都携带遗传自它们母亲的线粒体基因并且还一起生活，从遗传角度来看其种群的规模就是母系的数量，而不是个体的数量。由于一个母系种群中母系比个体要少很多，因此遗传多样性低于预期。这听起来似乎颇有道理，但事实证明，为了能使这样的种群统计学效应达到减少遗传多样性的效果，同一母系中的个体不仅需要生活在一起，而且在很大程度上它们还必须在一起生育和 / 或死亡。虽然繁殖事件在同一氏族的虎鲸之间有着一点点关联，而且同一母系的领航鲸可以一起大规模搁浅，但生命过程中这些偶然的同步性远远没有强到足以把遗传多样性降低到我们所观察到的程度 [36]。

这就把我们带到了关于线粒体遗传多样性低的第 4 种解释，这是哈尔在 1998 年提出的观点：文化"搭便车" [37]。哈尔称之为文化"搭便车"，是因为这类似于遗传"搭便车"，即一个赋予其持有者选择优势的基因可以增加中性基因变异的发生率，如果这些中性变异在染色体上与被选择的基因相连，并因而一起传播，则为遗传"搭便车"。其结果是，中性变异中的遗传多样性可能会减少 [38]。正如种群统计学解释的那样，它也被母系群体做着同样的事情所决定，只不过不是协调一致地出生或大规模死亡，而只是要求这些共同的行为影响着个体的生活过程。在文化"搭便车"中，聪明的（以及愚蠢的）文化行为会拖着中性线粒体基因跟它一起在母系社会中传递下去。为了说明文化"搭便车",我们将使用在第 6 章中描述过的太平洋中的抹香鲸发声部族的案例。想象一下,一个抹香鲸部族有了一个好点子(所谓好是说在某种意义上它通常提高了繁殖或生存率),也许这个好点子是一种富有成效的觅食技术;我们在第 6 章中看到过不同的抹香鲸部族有不同的觅食方式[39],也许这个好点子是当受到捕食者攻击时一种更好的共同防御方法。太平洋中的抹香鲸被虎鲸袭击时使用了两种相当不同的防御方式,要么头朝外对着捕食者,要么将头聚集在一起,像轮子的辐条一样做向外辐射状,用它们的尾叶来保卫自己[40]。我们不知道这些不同的防御阵型是否有不同的效果,或者是一个部族特有的,但它们可能是。这样的好点子会导致一个部族的成员平均比另一个部族的成员有更多存活下来的后代,而这也是我们的证据所表明的:一些部族的雌性持续地产出更多的后代[41]。那么,如果这个好点子通过雌性抹香鲸的世代传播——从母亲、祖母、阿姨或母系社会单元中更普遍的成员传给年轻的雌性——而在繁殖成功率上的差异仍然一直存在,那么有好点子的部族将在规模上逐渐超过缺乏好点子的部族。当"好点子"部族中的线粒体基因与"好点子"同时被传递下去时,基因也会传播开来。最终,抹香鲸的种群将包含大部分起源于这个有好点子的部族的基因。由于部族拥有的线粒体基因的多样性少于整个种群,所以种群整体的多样性将有所下降[42]。线粒体基因搭上了这个好点子的便车是因为基因和点子借由同样的交通工具(个体)并沿着同一条路(通过母系血统,而且都是由文化变异来主导着)旅行。类似地,坏点子也会降低线粒体基因与之同时传递的频率。以上就是文化"搭便车"是如何减少了母系鲸鱼的遗传多样性的。

哈尔的数学模型表明,文化"搭便车"是有用的——至少是在计算机上,而且对我们来说这很直观,但不是对所有人!这种对母系鲸鱼遗传多样性低的解释受到了许多来自不同理由的批评。许多批评集中在鲸鱼的社会文化系统是否足够稳定上[43]。文化"搭便车"需要许多个世代才能减少遗传多样性。如果雌性偶尔会转换部族，让基因有所转移，那会发生什么呢[44]？如果一个邻近的部族模仿了这个好点子，或者得到了一个更好的点子，又或者最初有了这个好点子（比如说一种高效的摄食技术）的部族后来采用了一个坏点子（也许是一种次优的防御虎鲸的方法），那又会发生什么呢？第二套更广泛的计算机建模表明，可渗透的社会屏障和多方面、不断发展的文化并不能阻止文化"搭便车"。好的和坏的点子可能会出现，动物偶尔会移动，但总体而言，文化和线粒体基因之间的母系联结仍会降低遗传多样性[45]。

我们认为，文化"搭便车"是对母系鲸鱼遗传多样性低的最合理的解释——它与我们对这些动物的生活和行为的所知比任何其他解释都更相符，但这还远未得到证实。从目前的模式中找出演化历史并不容易，而对于协同演化历史来说，这就更难了。最近关于基因组学的科学研究使用巨大的基因样本为基因分析提供了强大的力量，这为我们提供了检验文化"搭便车"假说的方法，而最初的结果是阳性的。阿拉娜·亚历山大（Alana Alexander）和她的同事们对来自 17 头抹香鲸线粒体基因组遗传数据的 9300 多万个碱基对进行了测序。他们发现的序列与抹香鲸线粒体基因组控制区的选择假说并不一致，但它们确实支持了瓶颈假说或文化"搭便车"假说[46]。遗憾的是，哈尔的模型提示，标示着文化"搭便车"的遗传特征——与瓶颈的遗传特征相反——一般来说比较细微，所以进一步的研究可能很困难，不过基因组学是极其强大的，而且几乎每天都在变得越来越强大[47]。

而眼下，我们相信母系鲸鱼的遗传多样性显示出了文化影响的迹象。这是在人类以外有基因 – 文化协同演化的前所未有的细微迹象之一，也是对这些动物中文化过程重要性的另一个标示[48]。

最近有一种说法认为，遗传序列已经搭上了在海豚中垂直传播的文化特质的便车[49]。这涉及我们的老朋友，鲨鱼湾的海绵客。遗传学家在研究西部鲨鱼湾宽吻海豚中母系传播的线粒体 DNA 时发现了仅在几公里内这样小尺度范围内的遗传结构。在使用水深超过 10 米的水域的动物中有两种单倍型（E型和F型）占优势，而第3种单倍型（H型）则几乎总是在浅水区发现。深水区和浅水区紧密相邻，而海豚可以很容易在它们之间穿梭。这种遗传结构因此是非常引人注目的。这到底是怎么发生的呢？安娜·科普斯（Anna Kopps）和她的同事们认为，这是因为海豚的觅食策略中一些是在深水中起作用，而另一些是在浅水中，而这正在与线粒体DNA一起同时从母亲传给后代。例如，使用深水的海绵客都属于西部鲨鱼湾的E型单倍型。种群的遗传结构再一次正在被其所搭便车的文化塑造。

协同演化的驱动

我们对虎鲸的物种形成与鲸鱼和海豚中文化"搭便车"的思考是建立在实际的遗传数据基础上的，尽管这些数据被认为是关于中性基因的。然而，缺乏基因序列并没有阻止我们做进一步的推测。一般来说，如果文化对一个物种很重要，我们会预期其特征的演化能充分利用所有这些信息。而当我们观察鲸类动物时，我们看到了一些有趣的特征可能是对文化的促成因素。

母系鲸鱼的社会单元的大小和结构可能有助于点子的高效传播，这是在合作觅食和防御这样更典型的益处之上的。一些鲸类幼体有着多年的哺乳期，这可能是要让信息——还有母乳——最好地从母亲那里传递过来。在这两种情况下，要证明基因–文化协同演化有着双重障碍：首先，我们需要将文化的益处与非文化的益处分离开；其次，我们还需要证明这些额外的益处是由遗传引起的行为变化造成的，而不仅仅是由文化上的改变所造成。这些都是很高的障碍。

一个更好的例子来自绝经期（menopause）。绝经期可以被定义为雌性在它们最后一次分娩后通常要经历的生活中的一个重要部分。虽然许多大型雌性哺乳动物（包括大象和黑猩猩）随着年龄的增长，繁殖率会降低，但它们中没有一个寿命终止在繁殖基本停止的时候，许

鲸鱼海豚有文化：探索海洋哺乳动物的社会与行为

多雌性动物在最后一次分娩后仍生活了数十年——这也是绝经期的定义特征。人们常说，人类是独一无二的，因为女性通常在生育后时期（postreproductively）度过生命的很大一部分时间[50]。这是错误的。鲸目（Cetacea）中的两个物种（两种母系鲸鱼）有着与人类女性非常相似的生育特征。短鳍领航鲸和虎鲸最早在 10 至 12 岁分娩，而在 40 岁出头时停止繁殖，但仍可以活到 80 多岁[51]。就 40 多岁的短鳍领航鲸而言，与绝经期妇女一样，有一些生理的变化阻碍了其受孕[52]。虎鲸的绝经期是否也是生理性的还不清楚。其他一些鲸鱼物种可能也有绝经期[53]。例如，在彼得·贝斯特（Peter Best）和他在南非捕鲸的同事所汇编的数据集中，在 22 头年龄在 42 到 61 岁之间的雌性鲸鱼中，年龄最大的怀孕抹香鲸只有 41 岁[54]。你可能已经注意到了，所有已知和可能绝经的鲸鱼都是母系的。很有趣！须鲸的寿命大多与母系的齿鲸相当，却没有绝经期的迹象。

绝经期从演化的视角来看并没有明显的道理。即使生殖系统对老年雌性可能没有那么有效，即使她的后代可能无法存活或是健康的，她难道不应该坚持生育吗？这样做的话，她至少有机会让更多的基因进入下一代。绝经期看起来就像是达尔文主义将其放弃了一样。因此，演化生物学家认为绝经期最为引人入胜，并且提出了各种可能的解释。其中之一是，绝经期基本上是现代人类寿命大大提高的一个产物：在人类生活方式所演化出来的狩猎者-采集者社会中，几乎没有女性活到 40 岁以上，因此这个年龄之后在生理学上发生了什么并不重要。这一系列的推理从最开始就受到怀疑，因为在技术简单的社会中有相当多的绝经后妇女，并且这个解释随后就被彻底抛弃了，因为我们了解到在鲸类社会中绝经期雌性动物的存在是再平常不过的，而它们并没有在过去的几个世纪里从现代医学或任何其他使寿命延长的改变那里获益。更具说服力的是"祖母假说"：一名年老的雌性若是不花费精力去繁衍后代，就有时间和精力来帮助抚养她现在的孩子及其孙辈[55]。如果不让自己的身体遭受到怀孕的严酷影响，这些雌性很可能会活得更长，因此这种帮助将持续下去。用达尔文主义的话来说，由于孙辈拥有他们祖母的一些基因，这种帮助将通过以牺牲了生命末期危险且不太有效的繁殖为代价的自然选择而获得增强。理论家鲁弗斯·约翰斯通（Rufus Johnstone）和迈克尔·康特（Michael Cant）说明了为什么绝经期在人类和母系鲸鱼这两个截然不同但又很不寻常的社会系统中是有意义的[56]。其关键在于，在这些社会中，随着雌性年龄的增长，她们往往会越来越多地被近亲所围绕。有证据表明，在人类中祖母的存在有助于孙辈[57]。有说服力的是，也有证据表明在居留虎鲸中一个处于后繁殖期的母亲会显著提高其后代的存活率，尤其是对雄性后代，而且尤其是在他们年龄的增长时[58]。由于儿子的存活母亲也可能有更多的孙辈，因为一名年长的雄性更有可能成为父亲[59]。这里是母亲而不是祖母，但其逻辑是相似的，只不过我们目前的数据集还不足以了解这种影响是否会持续到孙辈那一代。

在绝经期的祖母假说中有一个关键词是"帮助"。但是奶奶们是如何帮上忙的呢？在祖母假说的标准版本中，这种帮忙是供给，即帮助孙辈获得足够的食物[60]。然而，除了一些可能在绝经期的雌性进行哺乳外，并没有多少证据表明母系鲸鱼的祖母在供给食物[61]。不过，人类祖母所做的比供给还要多，事实上，她们通常根本不去进行食物供给。贾雷德·戴蒙德（Jared Diamond）讲述了访问所罗门群岛的伦内尔岛（Rennell Island）的经历[62]。1910 年前后，该岛被一场巨大的飓风"洪吉肯吉"（hungi kengi）毁坏。它几乎摧毁了所有平时提供食物的菜园。岛上的居民被逼到了饥饿的边缘。这些人靠吃新的野生食物来生存，而不是他们通常的那些饮食。要做到这一点，他们需要知道哪些植物有毒，哪些没有，以及如何去除毒素。这些知识从何而来呢？像这样毁灭性的飓风毕竟非常罕见。戴蒙德写道：

当我开始纠缠伦内尔的中年人我那些关于水果可食性的问题时，我被带进了一间小屋。一旦我的眼睛习惯了昏暗的光线，发现在小屋的里面有一位照例惯有的、虚弱的、非常老的女性，她没有支撑就不能行走。在人类的菜园能重新开始产出食物之前，她是存活的最后一位对飓风之后哪些植物是安全和有营养的有直接经验的人。这位老妇人向我解释说，在洪吉肯吉飓风时期她还是一个不到适婚年龄的孩子。由于我拜访伦内尔岛是 1976 年，而又因为飓风是在 66 年前，也就是大约 1910 年前后袭击的伦内尔岛，这位女士估计大概是 80 出头的年纪了。她在 1910 年飓风后幸存下来是依靠了在洪吉肯吉飓风之前的最后一次飓风里的老年幸存者所记得的信息。现在，她的人民能否在另一场飓风中幸存下来则要依靠她自己的记忆，幸运的是，这些记忆非常详细。[63]

对于伦内尔人以及母系鲸鱼来说，他们生活中有着环境发生重大以及发生不可预测的长期变化的可能性，而年长者掌握的信息可能至关重要。像戴蒙德所描述的老年妇女一样，年长的雌性虎鲸和抹香鲸可能掌握着如何应对各种情况的知识，其中一些罕见的情况——也许像 1982—1983 年毁灭东太平洋的"超级厄尔尼诺"一样——是他们社会中较年轻的成员所没有经历过的[64]。因此，绝经期通过延长雌性的寿命，增加了一个群体掌握重要信息的概率。年轻的伦内尔人面对洪吉肯吉飓风或年轻的抹香鲸遭遇超级厄尔尼诺时，或许套用小红帽的话来感叹就是："奶奶，你的想法真不得了！"[65] 看来，绝经期可能是与文化捆绑在一起并在人类和母系鲸鱼中演化而来的，因为文化信息在两者中都非常重要。

那么鲸类的大个儿脑呢——尤其是那些最具文化性的鲸类动物的脑呢？抹香鲸有着地球上最大的脑，而就身体大小的比例而言，宽吻海豚的脑只有人类能超越。鲸类动物的脑有着尤其大的半球，而且它们高度卷曲（有许多褶皱，这是复杂性的标志），其中至少有些鲸类物种拥有纺锤体神经元（spindle neuron），这种神经元似乎对于在复杂社会的错综事中自如生活很重要[66]。到目前为止，纺锤体神经元只在人类和其他大型猿类、大象和包括抹香鲸与虎鲸在内的一些鲸类动物中被确凿地发现[67]。它们似乎是在三组有着格外大的脑以及社会非常复杂的哺乳动物中独立演化出来的。在哺乳动物群体中，鲸类动物和灵长类动物有着各种大小的脑[68]。有些灵长类和鲸类的脑相对较大——比如人类和宽吻海豚，有一些则相对较小，如狐猴和长须鲸。相比之下，猫、蝙蝠和熊中的不同物种差异则较小。我们猜测文化可以很快地推动脑的演化，而这就是发生在最具社会性和文化性的鲸类和灵长类动物身上的情况。

擅长运用文化信息可能很难，但这在一个文化的世界里是一个巨大的优势。另一个信息来源——基因组——将在演化过程中留意到这点。自然选择将调整这些基因组所控制的那部分表型——比如生殖系统和脑——以便让动物在运用和操纵这种文化时尽可能地有效。这就是其理论了，一个我们认为非常合理的理论。因此我们怀疑——但并不确信——文化塑造了鲸鱼和海豚的遗传演化。

注释

[1] Maynard Smith and Szathmáry 1995. 这些作者后来就同一主题写了一本不那么技术性、旨在面向更广泛读者的书：《生命的起源：从生命的诞生到语言的起源》(*The Origins of Life: From the Birth of Life to the Origin of Lanugage,* 1999)。

[2] Maynard Smith and Szathmáry 1995, 6; 1999, 18. 早在 1999 年，当他们写第二本书的时候，梅纳德·史密斯和萨瑟马利已经承认他们漏掉了一些重要的转变，比如神经系统的演化、书写的发展，当今对于数据的传输、储存，以及操纵向着电子化手段的非凡转变："我们的后代会在一个虚拟现实中度过他们一生的大部分时间吗？基因存储和电子存储之间的某种共生关系会得到演化吗？电子设备是否会获得自我复制的手段，并且进行演化以取代赋予它们生命的原始生命形式？"(Maynard Smith and Szathmáry 1999, 170)

3 Richerson and Boyd 2005, 12–13.

4 Mithven 1999.

5 2001 年 1 月 11 日彼得·理查森给哈尔的电子邮件。关于理查森和博伊德对此的思考，参见 Richerson and Boyd 2013。

6 Maynard Smith and Szathmáry 1995.

7 Donald 1991.

8 Donald 1991; Dunbar 1996; Richerson and Boyd 2005.

9 关于需要一个文化演化的历史来产生语言，参见 Kirby, Cornish and Smith 2008; Kirby, Dowman and Griffiths 2007; Smith and Kirby 2008。

10 关于在 1996 年时对于人类之中基因－文化协同演化所知之事的总结，参见 Feldman and Laland 1996。

11 Laland, Odling-Smee, and Myles 2010; Richerson, Boyd, and Henrich 2010.

12 Perry et al., 2007.

13 Cochran and Harpending 2009.

14 Morin et al., 2010.

15 Riesch et al., 2012.

16 Barrett-Lennard 2011.

17 由卡丽莎·冯（Charissa Fung）所做的初步分析表明（被 Reeves, et al., 2004 引用），与食鱼的居留虎鲸相比，进食哺乳动物的过客虎鲸有着更强健的嘴部。

18 特内里费岛（Tenerife）的洛罗帕克水族馆（Loro Parque）目前居住着太平洋进食哺乳类动物的虎鲸和进食鱼类的虎鲸与冰岛海域捕获的未知生态型的虎鲸交配产生的第二代后代（Kremers et al., 2012）。

19 Foote et al., 2013a; Morin et al., 2010.

20 Foote et al., 2011.

21 Deecke et al., 2011 记录了大西洋中专门吃某种特定食物的鲸鱼，而 Foote et al., 2009 则探索了那里也有"通食者"的可能性。

22 关于大西洋中不同生态型的演化尚处于早期阶段的证据在福特等人的研究

中得到了审视（Foote, et al., 2013b）。

23　Riesch et al., 2012.

24　Riesch et al., 2012.

25　海豚科（Delphinidae）的分类学尚未完全确定，因此其物种的数量尚不确定。关于在不到 1000 万年前有一个现存姐妹种的共同祖先加入的相关信息可以在 McGowen, Spaulding and Gatesy, 2009 中找到。一些非海豚的鲸类动物甚至比虎鲸更为独特。它们包括江豚、突吻鲸、小露脊鲸，当然还有抹香鲸。

26　Riesch et al., 2012.

27　Traill, Bradshaw, and Brook 2007.

28　Matkin and Durban 2011.

29　Foote et al., 2009 描述了北大西洋东部的通食者。

30　Whitehead 1998, 2003a.

31　参见 Whitehead 1998, 2003a 中引用的包含鲸类动物线粒体 DNA 多样性分析的论文。

32　Lyrholm, Leimar, and Gyllensten 1996.

33　Whitehead 1998. 然而，最近的一项对线粒体和细胞核 DNA 遗传多样性的综合研究发现了在最后一次冰河期期间一些种群（但不是所有种群）的多样性有所减少的迹象，这让虎鲸的瓶颈理论得到了支持（Moura et al., 2014）。

34　Janik 2001.

35　关于被提出的种群统计学解释，参见 Amos 1999; Siemann 1994; Tiedemann and Milinkovitch 1999。

36　Whitehead 2005.

37　Whitehead 1998.

38　Maynard Smith and Haigh 1974.

39　Whitehead and Rendell 2004.

40　Arnbom et al., 1987; Pitman et al., 2001.

41 Marcoux, Rendell and Whitehead, 2007. 这项研究观察了 10 年左右的平均幼崽产出率。要想让文化"搭便车"发挥作用，这些差异必须要持续长得多的时间。

42 Rendell et al., 2012 讨论了与一般更大的种群相比，部族中线粒体基因多样性的降低。

43 Deecke, Ford, and Spong 2000; Mesnick et al., 1999; Tiedemann and Milinkovitch 1999.

44 我们知道一头名叫第 236 号的太平洋抹香鲸，它似乎在 1985 年至 1987 年之间从"常规"部族转移到了"加一"部族（Whitehead, 2003b）。

45 Whitehead 2005. 这些模型表明为了使文化"搭便车"大幅度地减少遗传多样性，必须有一个相当低的基因突变率；表明当部族增长到占据了种群相当大的一部分时，它们不得不相当频繁地进行分裂；表明在任何世代中有平均不到 10 只动物从任何一个部族迁移到任何其他部族；表明文化所决定的一个部族的适应性每个世代的平均变化超过 0.005%；表明一个部族的适应性的变化受到部族内部文化创新的影响要比来自其他部族的文化同化的影响更大。

46 Alexander et al., 2013.

47 Whitehead 2005.

48 顺着"文化搭便车是母系鲸鱼线粒体多样性低的一个潜在解释"这个假设，哈尔·怀特黑德、彼得·理查森和罗伯特·博伊德（Hal Whitehead, Peter Richerson and Robert Boyd, 2002）认为，文化搭车也可能发生在另一个物种——智人——的身上。人类经由父系遗传（即只从父亲那里遗传）的 Y 染色体基因的多样性极低，而传统的人类社会基本上是父系社会，女性在结婚后会在部落之间转移，因此文化的知识在很大程度上是通过男性血统传递的。所以鲸鱼的情况正好相反。这是一个非常不寻常的情况，一个复杂的行为 – 遗传过程首先是在另一个物种上被提出，然后再被应用到人类的身上。

49 Kopps et al., 2014.

50 例如，Foster and Ratnieks，2005。

51　Marsh and Kasuya 1984, 1986; Olesiuk, Bigg, and Ellis 1990.

52　Kasuya and Marsh 1984.

53　Marsh and Kasuya 1986.

54　Best, Canham and Macleod, 1984. 有趣的是，6 头年龄较大的无生殖力的雌性抹香鲸在进行泌乳，因此它们在生理上对新一代有所贡献，而自己却并未生育。

55　Hawkes et al., 1998; Kim, Coxworth, and Hawkes 2012.

56　Johnstone and Cant 2010.

57　Lahdenperä et al., 2004.

58　Foster et al., 2012.

59　Ford et al., 2011.

60　Hawkes et al., 1998.

61　Whitehead and Mann 2000.

62　Diamond 1998.

63　Diamond 1998, 123–124.

64　Arntz, 1986 描述了超级厄尔尼诺现象（super El Niño）的影响。由年长的鲸鱼所掌握的知识被传递给更年轻的、缺少经验的鲸鱼的相关讨论参见 McAuliffe and Whitehead, 2005 以及 Rendell and Whitehead, 2001b。

65　《Yes 杂志》新闻头条，加拿大温哥华，2001 年 3 月。

66　Butti et al., 2009; Hof and Van 2007.

67　Hakeem et al., 2009.

68　Boddy et al., 2012.

第 11 章

文化的作用：生态系统、个体、
愚蠢行为以及保护

在前两章中，我们从演化生物学家的长期视角探究了鲸类文化。在第 9 章中，我们考虑了为什么：在鲸类演化史中数百万年的时间里，为什么鲸鱼和海豚最终会如此依赖社会性学习？是什么因素促使它们成了文化性的生物呢？在第 10 章中，我们仍然戴着演化生物学家的帽子，从另一个角度看待鲸类动物的演化：鉴于这些动物是文化性的生物，这种文化性对它们基因的演化有何影响呢？现在，在本章中，我们将从生态学家和动物行为学家——对真实生活中生命形式之间的关系感兴趣——的短期视角来看待它们。谁吃掉了谁？为什么种群规模会此消彼长？谁在和谁交往？为什么有些动物有一种行为方式，而另一些动物却有不同的行为方式？生态学和动物行为学是以理论为基础，以实证为导向的科学。它们通常是困难的、不精确的科学，因为生物系统是复杂的而且其行为方式也很复杂，但它们确实是科学。

生态学和动物行为学与演化密切相关，因为生态学关系和行为关系是许多演化力量的核心，而行为本身对自然选择也有重要影响。在生态学和行为学领域获得成功的那些特质是被演化选择而来的，而这些相同的演化特质为这出生态学和行为学大戏赋予了人物角色。因此，生态学和动物行为学用到了演化生物学的思想。

生态学家和动物行为学家也对人类感兴趣：有研究人类行为的动

物行为学家和研究人类与生态系统其他部分之间关系的生态学家。所以生态学有另一个内涵。它几乎是绿色政治运动的代名词，而且许多生态学家也是热情的环保主义者。有些生态学家更喜欢称他们自己为保护生物学家，并且会与社会科学家合作以试图让人类保护生物圈。

在本章中，我们将探讨鲸鱼文化的生态学和动物行为学作用。生态系统如何被文化所影响？文化会改变个体的角色吗？文化能导致不符合个体利益的行为吗？文化如何改变保护生物学，以及它应该如何影响保护政策呢？

海洋生态系统中的文化物种

在第 9 章中，我们提出文化能力的演变是被它在处理多变环境时所提供的优势而驱动的。因此，文化改变了一个物种与其世界互动的方式就不足为奇了。文化可以给一个物种的成员一项可能颇为巨大的演化优势。用彼得·理查森和罗伯特·博伊德的话来说："其他生物体必须通过演化形成新物种才能在新的环境中站住脚，而人类则主要依赖于文化。"[1] 人类文化已经极大地改变了生物圈以及作用于生物圈里其他生物之上的演化之力，这主要是因为我们的文化积累了新的、有时是毁灭性地对地球资源进行开采或不经意间破坏的方法。文化产生出有冷冻车间的拖网渔船、露天矿场、多氯化联苯（PCBs）、烟屁股，以及气候变化。

而鲸类文化呢？虎鲸是海洋中顶级的捕食者，也是我们可能最了解其文化的物种。有令人信服的证据表明，虎鲸通过其捕食行为，影响着许多其他物种的种群和行为，乃至整个生态系统。我们在第 6 章列出了这其中一些证据。最戏剧性的是地球上大约一半的鲸类动物、鳍足类动物和海牛类物种在大约 1000 万年前虎鲸出现后消失得无影无踪，这是用其他方法都解释不通的。最近，詹姆斯·埃斯特斯（James Estes）及其同事提出，少数的虎鲸在其食物中囊括进了海獭，而这完全改变了阿留申群岛的近岸生态系统的结构[2]。同样引发许多后果的是被虎鲸捕食的风险可能会影响到须鲸的迁徙行为以及抹香鲸的社会结构[3]。前者让数亿吨的哺乳动物生物量（biomass）季节性地转移到热带区域，而后者则似乎鼓动了海洋中另一种文化的繁荣：抹香鲸部族。如今，气候变暖使得北半球虎鲸能够将其活动范围向北扩展到它们以前无法到达的区域，而这对其他海洋哺乳动物的影响也已被注意到了。虎鲸在北极地区日益增多的出现让因纽特人感到担忧。据《努纳齐亚克新闻》(Nunatsiaq News) 报道："因纽特人所描述的是一个贪婪的杀手，它横扫着北部海域，让一些海洋种群的数量减少了多达1/3。"[4] 仅仅是这种最可怕的捕食者的出现就激起了人们对生态系统变化的担忧。

虎鲸对生态的影响有多大程度上是由文化造成的？我们怀疑大部分都是。大型食肉性鲨，像虎鲸一样有着强有力的下颚和身体。它们也有敏锐的感觉系统（嗅觉而不是听觉）。虽然鲨鱼可能有着重要的生态影响，但它们大多数似乎是通食者，是"随机应变"的觅食者[5]。面对这样的威胁，潜在的猎物可能会演化出防御能力，比如可能是一个坚硬的外壳，也许是高速的逃逸速度，或是反鲨鱼的潜水行为。如果有效的话，这些物种会因鲨鱼转向其他种类的食物而生存下来，并且由此可以建立起一种平衡态。

从表面上看，虎鲸也是通食者。正如我们在第6章中所列出的，整个虎鲸物种（或者说物种综合体），它们吃的食物种类非常广泛。然而，一头特定的虎鲸或虎鲸群体 / 生态型，通常是高度特化的，只追食一个物种的鲑鱼或海豹，而其捕食技术是在文化上而不是在遗传上磨炼出来的。文化演化的工作效率要比塑造了鲨鱼捕食行为的那种遗传演化快得多，而且效率也更高[6]。一种创新的新技术可以很快就在群体中传播开来。猎物基因的改变频率几乎没有能力迅速抵消这种文化性的超速发展。鲨鱼可不会追着海豹跃上海滩或者掀翻浮冰。文化，加上对食物挑剔的特化，使虎鲸具有潜在的毁灭性。它们追逐一种特定的猎物——而且是不断地追食着它，还同时不断提高它们自己的技术。化石记录和当今的观察都提示出，虎鲸的许多偏好的猎物物种要么已经被压垮灭绝了，要么就是它们的种群规模和生态作用都被严重削弱了。

这听起来像是来自恐怖电影里的一种生物，只不过对于它的一些猎物来说，虎鲸确实就是如此。它们甚至招致了其他极地猎手的批评：一些因纽特人在一项关于传统生态知识的研究中接受采访时抱怨说"虎鲸有时似乎为了体育运动而杀戮，它们挑剔和浪费食物……一些因纽特人很高兴捡到被这种动物明显嫌而弃之的'马塔克'（maqtaq）——即皮肤和脂肪。其他人则对它们的浪费方式感到震惊"[7]。但是，如果从更大的、生态的背景来看，虎鲸的巨大作用可能是积极的。一般来说，顶级捕食者构建了生态系统，而它们的存在通常会增加生命的多样性，我们称之为生物多样性（biodiversity）[8]。这是因为顶级捕食者牵制着营养金字塔中它们下一层的要素——也就是所谓的中级捕食者（mesopredator）——从而能让较低层次的生物繁荣生长。虎鲸正是"顶级的顶级捕食者"，它牵制着海洋里的中级捕食者种群——如企鹅、鳐鱼、海豹和鼠海豚[9]。

那么其他鲸类动物呢？抹香鲸种群巨大的食物需求和强大的声呐系统对深海的鱿鱼（一组我们所知甚少的物种）肯定已经有着并且可能将继续有着重要的影响[10]。其中一部分很可能是由于经文化传播的捕捉鱿鱼的方法。然而，抹香鲸无论是作为个体还是作为一个物种，都是在进食中间层级鱿鱼的食客之中的一个通食者，因此也许不太可能像我们对虎鲸所假设的那样对单个物种造成严重影响[11]。但有理由假设，它们更偏好追食大型、凶猛、属于中级捕食者的鱿鱼——例如超大鱿鱼和巨型鱿鱼——而不是像帆枪鱿那样的小型、顺从的头足类动物。因此抹香鲸由于其数量、大小和普遍存在性，它们可能对深海较低层级的生物多样性产生了一种重大的积极影响。宽吻海豚似乎在某种程度上介于虎鲸和抹香鲸之间，它们具有我们在第5章中描述过由文化所驱动的非凡的摄食特化，但可能缺乏对食物的专注挑剔，而正是这种挑食能够驱使虎鲸对其猎物进行激烈的生态学围攻。

所有这些物种都获得了巨大的活动范围，比几乎任何其他动物都要大。宽吻海豚把猎物追逐上海滩时所用的水域比它能游泳的还要浅——同样还有远洋的深海水域。我们在离澳大利亚鲨鱼湾海滩几米远的水边，以及在远离大陆架的数公里深的水域中都看到过它们。我们在加拉帕戈斯群岛附近的赤道以及新西兰的峡湾和苏格兰的河口峡湾中都看到过它们。抹香鲸很少进入深度低于几百米的水域，但能在南极和北极的冰面边缘看到它们[12]。在地理分布上，抹香鲸仅仅被虎鲸所超越——后者是地球上分布第二广的动物——它们跃上海滩，而且与抹香鲸不同，它们会进入到两极的浮冰之中。地球上分布最广的动物是智人。我们的文化使我们能够生活在海洋、北极以及南极大陆上，并且让我们对这三者都产生了深远影响。而分布最广的第二和第三大物种也具有显著的文化特性，我们认为这并非巧合。其他可能有文化的物种在其环境中所占据的优势地位（比如椋鸟和大象），都让这一观点得到了强化[13]。文化不仅增强了一个物种的足迹，而且还将它进行了传播，因为文化知识让它们在若是只有基因来控制行为则无法立足的环境或生态位中得以生存。

文化也可以极大地增强和加速生态位建立的进程，动物或植物借由建立生态位这种方式而改变环境，从而显著地改变自然选择给它们带来的压力[14]。人类的房屋和海狸的堤坝是其中两个最明显的例子，但还有许多其他例子，包括蚯蚓通过它们的活动来改善土壤特性，其中"改善"是从蚯蚓的角度来定义的，也就是帮助它们兴盛繁荣成长。人类的房子显然是文化性的；蚯蚓活动几乎肯定不是文化。但是海狸的堤坝呢？遗憾的是，关于海狸文化的可能性，我们还找不到什么好的科学信息。那么鲸类动物呢？也许最著名的例子是灰鲸，它们在白令海的底部摄食而过滤食物时搅动海底基层[15]。这种"犁耕"改善了它们所捕食的片脚类动物（amphipods）的栖息地。虽然灰鲸的"犁耕"是生态位建设的一种形式，但据我们所知，这并不主要是文化性的活动。不过有几个已知的例子，可能还有许多未知的例子，其中鲸类动物的行为既是生态位的建设也是文化性的。一个例子是捕鱼合作联盟，其中动物改变它们的环境——在这种情况下是环境中的人类那部分——以获得更好的一餐。

文化可以使一个物种精通一种复杂的觅食方法。如果它必须由每一只新动物从头开始发明，那么使用这种复杂技术的动物将会减少很多，也许只是偶尔出现的非常聪明或者幸运的生物才会去使用。那些如今被澳大利亚鲨鱼湾海底戴海绵的海豚所盯上的鱼，或者在巴西拉古纳附近被驱赶进渔网的鱼，如果没有海豚文化，将会更加安全得多。虽然拉古纳渔民与海豚合作并获利颇丰，但世界其他地区的许多渔民如果没有鲸类动物的文化生活压力则会小得多。涉及从捕网、刺网、延绳钓线和拖网中偷鱼的物种里具有压倒性的是宽吻海豚、虎鲸和抹香鲸——而这三个物种也是具最充分文化证据的。

在阿拉斯加湾和白令海，霍利·费恩巴赫（Holly Fearnbach）和她的同事们留意到，被人观察到会从渔具上掠夺的食鱼生态型居留虎鲸往往彼此之间是社会伙伴[16]。这些研究者推测掠夺行为首先是在母系内部传播，然后传播到可能曾在社会交往活动中目击过偷鱼过程的那些有联结的群组中。在阿拉斯加的威廉王子湾中，以鱼为食的居留生态型虎鲸 AB 氏族的成员从 1985 年开始从延绳钓线中移除黑鳕鱼（sablefish，学名为"裸盖鱼"，在当地被称为黑鳕鱼），偶尔还有大比目鱼[17]。它们可能是从远在更西边的阿留申群岛或白令海附近水域的虎鲸那里学到的，那些虎鲸已经几十年来一直在从黑鳕鱼的延绳钓线上掠夺了[18]。AB 是一个很大的氏族，大约有 35 头鲸鱼，而且它们非常善于利用渔场[19]。它们会注意到绞盘把鱼线拉上来的声音，趁此潜入，然后在鱼从水中被提起来时将鱼从鱼钩上移除。克雷格·马特金（Craig Matkin）估计，虎鲸带走了大约 1/4 的捕获量。不用说，渔民们并不高兴。他们试过用水下爆破。这在一定程度上震慑了虎鲸，但爆炸物很危险，并且很快就被列为是非法的。当时正在研究这些鲸鱼的马特金开始注意到它们的背鳍上出现了小圆孔。它们正在被枪击。一年内有 6 头鲸鱼从氏族里消失了，而每年按说只会有一头鲸鱼自然死亡。然后在 1986 年，黑鳕鱼捕捞季被大大缩短，并且枪击被禁止了。掠夺的机会和由掠夺所带来的不良影响都大大减少了。AB 氏族的情况在接下来几年里看起来有所好转。但随后在 1989 年发生了埃克森·瓦尔迪兹号油轮石油泄漏事件，直接或间接地导致氏族里 17 名成员的死亡，其中包括一些可能颇具影响力的年长雌性。AB 氏族一分为二，但它们的总数目还没有从埃克森·瓦尔迪兹事件中恢复过来。20 世纪 90 年代末，黑鳕鱼捕捞季被延长了，而威廉王子海湾的 AB 氏族成员们的掠夺行为再次成了一个问题。

在这些阿拉斯加水域的食鱼居留虎鲸中，我们可以更加靠近地来记录这些技术可能是如何传播的。在距离威廉王子湾约 1000 公里的阿拉斯加东南部更封闭的水域里，直到 20 世纪 90 年代中期才出现虎鲸掠夺事件，当时阿拉斯加东南部两个居留氏族之一 AF 氏族的成员开始被牵扯其中[20]。AF 氏族从 80 年代末经常访问威廉王子湾，并与那里偷鱼的 AB 氏族进行过联结。因此，AF 氏族更有可能接触到在延绳钓线周围的学习机会。相比之下，阿拉斯加东南部的另一个居留氏族 AG，在 1992 年之前未曾到访过威廉王子湾，当时几乎没有掠夺行为，而且它也没有掠夺阿拉斯加东南部的延绳钓线，至少到 2004 年都是如此。

让我们来简略地考察一下从黑鳕鱼延绳钓线上摄食的抹香鲸以及其他在阿拉斯加附近的物种[21]。抹香鲸似乎很快就学会了。尽管阿拉斯加的渔民自 19 世纪 80 年代以来就一直在延绳捕鱼，但情况在 1995 年发生了变化。在那之前，整个管理系统一直是一场道德比赛，在达到总配额之前，每个人都要尽可能多地捕到鱼。因此，每年的捕鱼季节大约有 5 天。现在则是每艘船都有其配额，而这将花费 8 到 9 个月的时间。这一变化使渔业更加有序，但也为抹香鲸提供了一个更好的机会——延绳钓线成为它们环境中一个更持久的特征，而这可能促进了它们对这种资源的初步学习的发生。抹香鲸的大规模掠夺是从1998年开始被报道的。在其他地区，从开始使用延绳钓线到抹香鲸出现持续夺食之间似乎有着2到15年的延迟。

简·斯特拉利（Jan Straley）和她的同事一直在寻找解决抹香鲸掠夺阿拉斯加延绳钓线的方法。他们将一台摄像机连接到一条延绳钓线上（见图11.1），然后进行观察：

> 一头鲸鱼接近鱼线，用嘴抓住它并通过向上移动而造成张力。由这些动作所产生的张力把一条鱼从线上弹了下来，而鲸鱼则从鱼线上松开嘴，跟着鱼儿游过去……这些神奇的动物有很多方法可以把鱼从鱼线上取下来。当我们在镜头中看到这头庞大的鲸鱼

图11.1 一台水下摄像机捕捉到一头抹香鲸从阿拉斯加东南部的一根延绳钓线上移除一条剑鱼。图片由 SEASWAP 提供（见 Mathias 等，2009 年）

　　鲸鱼海豚有文化：探索海洋哺乳动物的社会与行为

精巧灵活地游移在延绳周围时，我们意识到这些动物是聪明和狡猾的。这些动作是经过深思熟虑的。[22]

以上所引用的这些话来自一篇题为"抹香鲸与渔业：从阿拉斯加的视角看待一个全球性的问题"的文章。在全球范围内和这种复杂行为（即从延绳上掠夺）的迅速蔓延之中，我们认为可以看到社会性学习的力量。一旦一到两名个体想出了如何获取财富的方法，这种行为就会蔓延到一整个社群，很快就达到了对渔民造成困扰的程度。文化性鲸鱼的猎物则面临着这个问题更极端的一面。与斯特拉利所试图帮助的人类渔民不同的是，这些猎物大多数没有文化性的方法，没有技术或社会性习得的反掠夺行为来对抗具有创新性和掠夺性的鲸鱼。而它们的生命当然也岌岌可危。从食物链的更下游来看，鲸鱼文化则呈现出更积极的一面，它们压制住那些讨厌的中级捕食者，这样更多的基层物种才能繁衍昌盛。我们怀疑，如果没有鲸鱼文化，海洋许多地方的生态系统看起来和运作起来的方式将会完全不同。而这些不同是积极的还是消极的则取决于看待问题的视角了。

个体在文化系统中的作用

文化看似是个体性的对立面。文化将行为同质化。但是再深入进去一点，个体就会以两种方式显现出来。第一种方式是在复杂的文化传播行为中，个体所扮演的角色和作用。其中很好的例子是人类的音乐合奏以及佛罗里达州锡达礁（Cedar Key）附近进行屏障摄食的海豚们。在摇滚乐队、爵士乐队、合唱团以及管弦乐队中，每个人演奏特定的乐器或是主唱或伴唱，但他们共同制造出了愉悦人类大脑的音乐。在每一个锡达礁的海豚群组中，个体（即"驱赶者"）则不断地将鱼群赶向其他形成了屏障的海豚群那里[23]。

在文化社会中，特定个体变得重要的另一个方式是作为信息流网络中的节点。文化信息在一个社群中的传播是通过社群成员之间的社会关系来进行的。因此，拥有重要信息或有着良好社会关联的个体对于社群拥有什么样的文化信息、社群如何构建于成员之间以及社群如何随着时间而变化等方面可能尤为重要。想想那些鼓舞人心的老师或潮流引领者——比如马克思、甘地、达尔文、约翰·列侬或伊夫·圣罗兰——在推动人类文化的不同方面所产生的巨大影响。海豚和社交网络方面的专家大卫·吕梭（David Lusseau）和他的同事们就鲸鱼和海豚网络中特定个体的角色提出了一些有趣的命题。例如，吕梭发现，在生活于新西兰神奇峡湾（Doubtful Sound）的宽吻海豚中，启动旅行的侧翻和结束旅行的倒立拍尾主要是由社群中最具社交中心性的海豚所完成的，在侧翻的情况下是雄性，而倒立拍尾的则是雌性[24]。根据对这一种群的网络分析，吕梭和马克·纽曼（Mark Newman）认为，特定的海豚个体充当了"中间人"（broker），把原本相当不同的亚社群连接起来，而它们可能"对于种群作为一个整体的社会凝聚力至关重要"[25]。罗布·威廉姆斯（Rob Williams）和吕梭对太平洋东部的居留虎鲸社会进行了一个类似的分析，再次表明了特定个体在维持网络凝聚力以及也许是在信息交流方面具有特殊的作用[26]。

我们在这里需要谨慎一些。我们都工作过的达尔豪斯大学（Dalhousie University）生物系系址是一栋多层混凝土建筑，有些楼层是生态学家的，有些楼层则是分子生物学家的。如果我们注意到这座大楼的住户之间的对话，我们会发现兴趣相似的生物学家在以小社群的形式彼此交谈。在一个网络图中，建筑物的住户由节点来表示，这些节点的连接则显示出谁与谁交谈，那么这些生物专家的中心焦点将显示为互相有连接的集群。在我们的大楼里，他们将由一个与所有群组都有连接的人集合起来。这个人是一位推动跨学科创新的伟大的整合生物学家吗？不是的。明显处于社交网络中心的是一名喋喋不休的保洁员，他每天在简单打扫他们实验室的时候和所有人打交道，以此度日。他看似对网络至关重要，但实际上他却几乎没有向生物学研究

　　　鲸鱼海豚有文化：探索海洋哺乳动物的社会与行为

所努力传递有意义的信息（尽管很少有人会忽略八卦故事）。类似地，一头访问许多不同社会单元的虎鲸或宽吻海豚可能是重要的文化知识的承载者，但也可能是其天然群体的被排斥者，或者可能是一名探索的青春期个体，而它们来到每一个群体是没有文化关联的。在对虎鲸的分析中，青少年雌性是最"核心"的，并因此被认为在维系网络凝聚力方面发挥着重要作用[27]。另一种解释则是，它们可能在社会中乱交，并且还不能或不愿意与任何其他特别的个体建立牢固的联结。因此，社会中心性并不必定等同于文化重要性。

但是，它可以等同。大象的母系社会系统与抹香鲸的母系社会系统惊人地一致，在象群中，年长的雌性女家长是它们所在社群重要的信息和决策枢纽。拥有年长女家长的象群对于干旱、意外的社会环境和捕食者的反应一贯总是比由更年轻的雌性领导的象群更为恰当[28]。对于鲸鱼或海豚我们几乎没有这样的证据。一个可能的例子是来自佛罗里达州的一次短鳍领航鲸搁浅事件，在两名最大的、因此可能也是最年长的鲸鱼被人推回海里后，这些动物才离开了海滩[29]。我们缺乏鲸鱼中存在领导的证据可能是因为它们的社会组织比大象的组织更平等，也或者是因为我们对它们的社会复杂性还未曾能够有像大象科学家们所获得的那种深入了解。

文化与愚蠢

从他人那里获取信息可以使人们迅速适应各种各样的环境，但同时也为人们的大脑打开了一个入口，让适应不良的想法可以通过它进来……在运用模仿而不是基因来创造的对达尔文系统的模拟中，自然选择创造出了允许自私的文化变异得以传播的条件。[30]

基因和文化能以截然不同的方式进行传播。这样的后果是，虽然遗传演化几乎总是会产生适应性，个体在其演化而来的环境中一般会去做明智的事情，但当文化演化加入其中进行混合时，愚蠢的行为就可能会出现。

怎么叫愚蠢呢？我们主要指的其所做的事情是对动物基因有坏处的。然而通常，这些愚蠢的行为是"有意为之"，是通过文化演化来促进一种文化变体。因此，尽管像牧师那样禁欲独身会阻止牧师的基因传递下去，但如果是尽职尽责地履行其职，也可能让他有更多的时间和资源来推广他的宗教，使他在社群中有更高的威望，从而有更多的力量来推广这种成为他的教义的文化变体。基因为了文化而被牺牲了。这类似于自杀式炸弹袭击者或神风敢死队的飞行员：从基因的角度他们是没希望对未来有所贡献了，但对他们为之献身的文化也许是一种促进。至少这是一种观点。在这些情况下，只从基因本身的角度来看是如此地适应不良和愚蠢；而从文化变体的角度来看，这种行为可能是具有适应性的。

更令人费解的是这种情况：文化所引发的行为既不利于基因，也不利于文化。其中最极端的一个例子发生在 1978 年，吉姆·琼斯（Jim Jones）带领"人民圣殿"的 900 多名成员进入圭亚那丛林，在那里用氰化物自杀了。这是"人民圣殿"的终结，也是其成员基因的终结。或者以丁尼生（Tennyson）的诗《轻骑兵队的冲锋》（*Charge of the Light Brigade*）为例，在 1854 年克里米亚战争期间，一支由约 670 名士兵组成的英国骑兵旅接到了一个含糊不清的命令，要冲进敌方俄军所在的一个山谷，而敌方的士兵和炮兵驻扎在这个山谷的两侧和最远端[31]。结果是 278 名英军伤亡。同样，这一举动终止了许多英军士兵的基因传递，而且延误了英国的进攻，也就是其所宣称的文化目标。骑兵队中的大多数成员都知道这一次冲锋是自杀性的且毫无意义，但他们还是去做了，并得以在丁尼生的著名诗作中不朽[①]：

---

① 此处诗句的译文引自《丁尼生诗选：英汉对照》，黄杲炘译，外语教学与研究出版社，2019 年。下同。——译者注

> "向前冲，轻骑兵！"
> 可有人丧气？没有。
> 尽管士兵们知道
> 　　是错误命令。
> 他们可不能抗命，
> 他们可无法弄清，
> 只能奉命去牺牲。
> 轻骑六百名
> 冲进死亡的谷地。[32]

　　为什么呢？他们这样做是因为有高于一切的文化使命。就轻骑兵队而言，服从军事命令是首要的。从文化上讲，这种使命的演变是因为士兵服从命令的军队通常比不服从命令的军队做得更好。在轻骑兵队的冲锋结束后，这位英国诗人赞颂了这些骑兵，这些从冷静的角度来看做出如此愚蠢行为的人：

> 时间能湮没英名？
> 哦他们这次狂冲！
> 　　举世都震惊。
> 致敬，向这次冲锋！
> 致敬，向这六百名
> 　　豪迈轻骑兵！[33]

　　这种歌颂阻止了英国军队发展成一个更有效的战争机器，反而是"大大加强了那些传统的形式，正是这些传统形式将接下来80多年的军事努力扼杀了"[34]。适应不良的文化则得以保存。
　　在所有这些情况下，无论这种行为仅仅是对基因而言的适应不良，还是既对基因又对文化的适应不良，其中都有着对宗教、民族、军事单元这些具有文化标记群体的一种强烈认同感。这种群体认同胜过了对基因的推广，甚至在某些特定情境下，胜过了以对群体长期前景而言明智的方式来做出行为。所以士兵骑马赴死，因为遵守军令比保住自己的生命甚至赢得战争更重要。

我们刚刚举的例子大多是战争、死亡或独身生活的，但同样的过程可以用更温和的方式来运作：人们把钱给他们的母校，而这些本可以用来推广自己的基因或想法的钱，却被用来支持一所该个体早已完成了对其使用的文化机构。足球迷冒着被逮捕的风险与对方球队的球迷较量，而且这种方式可能给其所支持的俱乐部带来坏名声。

所以我们已经列举了一些人类文化可能产生的愚蠢行为。那么鲸鱼呢？鲸鱼有一个明显是愚蠢行为的典型例子。它与轻骑兵队的冲锋以及"人民圣殿"成员集体自杀别无二致。鲸鱼和海豚有时会在海岸线上活生生地让自己搁浅，这不是那种仅仅为了捕捉海豹或鱼的短暂搁浅，而且它们显然并没有要离开的打算（见插图 15）。牵扯其中的动物处于严重危险之中。诚然，它们是哺乳动物所以能够呼吸空气，但它们面临着脱水，而如果它们是大型鲸鱼，它们的身体会在没有水的支持下逐渐压碎自己，并且它们无法进食。它们通常会死去。

这些搁浅有三种通常的类型：单独搁浅，在海滩上只发现一头动物，或者可能是一位母亲以及它的幼崽；"典型"集体搁浅，许多动物在同一地点（通常在几百米之内）同时（最多几个小时内）搁浅；"非典型"搁浅，动物大约在同一时间集体搁浅，但是在一片很大的区域里，可能跨越数十或数百公里[35]。单独搁浅几乎总是涉及生病或受伤的动物，可能是由于迷失方向、无法游泳，或渴望得到海滩的支撑。所有的鲸类物种都可能单独搁浅。非典型的集体搁浅颇让人花了一段时间来搞明白，而现在比较清楚的是，它们通常是由海洋中在某种程度上我们还不了解的巨响所引发的，由于声音在水下传播得非常好而且声音对鲸鱼来说也非常重要，这些响亮的声音导致鲸鱼最终在大面积的海滩上搁浅。罪魁祸首是海军声呐和爆炸，地震勘探在绘制海底

鲸鱼海豚有文化：探索海洋哺乳动物的社会与行为

地质图（通常是在寻找石油和天然气储量）时偶尔也会发出响亮的声音[36]。非典型集体搁浅的常见受害者是突吻鲸，它们似乎对这些响亮的声音尤其敏感，但有时也会涉及其他物种。在20世纪中叶人类开始制造巨大的水下声音之前，这些非典型的集体搁浅极其罕见[37]。

相比之下，典型的集体搁浅——动物们几乎同时在同一海滩上搁浅的现象——已经存在了几千年，也许几百万年了。在公元前350年，鲸鱼和海豚的集体搁浅使亚里士多德感到困惑："不知道为什么它们有时会触底搁浅在海岸上；而有人宣称这是当它们兴致所至而没有任何明显原因时经常会发生的。"[38]它们直到今天都使我们困惑不解[39]。不同于单独搁浅或非典型搁浅的受害者，典型搁浅在海滩上的动物大多数情况下看起来都非常健康。观察者说鲸鱼通常不会显得惊慌失措，而是缓慢而故意地游向岸边[40]。关于鲸鱼到底为什么会上岸有一系列的理论，其背后有着各种各样的证据：包括风暴、磁场异常、海洋学变化，以及在深水复杂多变地区的导航失败[41]。将这些因素综合起来，我们可以推断这些鲸鱼是在一种棘手情况下靠近海岸的，在这种情况下，环境不能给它们提供容易解读的关于它们在哪里、应该往哪里去的信息。

然而，正如定语"集体"所指出的，典型的集体搁浅的一个关键方面是社会性。动物们跟随彼此来到海滩上，而且不会自己独自离开[42]。通常，每隔几分钟就会有一小群或单头的鲸到达[43]。如果之后它们被海水带离了海岸，它们通常会再回到海滩，除非其他大部分的鲸鱼也都被带离了。此外，最有可能牵扯到典型集体搁浅中的物种是母系鲸鱼：抹香鲸、领航鲸、伪虎鲸[44]。海洋性的海豚也可以集体搁浅，不过它们这样做的频率较低。虽然我们还未能恰当地理解它们的社会结构，但它们显然是高度社会化的。

在这些典型的集体搁浅中，其首要任务似乎是与群体待在一起——在这种例子中"群体"的定义是模糊的，因为集体搁浅通常涉及的动物远远多于典型的比如说领航鲸或抹香鲸的家庭单元。我们实在对鲸类社会中群体凝聚力、支配地位或者领导能力的动态了解得不充分，以至于还无法完全理解这一现象。一些报告谈到，一旦较大的个体从海滩被推回海中后，一个群体的行为就会发生显著变化，而这暗示着某种领导角色[45]。然而，社会凝聚力的首要性显然压倒了一名个体保护自己的生命、自己的基因甚至其"群体"生存的本能。为什么呢？坚持待在一个群体中有着众所周知的优势——比如保护自己不受捕食者的侵害——但是，我们在众多显然也因此组成了群体的物种中却没有看到过类似的集体搁浅现象，而且正是因为这些优势会累积到个体水平的适应性上，一旦坚持待在一个群体中的代价超过了离开的代价，那么按说动物就会弃群体而去。我们认为，正是需要与群体中集体拥有的知识（可能是更成熟的成员所具有的知识）保持连接，而且也许是愿意轻信地跟随这些"年长者"到它们所去往的地方，才导致了这种非同寻常的、往往是致命的现象。要坚持下去，这种凝聚力的重要性一般来说必须比自己来想办法解决问题能做得更好。由于我们人类大部分时候是在岸边活动，与这种凝聚力通常对深海中的个体鲸鱼有所回报相比，我们可能只是对于相对罕见的、与海岸有关的鲸鱼灾难知道得更多罢了。

由此可见，文化可能会对母系鲸鱼的大型群体造成致命的后果。有时情况甚至更糟糕。领航鲸有两个物种，长鳍的和短鳍的。短鳍领航鲸是温暖水域的物种，遍布全球的热带和亚热带水域。长鳍领航鲸则喜欢凉爽的海水，在南半球的大洋和北大西洋都曾发现它们，但在北太平洋却没有。这看起来很奇怪，因为北太平洋比北大西洋还要大，而考古证据则提示了长鳍领航鲸确实曾在北太平洋北部被发现，直到公元 1000 年左右，只不过后来它就从那里消失了[46]。领航鲸是分布广泛、数量众多、适应力强的生物。例如，它们经受住了几个世纪以来一直在北大西洋法罗群岛持续不断且相当繁重的渔业活动。那么，为什么它们会从一个非常大的海洋里消失呢？而且在那里它们从来都不是工业捕鲸活动的目标。这个嘛，如果墨守成规的保守主义掌控了一

　　鲸鱼海豚有文化：探索海洋哺乳动物的社会与行为

个文化性种群，并且成为了一种必需，那么个体将更加关注彼此而不是他们所处的环境，因此个体可能会受到环境变化的严重影响，进而它们的种群将受到威胁。这貌似也是发生在格陵兰岛南部的养殖奶牛的维京人身上的事情，他们的生活方式随着 15 世纪小冰河期的开始而逐渐变得不可持续。他们的命运与居住在同一地区的因纽特人（爱斯基摩人）形成了鲜明对比，后者的生活方式就非常适合更寒冷的环境[47]。维京人消失了，因纽特人则繁荣昌盛。造成这种对比的部分原因似乎是，维京人在文化上比较保守，在面对不断变化的气候时他们太长时间都固守在惯常方式上。哈尔和彼得·理查森的建模表明，文化上的保守主义叠加长期发生巨大变化的环境，对于人类种群来说可能是灾难性的[48]。也许维京人的命运就是一个例子。北太平洋的长鳍领航鲸是否也成为了自己保守主义的牺牲品，在不断变化的环境中坚持着过时的行为，并遭受了同样的命运呢？这完全是我们单方面的猜测，但它不失为一个对于这种否则应是世界性物种的神秘消失的潜在解释。既然保护的一个目标是防止将来出现这种情况，这也很好地引出了我们接下来要去探讨的文化保护。

文化性物种的保护和管理

在不破坏鲸类动物的文化特质的前提下，要为这种高度社会化的鲸类动物制定开发利用计划是极其困难的。将一群短鳍领航鲸的全体成员驱赶进一个港口并随后进行屠杀，很可能会抹去一种文化特质并削弱该物种的生存能力。目前在日本对这些物种的开发利用只能通过忽视群体成员的个性化和其生活在一个群体中的作用来实现。[49]

以上这一表述——其变体可能来自许多与我们志同道合的同事——是颇为独特的，因为它是日本科学家粕谷俊夫在一个非常公开的论坛上所发表的观点[50]。粕谷在海洋哺乳动物学会两年一度的会议上获得了肯尼斯·S. 诺里斯（Kenneth S. Norris）终身成就奖。在这次演讲以及他的其他作品中，粕谷违背了他自己文化中的一个重要原则。日本政府的态度是，鲸鱼资源可以而且应该得到可持续的开发利用，而几乎所有年长的日本鲸鱼科学家都遵守这一原则[51]。粕谷则没有，他的科学美德和勇气使他成为一名理想的诺里斯奖获得者；他与其他科学家共同发现了北太平洋长鳍领航鲸的灭绝和短鳍领航鲸的绝经期。在本节中，我们将更广泛地探讨粕谷所提出的问题。鲸鱼的文化是怎样影响到我们管理和保护鲸鱼的努力的呢？

正如我们所概述的，文化可以驱动一个物种的种群生物学——从演化、动物行为、生态等方面。这种文化的后果对鲸鱼和海豚与我们人类互动的方式产生了影响。例如，它们广泛的活动范围和生态上的成功通常会增加它们与我们互动的速率和严重性。广阔的范围意味着更多的冲突区域，而生态上的成功意味着人类和鲸类之间对资源的竞争日益激烈。当个体的鲸鱼在其社会中扮演重要角色时，把它们移除带走——无论是通过捕鲸、被捕鱼业误捞，还是为了展示而被活捉——都会影响到那些留下来的鲸鱼的生计。在大象种群中，对年长的母系家长的偷猎降低了其社会单元中幸存成员应对威胁的有效性，因此也降低了它们的繁殖成功率[52]。因此，这些移除降低了大象种群的适应力，其降低速度远快于仅考虑被杀死的大象数目时所能预期的。

由于知识的重要性，文化性物种往往对年幼者有长期的照顾，也许还有教育。因此，其生殖率往往较低。在生命长河的另一端，文化可以帮助动物存活到老年，而且由于老年动物是重要的知识宝库，像绝经期这样的属性可能会演化出来以延长寿命。总之，文化性物种往往繁殖缓慢，且活得长久。它们的种群不会增长很快，但这些动物通常能更好地处理随之而来的许多问题。

即使在长时间尺度上（我们在前面几章中讨论过的红噪音），在一个高度可变而且是在动物的生物学极限和文化演化的极限之间进行

鲸鱼海豚有文化：探索海洋哺乳动物的社会与行为

变化的世界中，这种方法也很有效。但如果在动物的演化经验之外突然出现了新的威胁，无论是面对捕鲸、污染，还是由人类引起的快速气候变化的后果，繁殖率如此之低的物种通常没有什么适应力。例如，一个抹香鲸种群无法消化接受带来每年死亡率超过种群数量 1% 的任何新威胁[53]。

然而，在直接应对一个新的威胁时，如果能从社会性学习中学到有效的应对威胁的手段，文化本身可能是一种优势。有一些证据表明，一些抹香鲸学会了避开白鲸记时代（Moby Dick era）扬基人捕鲸船的方法——比如，快速地逆风游动[54]。当捕鲸船划桨或航行时，这是相当有效的。我们不知道这种策略是个体化习得的还是社会性习得的，但是，考虑到抹香鲸社会的本质，这种行为似乎很可能有社会性因素。文化可以使一些鲸类物种恰当地适应气候变化所带来的它们栖息地的变化[55]。它们可以从彼此那里学习新的迁徙路线或寻找新的觅食区域的下落，这些新的路线和区域在面对人为的海洋变化时更有利于新生活。

另一方面，如果动物在文化上是保守的，那么文化可能是对抗威胁的不利因素。例如，南部居留虎鲸可能会继续使用普吉特湾嘈杂、污染严重的城市水域，而现在那里的食物很少并且对它们的健康有害，尽管还有更好的替代区域。它们这样做主要是因为"这些是我们使用的区域"，而其次则是，因为使用这些区域有助于描绘"我们"[56]。居留虎鲸同样强烈地偏好于奇努克鲑鱼，因此它们种群的健康状况也反映出了奇努克鲑鱼储备的强度，尽管周围还有其他营养丰富的鲑鱼物种[57]。

文化性物种利用新的食物来源的速度既能带来机遇，也能带来威胁[58]。我们在第 5 章中看到了贝克·唐纳森和她的同事们将澳大利亚以南一个海豚种群中乞讨的传播与种群中的社会网络联系起来，强烈地暗示了这种扩散的一个社会性因素[59]。当鲸鱼和海豚与渔具进行互动时，它们或许会轻松获得一餐，但也可能会被渔网或延绳钓捕到，甚至有时被愤怒的渔夫射杀[60]。任何创新都会伴随着好处与代价。这些好处和代价可能会产生演化选择的压力：具有某些特征的动物可能会过得更好，而另一些则会更差。如果偷鱼的收获大于风险，那么大胆和有社交能力的特征可能会受到青睐。但如果剥削人类是危险的，那么胆小和保守主义则可能会受到偏爱。1982 年，当"森林小队"（Forest Troop）中一些最具攻击性的雄性狒狒开始从肯尼亚一家旅游小屋的垃圾堆摄食时，就发生了这种事情，结果就是它们死掉了[61]。我们将在第 12 章中更详细地描述这个不寻常的故事，但在此处可以简要透露的是，"森林小队"后来是在那些没有在垃圾场摄食的、更胆小的幸存雄性的控制之下的。在最初胆小的雄性被新来者取代后，森林小队中形成了一种被动文化，并持续了至少一个世代。这场文化性的变革——它是继第 4 章描述的澳大利亚东部座头鲸歌曲发生根本性转变之后第二个被记录下来的非人类的文化性变革——在此主要是作为一个例子以说明"剥削"人类丢弃物的危险带来的文化选择。但其中也可能有一些遗传选择，假使幸存雄性的胆怯是遗传而来的，而后代在这方面就和它们的父亲一样的话。这种遗传演化效应不会直接维系住森林小队的被动性，因为雄性在成熟时会在小队之间转移，但它可能会降低种群攻击性的一般水平。相同的文化和遗传演化力量在鲸类动物与我们渔业的交互过程中毫无疑问也发挥着作用。

我们在第 5 章中讨论的莫顿湾海豚和拖网捕虾船的例子说明了人类的渔业是如何深刻地影响鲸类社会结构的。这也显示出宽吻海豚种群对于人类对其栖息地以及对其社会结构的直接影响所具有的适应能力。我们人类创造出一个机会，海豚文化做出了回应，而且海豚社会也被重塑了。在莫顿湾，这一系列事件是可逆的，但我们怀疑这种情况是否会一直存在，尤其是对于文化较为保守的鲸类动物，比如虎鲸来说。

而且，还有文化所产出的愚蠢之事。它对保护的影响不那么明显，但愚蠢的行为让我们困惑。我们如何区分出鲸鱼伤害自己是出于它们

鲸鱼海豚有文化：探索海洋哺乳动物的社会与行为

的文化本性，或是我们伤害鲸鱼是出于我们的文化本性？正如我们所述，鲸鱼在海滩上集体搁浅，其死亡的原因可以与我们无关。但它们也会因为与我们密切相关的原因在海滩上集体搁浅。

有时，人类的干涉被错当成是一次"自然的"集体搁浅的原因。在 2002 年 55 头领航鲸在科德角集体搁浅之后，《多伦多星报》（*Toronto Star*）的头条写道："是新的声呐驱使鲸鱼上岸的吗？"不是的，在这个案例中不是。这是一次"典型的"集体搁浅，是领航鲸几千年来一直在进行的"自然"搁浅。然而，也有一些令人困惑的案例，比如在 2005 年 1 月，33 头短鳍领航鲸（这是母系的而且也是常见的典型搁浅物种）在近海军事演习后，在北卡罗来纳州的俄勒冈湾（Oregon Inlet）附近上岸。两只倭抹香鲸（dwarf sperm whales）和一头小鲲鲸也同时上岸，但地点不同。因此，这起事件具有"典型"和"非典型"集体搁浅的属性，美国国家海洋渔业局的官方调查得出结论，"总体而言，北卡罗来纳州（集体搁浅）的原因尚不明确，也不太可能明确"[62]。

对于野生动物管理者来说，最困难的任务之一是决定如何将他们所管理的种群划分为"储备"（stocks），这些"储备"是管理行动的主体，就像狩猎的配额一样。一个储备有其自己的狩猎规则，而一个相邻的储备则有一套不同的规则。当保护生物学家试图划分出通常所谓的"演化显著单元"（evolutionary significant units, ESUs）时，他们可能会遭受更大的烦恼：这些单元要接受与其被感知到的保护状态相适应的不同程度的保护措施。在保护生物学家中的共识是，ESU 应该根据因当地环境选择而导致的地理、遗传，或动物表型的差异来定义[63]。通常，这些单元是根据保护遗传学家的工作而以遗传性来编排的。但是，往往并不容易决定出遗传差异何时足以使种群分离。这种决策可能很有负担，比如，如果它对人类活动会有实质性的影响——例如，当一个拟议的 ESU 所生活的地区有一个提案是进行会改变栖息地的发展建设时。

文化使这一切都变得复杂。最根本的是，如果文化是表型的一个重要决定因素，那么在逻辑上它应该是 ESU 的一个重要决定因素，正如我们已经表明过的[64]。然而——其次是——由于文化变异和遗传变异不一定相关，用来划分 ESU 的标准的、遗传学的方法很可能会忽略这个物种真正重要的区别，以及它的成员如何与我们带来的威胁相互作用。例如，在太平洋抹香鲸的文化部族中，"加一"部族似乎比常规部族显得会对海洋变暖有更好的应对。各部族具有一贯不同的行为——也就是不同的表型。如果全球变暖被视为对抹香鲸的一个重要威胁，那么这两个部族应该分别地受到保护，因为它们分别都是地球上生命的整体性的重要组成部分。然而它们在所有重要的核基因中都没有分别，在母系传递的线粒体基因中也只有一点点分别，因此从保护遗传学家的标准程序中来看它们可能不会被当成不同的 ESU 出现[65]。

那该怎么办呢？我们和我们的同事建议对 ESU 的定义进行一个调整，以囊括进任何形式的可传承的表型变异，无论是通过基因、文化，还是潜在的其他传承过程而来[66]。还有一个办法是，生态学家赛迪·瑞安（Sadie Ryan）提出了应考虑到"文化显著单元"（cultural significant units, CSUs），当物种有文化所决定的实质性行为时，或许可以将其划为 CSU 并加以保护[67]。

这一切可能看似相当深奥，看似与保护生物多样性的实践相去甚远。但这一切在南部居留虎鲸的争议中达到了白热化程度。南部居留虎鲸的社群以鱼类为食，横跨在加拿大不列颠哥伦比亚省南部海域和美国华盛顿州之间的海域。南部居留虎鲸的数目不到 100 头，面临着许多人为因素所造成的威胁，包括污染、捕捞他们所食鲑鱼的渔业以及过度火爆的观鲸业。美国和加拿大当局面临的问题是，南方居留虎鲸是否应被视为等同于一个 ESU[68]。如果是的话，它们将被划定为"濒危"，并根据美国的《濒危物种法案》（*Endangered Species Act*）或加拿大的《濒险物种法案》（*Species at Risk Act*）而受到实质性保护。鲑鱼捕捞或观鲸可能会受到严重限制。如果不是它们自己一个 ESU，那么它们将被视为一个更大的、应该更安全的虎鲸种群的一部分，这些虎鲸种群还包括数量更多，且受威胁较小的北部居留虎鲸，可能还包括使用北太平洋的其他生态型和社群——阿拉斯加居留虎鲸、过客虎鲸，以及离岸虎鲸（offshores）。它们所受到的法律保护可能会少得多。正如我们在第 5 章中总结的，南部居留虎鲸和北部居留虎鲸有着截然不同的发声、游动行为以及社会行为。这两个社群的成员在遗传学上只在线粒体基因组中有一个碱基对存在差异——而这是在任何两个种群之间最小可能一致存在的遗传差异了。政府机构是否会认为文化差异足够重要，以给予南部居留虎鲸一个它们自己的 ESU 呢？

　　加拿大濒危野生动物现状委员会在 2001 年将南部居留虎鲸与北部居留虎鲸分开列出，评估它们为濒危物种 [69]。加拿大政府将它们描述为"在声学、遗传学和文化上都截然不同" [70]。此后，南部居留虎鲸在加拿大边境的《濒险物种法案》下获得了相当大的保护。然而，美国政府的看法却不同。2002 年，美国国家海洋渔业局裁定，南部居留虎鲸没有形成一个"独特的种群部分"——换句话说，它们不是一个法定的 ESU[71]。渔业局驳回了文化的论点，理由是"没有足够的证据表明这些'文化'特质是否是遗传的或是后天习得的，因而它们是否真的指征着一个演化上的重要特质还是个问题" [72]。抗议和诉讼随之而来，常常会援引到"文化上截然不同"这个论点。在 2005 年，美国政府撤销了其"基于生态环境、范围、遗传分化、行为学和文化多样性的评估"的决定，这样南部居留虎鲸在边境的两边都被列为濒危物种 [73]。在宣布这一决定的《美国联邦公报》（*U. S. Federal Register*）的页面上载有一个颇具先见之明的声明："它们在文化传统上存在差异，而南部居留虎鲸可能对北太平洋居留虎鲸活动范围中南部的鲑鱼洄游的时间和地点有独特的了解。" [74]

　　这些措施很有希望将能保护南部居留虎鲸和它们的文化。遗憾的是，在人类与鲸鱼关系中最具破坏性的时期，无论是在法律上还是在感情上，都没有濒危物种法案或任何与之类似的东西。在捕鲸从业者终结其工作之前，一些鲸鱼物种的种群规模已经缩小到很小的比例[75]。在种群数量急剧减少的情况下，保护生物学家颇为担心这种瓶颈所造成的低遗传多样性[76]。一个很小的群体拥有很少的不同基因——那些不同基因是在少数幸运存活下来的个体之中的。群体变得过于同质化，可能导致因近交衰退（inbreeding depression，即近亲繁殖）所引起的问题，例如先天性缺陷的发生率有所升高以及缺乏可能帮助它处理新问题或旧问题的基因。如果帮助个体度过瓶颈的基因（例如那些导致害羞或体型较小的基因）通常是不占优势的话，那么这种情况可能尤其如此。

这个瓶颈问题也会影响到文化特质。一个减少到很小数量的文化性种群可能会失去有用的信息，仅仅是通过自然消耗就会这样。塔斯马尼亚土著人世代生活在与澳大利亚大陆上的土著居民完全隔绝的小型种群中，他们最终形成了已知人类种群中最简单的文化，而这种文化则缺乏澳大利亚大陆土著人包括骨工具、网、带刺长矛和回力飞镖在内的许多标准属性[77]。对于北大西洋的露脊鲸呢？在 20 世纪初，它们由于捕鲸已经减少到不到 100 头，虽然受到了保护但这个物种还是很难恢复元气。尽管南露脊鲸（南露脊鲸是主要活动于南半球的一种露脊鲸）的数量在以每年约 7% 的速度重建种群，但是北大西洋那边的露脊鲸——很不幸的是它们总是被船只撞到或是被捕鱼工具困住——的数量在最好的时候每年也只增加了 3%[78]。而在糟糕的时期，其数量连续几年都有所下降。这些数量的下降可以追溯到加拿大东部芬迪下湾（lower Bay of Fundy）在夏季的境况。当海湾中的浮游生物较为贫瘠时，露脊鲸的摄食成功率很糟糕，而雌性抚养的幼崽也不多[79]。种群正在衰减。这种对芬迪湾的强烈依赖是最近才出现的。在18、19 世纪，夏季时露脊鲸在北大西洋的几个地区被捕杀，而这些地区现在已经看不到或很少发现露脊鲸了，这些地区包括纽约长岛附近的水域、圣劳伦斯湾、纽芬兰大浅滩（Newfoundland Grand Banks）以东以及格陵兰以南[80]。我们可以想象它们根据摄食情况在这些夏季的活动地之间的移动。若是有大量密集的浮游生物，就留下来；只有少量的话，就移动到别处去。我们知道露脊鲸会在大约几公里这种较小的范围里做这样的游移，并且随着浮游生物浓度的变化，它们会季节性地在缅因湾的摄食区域之间移动[81]。此外，可能有不同的种群小组去专攻不同的摄食地，这样它们的好年和差年可以相互补偿。不管怎样，这里的种群本应该比如今这样过度依赖芬迪湾而更具有适应能力。布鲁斯·马特和他的同事推测，一位被卫星追踪的露脊鲸母亲带着它的幼崽在北大西洋西部的一些摄食地之间旅行，也许是在进行教学，不过它也可以仅仅是为了自己寻找食物[82]。但是不管怎样，它的幼崽还是会学到一些关于它的栖息地的、否则就无法学到的东西。对其他摄食地的文化知识的丧失，就像遗传变异的丧失一样，让种群变得更加脆弱[83]。文化的多样性很重要[84]。

菲利普·克拉帕姆（Philip Clapham）和他的同事们对捕鲸后须鲸种群的管理进行讨论时将这一论点普遍化了[85]。他们研究了 5 个须鲸物种的 11 个亚种群，所有这些亚种群都被商业捕鲸所消灭，并且在捕鲸活动结束后的 40 到 400 年里都没有恢复。他们认为，对栖息地文化记忆的共同丧失是导致这些种群恢复失败的根本原因或促成因素[86]。管理需要包含进这些文化效应。

因此，正如粕谷俊夫如此勇敢地宣称的那样，文化使保护工作变得复杂，并以各种复杂的方式使其变得尤其复杂。横向文化可以将种群推向与人类相关的问题，但也可以帮助它们应对问题。相比之下，垂直文化会被人类活动所破坏，并可能抑制对这些活动的适应性。有很多原因让我们去期待保护一个物种或一个种群。它们的文化应该被作为一种因素考虑进来。而我们的文化则创设了对此进行辩论的框架。

注释

1　Richerson and Boyd 2005, 12–13.

2　Estes et al., 1998.

3　Corkeron and Connor 1999; Whitehead et al., 2012.

4　《努纳齐亚克新闻》援引文章《因纽特人的传统生态知识揭示出"海之狼"虎鲸正在向北迁徙》，今日印第安地区媒体网（Indian Country Today Media Network），http://indiancountrytodaymedianetwork.com/2012/02/02/killer-whales-wolves-sea-are-migrating-north-inuit-traditional-ecological-knowledge。

5　Stevens et al., 2000 探讨了鲨鱼对生态的影响。

6　虽然鲨鱼可能（偶尔）也会进行社会性的学习（Guttridge et al., 2012）。

7　《"海之狼"虎鲸正在向北迁移》。

8　Ritchie and Johnson 2009.

9　"顶级的顶级捕食者"取自 Pitman 2011c 的一篇文章标题。

10　抹香鲸对鱿鱼种群可能的影响在 Whitehead, 2003b 中进行了探讨。

11　抹香鲸的猎物通常比突吻鲸或象海豹分布更广泛（Whitehead, MacLeod and Rodhouse, 2003）。

12　尽管抹香鲸很少进入浅水区，但也有例外——在纽约长岛附近的浅水区总能看到抹香鲸（Scott and Sadove, 1997）。

13　Laws 1970; West, King, and White 2003. 大象、欧椋鸟以及鲸类也擅长利用由人类所引起的栖息地的变化（Whitehead, et al., 2004）。

14　Laland, Odling-Smee, and Feldman 2000; Rendell, Fogarty, and Laland 2011.

15　Budnikova and Blokhin 2012.

16　Fearnbach et al., 2013.

17　Saulitis 2013.

18　Matkin and Durban 2011.

19　Saulitis 2013.

20　Matkin et al., 1997.

21　Mesnick et al., 2006.

[22] Straley 2012, 41. See also Mathias et al., 2009.

[23] Gazda et al., 2005.

[24] Lusseau 2007.

[25] Lusseau and Newman 2004.

[26] Williams and Lusseau 2006.

[27] Williams and Lusseau 2006.

[28] Foley et al., 2008; McComb et al., 2001, 2011.

[29] Fehring and Wells 1976.

[30] Richerson and Boyd 2005, 12–13.

[31] Brighton 2004.

[32] 《轻骑兵队的冲锋》，阿尔弗雷德·丁尼生，1854 年。

[33] 《轻骑兵队的冲锋》。

[34] Dixon 1994, 41.

[35] Frantzis 1998; Simmonds 1997. 也会有偶尔发生的"大规模死亡"，即鲸类动物会在很大的空间范围内，并在数周或更长的时间内搁浅。在这些情况下，这些动物已经死亡或生病了。疾病和污染被认为是其原因（Simmonds, 1991）。

[36] Weilgart 2007.

[37] D'Amico et al., 2009.

[38] 亚里士多德，《动物史》（*Historia Animalium*），1. 5。

[39] 例如，Bradshaw, Evans and Hindell, 2006; Simmonds, 1997。

[40] Fehring and Wells 1976.

[41] Bradshaw, Evans, and Hindell 2006; Simmonds 1997.

[42] Robson 1988; Robson and van Bree 1971; Sergeant 1982.

[43] Robson 1984.

[44] Sergeant 1982.

[45] Fehring and Wells 1976.

[46] Kasuya 1975.

47　Diamond 2005.

48　Whitehead and Richerson 2009.

49　Kasuya 2008, 769.

50　本节开场白的变体包括，例如，路易丝·奇尔弗斯和彼得·科克伦对莫顿湾"拖网渔船"海豚的讨论："管理策略是否应该包含考虑保留住这些文化？评估人类活动对动物种群影响的相对明显的后果可能很困难。当哺乳动物对非针对于它们的活动而表现出复杂的社会性反应时，保留可存活的野生动物种群的任务可能会变得甚至更具挑战性。"（Louise Chilvers and Peter Corkeron, 2001, 1904）

51　关于日本对捕鲸的官方立场，参见例如《问与答：日本鲸鱼研究计划（JARPN 和 JARPNII）》，鲸类动物研究所（Institute for Cetacean Research），2013 年 8 月 14 日查阅，http://www.icrwhale.org/QandA3.html。

52　McComb et al., 2001, 2011.

53　Chiquet et al., 2013.

54　Caldwell, Caldwell, and Rice 1966; Whitehead 2003b, 199.

55　Whitehead et al., 2004.

56　See Osborne, 1999.

57　Ford and Ellis 2006.

58　Whitehead 2010.

59　Donaldson et al., 2012.

60　Read 2005; Saulitis 2013.

61　Sapolsky and Share 2004.

62　Hohn et al., 2006.

63　关于 ESU 的正式定义与当前的观点，参见 Funk and colleagues, 2012。

64　Whitehead et al., 2004.

65　抹香鲸部族之间的遗传差异在 Rendell et al., 2012 和 Whitehead 2003b 中进行了讨论。

66　我们对 ESU 所提议的定义是："一个显示出高度受限的信息流的世系，其

中这种信息流决定了使其区别于该物种的较高组织水平（世系）内其他此

类世系的表型。"（Whitehead et al., 2004）

[67]　Ryan 2006.

[68]　从技术上讲，在加拿大是一个"可指定的单元"，或者在美国是一个"独特的种群组成部分"。

[69]　"Species at Risk Act Recovery Strategy Series: Recovery Strategy for the Northern and Southern Resident Killer Whales（*Orcinus orca*）in Canada," Species at Risk Public Registry, modified July 10, 2012, http://www.sararegistry.gc.ca/document/doc1341a/ind_e.cfm.

[70]　"Recovery Strategies: Recovery Strategy for the Northern and Southern Resident Killer Whales（*Orcinus orca*）in Canada," Species at Risk Public Registry, modified July 11, 2012, http://www.sararegistry.gc.ca/document/default_e.cfm?documentID=1341.

[71]　关于南部居留虎鲸不构成一个独特的种群组成部分的裁决，参见 Teaney, 2004。

[72]　Krahn et al., 2002.

[73]　The quote about the reversal of the U.S. government's decision is taken from "Endangered and Threatened Wildlife and Plants: Endangered Status for Southern Resident Killer Whales," *Federal Register*, vol. 70, no. 222, November 18, 2005, Rules and Regulations, http://www.nmfs.noaa.gov/pr/pdfs/fr/fr70-69903. pdf, p. 69907.

[74]　"Endangered and Threatened Wildlife and Plants: Endangered Status for Southern Resident Killer Whales," pp. 69907–69908.

[75]　Clapham, Young, and Brownell 1999.

[76]　Nei, Maruyama, and Chakraborty 1975.

[77]　Henrich 2004b.

[78]　Kraus and Rolland 2007a.

[79]　Hlista et al., 2009.

[80]   Reeves, Smith, and Josephson 2007.

[81]   Hlista et al., 2009; Mayo and Marx 1990.

[82]   Mate, Nieukirk, and Kraus 1997.

[83]   关于对这些观点的一个讨论，参见 Kraus and Rolland, 2007b。

[84]   Whitehead 2010.

[85]   Clapham, Aguilar, and Hatch 2008.

[86]   Clapham, Aguilar, and Hatch 2008.

第 12 章

文化性的鲸鱼：我们如何看待及对待它们

文化驱动的鲸类

因此，我的看法是鲸类必须依靠由过去经验所积累的知识。这种知识很可能通过学习被传递给群组的其他成员。这是社群的文化。[1]

我们再次回到粕谷俊夫一生都在试图去理解的鲸类的视角，这句话说得既温和又说到了点子上，突出了鲸类对知识的依赖性、对该知识的社会性学习以及社会性社群的意义及其特征性的文化。有些鲸类在它们的社会和文化之外几乎就不再是鲸类了。

但是，在鲸鱼和海豚的不同物种之间，有时在一个物种内，社会和文化可以呈现出非常不同的形态。其中一端是大型齿鲸的紧密的母系家庭单元，它们分享食物、互相照顾，并有专门的仇外文化；另一端是须鲸的松散社会和跨越海洋广布的歌声文化。而在另一个角落里，则是像鼠海豚这样我们目前几乎没有或根本没有关于它们文化或复杂社会结构证据的物种。但这还只是我们知识跨度的问题。那些在冰下的独角鲸、江豚，或者最有趣的、在其巨大群体中的海洋型海豚又是怎么样的呢？

我们人类在试图理解鲸类文化的性质和视野时面临着严重的障碍。海豚和鲸鱼的栖息地对我们是不宜居的。鲸类是巨大的，且许多是不能被圈养的；有些人会主张说它们中任何一个都不应该被圈养[2]。它们对其环境的感知与我们有所不同，而且那是一个不同的环境：三个维度、充满浮力、对光不透明但对声音透明、无屏障的，而且在小尺度上统一但在大尺度上变化很大。我们的人类文化对我们的生活是绝对重要的，我们自然而然地为它着迷。我们有若干长期存在的学术研究，其中有成百上千的学者致力于研究人类文化。但是我们仍然不了解，或者不能对人类文化是如何运作的解释达成一致。屈指可数的那些研究海洋下面的文化的科学家对它的理解又会有多深入呢？

一些推定为是鲸类文化的证据很容易受到批评。尤其是与觅食相关的行为。行为模式可以用遗传差异来解释吗，还是可以通过个体独立地在不同环境中的学习行为来解释呢？通常在觅食行为中，这两种机制都是与文化一起运作的，因此很难单独分离出其中社会性学习的组成部分。但这并不意味着，对于鲸鱼和海豚来说，文化在决定觅食行为方面的重要性不如发声或玩耍重要，只是我们发现觅食中文化更难被描绘出来。

尽管有这些困难，仍有相当多的关于鲸鱼和海豚中存在文化的证据。一些鲸类的文化，如座头鲸、弓头鲸和蓝鲸的歌声，或虎鲸的叫声传统，都是一目了然的。而包括母系鲸鱼的单元、氏族和部族之间行为的变化在内的大部分表现属于文化也是非常令人信服的观点。另外还有那些我们预期在一个有文化的物种身上会看到的特征，要么是来自理论上的预测，要么是因为在其他具有重要文化的动物身上也发现了这些特征（比如同样在人类身上），如：鲸鱼和海豚有着巨大的脑、长时间的母亲－幼崽依存、绝经期、不良适应（愚蠢）行为、生态成功、广泛的栖息地范围、大规模的合作，以及基因－文化协同演化的迹象。

鲸类文化的证据是多方面的，横跨了觅食行为、发声、移动、社

　　　鲸鱼海豚有文化：探索海洋哺乳动物的社会与行为

交行为以及游戏。至少在虎鲸身上，所有这些似乎都有着文化成分在其中，而行为的差异映射到了它们层级化组织的社会系统的不同层面上。在宽吻海豚和母系的大型齿鲸中，具有不同文化的一群动物使用同一水域，彼此相遇，而且有时进行互动。所以这些动物有着多方面的、多文化的社会。鲸类文化既可以垂直传播——从父母传给后代，也可以在同辈之间横向传播。那里有着高度稳定的文化特征，可能是世代相传的，也有短暂的风尚，因此对于海豚和鲸鱼的文化有着很多的东西。也许没有文化它们就什么都不是。

　　以上是对前面那些章节的一个简要总结。在最后一章中，我们将迈出新的一步，在更广阔的视野中看看鲸鱼文化。在我们对它们的生活了解有限的情况下，我们可能会错过些什么？鲸鱼的文化与其他物种——无论是非人类还是人类——的文化相比如何？而最后，我们对鲸鱼和海豚文化的有限理解是否告诉了我们应该如何看待和对待它们？

我们遗漏了些什么？

　　　　动物王国是精神活动的交响乐，而在它数以百万计的波长中，我们生来就能够理解最细微的点滴。我们至少可以做的，是对我们的无知有一个恰当的尊重。[3]

　　即使是对于我们相对熟悉的物种，比如虎鲸和宽吻海豚，我们也只了解它们行为的一小部分，不管其是否是文化行为。对于其他 84 种左右的鲸鱼和海豚物种，我们几乎一无所知。我们确实对鲸鱼和海豚文化的绝大部分都相当无知。我们已经描述过的文化都是以一般的行为模式出现的——比如觅食、唱歌等——而这些都是我们比较容易观察和测量的。我们遗漏了两个很可能是鲸类文化的完整领域：行为的复杂细节以及在这些动物生活方式的各种行为中所表现出的总体主题。

想象你紧跟着一条花斑原海豚，它寻找食物的方式是对它周围的水和海底的沙子中那么多的小线索做出反应。请观察它与环境其他部分的互动，尤其是与其他海豚的互动。一秒又一秒，它的行为随着它对周围环境的感知和反应而改变。这些行为的变化中有多少是由它从其他海豚身上所学到的东西而塑造出来的呢？而它学到的这些信息中有多少是与它社群里的其他海豚共享的？也就是说，文化有多普遍呢？如果它做的每件事几乎都有文化因素，我们也不会感到惊讶，但我们不知道。尽管丹尼斯·赫尔津多年来一直在研究巴哈马群岛附近，地球上一些最清澈的水域里水下的花斑原海豚以及它们一些令人着迷的社会性学习的迹象，但我们还并不确切地知道花斑原海豚文化[4]。

人类的被切分细致到秒的行为有着重要的文化成分。如果我们远远地看到一个正在走路之人的剪影，我们就可以很好地猜出他们是在挪威而不是意大利长大的；而如果我们看着他们在自己的文化出身中遇到并问候另一个人，我们的猜测就几乎可以确定了。例如，有研究表明美国人和澳大利亚人可以通过步态甚至挥手的方式区分开[5]。因此，我们想知道对于在加拉帕戈斯群岛以外附近正在社交的抹香鲸常规和加一部族的成员之间，又或者对于在温哥华岛附近不同社群的食鱼虎鲸，其行为举止是否也存在类似的细微差别呢？我们的问题在于我们不是抹香鲸，甚至不是鲸类。人类已经通过演化而变得善于发现可以区别出挪威人和意大利人的行为差异。维京掠夺者或热那亚商人在不列颠群岛的出现，对我们的祖先会产生截然不同的影响。但是，常规抹香鲸和加一抹香鲸的步态或呼吸模式之间的差异是在与人类演化无关的维度上，而且或许也不在我们的感知范围之内。新的技术将会对此有所帮助。超灵敏的 DTAG（数字声学记录标签）可以用吸盘固定在鲸类身上数个小时，记录下它们的每一个声音和动作[6]。从这些标签中取回的数据可以用最新的统计数据挖掘程序来进行分析。但是，尽管这类技术令人印象深刻，它们总体上仍不如自然选择的产物，即

　　　鲸鱼海豚有文化：探索海洋哺乳动物的社会与行为

该物种的感官和认知能力。因此，我们可能还需要一段时间才能了解鲸类不同文化表达的微妙之处。

从更广泛尺度上行为的主要形式来看，我们的记录更加光明，我们的前景也更加光明。对于一些地方的一些物种，我们已经能够记载下来文化性的或者"可能是"文化性的发声和觅食行为的形式。随着科学家记录到新的虎鲸、座头鲸、宽吻海豚或抹香鲸的行为变异，这一知识体系几乎总是不断在扩大。随着鲸类学家从海洋中挖掘出更深更长的数据集、改进他们的方法并在新的领域开展研究，这一步伐将持续跟上，甚至可能越来越快。其他的物种也会被加入进来。例如，在全世界不同地区有几个关于长鳍和短鳍领航鲸的研究项目，这些项目很快将能让我们真正深入地了解文化在两种所有哺乳动物物种中最具社会性和最具发声性的物种其生活中所起的作用[7]。最早被发现鲸类文化的物种，座头鲸、虎鲸、抹香鲸和宽吻海豚，有着截然不同的文化。而其他物种可能也跟随着这些模范，但可能以完全不同的方式彼此区别开来。有超过 80 种未经研究的物种，其可能性是巨大且令人兴奋的。

不过，我们需要谨慎行事。也许被研究最多的物种之所以被研究得最多，部分原因是它们最具有文化性。它们的文化帮助它们扮演了格外重要、不同寻常或者是显著的生态性角色，这种角色让它们作为顶级捕食者、捕鱼联盟中的合作者或是从我们渔具上的掠夺者而与我们人类进行互动。它们增殖到了更多的生态位中，因此在我们可以进行研究的情境中，我们更有可能遇到它们。它们的文化行为——歌声和掀翻浮冰来抓获海豹——令我们着迷。所以我们把重点聚焦在这些动物身上，而文化程度较低的物种有着更小，也没那么成功的，且更集中的种群以及不太引人注目的行为，这些行为则从我们眼前掠过而未被研究。我们已经开始攀登以座头鲸、抹香鲸、宽吻海豚以及或许是最重要的虎鲸文化行为为代表的主要山峰。在这种情况下，弓背海豚、塞鲸或斯特杰格纳突吻鲸（Stejgner's beaked whale）的文化行为与我们已经知道的相比，可能会不那么令人印象深刻。即便如此，我们对文化演化的一般理解仍然会受到深刻影响，因为在比较演化的分析中，某个特质的缺失和它的存在一样饱含信息量。

因此，在行为模式的这个尺度上，我们对鲸类文化中被我们研究得最多的物种中其行为的主要领域——觅食、运动，以及歌声——的了解仍然是不足的。这种不足体现在我们缺乏任何以下知识——关于鲸类的多数其他物种是如何表现得像这些物种的行为一样的。而且其不足还在于我们相关知识的视野也有很高的局限性。我们对于虎鲸和宽吻海豚的游戏文化、抹香鲸如何学会照顾幼崽以及虎鲸的社会习俗已经浅知一二。但是对于这类行为以及其他重要的生活领域——如生育、断奶、求爱、休息和交流——一定还有更多的东西要去了解。

尽管我们对文化如何影响鲸类行为的以秒来计的细节一无所知，但我们已经得到了一些关于鲸鱼和海豚一般以天来计的日常活动中文化成分的一些迷人片段。然而还有另一种更高层次的文化形式可能是最有趣的：引导着行为的原则，从他者身上学习的原则，其中他者通常是父母和其他年长亲属，但也包括整个社会。有些人类社会有墨守成规的文化，有些则有创造力或同情心的文化。还有些社会有武士文化、享乐主义文化，以及资本主义文化。

那么我们能用类似的措辞来讨论非人类群体吗？也许我们可以。我们所知道最不寻常的证据是关于一个宽容的、和平的文化的起源及其持续性的，不过不是鲸类的，而是东非狒狒的（olive baboon，又称"橄榄狒狒"），而我们曾在第 11 章中简要提到过这个故事。生物学家罗伯特·萨波尔斯基（Robert Sapolsky）和丽莎·沙尔（Lisa Share）一直在肯尼亚马赛马拉保护区（Masai Mara Reserve in Kenya）研究这些动物。在 1978 年他们开始研究一群待在一所旅游小屋附近的狒狒，他们称其为"森林小队"。森林小队通常睡在离旅游小屋一公里远的树上。在 20 世纪 80 年代初，随着旅游业的发展，与小屋相连的垃圾坑明显有所扩大，而另一个被称为"垃圾场小队"的狒狒群则基本上把

　　鲸鱼海豚有文化：探索海洋哺乳动物的社会与行为

那里当成它们自己的家，睡在它旁边，而且吃的东西几乎完全来自那里被丢弃的食物残渣。这些食物也吸引了森林小队的成员，但由于垃圾场小队保卫着它们的地盘，一种平衡被建立了起来：只有森林小队中那些更具攻击性的雄性——它们最能坚守阵地不退缩——才能够一直在垃圾场里觅食。这种平衡一直持续到1983年。然后，一个悲惨的例子说明了在这类人类－野生动物的互动中存在着的固有风险：垃圾堆上受感染的肉引起狒狒们集体暴发了牛结核病。大部分的垃圾场小队成员都死去了，它们基本不复存在。此外，所有在垃圾里觅食的森林小队成员也在接下来的三年里死去，以至于森林小队中46%的雄性都被消灭了，并且雌雄比例由此翻了一番。而在1986年研究人员注意到，这一群体的行为已经发生了变化，因为留下来的雄性是最初的小队中攻击性最小的那些，但研究者们也不再收集详细的行为数据，除了每年对其进行普查外，他们选择让这个明显受到了人为破坏的群体自己待在那里不被打搅，这是可以理解的。他们在七年后的1993年又重新开始收集数据。到那时为止，没有一个原1986年森林小队的雄性还留存在这个集体中。所有现存的成年雄性都是在期间几年里加入到这一群体中的，但值得注意的是，行为的变化依然保留着。萨波尔斯基和沙尔将肺结核暴发前的森林小队和他们在此期间几年里研究过的另一个邻近群体进行对照研究，他们在2004年的一篇论文展示出，从1993年开始，森林小队的雄性之间有着更多的梳毛行为，而且雄性之间与支配地位相关的冲突与此前也有所不同了[8]。几乎所有的冲突都是雄性之间的，而与其他小队相比，森林小队冲突的雄性之间的级别相当接近——在其他小队里高级别的雄性经常攻击级别极低的雄性，尽管后者在等级制中对它们并没有直接威胁。在人类中，我们会称之为欺凌，它会给受害者带来巨大的压力。显然，在狒狒中的情况也是如此：因为在对照组中地位较低的雄性动物血液中压力激素的水平要比地位高的雄性高得多。但是，在1993年后的森林小队中却没有这种差别，低级别的雄性有着与最高级别雄性相同的激素水平。科学家们注意到，总的来说，新加入森林小队的这一组雄性相比于对照组会接受更多的来自居留雌性的梳毛行为。疾病的暴发通过将更具攻击性的雄性消灭，极大地改变了森林小队雄性的社会形态，而这种改变继续通过社会传播而存在，当那些在其建立之初就存在的所有最初的雄性都不在了之后也依然存在。萨波尔斯基和沙尔见证了这种文化的出现和持续——他们称其为"一种在野生狒狒中间的和平文化"[9]。

目前，我们对鲸鱼和海豚的了解还不足以让我们做出与萨波尔斯基和沙尔的研究同样的群体水平的比较，因为他们的比较基于多年来对以秒来计的交互行为的高度详细的观察。在我们对鲸类物种的一般性格的描述中，我们已经暗示出其中一些物种的社会有着一些这类物种的总体特征：虎鲸–保守的、宽吻海豚–创新的、抹香鲸–神经紧张的。但我们既不知道这些特征是否是文化性的，也不知道它们在多大程度上因群组或种群而不同。也许虎鲸有着保守的基因，抹香鲸有神经质的基因等。我们会很乐意能够去比较北美西海岸的过客虎鲸与食鱼虎鲸的不同社群的保守主义程度，或者加拉帕戈斯附近不同抹香鲸部族的神经紧张程度。这种差异可能是文化上的，但如果它们是存在的，我们目前对其仍是无知的。

接下来我们将把足尖暂时探出科学的舒适区之外，进入一个很少有动物行为学学者敢于涉足的领域，以此来结束这场关于我们无知程度的讨论。想想世界上最著名的灵长类动物学家珍·古道尔所写的关于黑猩猩在一座壮观的瀑布那里凝视并进行展示的描述："当它们靠近时，它们的头发可能会竖起，这是兴奋的表现。然后它们可能会开始展示——充满感染力地缓慢而有节奏地进行动作，通常是以挺直的姿态、在瀑布脚下的浅水中拍溅起水花。它们将大石头捡起来并扔出去。它们跳起来抓住悬挂的藤蔓，在水花飞溅的风中荡过溪流。它们会在10分钟乃至更长的时间里表演这种壮丽的'舞蹈'。"[10]

很难将这种行为解释为是把针对另一只黑猩猩的行为用错了地方或者游戏。那么，这是否会是动物和我们有着某种共同的心灵情操

（人类文化最神圣的形式之一）的证据呢？而鲸类中呢，有类似的东西吗？此刻我们所知的唯一可能性是鲸类会像黑猩猩、大象和其他一些动物一样，与它们的逝去者进行互动。它们会将死去的幼崽带在身边好几天，而这难道只是把母性的照料用错了地方吗，还是有别的什么含义呢[11]？仅仅是继续进行对我们最熟悉的物种的觅食行为、活动和歌声的研究并将其发展下去，就让我们有很多东西需要去了解。但我们也相信，如果我们能开始关注其他行为形式和其他物种，海洋中就蕴藏着非凡的宝藏。我们需要把鲸鱼和海豚以秒来计的行为细节纳入我们对文化的考量之中。我们还需要寻找指导它们行为的首要原则。鲸类的群落是否共享着我们可能会描述为信念或价值观的东西呢？如果对它的探索导致要走出科学的舒适区，这就需要勇气，但用珍·古道尔的话来说："重要的是，科学要敢于在有偏见的思想牢笼之外提出问题，敢于去探索动物存在的新领域。"[12]

非人类文化

鲸鱼和海豚的文化如何与其他动物的文化一较高下呢？为什么我们想要问出这样一个问题呢？好吧，我们更偏好于广义的文化概念的一个根本原因是，通过这样的广义概念我们就可以准确地进行以上这类比较了。如果我们能够发现文化特征和其他因素（比如具有高度的移动性，或是扮演某种类型的生态角色，或是社会结构）之间的连接，它可能会告诉我们演化之力是如何更青睐于用文化来解决生活中的挑战，而不是仅仅是我们自己从祖先的化石和考古遗迹中拼凑出来的那些知识。通常，这些类型的比较可能会变成竞赛：哪些动物"更"有文化或拥有"更重要"的文化。我们自己有时也会落入这样的陷阱，但这是自欺欺人的，因为它只会最终变成因为我们所知不够而导致无法解决的争论，而不是激发对更大问题的洞察[13]。我们还必须承认，我们在这里做出的任何此类比较都将是不完整的——对于我们将在这里讨论的许多群体来说，关于它们自己就可以写出整本书来，而在某些情况下也已经写过了[14]。因此，我们绘制的图景必然是宽泛且肤浅的，而且会漏掉许多细节。

为了解决我们提出的问题，我们首先需要列出哪些非人类群体是我们应该考虑其文化的。2003年，凯文·莱兰和威廉·霍皮特在已经考虑过这一点后写道，"答案可能会让很多人惊讶：人类再加上少数几种鸟类、一种或两种鲸以及两种鱼类"[15]。这一主张特别具有挑衅性，也许是有意为之，因为他们的论文主要是针对灵长类动物学家和人类学家——对这些人来说，非人类文化的讨论长期以来几乎完全围绕着非人灵长类动物展开。任何"文化物种"的清单都将取决于文化是如何定义的以及所需证据的标准。在这个谱系的一端，有着如此严格的定义或所需证据的严苛级别，以至于只有人类才有可能被列入清单。在另一端则是约翰·泰勒·邦纳（John Tyler Bonner）提出的"通过行为手段传递信息"，而在此标准下，就连黏菌都是有文化的[16]。但是，莱兰和霍皮特在得出他们的文化物种短名单时，所使用的定义与我们的定义几乎相同。然而他们的证据标准很强硬。他们想要"依据自然群体的可靠的科学证据，证明这些自然社群共享的该群体典型行为模式依赖于由社会性习得的和由社会性传递而收到的信息"[17]。先稍等一下——这又有什么强硬的？如果没有可靠的科学证据，那这整本书我们又都是在谈论些什么呢？在这里莱兰和霍皮特的意思是说实验证据，即自然社群中被认为是文化的行为确实要依赖于社会性学习，而他们的意思是要通过进行地点转移或交叉抚养的实验来证明。他们确实让"一或两种鲸"通过了测验，接受了虎鲸和座头鲸发声传统的压倒性证据，但并没有让非人灵长类动物通过，当然他们也承认这可能会让灵长类动物学家"振臂表示强烈抗议"。对许多物种来说——包括猿类、猴子和宽吻海豚——问题在于，虽然可能是有证据表明它们在野外有群体典型的行为模式以及在圈养环境中有行为的社会性学习，但这些社会性学习证据并非是对于在野外观察到的相同行为。

　　　鲸鱼海豚有文化：探索海洋哺乳动物的社会与行为

莱兰和霍皮特的短名单实际上只是他们对哪些物种是我们应该考虑有文化的这个问题的第一个答案。他们还给出了第二个答案，并为此放宽了证据标准。用同样的文化定义和他们的"关于动物社会性学习的知识、对动物的自然行为的观察、直觉，以及概率定律"的判断标准，我们会说有几百种脊椎动物都有文化[18]。我们准备在"少数几种鸟类……两种鱼类"和"数百种脊椎动物"之间找个中间的位置。我们将比较一下鲸鱼文化和鱼类、鸟类、鼠类、灵长类动物以及大象的文化。这些比较中每一组都有其特殊的意趣。

　　在第 9 章中，我们提出了鲸类的水生栖息环境可能在推动文化的演化方面发挥了强大的作用。在这种设想场景中，文化在红噪音环境中格外有用，这种红噪音环境中最大的不可预测性以最长的时间间隔出现。海洋是一个尤其具有红噪音的环境。而鱼类也生活在那里，那么鱼类文化是什么样的呢？如今已经有证据清晰地表明了，鱼类（淡水和海水鱼类）都是可以在实验条件下进行社会性学习的[19]。它们可以互相学习如何对付捕食者、要去往哪里、要在哪里觅食，以及和谁交配[20]。关于野外的鱼类文化最好的证据来自珊瑚礁附近的物种，它们特别容易（而且令人愉快！）进行研究。当科学家浮潜到一座珊瑚礁上方时，他们可以在最清晰的条件下，在 1—2 米的范围内观看整部肥皂剧，然后进行强大的实验来验证他们的假设。例如，罗伯特·沃纳（Robert Warner）发现，蓝头鱼（blue-headed wrasse，学名为"双带锦鱼"）种群的成员在巴拿马附近的珊瑚礁上使用特定的交配地点[21]。在过去的 12 年里，或者说 4 代蓝头鱼中，没有一个地点被遗弃，也没有新的地点加进来。后来他把整个种群迁移到不同的珊瑚礁之间。新的鱼使用——并在后来继续使用——与以前的居民不同的一组地点，这些地点在各个方面都是合适的，却被以前的居民忽略不用。这些地点是蓝头鱼文化的一部分。从这一点以及关于鱼类自然历史的一般知识外推，我们可以看到鱼类和鲸类在传播有关移动和觅食技术的文化信息方面有着最明显的相似之处。然而，鱼类似乎不太可能有像鲸鱼的发声文化或游戏文化，或是虎鲸和抹香鲸的社会文化结构那样的东西。从根本上说，我们认为这种对比是由于鲸类带到海洋中的哺乳动物特征所致，可能尤其是基于哺乳的母亲－幼崽联结而建立了牢固的社会关系。

在野外的鼠类比珊瑚礁的鱼类更难研究，但它们是实验心理学家的实验室里的主要对象。实验心理学家已经多次证明，实验室中的老鼠可以从另一只那里学到某些东西[22]。鼠类的社会性学习包括了吃什么以及如何利用空间[23]。实验研究主要集中在老鼠对食物偏好或回避的社会性学习上。在一个重要的案例中，田野研究人员克服了研究隐秘且夜间活动的野外动物的困难，将他们的观察与实验联系起来，交给我们一幅非常清晰的动物文化图景。这是我们在第2章中描述过的对以色列剥松果的鼠类的研究[24]。我们不仅了解了它们野外行为的模式及其生态意义，而且对其传播的社会性学习机制也有了相当好的了解。这是动物文化研究中的一项杰出的工作。利用莱兰和霍皮特给动物文化定位的宽松版本的方法——"关于动物社会性学习的知识、对动物的自然行为的观察、直觉，以及概率定律"——我们认定，老鼠和其他啮齿动物的文化，就如鱼类的文化一样，大部分与觅食和移动有关。与鲸类（以及蝙蝠）不同，啮齿动物和大多数其他陆生哺乳动物似乎无法通过社会性学习习得它们的发声技巧[25]。

在鸟类中，这个模式则是反转过来的。在某些方面，例如在神经生物学方面，我们可能对鸟类的发声学习比对人类的更加了解。有些鸟类善于将自己的发声与它们听到的声音相匹配。所以鹦鹉模仿人类、狗或电话铃声以及其他鹦鹉。琴鸟之所以成为电视明星，归功于它们能够模仿前数码相机（predigital camera）的声音，而这种鸟与另一种澳大利亚鸟科（园丁鸟科，bowerbirds）动物，这二者的雄性建立自己的发声曲目集都是通过非常准确地模仿其他物种的声音以及同类的声音[26]。但最重要的是，鸟类会唱歌。鸟歌是陆地的自然声环境中最显著的组成部分之一。虽然有些鸟的歌声［比如非鸣禽的雀形目鸟（nonoscine passerine）[1]]是完全与生俱来的，也和它们同类的歌声要素是一样的，但许多鸣禽的大部分曲目都是通过社会性习得的。它们最引人入胜的歌声中那些复杂多变的部分据我们所知都是社会性习得的[27]。

鸣禽的雀形目鸟其文化性传播的歌声和须鲸的歌声有许多共同之处。如果把座头鲸的歌声速度加快大约 16 倍或提高 4 个八度音阶，它们听起来就很像鸟的歌声[28]。鸟歌也有结构、用于求爱和交配，在地理上有所变化，并且随着时间而演变[29]。须鲸和鸣禽的歌声可以是复杂的，比如像座头鲸和夜莺的，也可以是简单的，比如像长须鲸和长红腹灰雀（bullfinches）的，而我们人类在它们每一种中都发现了一些美丽的歌声。弓头鲸、小鳁鲸以及许多鸣禽物种在歌唱时可以同时发出两种截然不同的声音。鸟歌作为一个整体，在结构、用法和功能上可能比鲸鱼之歌更为多变——例如，一些雌鸟也会唱歌，而在鹪鹩（wrens）之中还有一些简直令人惊讶的二重唱与合唱表现[30]。当然，没有哪种鸟能像鲸鱼那样唱得那么响亮，而且以鲸鱼的标准来看，鸟歌变体的地理尺度是非常小的，但这些对比是由一些我们从文化的角度来看可能不太感兴趣的特性所驱动的。鲸鱼体型巨大，所以唱歌很大声，而它们的歌声在水里也传播得很远。因此，当我们惊叹于蓝鲸歌声的频率在全世界持续下降的时候，在鸟类中最为类似的现象可能是在哥斯达黎加的三肉垂钟雀（three-wattled bellbirds）中有一个种群的歌声频率在 25 年内持续下降[31]。虽然许多鸟类随着时间的推移逐渐改变歌声，就像座头鲸歌声变化的演化模式一样，但我们发现很难找到例子是一整个种群完全放弃了它们的全部歌声曲目集而转向一个新的曲目集，而这却是迈克尔·诺德、埃伦·加兰（Ellen Garland）及其同事所记录的座头鲸歌声变化的革命性模式[32]。虽然二者的尺度可能

---

[1]　此处用"非鸣禽的雀形目鸟"这种叫法是因为大部分雀形目的鸟都是鸣禽，所以作者在这里指的是那些虽然是雀形目鸟却不是鸣禽的鸟。——译者注

不同，但推动它们的学习过程可能非常相似。鸟和鲸鱼的歌声说明了文化是如何驱使行为变成复杂的、有时甚至是美丽的形态，并且在不同种类的动物身上产生出非常相似的效果。正如我们在第 2 章中所提到的，鸟类以及老鼠和海獭的行为（它们用砧石来取出贝类中有营养的部分）被描述为"一招鲜"（one-trick ponies），也就是文化行为的外在表现只有一种[33]。但鸟歌是一种相当不同凡响的招式！

"一招鲜"的标签从另一个方面来讲也对鸟类不公平。尽管对鸟类社会性学习的研究主要集中在发声上面，但越来越多的证据表明它们也能相互学习其他行为[34]。例如，一些鸟类可以通过社会性学习而习得关于迁徙的各方面知识——因此使用超轻型飞机来引导圈养长大的美洲鹤（whooping cranes）进行它们首次到越冬地的迁徙的想法才能获得成功[35]。鸟类也从彼此身上学习有关摄食和繁殖的栖息地的相关知识。雄性园丁鸟精心设计的求偶亭（courtship bower）中一些装饰物的选择，如贝壳或特定颜色的塑料，似乎是从邻近的园丁鸟那里学来的[36]。鸟类似乎还利用社会性学习来识别捕食者或其他危险，来发展和理解警报呼叫以及一系列与摄食有关的活动[37]。鸟的社会性学习中一个特别著名的例子是山雀打开牛奶瓶的箔纸盖或硬壳纸盖（这些牛奶瓶过去是投放到门口因此无人看管的）然后喝牛奶，而这种行为在 20 世纪 20 至 50 年代在英国蔓延开来[38]。另一个著名的例子是新喀里多尼亚（New Caledonian）的乌鸦，它们把叶子做成精致的工具，用来把昆虫从洞里弄出来，而这些工具的制作细节似乎是通过社会性习得的[39]。由于鸟类很容易进行实验研究，我们对其中一些这种鸟类文化的传播有相当多的了解。例如，在打开奶瓶的过程中，山雀似乎并没有互相模仿；相反，它们是通过局地增强或刺激增强来进行社会性学习的，也就是说，它们被吸引到其他摄食的山雀那里，也就是被吸引到已经打开的奶瓶那里，然后再通过自己的思考想出如何打开这些奶瓶的[40]。但是局地增强仍然是社会性学习，所以打开奶瓶按照我们的定义仍然是文化。我们怀疑关于鸟类文化还有更多的东西需要了解，尤其是考虑到最近对像乌鸦和鹦鹉这样大个儿脑的鸟类的研究数量有了爆炸性增长[41]。

与鲸类相比，对鸟类的研究要多得多，而且其研究方式可以更受控制，因此我们对文化在鸟类社会中所起的作用有更好的认识。我们还知道一些复杂行为的例子，而在这些行为中，社会性学习不是必不可少的。例如，使用工具的加拉帕戈斯树雀与新喀里多尼亚的乌鸦不同，它们可以自己学会使用工具[42]。但是鲸鱼和鸟类是否具有"半斤八两"的文化呢？当然，两者具有相似性——比如，觅食和迁徙在这两者的日常行动中都占很大比例。这是否与飞行动物和游泳动物相对的可移动性有关呢？如果你能够相对容易地移动很远的距离，也许文化会变得格外具有适应性——毕竟这意味着你可以很容易到达你以前从未去过的地方，因此快速了解当地生物所行之事的能力可能是一项真正的有利条件。在鲸鱼和鸟类中，发声文化似乎与社会联结是捆绑在一起的，但这些社会联结是有所不同的。在许多鸟类社会中，社会结构的基本单元是一个交配对，而这种联结可以持续一生[43]。在鲸类中，据我们所知没有证据表明存在这种配对联结，鲸类有着多样性的基本单元，从母亲－幼崽配对到抹香鲸和虎鲸的社会单元、氏族和部族。然而在鸟类和鲸类这二者中，发声文化似乎都集中在对这些联结的产生和维持上面。为什么演化会在这些情况以及在我们人类中偏爱发声文化，却不是在其他许多也有着长期社会联结的哺乳动物物种中呢[44]？我们不知道答案，但这些都属于对于研究文化的广义方法可以提出的那类问题。

另一组有着复杂而灵活的社会系统的物种是非人灵长类动物。猿类和猴子的文化激发了科学和大众的兴趣、惊叹和焦虑。它们比其他任何物种都更"像我们"，因而通常是心理学家和人类学家为人类独特之处寻找演化根源的第一站。而且，它们有着极具吸引力的文化。这两者的结合就产生出了争议。"文化使我们成为人类"这一观点已经被最近有关我们最亲近的非人亲属的发现所全面修正，而我们必须更加明确地看待到底是什么使人类文化与众不同[45]。在对猿类文化最著名的研究中，安德鲁·怀滕和他的同事记录了 39 种黑猩猩的文化行为，这些行为在一些研究地点很常见，而在其他研究地点却没有[46]。黑猩猩对这种文化的依赖程度如何呢？这个嘛，黑猩猩和其他灵长类雌性在没有接触过自己的母亲或接触过其他母性行为的情况下第一次做母亲要比那些有着适当社会经验的雌性来说差很多[47]。

正如我们在第 2 章中所描述的，非人类文化的概念以及对其的严肃研究，始于日本学者对日本猕猴的研究。在幸岛上，猴子洗甘薯的传播是最先也是最著名的例子[48]。但是这些动物有其他的文化传统，包含了其他觅食技术（例如吃鱼，还有冲刷小麦以分离谷壳）以及与觅食无关的传统——包括在温泉里洗澡和一种看起来很奇怪的随意行为：玩弄石头[49]。灵长类动物学家迈克尔·哈夫曼（Michael Huffman）研究这种有趣的玩弄石头行为已有数十年了[50]。据知，这种行为至少发生在 10 个不同的猕猴群中，其中 4 个群是被圈养的，其余的则受到人类供养，因此所有群体都与人类有接触[51]。这种行为顾名思义，就是用各种方式对待那些小到可以用猕猴的手捡起的石头。这其中包括咬和舔石头，把石头放在嘴里，以各种方式搬运它们，拥抱它们，抚摸它们，将它们敲向地面，把它们敲打在一起，还有用树叶把它们包起来[52]。哈夫曼自己首次观察到这种行为是在其中一群里——京都的荒山小队（the Arashiyama troop of Kyoto），是由一位年少的雌性在1979 年时做出的，但在接下来 9 个月的观察中，他再也没有见到过这种行为。1983 年，当他再次回来观察这个猴群时，他被这样的观察震惊了：玩弄石头已经成为猴群日常的一部分[53]。而从那时起，这种行为就一直持续下去，并且变得越来越复杂。哈夫曼继续在 10 个已知也这么做的猴群中记录下它们玩弄石头行为集合的变体，以及它是社会性学习行为的证据[54]。它们为什么这样做还是一个谜，因为这种行为并没有显见的有形益处，我们只能推测它可能会以某种方式使动物放松或受到刺激，就像我们人类捻手串来安神一般[55]。显然在猕猴的社会里有很多我们并不了解的文化。

卷尾猴这种会在街头进行手摇风琴表演的新大陆猴（new world monkey），也具有一系列可能属于文化的行为，其中包括觅食技术。但其中最著名、最奇怪的是我们在第8章中描述过的社会习俗和游戏。卷尾猴的社会习俗既怪异又简短。但有一件事似乎是这些社会习俗没有做到的，那就是去塑造卷尾猴的社会。正如我们所描述的，苏珊·佩里在哥斯达黎加的研究地点发现了一些最奇怪的卷尾猴习俗，她起初认为这些习俗可能在某种程度上起到了划定群体的作用[56]。但她越看越觉得不可能。当一对对传递着毛发或嗅闻手部的动物投入到这场游戏中时，这种仪式并不显眼，而且其他猴子似乎对此没有丝毫的兴趣。这也不完全是有人可能会认为的一个族群象征（ethnic symbol）。似乎这些文化行为并没有驱动着社会结构，而是相反：卷尾猴文化最吸引人之处是其反映出了它们激烈的社会生活，说明在卷尾猴的文化（基于发生在社会关系中的社会性学习）和由这些社会关系模式所构建的社会结构之间有着迷人的关联。

另一种我们了解得相当多的灵长类物种，红毛猩猩（orangutan），几乎恰恰相反，因为红毛猩猩是一种通常单独生活的动物，其社会结构有限。然而，与我们迄今为止提出的文化与社会结构之间的联系这一观点相反，这些生活在东南亚丛林中的大型红色猿类仍有着相当多似乎是文化的行为[57]。红毛猩猩的可能属于文化的行为包括用工具捅进原木上的洞里找虫子，用其他工具对自己进行性刺激，在它们巢的上方进行遮阳、用树叶当餐巾纸，还有"搭便车"：跳上一棵腐烂的树，在它倒下的过程中一直骑着它，然后在树砸向地面前的最后一刻，抓住附近的植物比如藤蔓[58]。红毛猩猩的蹦极啊！在可能是文化或极有可能是文化变体的清单上基本没有社会行为。这对于一个外在看来不太社交的物种来说也并不奇怪。但它确实提出了一个问题：红毛猩猩又是如何学到它们的文化行为的呢？幼年红毛猩猩留在它们的母亲、有时是年长的兄弟姐妹身边两年或两年以上，这是一个潜在的进行社会性学习的好机会。不过，许多红毛猩猩文化似乎是横向传播的。在那些与非依赖者相处时间少于20%的红毛猩猩种群中，与和他者交往更是常态的种群相比，其文化变体要少得多[59]。但是，像红毛猩猩这样相当独居的动物可以积累大量的文化，这一事实表明，我们不能假定群居性较低的鲸类比如小鲲鲸，就不是文化性的。

猕猴、卷尾猴和红毛猩猩的文化非常迷人。然而，在所有关于非人灵长类文化的研究和讨论中，以上这些物种以及鸟类、鼠类和鲸类，和黑猩猩相比都黯然失色。黑猩猩文化之所以引起人们的注意有三个原因。首先，它们是我们演化上最接近的亲戚，因此当我们思考人类文化的出现时，它们自然成为了一个焦点。其次，尽管对它们进行研究并不简单，但灵长类动物学家已经找到了有效的方法来持续观察野生黑猩猩：基本上，研究人员让一组黑猩猩习惯化、让它们忽略人类的存在——这是一项漫长的任务——然后到处跟着黑猩猩观察它们作为个体都做了些什么。部分地由于它们的行为看起来与我们的相似因此很容易被分类，所以这些灵长类动物学家积累了大量和全面的关于黑猩猩在野外实际做了些什么的数据集。与其他"文化性物种"不同，黑猩猩不是夜间活动的、也不是水生的，而且有些种群生活在相当容易接近的栖息地。相比之下，倭黑猩猩［bonobo，或称为侏儒黑猩猩（pygmy chimpanzee）］，与普通黑猩猩一样和人类有着相似的亲缘关系，但生活在更不易接近的栖息地中，它们的文化性就是未知的。黑猩猩之所以在非人类文化的讨论中如此突出，第三个原因是它们拥有大量的文化。

2003年，黑猩猩文化概念的著名倡导者威廉·麦克格鲁写了一篇题为"来自黑猩猩文化战争的十封战报"（Ten Dispatches from Chimpanzee Culture Wars）的文章[60]。这篇文章前两部分以他在辉煌的职业生涯中激发的两极分化论点作为题目："黑猩猩文化？荒谬！"以及"黑猩猩文化？当然！"。黑猩猩的文化模式——被识别为是在某些地点常见、而在另一些地点缺失且没有清晰的生态学研究解释其不

鲸鱼海豚有文化：探索海洋哺乳动物的社会与行为

同——在几个方面存在差异[61]。它们使用棍棒、杵、锤子、砧石和蝇掸等一系列工具，还有从洞里取出虫子和给自己挠痒的工具。它们的文化包括用不同方式将别人的注意力吸引到自己身上（通过敲击指关节或拍打树枝），以及成对互相梳毛时把对方的手举过头顶的特殊方式。有人认为，黑猩猩的文化还包括雨之舞以及自我治疗的方法[62]。虽然实验心理学家最初对黑猩猩的社会性学习能力持怀疑态度，但现在他们已经展示出黑猩猩可以在受控的实验室条件下相互学习[63]。与人类相比，黑猩猩在进行社会性学习时似乎更注重效仿（emulation，达到与演示者相同的目标）而不是模仿（imitation，复制每一个动作）[64]。无论黑猩猩们是如何做到的，它们已经构建了大量的文化，或者更确切地说，是在不同社群中的不同文化。然而，其证据并非毫无争议，因为它大部分依赖于我们在第 2 章中讨论过的颇具风险性的排除法，而最近的研究也表明需要谨慎，因为不同社群的黑猩猩之间行为的相似性与它们的基因相似性相关，而且遗传上非常相似的黑猩猩社群几乎没有行为差异[65]。这并不意味着这些行为不是文化，而是意味着我们在解释它们时必须更加小心。也许有些假定的黑猩猩文化并不是社会性习得的。与此同时，我们有非常好的实验证据表明黑猩猩有足够强的社会性学习的能力，所以总的来说，很有可能黑猩猩的许多假定的文化是真实存在的[66]。

对于非人灵长类（尤其是黑猩猩）的文化与人类文化的比较研究在学术界几乎达到了产业级水平。不出所料的是，持不同观点的人得出了相当不同的结论。安德鲁·怀滕在黑猩猩和人类中都进行了关于社会性学习的研究，他最近的一篇综述在这些分歧中找到了平衡点[67]。他注意到人类和黑猩猩文化所共有的一系列特征：众多由文化决定的行为，包括这些行为的成套特征在内的地方文化，也许还聚集成更高层次的文化类型（比如使用不同的工具——用小树枝或树叶——作为对于新问题的潜在解决方案）；一系列的社会性学习机制，包括模仿和效仿；对模仿的再认识；对工具的使用；觅食技巧；社会习俗；以及方言。但在所有这些共同特征中，人类文化远远超出了黑猩猩文化。人类文化还有其他一些特征，在黑猩猩中也有些微可能性是存在的：累积性的文化演化和棘轮效应、从众以及教学。而人类社会的另一些特征，如政治系统、农业和符号标记，在黑猩猩和其他非人灵长类动物身上则似乎完全没有。

把黑猩猩和其他猿类以及猴子排成一队来对比鲸鱼和海豚，要比人类与黑猩猩之间的比较难得多。我们对鲸鱼和海豚知之甚少，它们生活在一个与我们完全不同的栖息地并在那里自然而然地做着不同的事情，它们使用不同的感官，而且它们看起来一点也不像我们或黑猩猩。但在某些领域，仍有证据指出了明显的不同。黑猩猩和其他灵长类与鲸类相比，使用的工具更多，使用的方式更复杂，而且用途更广。而鲸类似乎是更出众的社会性学习者，尤其是在发声领域，而在这个领域中有一个长久的谜题就是，为什么黑猩猩与人类和鲸类的发声学习能力差之千里。在鲸类中，还有更好的证据是关于它们的共同行为以及符号标记的迹象，我们将到下一节进行讨论。黑猩猩社会的多元文化程度远不及虎鲸和抹香鲸，而在后者中不同文化的动物群体使用着同一水域。在其他方面，例如觅食技术的复杂性或文化行为的整体多样性，则很难选出谁是赢家。这也还好，毕竟挑选赢家并不是我们的目标；我们正在做的是努力去理解为什么文化最终会落在它落在的位置上。

鲸类很少使用工具而灵长类则普遍使用工具，这与海洋中缺乏制造工具的材料以及鲸鱼和海豚缺少拇指甚至手指是相符合的。相反，声音在海洋中传播得特别好，而鲸鱼和海豚则演化出了发出复杂声音的管道。黑猩猩文化在很大程度上存在于拥有并生活在被保卫领土内的明确群体中。因此，拥有不同文化的群体之间的会面很少，而且通常都是敌对的；并且虽然雌性经常在群体之间散布，但雄性则不会。其结果可能是对文化群体的选择相对不那么重要，因为群体之间文化行为的差异很少影响到资源的争夺成功与否。而这反过来又降低了某

　　　　鲸鱼海豚有文化：探索海洋哺乳动物的社会与行为

种类型的基因 – 文化协同演化的可能性。它还最大限度地降低了群体成员身份拥有象征性标记的可能性，因为当你知道你的领地和你群体中的每名个体以及除此之外的任何个体都可能是麻烦时，就不需要这些象征性标记了。

到目前为止，在本节中，我们将鲸类的文化与那些用"它是不是文化"的视角研究过其行为的非人类物种——鱼、老鼠、鸟和灵长类——的文化进行了比较。还有很多其他物种的行为也非常有趣，例如狐獴的教学行为[68]，蝙蝠的复杂的社会、移动性，以及母亲 – 幼崽关系，它们非常有趣，尽管我们怀疑还有很多关于它们的东西需要我们去进一步了解，但目前关于蝙蝠文化的科学数据很少，除了几个引人入胜的例子：比如大矛鼻蝠（greater spear-nosed bats）成群结队地在共同的叫声中汇聚到一起，这些叫声可以让它们识别出栖息中的群内同伴[69]。在第 9 章中，我们讨论了其他海洋哺乳动物鳍足类和海牛类文化的证据，以及为什么与鲸鱼和海豚相比，它们的文化如此之少。我们将用一个类似但更大的谜题来结束本节的写作：大象。

大象拥有陆地哺乳动物中最大的大脑、丰富的认知能力，以及与抹香鲸很像的复杂的社会系统，我们可以预期到大象文化的复杂性。在野外的大象比抹香鲸更容易被研究。在一些开阔的栖息地里，它们可以被一辆足够坚固的车跟随着到各处进行持续观察。大象也可以被圈养，有些大象与人类相处得很好，因此可以用来做实验。然而，关于大象文化的科学报告很少[70]。几年前，一位卓越的哈佛心理学家告诉哈尔说，没有关于大象文化的报告的原因是大象没有文化。相比之下，另一位心理学家盖伊·布拉德肖（Gay Bradshaw）在她的书《大象在边缘：动物教给我们的人性》（*Elephants on the Edge: What Animals Teach Us about Humanity*）中，明确地假设了大象的文化是"既复杂又庞大"的存在，但没有提供实证证据[71]。那么谁是对的呢？我们怀疑是布拉德肖。大象拥有大量关于其社会世界和物质世界的知识储备，而且它们可以从彼此身上学习它们的发声、吃些什么以及或许还有更多[72]。有扇窗子最近被两位科学家打开了，而具有讽刺意味的是，这两位科学家——露西·贝茨（Lucy Bates）和迪克·伯恩（Dick Byrne）——主要以研究灵长类动物而闻名，他们用上了在肯尼亚安博塞利国家公园（Amboseli National Park in Kenya）的辛西娅·莫斯（Cynthia Moss）和乔伊斯·普尔（Joyce Poole）所收集的长期数据集。贝茨和伯恩展示出了大象是如何保持着某种对家庭成员都在哪里的心理地图，甚至在家庭群体成员不在视野里时依然如此，他们采用的方法是通过使用它们已知个体的气味但让它出现在"意外"的地点而使大象感到惊讶[73]。他们还展示出，与它们对于坎巴部落（Kamba）的人类线索的反应相比，大象能够很好地识别出并恰当地对马赛族（Maasai）年轻人的典型气味和典型服装颜色做出反应。马赛族有种文化习俗是用长矛刺杀大象来展示男子气概，与之相比的坎巴部落危险性则小得多，他们有着更偏农业的文化[74]。大象不仅能区分部落，还能区分部落中危险的和善良的成员——分别是年轻的雄性和雌性——仅仅凭借聆听他们的声音录音就可以[75]。从我们的文化角度来看，或许最吸引人的是模拟发情现象。贝茨、伯恩和他们的同事们已经展示出，母象有时会表现出发情期（即可生育）的行为特征——独特的姿势和步态，以及更高频率的触摸——即使它们不可能真的处于发情期，因为它们已经怀孕或正在哺乳（这抑制了生育能力）或者只是太老了[76]。它们为什么要这样做？以下事实也许给了我们一个提示：它们会在有年轻的雌性亲属自己第一次进入发情期时做出更多的模拟发情行为。根据贝茨和伯恩的说法，最有可能的解释是，年长的雌性假装发情是为了向初出茅庐的脸红的雌性展示在成年社会中自身应如何应对。挑选合适的雄性很重要。你想要一名成年的雄性陷入发情（musth）——一种每年一次的由睾酮激素驱动的性活动和攻击性的状态——因为这些雄性不仅可能有着最好的素质，还能够保护年轻的雌性使其免受到多名还未展现出它们素质的年轻雄性不必要的关注。这种知识显然是通过经验获得的，而老年雌性的模拟发情行为貌似是为了帮助它们学习[77]。作为社会性学习的一种形式，这从表面价值上来看离教学并不太远。1993年坦桑尼亚察沃国家公园（Tsavo National Park, Tanzania）的大象群对一次长期干旱的反应表明了年长个体所掌握信息的价值。如果它们的群体在干旱期间离开公园，幼崽的存活概率就大得多，而如果它们的部族中有雌性的年龄足够老，老到曾经历过1958—1961年的严重干旱，那么它们就更有可能离开公园[78]。所以文化的元素就在那里，而我们等待并期待着出现对大象互相学习的行为模式的描述——这些描述将是对黑猩猩、红毛猩猩、鸟类行为模式以及我们对鲸鱼的研究的补充，甚至可能是超越。但也许不是。

文化性大象的窘境是我们对鲸鱼和海豚文化其范围和意义的不确定性的一个极端版本。对于鸟类、鼠类、鱼类和猿类来说，我们对文化发挥作用的领域和文化不起作用的领域都有一个概念，而在这两者之间则存在着巨大的不确定性。关于大象文化的科学文献——基本上是缺乏的——让人几乎完全不确定文化在大象的生活中起到多大的作用。对于一些鲸鱼和海豚，我们知道文化在某些领域很重要——主要是在唱歌、觅食方法、移动和玩耍等方面——但我们不知道它的重要性有多大，也不知道它在其他哪些领域可能也很重要。有一些迹象表明了更高层次的文化过程，如墨守成规地从众和符号标记，也许更多。正是"也许更多"让我们特别兴奋，并将鲸类的图景与我们对鸟类、黑猩猩和鱼类文化的理解进行了对比。对于这些物种的群体，我们对它们的文化没有到达哪些领域是有一些概念的，尽管我们承认那也是模糊的。对于鲸鱼和海豚，以及大象，我们知道它们没有复杂的物质化的技术或复杂的句法语言，但在其他大部分方面，我们不知道它们文化的限度在哪里。有迹象表明文化正在影响这些动物的其他生物学领域的行为，例如基因－文化协同演化、绝经期和适应不良的行为，这更强烈地支持了我们的观点，最精彩的还在后面呢。

鲸类与人类文化的关键属性

　　例如，在地球上，人类一直假定自己比海豚更聪明，因为他们已经在造车、造纽约城和制造战争等方面取得了巨大的成就，而海豚做的所有事情就是在水中无所事事。但反过来说，海豚也一直认为它们比人类聪明得多——原因恰好完全相同。[79]

　　这才是真正困难的地方。比较人类和非人类文化的行为对某些人来说是一种梦魇。但即使是对我们这些愿意冒险的人，当涉及鲸鱼和海豚的时候，这也是一次大冒险。有一个基本问题——道格拉斯·亚当斯（Douglas Adams）在《银河系漫游指南》（*The Hitchhiker's Guide to the Galaxy*）中也强调了出来——即对它们文化重要的东西对我们来说可能并不重要，反之亦然。因此，我们作为人类，在这里用我们的文化所衍生出的科学方法来对我们都在使用着和塑造着我们的文化与那些其生活完全不同的存在体的文化进行比较，而车轮、城市、战争以及科学方法其实与它们毫无关系。此外，我们所使用的文化衍生出的科学方法论，包括还原论、奥卡姆剃刀以及类似的东西，使我们在对待人类时把对于行为的文化解释视为无效假设——即我们必须证明遗传在其中的因果关系，而在对待非人类时则把其视作替代假设——即我们必须证明文化在其中的因果关系。整个比较过程似乎与鲸鱼和海豚的文化三重交叠在一起了。不过，我们既不应该让钟摆摆到另一边太远，也不应该去回避讨论我们和它们之间明显的客观差别。

　　在本书第 2 章中，我们得出结论，人类文化的关键要素似乎是技术、超越了任何通过单独个体来从头进行创造想法的文化积累、道德、文化性的传播，以及象征性的族群标志，还有它们对生物适应性的影响。经过一番含糊其词之后，我们将语言加进来作为一个可能的关键属性。而当我们观察鲸类时，这些属性中又有多少表现是人类独有的呢？

我们将从可能的关键属性——语言——开始。语言是一个多义词。对于我们来说，将语言明确地限制在人类身上的那种定义，与对文化的定义中包含了"人类"一词一样，对我们没有多大用处。在"语言"的定义谱系的另一端，我们指的不是交流。鲸鱼和海豚，以及几乎所有其他动物和许多植物，都能交流。鲸鱼和海豚交流很多，主要是通过声音。有些交流是微妙和复杂的，但据我们所知，它不是语言。对于那些考虑现代人类演化的人来说，人类语言的关键属性是句法。句法可以让有限数量的单词，加上一些规则，在一个奇妙的且非常有用的交流系统中表达出无限多的概念。海豚和其他动物，包括倭黑猩猩和非洲灰鹦鹉，在人类的教导下可以学习和使用一些句法[80]。它们可以区分"把球带往圈"和"把圈带往球"。海豚貌似用标志性哨声来指称个体。但据我们所知，野生鲸鱼和海豚并不使用句法，或者只是以极其简单的方式使用它。我们可能遗漏了一些鲸类的基本句法。但是，对于海豚哨声、虎鲸叫声和座头鲸的歌声已经有了足够的研究，我们可以相当肯定，它们的句法系统充其量是非常简单的，而且通常不会用来传达重要的信息。当我们第一次听到抹香鲸的尾音模式时，一个最直接的假设就是句法。也许"4+2"嘀嗒尾音的意思是"去到"（4）我的幼崽（+2）。但是我们越是研究尾音和鲸鱼使用它们的方式，越觉得这些奇怪的嘀嗒模式明显对于个体鲸鱼和鲸鱼群之间的联结和其他关系非常重要，而且越不觉得它们在句法上承载了复杂的信息[81]。因此，鲸鱼和海豚，就像猿类、猴子和鸟类一样，没有冗长的叙事故事，没有关于它们的世界结构的讲座，也没有我们的语言给予我们的关于去做复杂的事情或做出复杂的东西那样的一系列指令。

鲸鱼和海豚为什么没有语言？这似乎并不是一种认知缺陷，因为它们在接受人类训练时能够使用句法。在它们开放的海洋社会中，语言似乎比在陆地上如此常见的压迫统治等级制更有优势。迈克尔·托马塞洛及其同事认为，在人类的指称语言（referential language）的发展过程中，"指向"是很重要的[82]。但海豚是可以指向事物的，并用声音来互相指代[83]。它们频繁而且热烈地进行交流。因此，这让我们面临着一个谜题，即在鲸鱼和海豚中对一种句法语言或是许多句法语言的缺乏。人类语言的演化被称为"科学中最难解决的问题"[84]。但反过来说，其他物种中语言演化的缺乏，也让人挠头。根据两位匈牙利生物学家萨博尔茨·萨马多奥和埃尔斯·萨特默里的说法，目前关于人类语言起源的理论都不能充分解释人类语言的独特性[85]。

鲸类缺乏物质技术是一个不那么令人困惑的问题。技术是我们所学习的工具、技术和工艺的产物。人类技术有很大的物质成分。我们制造出长矛、电吉他和航天飞机。相比之下，就文化对物质的操控而言，鲸类——迄今为止只是在喙上戴海绵——在这一点上的任何方面都无法与"原始的"人类社会甚至是黑猩猩的社会相媲美。只有当技术包括了对声环境的操控时，我们才能将它作为鲸类社会的一个特征来谈论。尽管齿鲸和海豚伟大的声呐系统是遗传演化的产物，但它们的使用方式可能有很大的文化因素。我们还不知道。

几乎所有人都赞同人类文化的特殊性在于它是累积性的。我们依赖于几千年来建立的文化传承，而如果失去了它的话，我们将需要无数代人来重建它。用彼得·理查森和罗伯特·博伊德的话说："似乎没有任何其他物种对文化的依赖达到像人类那样的程度，也没有一个物种善于将创新置于创新之上，从而创造出文化演化的极端完美的适应性。"[86]累积性是民主制、苹果手机，以及歌剧的关键，而所有这些都是令人惊叹的适应性——尽管也许只有歌剧可以被描述为拥有"极致完美"的风格（即便如此，也只有一部分人类会这样去描述它）。虽然鲸类没有任何像这样的东西，但10000年前的人类社会也没有。此外，毫无疑问的是，鲸类文化在某些方面积累了变化。座头鲸的歌声总是在变化，它的复杂性似乎不太可能仅仅通过一只动物的独立创新而造就。座头鲸的拍尾摄食似乎是两种其他行为的累积性组合：拍尾和气泡摄食[87]。母系鲸鱼的发声文化和非发声文化的元素似乎是结合了对其栖息地及其可能经历的周期性变化的累积性知识，而且很难看出海

　　　鲸鱼海豚有文化：探索海洋哺乳动物的社会与行为

豚处理墨鱼的复杂行为序列是如何能一次就被发明出来的。然而，即便仅仅是考量我们要如何对此去收集确凿的证据，这也极具挑战性。尽管如此，鲸类中的文化显然没有以任何能与人类技术文化相媲美的方式积累，而且似乎也没有证据表明鲸类能够利用物质文化的传承（比如将金钱、房屋，或祖父最喜欢的烟斗传递下去）或是利用其他对其文化内容的外在体现（比如以文字、图表或电子数据的形式）。它们的文化仅仅存在于它们的大脑中，就像人类的祖先所做的那样。

道德——可接受行为的规范——是人类文化的另一个重要特征。道德的演化是一个有着巨大争议的领域，而且如果识别出道德意味着在被观察到的行为之下有着接近于动机、意识或其他的基础的话，对于我们如何在非人类中识别出这样一件事物还存在着分歧。这场辩论大致如下：一方观点认为，只有人类才能有道德，因为只有他们能够内省地和理性地监督自己的行为，来决定其是对还是错。这种能力植根于我们的心理理论，但是在文化背景下发展而来，并不是我们与生俱来的东西[88]。对于更加年幼的孩子来说，结果是胜过动机的——简恩不小心打碎了三个玻璃杯要比朱迪故意打碎一个玻璃杯更令人发指——但是随着他们的成长，这种认知会发生逆转，然后简恩会（在成年人视角中是正确的）被认为"更捣蛋"。因此，只有人类才能有道德，因为只有他们能够理性地考虑自己的行为，而且只有他们才是在一个充满道德感的文化环境中发展而来的。而站在另一边的人，比如弗朗斯·德·瓦尔、马克·贝科夫（Mark Bekoff）和杰西卡·皮尔斯（Jessica Pierce），以及哲学家马克·罗兰兹（Mark Rowlands），都反对将道德看成是这样一个智能化的概念[89]。取而代之地，他们认为，人类的道德深深植根于我们的演化传承中，即事实上用罗兰的话说，"我们的自然情感——我们对周围人的共情（empathy）和同情（sympathy）——是我们生物天性的基本组成部分"[90]。而最近的研究表明，人类婴儿在会说话之前就开始对他人的行为做出判断，这在一定程度上支持了他们的立场[91]。从这个角度来看，对于在非人类身上找到与人类道德相似并且是人类道德的直接祖先的东西，我们不应该感到惊讶。这获得了许多来自人类行为例子的支持，这些行为方式被我们大多数人认为是最高道德地位的表现，其中却并未有任何内省——那种被一些人认为是人类道德能动性基础的内省。看看下面这段摘录吧，它来自一篇关于无私行为的研究，其中采访了一位曾在第二次世界大战期间从纳粹手中拯救犹太人的荷兰妇女：

> 记者：这完全是无意识的？
>
> 玛戈特：是的。你不会去思考这些事情。你无法去思考这些事情。事情发生得太快了。
>
> 记者：但这并不是真的很快，是吗？有大量的战略规划要做好（这样才能做到你所做的）。
>
> 玛戈特：这个嘛，我当时还年轻。我可以做到。今天的话我就不知道了。我得试试才知道。但我当时 32 岁。那是相当年轻的。
>
> 记者：你没有坐下来权衡一下其他的选择吗？
>
> 玛戈特：天哪，没有啊。没有时间做这些事。这是不可能的。
>
> 记者：那它完全是自发的？（玛戈特点点头）它来自你的情感？
>
> 玛戈特：是的。不去帮忙几乎是不可能的。[92]

2013 年 2 月，就在我们写这本书的过程中，一位 63 岁的英国男子乔治·里德（George Reeder）跳进海里去救一个溺水的婴儿，事后他说："我没有时间去思考。我就跳了进去，把童车拉回到了码头边上。"[93] 对于那些否认动物有某种道德能动性的人来说，就算我们经常不假思索地就做出道德行为，这样的例子并不作数，在他们看来，正是因为我们能够思考此事的这个事实，才使人类具有独特的道德感[94]。我们发现这种立场是如此可疑，自然使得我们倾向于与它对立的论点。

剑桥大学动物福利方面的名誉教授唐纳德·布鲁姆（Donald Broom）有一个直截了当的观点。对他来说，道德是指对于有些行为正确、有些行为错误的这样一种感觉，并且有道德的生物会在随后采取相应的行动[95]。哲学家将"正确"等同于满足个体的基本需要（食物、住所、健康）和维护他们的权利（生命、自由、隐私），而"错误"则等同于阻碍了这些需求和权利的行为[96]。布鲁姆认为，有相当多的证据表明非人类中存在这种道德感。稍后我们将讨论鲸鱼和海豚是否拥有或者是否应该拥有权利，但至少它们确实有需求。当鲸鱼和海豚不遗余力地帮助其他生物满足这些生物的需求时，这看起来很有道德性，至少在表面上看是这样。以下是罗伯特·皮特曼和约翰·德班（John Durban）所讲述的在 2009 年 1 月一些南极的浮冰虎鲸从浮冰上撞下一头海豹后发生的事情：

> 捕食者成功地把浮冰上的海豹撞下去了。海豹在公开水域受到致命的攻击，并疯狂地向座头鲸游去，似乎在寻求庇护，或许根本不知道它们是活的动物。（我们已经知道北太平洋的海狗把我们的船当作躲避虎鲸攻击的避难所。）
>
> 就在海豹到达最近的座头鲸身边时，这只巨大的动物翻了个身肚子朝上——而这头 400 磅重的海豹被座头鲸卷到了它两个巨大腹鳍之间的胸部。接着，当虎鲸靠近时，座头鲸拱起胸膛，将海豹抬出了水面。从这个安全平台上冲下来的水开始把海豹冲回海里，但随后座头鲸用鳍轻柔地推了海豹一下，让它又回到了胸中间。过了一会儿，海豹挣扎着出来并游到了一块附近浮冰的安全地带。[97]

再举一个例子，2008 年 3 月 12 日，一头名叫莫科（Moko）的宽吻海豚引导一对倭抹香鲸的母亲和幼崽游出了新西兰海岸旁一组错综复杂的沙洲，在那里它们似乎毫无希望地迷失了方向并被困住了——这对鲸鱼将自己搁浅了4次之后救援人员正在考虑给它们进行安乐死[98]。

而且还有海豚或者偶尔是鲸鱼拯救人类的案例。其中有一个特别吸引我们的例子是在加勒比海的一次航海比赛中[99]。一名航海者在波涛汹涌的海面上落入水中，并且很快就从他船上其他船员的视线中消失了。参赛的船只停止了比赛，并在这片区域交叉搜寻，但都没能发现那个落水的人，而他当时已经在水上连续踩水了好几个小时。那一定是一段可怕的时光，但当有海豚来到他身边并显然是为了陪伴他时，或许让他稍微好受了一些。大约在同一时间，其中一艘搜索船注意到有海豚靠近，然后朝着特定的方向游走。它们这样做了好几次。搜索船上的航海者们想知道这是不是某种信号，于是就跟了过去。他们很快找到了游泳的人以及他的海豚同伴们。前面这些例子只是许许多多案例中非常有限的几个，在所有这些案例中都有海豚或鲸鱼做出某些举动，据称似乎是为了帮助处于致命危险中的人类或其他动物[100]。

虽然对于面临最危险捕食者的海豹来说是至关重要的，但从座头鲸看来，用鳍轻轻推一下海豹似乎在整个大局中无关紧要。然而，如果是一名人类个体用一条胳膊把一条狗从拥挤的交通中拉到安全的地方，大多数人则会认为这是一种道德行为。试图拯救迷路的倭抹香鲸但没有成功（随后是被海豚莫科引导到安全的地方）的搁浅小组（即搁浅海洋动物的营救人员），以及在没有海豚帮助的情况下无法找到落水男子的加勒比海航海者们，都是在按照人类文化的道德标准"做正确的事情"，因此，否认那些真正救人的鲸类在做同样的事情似乎有些无礼。但是，相反的辩论是，我们怎么知道海豚做了它所做的是因为它们认为这是正确的事情呢？答案是我们不能。但是同样地，我们又怎么能有把握知道我们那些人类伙计就一定是呢？同样地，我们不能。也许除了你——亲爱的读者——以外每个人都是一名铁石心肠的反社会者，只是因害怕不这样做的后果而表现出道德行为，同时却声称自己也会感受到和你自己会这样做一样的自然的共情。日复一日，我们

　　　鲸鱼海豚有文化：探索海洋哺乳动物的社会与行为

人类使用一种简单的启发式方法，即如果其他人说出来，以及更重要的是做出来的事情是以我们可以用自己的内在道德感来解释的那种方式，那么我们就权且信之是道德感[101]。如果它摇摇晃晃地呱呱叫，那么它很可能真的是只鸭子。如果一个人做了我们刚才描述的鲸类所做的事情，那么就不会有关于这种行为是否道德的争论。

道德既包括正确也包括错误。暗示了海豚拥有关于"错误"行为的概念的一件最有说服力的事是由托马斯·怀特所描述的：一个在巴哈马群岛附近的人类浮潜者观察到大西洋花斑原海豚超出了该地点的人类观察者所预期的海豚行为规范的界限[102]。游泳的人接近了一头正在学习与母亲一起捕鱼的海豚幼崽，而这犯了在游泳者和这些海豚间多年来建立起来的交往规则中的一个禁忌。当此事发生时，海豚母亲并没有游向这位扫兴的闯入者，而是游向了游泳者的领队——这是一位它能认出来的人类，并且拍打着尾巴，它的不满显然是针对那个领队没有约束好被其领导的队员的行为的。

关注跨物种之间行为的原因之一是，当其给予帮助时，它们是最显然的利他行为。受助者显然与帮助者没有亲属关系，也不可能报答它们。这样的行为通常被摒弃为是用错了地方的母性行为。皮特曼和德班在对于座头鲸拯救海豹的行为分析中考虑到了这种解释方法，但在文章结尾他们则说："当一个人类个体保护另一个物种的濒危个体时，我们称之为同情心。如果一头座头鲸这样做，我们却称之为本能。但有时两者之间的区别并不是那么清楚。"[103] 物种间的道德是最容易被识认出来的，但动物如何对待自己才是最重要的。在观察和聆听圈养的长吻原海豚（飞旋海豚）时，肯·诺里斯意识到存在着"回声定位的礼节"："基哈拉尼（Kehaulani）和它的同群伙伴们从来没有用响亮的声音互喷，而当它们处于回声定位的环节时，它们通常会游到其他海豚的下方，头朝下倾斜、朝离它们同个水池的同伴……在100次回声传递中，我们的回声定位海豚从来没有用它们一连串的嘀嗒声直接喷到其他动物身上。而这与我们早先观察到的野生海豚不符：野生海豚群几乎总是交错排列在三维梯队中，就像战斗机编队一样。"[104]

被海豚的回声定位扫射是令人不快的，而且也是稍微有些侵入性的——由于它使用的是超声波，使用回声定位的海豚可以检查一名个体的内脏——但抹香鲸声呐则是另一回事。与海豚的回声定位相比，它的频率更低，且声音要响亮 20 分贝，或者说功率要大 100 倍[105]。我们有时会疑惑于我们所研究的抹香鲸的行为规范。抹香鲸一生的大部分时间都在深海中一起觅食，并且使用着动物界最强大的声呐。指向对方耳朵的回声定位嘀嗒声可能会使对方在一段时间内丧失觅食的能力，并且如果距离发射源很近的话，可能还会造成永久性的损伤[106]。因此，在一起觅食的抹香鲸彼此之间有潜在的危险性。而它们确实是一起觅食。在太平洋地区，抹香鲸的群体庞大且相当紧凑，可能有 30 头或更多的抹香鲸在相距几公里的范围内使用着回声定位。想象一下 30 多个人在森林里一起用枪打猎。如果没有使用规范、没有关于正确行为的共同协议，就会有许多死掉的猎人和许多失聪的抹香鲸了。

如果我们把所有这些证据放在一起，至少足以让我们在问出鲸鱼和海豚是否真的知道——无论是对他们还是对我们——什么是对的、什么是错的时停下来仔细想想。至少有些时候，它们似乎是在按照这些行为准则行事。因此，如果我们接受布鲁姆关于道德的概念，那么它似乎是存在于鲸鱼和海豚身上的，尽管我们并不知道它的程度有多大。在这本书的背景下，还有一个额外的问题：这些道德行为是文化的吗？向其他处于危险中的物种提供的援助、关于人类潜水者应该如何行为的规范以及"声呐安全"章程，这些可能都是本能的，没有任何来自于社会性学习的贡献。我们怀疑不是这样的，但却没有好的证据来表明鲸类的道德观是通过社会性学习而达到的，并且因此也是文化的。

与道德相关的是族群问题（ethnicity）。族群界限可以设定道德准则，并可以由道德准则来设定。象征性的标记对于族群来说是必要的，正如我们在第 8 章中所看到的，在非人类中这一点的明显缺乏是

鲸鱼海豚有文化：探索海洋哺乳动物的社会与行为

导致许多人在我们自己和动物王国其余部分之间划下关于文化的界限的一个主要因素。当文化因素是用来定义不同的社会群体时，这就可以加强社会群体内部的社会联系和社会群体之间的区别[107]。在我们的多元文化社会中，我们倾向于——或者可能仅仅——与那些说"我们的"语言或穿"我们的衣服"的人联结。我们在象征着族群的旗帜后面战斗。象征性标记被视为一种特别的人类文化属性，它使我们能够建立起一个规模远远超过让其他物种产生合作的标准机制——亲缘选择机制和互惠机制——所能达到的规模。在猿类和猴子身上缺乏象征性标记的证据，这一点强调了象征性标记可能是人类文化的一个关键要素，而且似乎在智人和动物王国的其余部分之间形成了一条明显的鸿沟[108]。

然而，母系鲸鱼确实看起来是用它们的叫声作为某种社会界限的标记的。虎鲸的母系单元似乎塑造它们的脉冲叫声来保持与邻近单元之间的区别[109]。太平洋中交叠在一起的抹香鲸部族的尾音方言之间的差异大于北大西洋不同地区抹香鲸方言之间的差异，而在北大西洋的不同地区似乎根本没有交叠的抹香鲸部族[110]。这些都是"族群"标记的标志，但母系鲸鱼的社会生活的整个基调如此，让我们也不会惊讶于在那些共享活动范围和彼此频繁相遇的动物其社会结构不同层次的元素之间能发现象征性的概略图了。太平洋中雌性抹香鲸的尾音部族相互交叠，每一个部族都有数千或数万只动物，这与迄今为止在非人类中确定出的所有其他社会结构都不同，而且在某些方面，它们看起来非常像人类的族群。也许年轻的太平洋抹香鲸了解到有些事情是"我们做的"，有些事情是"它们做的"，而"我们"则不与"它们"进行联结。在尾音和虎鲸的脉冲叫声中，我们有了很好的候选对象可以作为"我们"和"它们"的文化性传播的象征性标记。

人类文化的最后一个关键属性是它影响生物的适应性——基本上就是，人类的文化关系到他或她可能生多少孙辈。这一属性使得文化能够影响遗传演化，而这一点在人类身上也很明显。那么鲸类呢？生活在同一地区的抹香鲸部族，其繁殖率似乎有所不同。有幼崽的鲸群的数量以及未成年鲸在每群中所占的比例在各部族之间的差异很大[111]。行为上的文化差异可以有好几种方式会导致不同的抹香鲸部族成员所养育的幼崽数量有差异[112]。各部族在摄食成功率方面有着一贯的差异，因此，一个部族中的雌性或许总体来说比另一个部族中的雌性更健康；而它们在看护幼崽方法上的差异也可能会反映在幼崽的存活率上；还有可能存在着部族特有的方法来防止捕食者，这也会改变幼崽的平均存活率；而且还可能有交配规范［"**我们**只与那些（某种特定）的雄性交配"或者"**我们**只有在（某种特别）的时候交配"］，这也导致了不同的妊娠率。

在澳大利亚的鲨鱼湾，一头雌性宽吻海豚的繁殖成功与否部分地取决于它的文化传承。珍妮特·曼恩和她的同事在 2000 年进行的研究发现，来到猴子米亚度假村海滩接受人类施舍的海豚幼崽在第一年的死亡概率是未被提供食物的雌性海豚的幼崽的两倍多[113]。近年来，随着供食行为被极大地进行了控制，这种差别已经缩小了。最初的差距可能是由于幼年海豚在度假村区域（例如从污水中）感染的疾病，它们与意图去收取食物的母亲接触较少；或者是食物可利用性的变化，又或者是在供食出现之处来自近岸地区捕食者的风险。无论是因为哪种情况，使用人类施舍的这种文化特性对拥有这种特性的猴子米亚度假村的雌性海豚的繁殖成功没有好处。曼恩和她的同事们还考察了繁殖成功与鲨鱼湾海豚最著名的文化特性——戴海绵的关系。将海绵放在鼻子上的雌性，尽管要花更多的时间觅食和更少的时间社交，但它们比一般海豚在养育幼崽方面有着更高的速率[114]。

在抹香鲸的文化部族之间以及在受供食和未受供食的海豚之间所发现的数量上的差异是繁殖率，基本上就是繁殖后代的速度。生育率并不等同于适应性——适应性在本质上是指存活的孙辈的数量——但两者通常密切相关。因此，除非有一个重大的补偿因素，例如有更多存活后代的群体中动物的死亡率更高，否则我们可以合理地推断出在抹香鲸部族之间或不同觅食类型海豚之间适应性的差异。如果这些适应性的差异在一代又一代地一贯保持下去，那么文化的群体选择就成为了可能——一些部族会繁荣而另一些则会衰落，并且它们的特色文化也会跟着一起。文化将驱动着演化，因其与社会结构的连接。

还有就是，人类文化的某些关键元素在鲸类中则是罕见的或缺乏的。只有在宽吻海豚的海绵中才有物质文化的仅仅是潜在的证据，而我们人类从物理上却被我们的物质文化所包围，并且这种物质文化的积累也是惊人的。此处是一个与句法语言类似的对比。但至少有迹象表明，鲸类文化确实包含了人类文化的一些其他关键属性：也许是累积性的根源、道德（尽管我们不知道它是否是在文化上传播的）、象征性的族群标志以及它影响的生物适应性。尤其是在象征性族群标记和影响适应性以及在这两种属性的后果上，似乎在鲸类的文化和智人的文化之间有着惊人的相似之处。

我们对我们自己的人类文化的了解帮助我们制定出了对鲸鱼和海豚文化所进行的调查。我们寻找着工具、墨守成规以及象征性标记的存在。但这种帮助可以是相互的。我们被自己的文化所吸引，这并非毫无道理。为什么是语言，为什么是国旗，为什么是音乐呢？演化生物学家用来研究"为什么"问题的关键技术之一就是所谓的比较法（comparative method）。通过比较一个特性在一系列物种中——或者有时在某一特定物种的不同群体中——的表达（或不表达），我们可以推断它是什么时候演化的，以及它是如何演化的[115]。因此，举例来说，如果我们发现（我们确实也发现了），在多个动物群体中，社会性较强的物种通常拥有最大的脑，那么这就有力地表明社会性和脑的大小在某种程度上是有关联的[116]。当我们由于逻辑性（时间线可能太长，就像许多演化问题一样）、伦理或其他原因而无法进行操作性实验时，比较法尤为重要。但是比较法依赖于多重比较。它需要一系列具有或不具有该特性或对此特性具有不同价值的物种或种群来输入。社会复杂性与脑的大小之间的关联如此引人注目，是因为它在鸟类、灵长类和鲸类中都有被发现。相比之下，人类文化的许多方面被认为是人类独有的，并且在人类种群中具有普遍性。在这种情况下，比较法是行不通的，它会扼杀科学推断。这就是研究人类语言的演化是如此困难的一个主要原因。鲸类为我们沉思人类文化的演化提供了一个新的视角。几乎没有工具、只有墨守成规和象征性标记（也许吧！）。那么，人类、黑猩猩和新喀里多尼亚乌鸦有了什么鲸类没有的东西导致了工具的出现呢？反过来，什么是人类和大型齿鲸拥有的共同点，而黑猩猩和须鲸没有，而这又导致了族群的象征性标记呢？鲸类为我们考量人类文化的神秘起源增添了一扇新的窗。

彼得·理查森和罗伯特·博伊德"猜想一种复杂精妙的文化能力仅仅适应了地球历史的一小部分，而我们只不过是第一个发现其优势的世系"[117]。我们则猜想，一种复杂的文化能力已经在海洋中适应了数百万年，而鲸类在 3400 万年前就发现了它的优势，并且伴随着齿鲸目动物的演化和脑尺寸的突然增大，但由于一些尚不清楚的原因，鲸类从未将其转化为一个引擎以产生出人类文化中特征性的那种累积了大量技能、知识以及物质化的惊人体量[118]。此外，在这段时间里，演化已经使鲸鱼的心理学适应于处理在它们的文化世界中进行生活的可能影响，尽管其中特定的内容（歌曲类型和特别的觅食策略）经常发生变化，但其总体范围可能在黑猩猩和人类在演化之路分化之前就已经相当稳定。人类文化已经——并且正在——极其迅速地演变。因此，也许在鲸鱼的心理学和鲸鱼文化之间的契合度比我们目前在人类心理学和人类文化之间所体验到的更为契合。如果是这样的话，我们可能真的可以大肆庆祝一下，并提议说鲸类心理学可能是人类心理学在我们的超文化驱动下所前往的方向上一个遥远的里程标杆。也许是吧。

鲸鱼和海豚文化应该影响人类对待它们的方式吗？

鲸鱼和海豚文化的证据在某些地方是脆弱的，在其他地方则较为

鲸鱼海豚有文化：探索海洋哺乳动物的社会与行为

强有力。其中的脆弱性反映了我们已知的未知之处。这在很大程度上可能是由于我们在触及它们的文化方面存在局限性，但也可能是由于不是所有的鲸类物种的文化都具有相同的程度。而其中强大的力量则来自文化在这些动物的生活中扮演着如此重要的角色，以至于它经过我们粗糙原始的研究方法的对待依旧闪耀着光芒。我们已经讨论了这对于它们的演化轨迹以及它们与所生活的世界中其他部分的生态关系意味着什么。我们还考量了这种转变如何对我们利用、保护和管理它们的努力产生影响。但这意味着我们要做更多吗？我们在此可以问两个问题。首先，文化的道德价值是什么？其次，我们在鲸类身上观察到的文化是否会影响我们去思考如何对待它们？

文化本身具有道德价值吗？很明显，人类——通过他们的行为——表露出他们认为是有的。大量的时间、精力和金钱都花在将文化元素保存在博物馆和私人收藏中，而这些元素在现代世界中早已过时。今天的人们组成小组去学习和练习使用燧石敲击来制作石器，而这种技术可能在我们人类还未曾拥有成熟的语言之前就已经过时了。我们会担心文化多样性的丧失。我们花费时间和精力去保护濒危的语言。在 2001 年，联合国教科文组织做出了《世界文化多样性宣言》（Universal Declaration on Cultural Diversity），其中第一条主张"文化多样性对于人类如同生物多样性对于自然界一样必要"。类似地，有 78 个国家在 2007 年批准了《保护非物质文化遗产公约》（Convention for the Safeguarding of the Intangible Cultural Heritage），其中声明："这种代代相传的非物质文化遗产，由社群和群体根据他们的环境、他们与自然的交互以及他们的历史不断地进行再创造，并为他们提供一种身份认同感和延续性，从而促进对文化多样性和人类创造力的尊重。"[119] 除了提到的"人类创造力"之外，不难看出这一准则同样能适用于至少一些鲸类物种的文化。尽管如此，公约的作者们在撰写它时毫无疑问脑海中是在考虑人类文化——其累积性、象征性和语言性。在此如果摆出我们对文化的广义概念，然后主张说在以上例子中把这个词用在更狭义的意义上也会自然而然地适用，那我们真是太不够意思了。

　　基于这个原因，将这些关于文化保护的看法直接从人类身上转移到其他物种身上会让有些人感到不舒服。因此，利用第 11 章中的一些观点，让我们用保护生物学家的术语重新措辞一下。保护生物学家感兴趣于保护生命的多样性。多样性本身就可以被认为是重要的，因为它赋予我们赖以生存的生态系统以稳定性、恢复力、生产力，以及审美价值[120]。生物之间彼此有所不同是由于遗传、环境变化以及其他原因，其中也包括文化。因此，保护非人类文化是保护生物多样性的一个要素，同样也是保护遗传和环境多样性的要素。

　　当然，保护鲸鱼文化的看法与保护某些部分的人类文化是相当直接地产生对立的。例如，有一个问题："既然大多数西方国家都反对捕鲸，那么为什么日本不放弃其传统呢？"日本捕鲸协会对此的答复是："要求日本放弃其这部分文化，就好比澳大利亚人被要求停止吃肉馅饼，美国人被要求停止吃汉堡，英国人被要求不吃炸鱼薯条。"[121]

　　对鲸鱼文化的保护和对捕鲸文化的保护并不容易调和。我们不知道支持捕鲸的力量是否直接攻击鲸鱼文化的观念，但他们尽力把鲸类描绘成行为简单的动物，例如，引用英国科学家玛格丽特·克林诺夫斯卡（Margaret Klinowska）的说法是"鲸鱼几乎没有表现出行为复杂性程度超越了一群牛或者鹿的"[122]。大概捕鲸者正试图拦截住类似粕谷俊夫那样的看法，粕谷就是本章开头引用过他的话的日本科学家。那么，为什么捕鲸者担心他们的猎物会被认为是认知上先进或行为复杂的呢？捕鲸者们担心的似乎是，鲸鱼和海豚由于有这些特征，可能会被赋予特殊权利，以至于可以使它们免于被猎杀。

　　鲸类权利运动是由具有以下观点的哲学家带头发起的[123]。在实践中，人类将生命形式分为"人"（person，被赋予了生命和自由等特殊权利）以及"非人"（nonperson，拥有有限的权利范围，其中被限制的可能包括免于不必要的痛苦的自由和免于生物灭绝的自由的权利）。人有着一种不同于非人的"道德地位"，因为他们有更大的需要和更大

　　鲸鱼海豚有文化：探索海洋哺乳动物的社会与行为

的脆弱性[124]。有各种各样的方式可以区分人和非人。最简单的就是活着的人类并且只有活着的人类才是人类。这也含蓄地体现了天主教会反对堕胎和安乐死的论点，但对于许多人来说这并不令人满意，因为他们无法把人的地位给予一个新形成的胎儿或一个脑死亡了但生理上还活着的个体。所以"人"的定义方式通常是要让不是所有活着的人类都可以被定义为"人"。除非这个定义包括了对智人中一个子集的限定，这就是一个逻辑上不令人满意的方法，因为这让大门向非人类的人敞开了。哲学家在考虑人类的"人态"（personhood）时所使用的定义包括了以下因素：活着，有觉知，有正面和负面的感觉，情绪和一种对自我的感觉，控制自己的行为，认出其他单个的"人"并且恰当地对待他们，以及拥有各种各样复杂精细的认知能力[125]。哲学家托马斯·怀特认为，至少宽吻海豚就符合这些要求，因此它具有"道德地位"[126]。这一结论取决于其中各种各样复杂精细的认知能力所包含的都是些什么，但如果接受这一论点，那么海豚就是人，应该被赋予与人类相似的权利。不出意料，这是一个极具争议的结论，可能主要是因为它挑战了我们人类对自然世界占据"统治性"的本质[127]。存在非人类的人的这种可能性并不是这种传统观念受到质疑的唯一理由，甚至也不是主要理由。毕竟，我们生活在这样一个时代：人类经济文化与其赖以生存的生态系统之间的关系前所未有地受到质疑，而来源于其他宗教和哲学的关于人类与自然世界关系的替代性观点正日益受到重视。海豚（或者大象和黑猩猩）的人态是扔进这个混合物中的又一个需要考虑的问题。

这跟文化又有什么关系？文化并未直接包含在对人态的一般要求中，而是被有些人看成是在其中使得一些因素起作用的环境[128]。例如心理学家霍华德·加德纳（Howard Gardner）认为，智能（intelligence）是"在一种文化的设置中被激活，用以解决问题或创造出在一个文化中有价值的产品"[129]。文化因此可以被视为人态的一种必要的但并不充分的成分，并且在鲸类身上研究它可以直接对一些极具争议的道德辩论产生影响。

因此对我们的问题回答是，当涉及要有效地保护它们时，鲸类文化应该影响我们如今在实践中对待鲸类的方式，而且随着我们知识的增长，它可能也会影响我们对待它们的责任以及我们与它们的关系。在这最后几段中，我们所讨论的可能已经超出了你所能接受的舒适范围，但若是你现在就要读完这整本书了，我们希望我们已经让你意识到了海洋中有着一种非同寻常的兴盛的文化。我们希望我们已经让你们相信，这对于鲸鱼是什么，对于它们如何利用其栖息地，对于它们如何与环境互动以及也许是对于我们应该如何对待它们，都有着重要的意义。而如果你是从本书的末尾开始读，并且刚刚开始，那么请至少阅读第 4—6 章。这些章节将把你带到野外的鲸鱼和海豚，以及它们所过的非同寻常的生活那里。然后试着登上一艘船去海上看看它们吧。你可能不会看到太多的动物，但你会与它们的世界产生一次小小的连接。也许你会着迷于那里还有些别的什么。我们就是这样做的。于是我们再次出海，那里还有如此多的东西在等待我们去了解。

注释

1　Kasuya 2008, 768.

2　鲸鱼和海豚不应该被圈养的论点是由 Lori Marino and Toni Frohoff 2011 提出的。另一种观点则由 Stan Kuczaj 2010 进行了概述。

3　Sullivan 2013, 198.

4　Herzing 2011.

5　Marsh, Elfenbein, and Ambady 2007.

6　Johnson and Tyack 2003.

7　De Stephanis et al., 2008b; Ottensmeyer and Whitehead 2003.

8　Sapolsky and Share 2004.

9　Sapolsky and Share 2004.

10　Goodall 2005, 276.

11 鲸类带着它们死去的亲属游来游去的例子可见于，例如 Caldwell and Caldwell, 1966 以及 Ritter, 2007。

12 Goodall 2005, 277.

13 对文化的探索变成了竞赛的例子包括 Janik 2001 和 Rendell and Whitehead 2001b。

14 Boesch 2012; Catchpole and Slater 2008; McGrew 2004.

15 Laland and Hoppitt 2003, 151.

16 Bonner 1980, 163.

17 Laland and Hoppitt 2003, 151.

18 Laland and Hoppitt 2003, 151.

19 Guttridge et al., 2012; Laland and Williams 1998.

20 Brown and Laland 2003.

21 Warner 1988.

22 Galef and Laland 2005.

23 Brown 2011; Galef and Laland 2005.

24 Aisner and Terkel 1992; Terkel 1996.

25 Janik and Slater 1997. 啮齿动物和大多数其他陆生哺乳动物似乎没有经由社会性学习而习得发声技巧，这至少曾经是一种盛行的观点。最近的证据则表明，不起眼的睡鼠中的雄性如果住在一起，可能会让它们的超声波叫声趋于一个共同的频率上（Arriaga, Zhou and Jarvis 2012），但这一证据是初步的，而且无论如何，趋于一个共同的频率距离我们在鲸类或鸣禽身上所看到的那种发声学习还是非常遥远的。

26 大卫·阿滕伯勒（David Attenborough）在由他撰写并呈现的 BBC 自然纪录片《鸟的一生》（*The Life of Birds*）第 6 集《信号与歌声》中描述了琴鸟的卓越发声能力（第 6 集最初于 1998 年 11 月 25 日播出）。阿滕伯勒所记录的琴鸟的一个片段可见于 http://www.youtube.com/watch?v=VjE0Kdfos4Y，上传时间：2007 年 2 月 12 日。琴鸟和园丁鸟是如何通过模仿它们自己物种和其他物种的声音来构建自己的发声曲目集的，参看 Dalziell and

Magrath, 2012; Kelley and Healy 2010 以及 Putland, et al., 2006。

27 Catchpole and Slater 2008.

28 Rothenberg 2010, 6.

29 Catchpole and Slater 2008; Kroodsma 2005.

30 Mann, Dingess, and Slater 2006; Templeton et al., 2013.

31 三肉垂钟雀歌声的基频从 1974 年的 5.6 千赫下降到 2000 年的 3.7 千赫，即每年下降 1.6% 左右（Kroodsma, 2005）。另一个例子，参见 Derryberry, 2009。

32 Garland et al., 2011; Noad et al., 2000.

33 Hall and Schaller, 1964 研究了海獭如何使用工具打开贝类；"一招鲜"（one-trick ponies）这个短句来自 McGrew, 2003。

34 Slagsvold and Wiebe 2011.

35 Ellis et al., 2003.

36 Cornell, Marzluff, and Pecoraro 2012; Madden et al., 2004; Wheatcroft and Price 2013.

37 Slagsvold and Wiebe 2011.

38 Fisher and Hinde 1949.

39 Hunt and Gray 2003.

40 Sherry and Galef 1984.

41 Bradbury 2003; Emery and Clayton 2004.

42 Catchpole and Slater 2008; Slagsvold and Wiebe 2011; Tebbich et al., 2001.

43 Emery et al., 2007.

44 Janik and Slater 1997.

45 这种左右为难在 Read, 2011 中进行了探讨。克里斯托夫·博什（Christophe Boesch, 2012）也写了一本书，直接比较了黑猩猩和人类文化。

46 Whiten et al., 1999. 这篇论文已经被引用了超过 1000 次。

47 Bloomsmith et al., 2006.

48 Kawai 1965.

[49] 猕猴的这些觅食技术在 de Waal, 2001 和 Perry, 2009 中有描述。

[50] Huffman 1984.

[51] Huffman, Nahallage, and Leca 2008.

[52] Huffman, Nahallage, and Leca 2008; Leca, Gunst, and Huffman 2007.

[53] Huffman 1996.

[54] 玩弄石头的变体在 Leca, Gunst and Huffman, 2007 中被特别指出；关于它是社会性学习的证据可在 Huffman, Nahallage and Leca, 2008 中找到。

[55] Huffman 1996.

[56] Perry 2009, 262.

[57] Krützen, Willems, and van Schaik 2011.

[58] Van Schaik et al., 2003.

[59] Van Schaik et al., 2003.

[60] McGrew 2003. 2009 年，麦克格鲁添加了一篇题为《重访前线》的后记。

[61] Whiten et al., 2001.

[62] Huffman et al., 2010; Whiten et al., 2001.

[63] Whiten et al., 2004.

[64] Tomasello 2009.

[65] Langergraber et al., 2011.

[66] 关于黑猩猩进行社会性学习的能力的实验证据可以在 Whiten, Horner and de Waal 2005 和 Whiten et al., 2007 中找到。

[67] Whiten 2011.

[68] Thornton and McAuliffe 2006.

[69] Patriquin, 2012 考虑了蝙蝠文化的可能性。Boughman, 1998 和 Boughman and Wilkinson, 1998 描述了成群的大矛鼻蝠之间的共同叫声。

[70] 在知识网络数据库（"科学网" Web of Science, http://wokinfo.com/）中输入"主题 =（大象*）AND 主题 =（文化）AND 主题 =（行为）"没有找到关于大象文化的科学论文。相比之下，当（大象*）被（鲸鱼*）、（海豚*）或（黑猩猩*）替代时，同样的搜索则找出了数十篇关于鲸鱼、海豚和黑

猩猩的论文。

71　Bradshaw 2009, 25.

72　Bradshaw 2009, 28; McComb et al., 2001; Poole et al., 2005.

73　Bates et al., 2008.

74　Bates et al., 2007.

75　McComb et al., 2014.

76　Bates et al., 2010.

77　Bates et al., 2010.

78　Foley, Pettorelli, and Foley 2009.

79　Adams 1979, 156. 这句引文难免会出现在这本书中的某个地方！

80　Kako 1999.

81　Schulz et al., 2008.

82　Tomasello, Carpenter, and Liszkowski 2007.

83　Sayigh et al., 2007; Xitco, Gory, and Kuczaj 2004.

84　Christiansen and Kirby 2003.

85　Számadó and Szathmáry 2006.

86　Richerson and Boyd 2005, 110–111.

87　Weinrich, Schilling, and Belt 1992.

88　Lane et al., 2010; Wellman and Miller 2008.

89　De Waal 1997; Bekoff and Pierce 2009.

90　Rowlands 2012. 这种观点可以追溯到达尔文本人和其他人，甚至可以更远，追溯到大卫·休谟这样的哲学家身上。

91　Hamlin et al., 2011; Hamlin, Wynn, and Bloom 2007.

92　Monroe 1991.

93　正如在《存在一个英雄基因吗？》中所报道的，http://www.bigissue.com/features/1951/there-hero-gene，2013 年 2 月 13 日。

94　Rowlands 2012.

95　Broom 2003.

[96] White 2007, 10.

[97] Pitman and Durban 2009, 48.

[98] 雷·莉利（Ray Lilley），《海豚拯救困住的鲸鱼，引导它们返回大海》，《国家地理》（*National Geographic*）杂志，2008年3月12日，http://news.nationalgeographic.co.uk/news/2008/03/080312-AP-dolph-whal.html。

[99] 《海豚找到失踪的水手》,《巡游世界》（*Cruising World*），在 White，2007 第10 页中被引用。

[100] 参见，例如："Dolphins Rescuing Humans," Dolphins-World, accessed August 17, 2013, http://www.dolphins-world.com/Dolphins_Rescuing_Humans.html or "Dolphins Rescuing Humans," Save the Whales, accessed August 17, 2013, http://www.savethewhales.org/Dolphins_Rescuing_Humans.html.

[101] 虽然这一点在以前无疑已经被多次提出，但我们第一次见到它是在 Lyons，2010。

[102] White 2007, 161.

[103] Pitman and Durban 2009, 48.

[104] Norris 1991, 272.

[105] 关于抹香鲸声呐的频率和功率，参见 Au, 1993 和 Møhl, et al., 2000。

[106] Whitehead 2011.

[107] Cantor and Whitehead 2013.

[108] 猿类和猴子中缺乏符号标记的相关证据参见 Hill, 2009 和 Perry, 2009。

[109] Deecke, Ford, and Spong 2000.

[110] Antunes 2009.

[111] Marcoux, Rendell and Whitehead 2007. 然而，部族之间繁殖率的差异在不同的衡量方式下并不总是一致的，因此我们不能无可辩驳地得出部族繁殖率有所不同的结论。

[112] Marcoux, Whitehead, and Rendell 2007; Whitehead 2003b; Whitehead and Rendell 2004.

113   Mann et al., 2000.

114   Mann et al., 2008.

115   Harvey and Pagel 1991.

116   Dunbar 1998.

117   Richerson and Boyd 2005, 131.

118   关于鲸类脑的演化参见 Marino, McShea and Uhen, 2004。

119   "Convention for the Safeguarding of the Intangible Cultural Heritage 2003," UNESCO, October 17, 2003, http://portal.unesco.org/en/ev.php-URL_ID=17716&URL_DO=DO_TOPIC&URL_SECTION=201.html.

120   Luck, Daily, and Ehrlich 2003.

121   "Questions and Answers: Whales/Whaling/Whale Research/International Whaling Commission," Japan Whaling Association, accessed August 17, 2013, http://www.whaling.jp/english/qa.html.

122   "Questions and Answers: Whales/Whaling/Whale Research/International Whaling Commission."

123   从怀特的论点中（White 2007, 8–9）精简而来。

124   正如托马斯·怀特（私人沟通）所说："作为一个人随之而来的复杂性意味着我们成长、繁荣或以一种甚至最基本的方式体验生活所需的条件比一个非人所需的条件更为复杂；这也意味着这些复杂性让我们易以一种非人类不会有的方式而受到伤害。"

125   清单改编自 White 2007, 156–157。怀特还指出，这些对人态的要求来自于人类的经验，而如果一个"人"的概念是从鲸类的角度发展出来的，那么社会智能将更加受到重视，鲸鱼或海豚通常比人类更具社会性（White, 2007, 156–157）。

126   White 2007.

127   在英皇詹姆士钦定版《圣经》的《创世记》1：26 中写道："神说，我们要在我们的形象里，按着我们的样子造人，使他们管理海里的鱼、空中的飞禽、牲畜，和全地，并地上一切爬行的物。"（译者注：以上译文来源：

http://www.ckjv.cn/h-col-114.html，英皇钦定本《圣经》在线版）当然，也有一些宗教的信徒不会因为非人的观念而感到不安。

128　尽管文化并没有直接包含在对人态的一般要求中，哲学家迈克尔·艾伦·福克斯（Michael Allen Fox, 2001）更直接地从鲸类文化联结到了鲸类的权利，因为文化的存在增加了鲸类与人类的相似性，并因而理应享有更多的权利。

129　Gardner 2000, 34.

后　记

我们需要感谢……

这本书的构思、写作和制作都仰仗于许多人的直接和间接帮助。通过追溯这本书的演化过程（首先在我们的脑中，然后是在我们的笔记本电脑上），我们要对其中大部分人致以谢意。但我们也毫无疑问会遗漏掉一些贡献了想法的人，一些提供了援助的人。我们为此致歉。

这本书的基石是我们与鲸鱼一起的航行，主要是抹香鲸。虽然抹香鲸们有时会有点易受惊吓，但它们对我们在其周遭环境中有时笨拙地跟随它们的尝试极其宽容。对鲸鱼们致以谢意。

当我们和鲸鱼一起航行时，我们浮光掠影地在我们船旁边的水面上看到这些巨大的生物——或者根据不同的视角被称为"存在体"或"大块的鲸脂"，我们听到它们在海洋的更深处发出的声音，而这让我们想知道：一头鲸鱼到底是个什么呢？我们从来没有指望能完全彻底地了解它们，只是想着若能通过一扇小小的窗户来了解它们的世界就太好了。然而，行为生态学——我们的研究的主要学术基础——似乎并不总是能够解释我们所看到的鲸鱼行为和我们所听到的鲸鱼声音。这些鲸鱼正在做的事情并不是显而易见地为了提高它们对后代的遗传贡献而设计的。受到像肯·诺里斯（Ken Norris）、凯瑟琳·佩恩（Katherine Payne）和罗杰·佩恩（Roger Payne）这些首先暗示地并外显地考虑鲸鱼文化的科学家的观点、发现和思考的启发，我们意识到

　　鲸鱼海豚有文化：探索海洋哺乳动物的社会与行为

文化可能为我们了解鲸鱼世界的某些部分提供了一种有用的方式，特别是如果文化是鲸鱼生活的重要组成部分的话。感谢肯、凯瑟琳、罗杰和其他先驱者。

在这种背景下，我们开始试图使鲸鱼与文化之间的关联更加正式，以便让文化能够成为对于鲸鱼行为的一种可被科学检验的解释。我们写了一篇综述文章《鲸鱼和海豚的文化》（发表于2001年），同年我们帮助哈拉尔德·尤克（Harald Yurk）和兰斯·巴雷特–伦纳德（Lance Barrett–Lennard）在温哥华的两年一度的海洋哺乳动物会议上安排了一个关于海洋哺乳动物文化的研讨会。哈拉尔德做了大部分的工作——谢谢你，哈拉尔德！

综述文章和研讨会都引起了很大的兴趣。那些参加研讨会的人以及那些为综述文章撰写评论的人留给我们很多值得思考的问题。有新的数据、新的想法、猛烈而温和的批评——大部分都是很有必要的。这让我们的思想和工作都更加犀利了。谢谢各位同事和批评者。

一些鲸鱼和海豚科学家赞同我们对文化的看法，并继续将其应用到他们的研究项目中。自研讨会和综述文章后的12年间，鲸鱼和海豚的文化研究已经取得了多种形式的进展。在我们已知的领域已经有了很大的进步：座头鲸的歌声、海豚的戴海绵、捕鱼合作、虎鲸的叫声以及抹香鲸的尾音。我们之前提出的一些问题现在得到了回答。例如，我们现在知道，当拖网捕鱼终止时赫维湾（Hervey Bay）的拖网海豚经历了些什么，还有弓头鲸歌声的结构和演化以及南极虎鲸的生态型都被描绘了出来。此外也有着巨大的惊喜。我们听到了蓝鲸之歌在全球范围内的深沉化、座头鲸之歌跨越南太平洋的逐渐东移，并看到了南极浮冰虎鲸的巴西"度假"。真是非同寻常啊！这些进展既是渐进式的，也是令人震惊的，它们都源于科学家团队经过数月甚至数年专注工作的不懈努力，有的是在小船上，有的在波涛汹涌的海面上，有的则在实验室里，而他们克服了电子设备与海水之间持续的负面相互作用，以及其他许许多多的挫折。这本书的灵感正是来源于这些成果，并建立在所有这些努力的基础之上。感谢科学家、学生和志愿者们，感谢你们所完成的这一切，也感谢那些资助了研究的人。尤其要感谢与我们一起研究抹香鲸的同事、学生和志愿者们，以及加拿大自然科学与工程研究委员会（NSERC）、英国自然环境研究委员会（NERC）以及美国国家地理学会（GS），他们共同资助了我们大部分的抹香鲸研究。

我们非常享受我们在海中的研究，享受和鲸鱼们在一起，享受那种一帆风顺的航行。但事情也有另外一方面：风暴、引擎故障以及官僚主义。实在很难预见拜访一些我们需要驾船访问的国家的官僚机构会有多么乏味。但当哈尔在 2008 年 8 月 20 日拜访哥斯达黎加彭塔雷纳斯（Puntarenas）的海关大楼以为他的科考船合法进入该国进行申请时，他仍然做好了完善的心理准备。他带着笔记本电脑，然后在漫无止境的等待过程中，写下了这本书的大纲。因此，我们应该向哥斯达黎加海关那些不慌不忙的办事节奏表示感谢。

研究开始的第二年我们得到了一大笔经费。在远行做研究的间隙返回到港口时，哈尔发现加拿大自然科学与工程研究委员会意外地奖励了他比他要求的更多的研究经费，而且由于接收信息被延迟了，他只有 12 个小时来决定如何使用这笔额外的加速探索补充经费。他认为他的研究通过与卢克加强合作将得到最大程度的加速。于是，研究委员会就"买下了"卢克的一些时间（他当时正和凯文·莱兰在苏格兰圣安德鲁斯大学的研究小组工作），我们加强了合作，尤其是在这本书上。因此，感谢加拿大自然科学与工程研究委员会和凯文对这一安排的认可。在写作本书期间，卢克调到了一个由 MASTS（苏格兰海洋科学技术联盟）联合倡议资助的职位，而我们对他们的支持表示衷心的感谢 [MASTS 由苏格兰资助委员会（基金参考编号 HR09011）以及其他捐款机构资助]。

在我们写作本书的时候，我们不断地向朋友、同事和陌生人询问具体的事实，以便核对文本或者是讨论想法。有些人寄来了尚未出版或难以获取的手稿。所有人都无条件地提供帮助。感谢雪莱·阿达莫（Shelley Adamo）、伊娜·安斯曼（Ina Ansmann）、罗宾·贝尔德（Robin Baird）、约翰·巴雷西（John Barresi）、拉尔斯·贝杰德（Lars Bejder）、尼尔特杰·布格特（Neeltje Boogert）、迪克·伯恩（Dick Byrne）、毛里西奥·坎托（Mauricio Cantor）、尼古拉·戴维斯（Nicola Davies）、约翰·德班（John Durban）、霍利·费恩巴赫（Holly Fearnbach）、克里斯·加布里埃尔（Chris Gabriele）、霍华德·加勒特（Howard Garrett）、胡安－卡洛斯·戈麦斯（Juan-Carlos Gomez）、安德鲁·霍恩（Andrew Horn）、凯利·贾科拉（Kelly Jaakkola）、梅根·詹科夫斯基（Meghan Jankowski）、安娜·科普斯（Anna Kopps）、洛里·马里诺（Lori Marino）、罗恩·奥多（Ron O'Dor）、佩吉·奥基（Peggy Oki）、诺亚·平特－沃尔曼（Noa Pinter-Wollman）、彼得·斯莱特（Peter Slater）、简·斯特拉利（Jan Straley）、克里斯·斯特劳德（Chris Stroud）、克里斯·坦普顿（Chris Templeton）、杰夫·沃伦（Jeff Warren）、托马斯·怀特（Thomas White）、安德鲁·怀滕（Andrew Whiten）和马特·沃尔德（Matt Wold）。更具体地说，马克·麦克唐纳（Mark McDonald）审阅了第4章中关于蓝鲸之歌的部分内容，弗雷德·夏普（Fred Sharp）审阅了阿拉斯加座头鲸摄食的部分；丹尼斯·赫尔津（Denise Herzing）检查了第5章关于花斑原海豚的部分，塞琳·弗雷尔（Celine Frère）检查了关于她工作的部分，迈克·博斯利（Mike Bossley）检查了关于用尾巴行走的海豚比莉的段落；克雷格·马特金（Craig Matkin）审阅了第6章关于阿拉斯加附近的虎鲸的部分；何塞·阿布拉姆森（José Abramson）、凯利·贾科拉和马克·西特科（Mark Xitco）审阅了第7章描述他们研究的部分；马琳·西蒙（Malene Simon）审阅了第8章中我们对放归庆子的描述；而洛里·马里诺为第9章脑的演化提供了建议。约翰·巴雷西（John Barresi）发现了一些我们后来已经改正过来的错误。我们感谢他们所有人的付出。我们特别感谢艾米·迪肯（Amy Deacon）（第1至6章），凯文·莱兰

（第 2 章），伊恩·麦克拉伦（第 3 章），迪克·伯恩（第 8 章）的整章审阅。当然，任何仍然存在的错误都是我们的责任。

我们既不是艺术家也不是摄影师，因此我们依赖于其他人来图示鲸鱼文化。埃迈谢·卡扎尔（Emese Kazár）制作了精确、清晰的图表，展示出鲸鱼和海豚的演化过程。在拉尔斯·贝杰德、迈克·博斯利（Mike Bossley）、罗伯特·卡特（Robert Carter）、法比奥·达乌拉·豪尔赫（Fábio Daura Jorge）、谢恩·杰罗（Shane Gero）、达伦·格罗弗（Daren Grover）、粕谷俊夫、杰克·莱文森（Jake Levenson）、玛丽娜·米利根（Marina Milligan）、拉里·明登（Larry Minden）、迈克尔·摩尔（Michael Moore）、弗利普·尼克林（Flip Nicklin）、韦恩·奥斯本（Wayne Osborn）、罗伯特·皮特曼（Robert Pitman）、邦尼·舒默（Bonny Schumer）、简·斯特拉利（Jan Straley）、利·托雷斯（Leigh Torres）、索菲·韦伯（Sophie Webb）和托尼·温默（Tonya Wimmer）的帮助下，我们将彩色和黑白图像聚集起来。这些图片是由詹妮弗·莫迪利亚尼（Jennifer Modigliani）编辑的。

对我们这本书的提案以及我们的初稿进行审稿的匿名审稿人，都非常和蔼并充满鼓励——他们的报告为我们的坚持不懈提供了力量。我们的编辑克里斯蒂·亨利（Christie Henry）在这本书漫长的酝酿过程中一直是积极和宽容的。而在接近完成时，我们的手稿被伊冯·齐佩特（Yvonne Zipter）彻底而仔细地编辑过。谢谢你。

最后，非常感谢克劳迪娅·奥尔蒂斯（Claudia Ortiz）和詹妮弗·莫迪利亚尼支持我们、容忍我们，尤其是当我们醉心于写作时；同时也感谢我们的孩子，本（Ben）、斯特夫（Steff）、索尼娅（Sonja）、迪伦（Dylan）和尼科（Nico）容忍了他们的父亲对鲸鱼的痴迷。

参考文献

Abramson, J. Z., V. Hernández-Lloreda, J. Call, and F. Colmenares. 2013. "Experimental evidence for action imitation in killer whales (*Orcinus orca*)." *Animal Cognition* 16:11–22.

Ackermann, C. 2008. "Contrasting vertical skill transmission patterns of a tool use behaviour in two groups of wild bottlenose dolphins (*Tursiops* sp.), as revealed by molecular genetic analysis." MSc thesis, University of Zurich.

Adams, D. 1979. *The Hitchhiker's Guide to the Galaxy*. New York: Pocket Books.

Agrawal, A. A. 2001. "Phenotypic plasticity in the interactions and evolution of species." *Science* 294:321–26.

Aisner, R., and J. Terkel. 1992. "Ontogeny of pine cone opening behaviour in the black rat, *Rattus rattus*." *Animal Behaviour* 44:327–36.

Akaike, H. 1973. "Information theory as an extension of the maximum likelihood principle." In *Second International Symposium on Information Theory*, edited by B. N. Petrov and F. Csaki, 267–81. Budapest: Akademiai Kiado.

Alexander, A., D. Steel, B. Slikas, K. Hoekzema, C. Carraher, M. Parks, R. Cronn, and C. S. Baker. 2013. "Low diversity in the mitogenome of sperm whales revealed by next-generation sequencing." *Genome Biology and Evolution* 5:113–29.

Allen, J., M. Weinrich, W. Hoppitt, and L. Rendell. 2013. "Network-based diffusion analysis reveals cultural transmission of lobtail feeding in humpback whales." *Science* 340:485–88.

Allen, S. J., L. Bejder, and M. Krützen. 2011. "Why do Indo-Pacific bottlenose dolphins (*Tursiops* sp.) carry conch shells (*Turbinella* sp.) in Shark Bay, Western Australia?" *Marine Mammal Science* 27:449–54.

Allman, J. M. 2000. *Evolving Brains*. New York: Scientific American Library.

Amato, I. 1993. "A sub surveillance network becomes a window on whales." *Science* 261:549–50.

Amos, B. 1993. "Use of molecular probes to analyse pilot whale pod structure: two novel analytical approaches." *Symposia of the Zoological Society, London* 66:33–48.

Amos, B., C. Schlötterer, and D. Tautz. 1993. "Social structure of pilot whales revealed by analytical DNA profiling." *Science* 260:670–72.

Amos, W. 1999. "Culture and genetic evolution in whales." *Science* 284:2055a.

Anderson, P. K. 2004. "Habitat, niche and evolution of sirenian mating systems." *Journal of Mammalian Evolution* 9:55–98.

Anderwald, P., A. K. Daníelsdóttir, T. Haug, F. Larsen, V. Lesage, R. J. Reid, G. A. Víkingsson, and A. R. Hoelzel. 2011. "Possible cryptic stock structure for minke whales in the North Atlantic: implications for conservation and management." *Biological Conservation* 144:2479–89.

Andrews, K. R., L. Karczmarski, W. W. L. Au, S. H. Rickards, C. A. Vanderlip, B. W. Bowen, E. G. Grau, and R. J. Toonen. 2010. "Rolling stones and stable homes: social structure, habitat diversity and population genetics of the Hawaiian spinner dolphin (*Stenella longirostris*)." *Molecular Ecology* 19:732–48.

Ansmann, I. C., G. P. Parra, B. L. Chilvers, and J. M. Lanyon. 2012. "Dolphins restructure social system after reduction of commercial fisheries." *Animal Behaviour* 84:575–81.

Antunes, R. N. C. 2009. "Variation in sperm whale (*Physeter macrocephalus*) coda vocalizations and social structure in the North Atlantic Ocean." PhD thesis, University of Saint Andrews.

Aoki, K., M. Amano, K. Mori, A. Kourogi, T. Kubodera, and N. Miyazaki. 2012. "Active hunting by deep-diving sperm whales: 3D dive profiles and maneuvers during bursts of speed." *Marine Ecology Progress Series* 444:289–322.

Arnbom, T., V. Papastavrou, L. S. Weilgart, and H. Whitehead. 1987. "Sperm whales react to an attack by killer whales." *Journal of Mammalogy* 68:450–53.

Arntz, W. E. 1986. "The two faces of El Niño, 1982–83." *Meeresforschung* 31:1–46.

Arriaga, G., E. P. Zhou, and E. D. Jarvis. 2012. "Of mice, birds, and men: the mouse ultrasonic song system has some features similar to humans and song-learning birds." *PLoS ONE* 7:e46610.

Aschettino, J. M., R. W. Baird, D. J. McSweeney, D. L. Webster, G. S. Schorr, J. L. Huggins, K. K. Martien, S. D. Mahaffy, and K. L. West. 2011. "Population structure of melon-headed whales (*Peponocephala electra*) in the Hawaiian Archipelago: evidence of multiple populations based on photo identification." *Marine Mammal Science* 28:666–89.

Au, W. W. L. 1993. *The Sonar of Dolphins*. New York: Springer Verlag.

Au, W. W. L., D. James, and K. Andrews. 2001. "High-frequency harmonics and source level of humpback whale songs." *Journal of the Acoustical Society of America* 110:2770.

Auld, J. R., A. A. Agrawal, and R. A. Relyea. 2010. "Re-evaluating the costs and limits of adaptive phenotypic plasticity." *Proceedings of the Royal Society of London*, ser. B 277: 503–11.

Avants, B., L. Betancourt, J. Giannetta, G. Lawson, J. Gee, M. Farah, and H. Hurt. 2012. "Early childhood home environment predicts frontal and temporal cortical thickness in the young adult brain." Abstract of paper presented at the Neuroscience Meeting, New Orleans, October 17, 2012, http://www.abstractsonline.com/Plan/ViewAbstract .aspx?sKey=734b1ccd-cfcf-4394-a945-083ca58f8033&cKey=7b3e8587-f590-4d94-ae3f -e050d52e8488.

Bacher, K., S. Allen, A. K. Lindholm, L. Bejder, and M. Krützen. 2010. "Genes or culture: are mitochondrial genes associated with tool use in bottlenose dolphins (*Tursiops* sp.)?" *Behavior Genetics* 40:706–14.

Bain, D. E. 1989. "An evaluation of evolutionary processes: studies of natural selection, dispersal, and cultural evolution in killer whales (*Orcinus orca*)." PhD thesis, University of California, Santa Cruz.

Baird, R. W. 2000. "The killer whale—foraging specializations and group hunting." In *Cetacean Societies*, edited by J. Mann, R. C. Connor, P. Tyack and H. Whitehead, 127–53. Chicago: University of Chicago Press.

————. 2006. *Killer Whales of the World: Natural History and Conservation.* Saint Paul: Voyageur Press.

————. 2011. "Predators, prey and play: killer whales and other marine mammals." *Journal of the American Cetacean Society* 40:54–57.

Baird, R. W., and L. M. Dill. 1995. "Occurrence and behavior of transient killer whales: seasonal and pod-specific variability, foraging behavior and prey handling." *Canadian Journal of Zoology* 73:1300–1311.

————. 1996. "Ecological and social determinants of group size in *transient* killer whales." *Behavioral Ecology* 7:408–16.

Baird, R. W., A. M. Gorgone, D. J. McSweeney, D. L. Webster, D. R. Salden, M. H. Deakos, A. D. Ligon, G. S. Schorr, J. Barlow, and S. D. Mahaffy. 2008. "False killer whales (*Pseudorca crassidens*) around the main Hawaiian Islands: long-term site fidelity, inter-island movements, and association patterns." *Marine Mammal Science* 24:591–612.

Baird, R. W., M. B. Hanson, G. S. Schorr, D. L. Webster, D. J. McSweeney, A. M. Gorgone, S. D. Mahaffy, D. M. Holzer, E. M. Oleson, and R. D. Andrews. 2012. "Range and primary habitats of Hawaiian insular false killer whales: informing determination of critical habitat." *Endangered Species Research* 18:47–61.

Baird, R. W., and H. Whitehead. 2000. "Social organization of mammal-eating killer whales: group stability and dispersal patterns." *Canadian Journal of Zoology* 78:2096–105.

Baker, C. S., L. Florez-Gonzalez, B. Abernethy, H. C. Rosenbaum, R. W. Slade, J. Capella, and J. L. Bannister. 1998. "Mitochondrial DNA variation and maternal gene flow among humpback whales of the southern hemisphere." *Marine Mammal Science* 14:721–37.

Baker, C. S., S. R. Palumbi, R. H. Lambertsen, M. T. Weinrich, J. Calambokidis, and S. J. O'Brien. 1990. "Influence of seasonal migration on geographic distribution of mitochondrial DNA haplotypes in humpback whales." *Nature* 344:238–40.

Baker, C. S., M. Weinrich, G. Early, and S. Palumbi. 1994. "Genetic impact of an unusual group mortality among humpback whales." *Journal of Heredity* 85:52–54.

Ball, G. F., and S. H. Hulse. 1998. "Birdsong." *American Psychologist* 53:37–58.

Barkow, J. H. 2001. "Culture and hyperculture: why can't a cetacean be more like a (hu)man?" *Behavioral and Brain Sciences* 24:324–25.

Barrett-Lennard, L. 2000. "Population structure and mating patterns of killer whales (*Orcinus orca*) as revealed by DNA analysis." PhD thesis, University of British Columbia.

————. 2011. "Killer whale evolution: populations, ecotypes, species, Oh my!" *Journal of the American Cetacean Society* 40:48–53.

Barrett-Lennard, L., and K. Heise. 2011. "Killer whale conservation: the perils of life at the top of the food chain." *Journal of the American Cetacean Society* 40:58–62.

Bates, L. A., and R. W. Byrne. 2007. "Creative or created: using anecdotes to investigate animal cognition." *Methods (San Diego)* 42:12–21.

Bates, L. A., R. Handford, P. C. Lee, N. Njiraini, J. H. Poole, K. Sayialel, S. Sayialel, C. J. Moss, and R. W. Byrne. 2010. "Why do African elephants (*Loxodonta africana*) simulate oestrus? an analysis of longitudinal data." *PLoS ONE* 5:e10052.

Bates, L. A., K. N. Sayialel, N. W. Njiraini, C. J. Moss, J. H. Poole, and R. W. Byrne. 2007.

"Elephants classify human ethnic groups by odor and garment color." *Current Biology* 17:1938–42.

Bates, L. A., K. N. Sayialel, N. W. Njiraini, J. H. Poole, C. J. Moss, and R. W. Byrne. 2008. "African elephants have expectations about the locations of out-of-sight family members." *Biology Letters* 4:34–36.

Bateson, P., and P. Martin. 2000. *Design for a Life*. New York: Simon & Schuster.

Bauer, G., and C. M. Johnson. 1994. "Trained motor imitation by bottlenose dolphins (*Tursiops truncatus*)." *Perceptual and Motor Skills* 79:1307–15.

Baum, J. K., R. A. Myers, D. G. Kehler, B. Worm, S. J. Harley, and P. A. Doherty. 2003. "Collapse and conservation of shark populations in the northwest Atlantic." *Science* 299:389–92.

Beale, T. 1839. *The Natural History of the Sperm Whale*. London: John van Voorst.

Beck, S., S. Kuningas, R. Esteban, and A. D. Foote. 2011. "The influence of ecology on sociality in the killer whale (*Orcinus orca*)." *Behavioral Ecology* 23:246–53.

Begon, M., J. L. Harper, and C. R. Townsend. 1996. *Ecology: Individuals, Populations and Communities*. Oxford: Blackwell Science.

Bekoff, M., and J. A. Byers. 1998. *Animal Play: Evolutionary, Comparative, and Ecological Approaches*. New York: Cambridge University Press.

Bekoff, M., and J. Pierce. 2009. *Wild Justice: The Moral Lives of Animals*. Chicago: University of Chicago Press.

Bel'kovich, V. M., A. V. Agafonov, O. V. Yefremenkova, L. B. Kozarovitsky, and S. P. Kharitonov. 1991. "Herd structure, hunting, and play: bottlenose dolphins in the Black Sea." In *Dolphin Societies: Discoveries and Puzzles*, edited by K. S. Norris and K. Pryor, 17–77. Berkeley: University of California Press.

Bender, C., D. Herzing, and D. Bjorklund. 2009. "Evidence of teaching in Atlantic spotted dolphins (*Stenella frontalis*) by mother dolphins foraging in the presence of their calves." *Animal Cognition* 12:43–53.

Berdahl, A., C. J. Torney, C. C. Ioannou, J. J. Faria, and I. D. Couzin. 2013. "Emergent sensing of complex environments by mobile animal groups." *Science* 339:574–76.

Bernhard, H., U. Fischbacher, and E. Fehr. 2006. "Parochial altruism in humans." *Nature* 442:912–15.

Bersaglieri, T., P. C. Sabeti, N. Patterson, T. Vanderploeg, S. F. Schaffner, J. A. Drake, M. Rhodes, D. E. Reich, and J. N. Hirschhorn. 2004. "Genetic signatures of strong recent positive selection at the lactase gene." *American Journal of Human Genetics* 74:1111–20.

Best, P. B. 1979. "Social organization in sperm whales, *Physeter macrocephalus*." In *Behavior of Marine Animals*, edited by H. E. Winn and B. L. Olla, 3:227–89. New York: Plenum.

Best, P. B., P. A. S. Canham, and N. Macleod. 1984. "Patterns of reproduction in sperm whales, *Physeter macrocephalus*." *Reports of the International Whaling Commission (Special Issue)* 6:51–79.

Bigg, M. A., P. F. Olesiuk, G. M. Ellis, J. K. B. Ford, and K. C. Balcomb. 1990. "Social organization and genealogy of resident killer whales (*Orcinus orca*) in the coastal waters of British Columbia and Washington State." *Reports of the International Whaling Commission (Special Issue)* 12:383–405.

Bikhchandani, S., D. Hirshleifer, and I. Welch. 1992. "A theory of fads, fashion, custom, and cultural change as informational cascades." *Journal of Political Economy* 100:992–1026.

Bloomsmith, M. A., K. C. Baker, S. Ross, and S. Lambeth. 2006. "Early rearing conditions and captive chimpanzee behavior: some surprising findings." In *Nursery Rearing of Nonhuman Primates in the 21st Century*, edited by G. P. Sackett, G. C. Ruppentahal, and K. Elias, 289–312. New York: Springer US.

Boddy, A. M., M. R. McGowen, C. C. Sherwood, L. I. Grossman, M. Goodman, and D. E. Wildman. 2012. "Comparative analysis of encephalization in mammals reveals relaxed constraints on anthropoid primate and cetacean brain scaling." *Journal of Evolutionary Biology* 25:981–94.

Bodley, J. H. 1994. *Cultural Anthropology: Tribes, States and the Global System*. Mountain View, CA: Mayfield Publishing.

Boesch, C. 2001. "Sacrileges are welcome in science! opening a discussion about culture in animals." *Behavioral and Brain Sciences* 24:327–28.

———. 2012. *Wild Cultures: A Comparison between Chimpanzee and Human Cultures*. Cambridge: Cambridge University Press.

Bonner, J. T. 1980. *The Evolution of Culture in Animals*. Princeton, NJ: Princeton University Press.

Boran, J. R., and S. L. Heimlich. 1999. "Social learning in cetaceans: hunting, hearing and hierarchies." *Symposia of the Zoological Society, London* 73:282–307.

Bouchard, T., D. Lykken, M. McGue, N. Segal, and A. Tellegen. 1990. "Sources of human psychological differences: the Minnesota study of twins reared apart." *Science* 250:223–28.

Boughman, J. W. 1998. "Vocal learning by greater spear-nosed bats." *Proceedings of the Royal Society of London*, ser. B 265:227–33.

Boughman, J. W., and G. S. Wilkinson. 1998. "Greater spear-nosed bats discriminate group mates by vocalizations." *Animal Behaviour* 55:1717–32.

Bowen, W. D. 1997. "Role of marine mammals in aquatic ecosystems." *Marine Ecology Progress Series* 158:267–74.

Bowles, S., and H. Gintis. 2003. "Origins of human cooperation." In *Genetic and Cultural Evolution of Cooperation*, edited by P. Hammerstein, 429–43. Cambridge, MA: MIT Press.

Box, H. 1984. *Primate Behaviour and Social Ecology*. London: Chapman & Hall.

Boyd, R., H. Gintis, and S. Bowles. 2010. "Coordinated punishment of defectors sustains cooperation and can proliferate when rare." *Science* 328:617–20.

Boyd, R., and P. Richerson. 1985. *Culture and the Evolutionary Process*. Chicago: Chicago University Press.

———. 1996. "Why culture is common, but cultural evolution is rare." *Proceedings of the British Academy* 88:77–93.

Boyd, R., P. J. Richerson, and J. Henrich. 2011. "Rapid cultural adaptation can facilitate the evolution of large-scale cooperation." *Behavioral Ecology and Sociobiology* 65:431–44.

Bradbury, J. W. 2003. "Vocal communication in wild parrots." In *Animal Social Complexity: Intelligence, Culture and Individualized Societies*, edited by F. B. M. de Waal and P. L. Tyack, 293–316. Cambridge, MA: Harvard University Press.

Bradshaw, C. J. A., K. Evans, and M. A. Hindell. 2006. "Mass cetacean strandings—a plea for empiricism." *Conservation Biology* 20:584–86.

Bradshaw, G. A. 2009. *Elephants on the Edge: What Animals Teach Us about Humanity*. New Haven, CT: Yale University Press.

Brighton, T. 2004. *Hell Riders: The True Story of the Charge of the Light Brigade*. New York: Viking.

Broom, D. 2003. *The Evolution of Morality and Religion*. Cambridge: Cambridge University Press.

Brotons, J. M., A. M. Grau, and L. Rendell. 2008. "Estimating the impact of interactions between bottlenose dolphins and artisanal fisheries around the Balearic Islands." *Marine Mammal Science* 24:112–27.

Brown, C., and K. N. Laland. 2003. "Social learning in fishes: a review." *Fish and Fisheries* 4:280–88.

Brown, M. F. 2011. "Social influences on rat spatial choice." *Comparative Cognition and Behavior Reviews* 6:5–23.

Bruck, J. N. 2013. "Decades-long social memory in bottlenose dolphins." *Proceedings of the Royal Society of London*, ser. B 280:20131726.

Budnikova, L. L., and S. A. Blokhin. 2012. "Food contents of the eastern gray whale *Eschrichtius robustus* Lilljeborg, 1861 in the Mechigmensky Bay of the Bering Sea." *Russian Journal of Marine Biology* 38:149–55.

Burnham, K. P., and D. R. Anderson. 2002. *Model Selection and Multimodel Inference: A Practical Information-Theoretic Approach*. New York: Springer-Verlag.

Burtenshaw, J. C., E. M. Oleson, J. A. Hildebrand, M. A. McDonald, R. K. Andrew, B. M. Howe, and J. A. Mercer. 2004. "Acoustic and satellite remote sensing of blue whale seasonality and habitat in the Northeast Pacific." *Deep Sea Research Part 2: Topical Studies in Oceanography* 51:967–86.

Butti, C., C. C. Sherwood, A. Y. Hakeem, J. M. Allman, and P. R. Hof. 2009. "Total number and volume of Von Economo neurons in the cerebral cortex of cetaceans." *Journal of Comparative Neurology* 515:243–59.

Byrne, R. W. 1995. *The Thinking Ape: Evolutionary Origins of Intelligence*. Oxford: Oxford University Press.

———. 1999. "Human cognitive evolution." In *The Descent of Mind*, edited by M. C. Corballis and S. E. G. Lea, 71–87. Oxford: Oxford University Press.

———. 2007. "Culture in great apes: using intricate complexity in feeding skills to trace the evolutionary origin of human technical prowess." *Philosophical Transactions of the Royal Society of London*, ser. B 362:577–85.

Byrne, R. W., and L. G. Rapaport. 2011. "What are we learning from teaching?" *Animal Behaviour* 82:1207–11.

Byrne, R. W., and A. Whiten. 1988. *Machiavellian Intelligence*. Oxford: Clarendon.

Caldwell, M. C., and D. K. Caldwell. 1966. "Epimeletic (care-giving) behavior in Cetacea." In *Whales, Dolphins, and Porpoises*, edited by K. S. Norris, 755–89. Berkeley: University of California Press.

Caldwell, D. K., M. C. Caldwell, and D. W. Rice. 1966. "Behavior of the sperm whale *Physeter catodon* L." In *Whales, Dolphins, and Porpoises*, edited by K. S. Norris, 677–717. Berkeley: University of California Press.

Caldwell, M. C., D. K. Caldwell, and P. L. Tyack. 1990. "A review of the signature whistle hypothesis for the Atlantic bottlenose dolphin, *Tursiops truncatus*." In *The Bottlenose Dolphin: Recent Progress in Research*, edited by S. Leatherwood and R. R. Reeves, 199–234. San Diego: Academic Press.

Call, J., and M. Tomasello. 1996. "The effect of humans on the cognitive development of apes." In *Reaching into Thought*, edited by A. E. Russon, K. A. Bard, and S. T. Parker, 371–403. New York: Cambridge University Press.

Candland, D. K. 1993. *Feral Children and Clever Animals: Reflections on Human Nature*. Oxford: Oxford University Press.

Cantor, M., and H. Whitehead. 2013. "The interplay between social networks and culture: theoretically and among whales and dolphins." *Philosophical Transactions of the Royal Society of London*, ser. B 368:149–65.

Carneiro, R. L. 2003. *Evolutionism in Cultural Anthropology: A Critical History*. Boulder, CO: Westview Press.

Caro, T. M., and M. D. Hauser. 1992. "Is there teaching in nonhuman animals?" *Quarterly Review of Biology* 67:151–74.

Carrier, D. R., A. K. Kapoor, T. Kimura, M. K. Nickels, Satwanti, E. C. Scott, J. K. So, and E. Trinkaus. 1984. "The energetic paradox of human running and hominid evolution." *Current Anthropology* 25:483–95.

Carter, R. 2006. "Boat remains and maritime trade in the Persian Gulf during sixth and fifth millennia BC." *Antiquity* 80:52–63.

Castellote, M., C. W. Clark, and M. O. Lammers. 2011. "Fin whale (*Balaenoptera physalus*) population identity in the western Mediterranean Sea." *Marine Mammal Science* 28:325–44.

Catchpole, C. K., and P. J. B. Slater. 2008. *Bird Song: Biological Themes and Variations*. 2nd ed. Cambridge: Cambridge University Press.

Cavalli-Sforza, L. L., and M. W. Feldman. 1981. *Cultural Transmission and Evolution: A Quantitative Approach*. Princeton, NJ: Princeton University Press.

Cavalli-Sforza, L. L., M. W. Feldman, K. H. Chen, and S. M. Dornbusch. 1982. "Theory and observation in cultural transmission." *Science* 218:19–27.

Cavalli-Sforza, L. L., and M. Seielstad. 2001. *Genes, Peoples and Languages*. New York: Penguin Press.

Cerchio, S., J. K. Jacobsen, and T. F. Norris. 2001. "Temporal and geographical variation in songs of humpback whales, *Megaptera novaeangliae*: synchronous change in Hawaiian and Mexican breeding assemblages." *Animal Behaviour* 62:313–29.

Chadwick, D. 2005. "Investigating a killer." *National Geographic* 207:86–105.

Charlton-Robb, K., L. A. Gershwin, R. Thompson, J. Austin, K. Owen, and S. McKechnie. 2011. "A new dolphin species, the Burrunan Dolphin *Tursiops australis* sp. nov., endemic to southern Australian coastal waters." *PloS One* 6:e24047.

Chilvers, B. L., and P. J. Corkeron. 2001. "Trawling and bottlenose dolphins' social structure." *Proceedings of the Royal Society of London*, ser. B 268:1901–5.

Chilvers B.L., Corkeron P.J., and Puotinen M.L. 2003. "Influence of trawling on the behaviour and spatial distribution of Indo-Pacific bottlenose dolphins (*Tursiops aduncus*) in Moreton Bay, Australia." *Canadian Journal of Zoology* 81:1947–55.

Chiquet, R. A., B. Ma, A. S. Ackleh, N. Pal, and N. Sidorovskaia. 2013. "Demographic analysis of sperm whales using matrix population models." *Ecological Modeling* 248:71–79.

Chomsky, N. 1965. *Aspects of the Theory of Syntax*. Massachusetts Institute of Technology, Research Laboratory of Electronics, Special Technical Report 11. Cambridge, MA: MIT Press.

Christiansen, M., and S. Kirby. 2003. "Language evolution: the hardest problem in science?" In *Language Evolution*, edited by M. Christiansen and S. Kirby, 1–15. Oxford: Oxford University Press.

Chudek, M., and J. Henrich. 2011. "Culture-gene coevolution, norm-psychology and the emergence of human prosociality." *Trends in Cognitive Sciences* 15:218–26.

Clapham, P. J. 2000. "The humpback whale: seasonal breeding and feeding in a baleen whale." In *Cetacean Societies*, edited by J. Mann, R. C. Connor, P. L. Tyack, and H. Whitehead, 173–96. Chicago: University of Chicago Press.

Clapham, P. J., A. Aguilar, and L. T. Hatch. 2008. "Determining spatial and temporal scales for management: lessons from whaling." *Marine Mammal Science* 24:183–201.

Clapham, P. J., P. J. Palsbøll, D. K. Matilla, and O. Vasquez. 1992. "Composition and dynamics of humpback whale competitive groups in the West Indies." *Behaviour* 122:182–94.

Clapham, P. J., S. B. Young, and R. L. Brownell. 1999. "Baleen whales: conservation issues and the status of the most endangered populations." *Mammal Review* 29:35–60.

Clarke, M. R. 1977. "Beaks, nets and numbers." *Symposia of the Zoological Society, London* 38:89–126.

Clutton-Brock, T. H. 1989. "Mammalian mating systems." *Proceedings of the Royal Society of London*, ser. B 236:339–72.

Cochran, G., and H. Harpending. 2009. *The 10,000 Year Explosion: How Civilization Accelerated Human Evolution*. New York: Basic Books.

Colbeck, G. J., P. Duchesne, L. D. Postma, V. Lesage, M. O. Hammill, and J. Turgeon. 2013. "Groups of related belugas (*Delphinapterus leucas*) travel together during their seasonal migrations in and around Hudson Bay." *Proceedings of the Royal Society of London*, ser. B280: 20122552.

Connor, R. C. 2000. "Group living in whales and dolphins." In *Cetacean Societies*, edited by J. Mann, R. C. Connor, P. L. Tyack, and H. Whitehead, 199–218. Chicago: University of Chicago Press.

———. 2007. "Dolphin social intelligence: complex alliance relationships in bottlenose dolphins and a consideration of selective environments for extreme brain size evolution in mammals." *Philosophical Transactions of the Royal Society of London*, ser. B 362:587–602.

Connor, R. C., M. R. Heithaus, and L. M. Barre. 2001. "Complex social structure, alliance stability and mating access in a bottlenose dolphin 'super-alliance.'" *Proceedings of the Royal Society of London*, ser. B 268:263–67.

Connor, R. C., M. R. Heithaus, P. Berggen, and J. L. Miksis. 2000. "'Kerplunking': surface fluke-splashes during shallow-water bottom foraging by bottlenose dolphins." *Marine Mammal Science* 16:646–53.

Connor, R. C., and R. A. Smolker. 1996. "'Pop' goes the dolphin: a vocalization male bottlenose dolphins produce during consortships." *Behaviour* 133:643–62.

Connor, R. C., R. Smolker, and L. Bejder. 2006. "Synchrony, social behaviour and alliance affiliation in Indian Ocean bottlenose dolphins, *Tursiops truncatus*." *Animal Behaviour* 72:1371–78.

Connor, R. C., R. A. Smolker, and A. F. Richards. 1992. "Two levels of alliance formation among male bottlenose dolphins (*Tursiops* sp.)." *Proceedings of the National Academy of Sciences of the United States of America* 89:987–90.

Connor, R. C., J. J. Watson-Capps, W. B. Sherwin, and M. Krützen. 2010. "A new level of complexity in the male alliance networks of Indian Ocean bottlenose dolphins (*Tursiops* sp.)." *Biology Letters* 7:623–26.

Connor, R. C., R. S. Wells, J. Mann, and A. J. Read. 2000. "The bottlenose dolphin: social relationships in a fission-fusion society." In *Cetacean Societies*, edited by J. Mann, R. C. Connor, P. L. Tyack, and H. Whitehead, 91–126. Chicago: University of Chicago Press.

Corkeron, P. J., and R. C. Connor. 1999. "Why do baleen whales migrate?" *Marine Mammal Science* 15:1228–45.

Cornell, H. N., J. M. Marzluff, and S. Pecoraro. 2012. "Social learning spreads knowledge about dangerous humans among American crows." *Proceedings of the Royal Society of London*, ser. B 279:499–508.

Costall, A. 1998. "Lloyd Morgan, and the rise and fall of 'Animal Psychology.'" *Society and Animals* 6:13–29.

Coussi-Korbel, S., and D. M. Fragaszy. 1995. "On the relation between social dynamics and social learning." *Animal Behaviour* 50:1441–53.

Coyne, J. A. 2010. *Why Evolution Is True*. Oxford: Oxford University Press.

Cranford, T. W. 1999. "The sperm whale's nose: sexual selection on a grand scale?" *Marine Mammal Science* 15:1133–57.

Croll, D. A., C. W. Clark, A. Acevedo, B. Tershy, S. Flores, J. Gedamke, and J. Urban. 2002. "Only male fin whales sing loud songs." *Nature* 417:809.

Cronk, L. 1999. *That Complex Whole: Culture and the Evolution of Human Behavior*. Boulder, CO: Westview Press.

Csibra, G., and G. Gergely. 2009. "Natural pedagogy." *Trends in Cognitive Sciences* 13:148–53.
———. 2011. "Natural pedagogy as evolutionary adaptation." *Philosophical Transactions of the Royal Society of London*, ser. B 366:1149–57.

Culik, B. 2001. "Finding food in the open ocean: foraging strategies in Humboldt penguins." *Zoology* 104:327–38.

Cummings, W., and D. Holliday. 1987. "Sounds and source levels from bowhead whales off Pt. Barrow, Alaska." *Journal of the Acoustical Society of America* 82:814–21.

Dahooda, A. D., and K. J. Benoit-Bird. 2010. "Dusky dolphins foraging at night." In *The Dusky Dolphin: Master Acrobat off Different Shores*, edited by B. G. Würsig and M. Würsig, 99–114. Amsterdam: Elsevier/Academic Press.

Dakin, W. J. 1934. *Whalemen Adventurers*. Sydney: Angus and Robertson Ltd.

Dalebout, M. L., J. G. Mead, C. S. Baker, A. N. Baker, and A. L. van Helden. 2002. "A new species of beaked whale *Mesoplodon perrini* sp. n. (Cetacea: Ziphiidae) discovered through phylogenetic analyses of mitochondrial DNA sequences." *Marine Mammal Science* 18:577–608.

Dalla Rosa, L., and E. R. Secchi. 2007. "Killer whale (*Orcinus orca*) interactions with the tuna and swordfish longline fishery off southern and south-eastern Brazil: a comparison with shark interactions." *Journal of the Marine Biological Association of the United Kingdom* 87:135–40.

Dalziell, A. H., and R. D. Magrath. 2012. "Fooling the experts: accurate vocal mimicry in the song of the superb lyrebird, *Menura novaehollandiae*." *Animal Behaviour* 83:1401–10.

D'Amico, A., R. C. Gisiner, D. R. Ketten, J. A. Hammock, C. Johnson, P. L. Tyack, and J. Mead. 2009. "Beaked whale strandings and naval exercises." *Aquatic Mammals* 35:452–72.

Darling, J. D., M. E. Jones, and C. P. Nicklin. 2006. "Humpback whale songs: do they organize males during the breeding season?" *Behaviour* 143:1051–1101.

Darwin, C. 1874. *The Descent of Man, and Selection in Relation to Sex*. London: John Murray.

Daura-Jorge, F. G., M. Cantor, S. N. Ingram, D. Lusseau, and P. C. Simões-Lopes. 2012. "The structure of a bottlenose dolphin society is coupled to a unique foraging cooperation with artisanal fishermen." *Biology Letters* 8:702–5.

Dawkins, R. 1976. *The Selfish Gene*. Oxford: Oxford University Press.

Dean, L. G., R. L. Kendal, S. J. Schapiro, B. Thierry, and K. N. Laland. 2012. "Identification of the social and cognitive processes underlying human cumulative culture." *Science* 335:1114–18.

Dean, W. R. J., W. R. Siegfried, and I. A. W. MacDonald. 1990. "The fallacy, fact, and fate of guiding behavior in the greater honeyguide." *Conservation Biology* 4:99–101.

Deaner, R. O., K. Isler, J. Burkart, and C. van Schaik. 2007. "Overall brain size, and not encephalization quotient, best predicts cognitive ability across non-human primates." *Brain, Behavior and Evolution* 70:115–24.

de Bruyn, P. J. N., C. A. Tosh, and A. Terauds. 2013. "Killer whale ecotypes: is there a global model?" *Biological Reviews* 88:62–80.

Deecke, V., L. Barrett-Lennard, P. Spong, and J. Ford. 2010. "The structure of stereotyped calls reflects kinship and social affiliation in resident killer whales (*Orcinus orca*)." *Die Naturwissenschaften* 97:513–18.

Deecke, V. B., J. K. B. Ford, and P. J. B. Slater. 2005. "The vocal behaviour of mammal-eating killer whales: communicating with costly calls." *Animal Behaviour* 69:395–405.

Deecke, V. B., J. K. B. Ford, and P. Spong. 2000. "Dialect change in resident killer whales: implications for vocal learning and cultural transmission." *Animal Behaviour* 40:629–38.

Deecke, V. B., M. Nykänen, A. D. Foote, and V. M. Janik. 2011. "Vocal behaviour and feeding ecology of killer whales *Orcinus orca* around Shetland, U.K." *Aquatic Biology* 13:79–88.

Delarue, J., M. Laurinolli, and B. Martin. 2009. "Bowhead whale (*Balaena mysticetus*) songs in the Chukchi Sea between October 2007 and May 2008." *Journal of the Acoustical Society of America* 126:3319–28.

de la Torre, I. 2011. "The origins of stone tool technology in Africa: a historical perspective." *Philosophical Transactions of the Royal Society of London*, ser. B 366:1028–37.

DeMaster, D. P., A. W. Trites, P. Clapham, S. Mizroch, P. Wade, R. J. Small, and J. V. Hoef. 2006. "The sequential megafaunal collapse hypothesis: testing with existing data." *Progress in Oceanography* 68:329–42.

Derryberry, E. 2009. "Ecology shapes birdsong evolution: variation in morphology and habitat explains variation in white-crowned sparrow song." *American Naturalist* 174:24–33.

De Stephanis, R., S. García-Tiscar, P. Verborgh, R. Esteban-Pavo, S. Pérez, L. Minvielle-Sebastia, and C. Guinet. 2008a. "Diet of the social groups of long-finned pilot whales (*Globicephala melas*) in the Strait of Gibraltar." *Marine Biology* 154:603–12.

De Stephanis, R., P. Verborgh, S. Pérez, R. Esteban, L. Minvielle-Sebastia, and C. Guinet. 2008b. "Long-term social structure of long-finned pilot whales (*Globicephala melas*) in the Strait of Gibraltar." *Acta Ethologica* 11:81–94.

de Waal, F. B. M. 1982. *Chimpanzee Politics: Power and Sex among Apes*. Baltimore: Johns Hopkins University Press.

———. 1997. *Good Natured: The Origins of Right and Wrong in Humans and Other Animals*. Cambridge, MA: Harvard University Press.

———. 2001. *The Ape and the Sushi Master*. New York: Basic Books.

de Waal, F. B. M., and K. E. Bonnie. 2009. "In tune with others: the social side of primate culture." In *The Question of Animal Culture*, edited by K. N. Laland and B. G. Galef, 19–39. Cambridge, MA: Harvard University Press.

Dial, K. P., E. Greene, and D. J. Irschick. 2008. "Allometry of behavior." *Trends in Ecology and Evolution* 23:394–401.

Diamond, J. 1998. *Why Is Sex Fun? The Evolution of Human Sexuality*. New York: Basic Books.

———. 2005. *Collapse: How Societies Choose to Fail or Succeed*. New York: Penguin.

Díaz López, B. 2006. "Interactions between Mediterranean bottlenose dolphins (*Tursiops truncatus*) and gillnets off Sardinia, Italy." *ICES Journal of Marine Science: Journal du Conseil* 63:946–51.

Dixon, N. F. 1994. *On the Psychology of Military Incompetence*. London: Random House.

Domenici, P., R. S. Batty, T. Simila, and E. Ogam. 2000. "Killer whales (*Orcinus orca*) feeding on schooling herring (*Clupea harengus*) using underwater tail-slaps: kinematic analyses of field observations." *Journal of Experimental Biology* 203:283–94.

Dommenget, D., and M. Latif. 2002. "Analysis of observed and simulated SST spectra in the midlatitudes." *Climate Dynamics* 19:277–88.

Donald, M. 1991. *Origins of the Modern Mind: Three Stages in the Evolution of Culture and Cognition*. Cambridge, MA: Harvard University Press.

Donaldson, R., H. Finn, L. Bejder, D. Lusseau, and M. Calver. 2012. "The social side of human-wildlife interaction: wildlife can learn harmful behaviours from each other." *Animal Conservation* 15:427–35.

Douglas-Hamilton, I., R. F. W. Barnes, H. Shoshani, A. C. Williams, and A. J. T. Johnsingh. 2001. "Elephants." In *The New Encyclopedia of Mammals*, edited by D. Macdonald, 436–45. Oxford: Oxford University Press.

Duignan, P. J., J. E. B. Hunter, I. N. Visser, A. Jones, and A. Nutman. 2000. "Stingray spines: a potential cause of killer whale mortality in New Zealand." *Aquatic Mammals* 26:143-47.

Dunbar, R. I. M. 1996. *Grooming, Gossip, and the Evolution of Language.* Cambridge, MA: Harvard University Press.

———. 1998. "The social brain hypothesis." *Evolutionary Anthropology* 6:178-90.

Durban, J. W., and R. L. Pitman. 2011. "Antarctic killer whales make rapid, round-trip movements to subtropical waters: evidence for physiological maintenance migrations?" *Biology Letters* 8:274-77.

Durham, W. H. 1991. *Coevolution: Genes, Culture, and Human Diversity.* Stanford, CA: Stanford University Press.

Efferson, C., R. Lalive, and E. Fehr. 2008. "The coevolution of cultural groups and ingroup favoritism." *Science* 321:1844-49.

Ellis, D. H., W. J. L. Sladen, W. A. Lishman, K. R. Clegg, J. W. Duff, G. F. Gee, and J. C. Lewis. 2003. "Motorized migrations: the future or mere fantasy?" *Bioscience* 53:260-64.

Ellis, R. 2011. *The Great Sperm Whale: A Natural History of the Ocean's Most Magnificent and Mysterious Creature.* Lawrence: University of Kansas Press.

Ember, M., and C. R. Ember. 1990. *Anthropology.* 6th ed. Englewood Cliffs, NJ: Prentice Hall.

Emery, N. J., and N. S. Clayton. 2004. "The mentality of crows: convergent evolution of intelligence in corvids and apes." *Science* 306:1903-7.

·Emery, N. J., A. M. Seed, A. M. P. von Bayern, and N. S. Clayton. 2007. "Cognitive adaptations of social bonding in birds." *Philosophical Transactions of the Royal Society of London*, ser. B 362:489-505.

Enattah, N. S., T. Sahi, E. Savilahti, J. D. Terwilliger, L. Peltonen, and I. Jarvela. 2002. "Identification of a variant associated with adult-type hypolactasia." *Nature Genetics* 30:233-37.

Enquist, M., P. Strimling, K. Eriksson, K. Laland, and J. Sjostrand. 2010. "One cultural parent makes no culture." *Animal Behaviour* 79:1353-62.

Eriksson, K., M. Enquist, and S. Ghirlanda. 2007. "Critical points in current theory of conformist social learning." *Journal of Evolutionary Psychology* 5:67-87.

Estes, J. A., M. L. Riedman, M. M. Staedler, M. T. Tinker, and B. E. Lyon. 2003. "Individual variation in prey selection by sea otters: patterns, causes and implications." *Journal of Animal Ecology* 72:144-55.

Estes, J. A., M. T. Tinker, T. M. Williams, and D. F. Doak. 1998. "Killer whale predation on sea otters linking oceanic and nearshore ecosystems." *Science* 282:473-74.

Fearnbach, H., J. W. Durban, D. K. Ellifrit, J. W. Waite, C. O. Matkin, C. R. Lunsford, M. J. Peterson, J. Barlow, and P. R. Wade. 2013. "Spatial and social connectivity of fish-eating 'resident' killer whales (*Orcinus orca*) in the far North Pacific." *Marine Biology*.161:459-72.

Fearnbach, H., J. Durban, K. Parsons, and D. Claridge. 2012. "Seasonality of calving and predation risk in bottlenose dolphins on Little Bahama Bank." *Marine Mammal Science* 28:402-11.

Fehr, E., and U. Fischbacher. 2003. "The nature of human altruism." *Nature* 425:785-91.

Fehr, E., and S. Gachter. 2002. "Altruistic punishment in humans." *Nature* 415:137-40.

Fehring, W. K., and R. S. Wells. 1976. "A series of strandings by a single herd of pilot whales on the west coast of Florida." *Journal of Mammalogy* 57:191–94.

Feldhamer, G. A., L. C. Drickhamer, S. H. Vessey, J. F. Merritt, and C. Krajewski. 2007. *Mammalogy: Adaptation, Diversity, Ecology.* 3rd ed. Baltimore: Johns Hopkins University Press.

Feldman, M. W., and K. N. Laland. 1996. "Gene-culture coevolutionary theory." *Trends in Ecology and Evolution* 11:453–57.

Finn, J., T. Tregenza, and M. Norman. 2009. "Preparing the perfect cuttlefish meal: complex prey handling by dolphins." *PLoS ONE* 4:e4217.

Fiorito, G., and P. Scotto. 1992. "Observational learning in *Octopus vulgaris*." *Science* 256:545–47.

Fischer, A. 1989. "A late palaeolithic 'school' of flint-knapping at Trollesgave, Denmark: results from refitting." *Acta Archaeologica* 60:33–49.

Fisher, J., and R. A. Hinde. 1949. "The opening of milk bottles by birds." *British Birds* 42:347–57.

Fitzpatrick, S. 2008. "Doing away with Morgan's Canon." *Mind and Language* 23:224–46.

Fogarty, L., P. Strimling, and K. Laland. 2011. "The evolution of teaching." *Evolution* 65:2760–70.

Foley, C. N. Pettorelli, and L. Foley. 2009. "Severe drought and calf survival in elephants." *Biology Letters* 5:541–44.

Foote, A. D., R. M. Griffin, D. Howitt, L. Larsson, P. J. O. Miller, and A. Rus Hoelzel. 2006. "Killer whales are capable of vocal learning." *Biology Letters* 2:509–12.

Foote, A. D., P. A. Morin, J. W. Durban, E. Willerslev, L. Orlando, and M. T. Gilbert. 2011. "Out of the Pacific and back again: insights into the matrilineal history of Pacific killer whale ecotypes." *PLoS ONE* 6:e24980.

Foote, A. D., P. A. Morin, R. L. Pitman, M. C. Ávila-Arcos, J. W. Durban, A. Helden, M. S. Sinding, and M. T. Gilbert. 2013a. "Mitogenomic insights into a recently described and rarely observed killer whale morphotype." *Polar Biology* 36:1519–23.

Foote, A. D., J. Newton, M. C. Ávila-Arcos, M. Kampmann, J. A. Samaniego, K. Post, A. Rosing-Asvid, M. S. Sinding, and M. T. P. Gilbert. 2013b. "Tracking niche variation over millennial timescales in sympatric killer whale lineages." *Proceedings of the Royal Society of London,* ser. B, vol. 280:20131481.

Foote, A. D., J. Newton, S. B. Piertney, E. Willerslev, and M. T. P. Gilbert. 2009. "Ecological, morphological and genetic divergence of sympatric North Atlantic killer whale populations." *Molecular Ecology* 18:5207–17.

Ford, J. K. B. 1991. "Vocal traditions among resident killer whales (*Orcinus orca*) in coastal waters of British Columbia." *Canadian Journal of Zoology* 69:1454–83.

———. 2011. "Killer whales of the Pacific northwest coast: from pest to paragon." *Journal of the American Cetacean Society* 40:15–23.

Ford, J. K. B., and G. M. Ellis. 1999. *Transients: Mammal-Hunting Killer Whales.* Vancouver: University of British Columbia Press.

———. 2006. "Selective foraging by fish-eating killer whales *Orcinus orca* in British Columbia." *Marine Ecology Progress Series* 316:185–99.

Ford, J. K. B., G. M. Ellis, and K. C. Balcomb. 2000. *Killer Whales*. Vancouver: University of British Columbia Press.

Ford, J. K. B., G. M. Ellis, D. R. Matkin, K. C. Balcomb, D. Briggs, and A. B. Morton. 2005. "Killer whale attacks on minke whales: prey capture and antipredator tactics." *Marine Mammal Science* 21:603–18.

Ford, J. K. B., and H. D. Fisher. 1983. "Group-specific dialects of killer whales (*Orcinus orca*) in British Columbia." In *Communication and Behavior of Whales*, edited by R. Payne, 129–61. Boulder, CO: Westview Press.

Ford, M. J., M. B. Hanson, J. A. Hempelmann, K. L. Ayres, C. K. Emmons, G. S. Schorr, R. W. Baird, et al. 2011. "Inferred paternity and male reproductive success in a killer whale (*Orcinus orca*) population." *Journal of Heredity* 102:537–53.

Foster, E. A., D. W. Franks, S. Mazzi, S. K. Darden, K. C. Balcomb, J. K. B. Ford, and D. P. Croft. 2012. "Adaptive prolonged postreproductive life span in killer whales." *Science* 337:1313.

Foster, K. R., and F. L. W. Ratnieks. 2005. "A new social vertebrate?" *Trends in Ecology and Evolution* 20:363–64.

Fox, M. A. 2001. "Cetacean culture: philosophical implications." *Behavioral and Brain Sciences* 24:333–34.

Fragaszy, D., and E. Visalberghi. 2001. "Recognizing a swan: socially-biased learning." *Psychologia* 44:82–98.

Francis, D., and G. Hewlett. 2007. *Operation Orca: Springer, Luna and the Struggle to Save West Coast Killer Whales*. Madeira Park, BC: Harbour Publishing.

Frank, S. D., and A. N. Ferris. 2011. "Analysis and localization of blue whale vocalizations in the Solomon Sea using waveform amplitude data." *Journal of the Acoustical Society of America* 130:731–36.

Franks, N. R., and T. Richardson. 2006. "Teaching in tandem-running ants." *Nature* 439:153.

Frantzis, A. 1998. "Does acoustic testing strand whales?" *Nature* 392:29.

Frantzis, A., and P. Alexiadou. 2008. "Male sperm whale (*Physeter macrocephalus*) coda production and coda-type usage depend on the presence of conspecifics and the behavioural context." *Canadian Journal of Zoology* 86:62–75.

Frantzis, A., and D. L. Herzing. 2002. "Mixed-species associations of striped dolphins (*Stenella coeruleoalba*), short-beaked common dolphins (*Delphinus delphis*), and Risso's dolphins (*Grampus griseus*) in the Gulf of Corinth (Greece, Mediterranean Sea)." *Aquatic Mammals* 28:188–97.

Frasier, T. R., P. K. Hamilton, M. W. Brown, S. D. Kraus, and B. N. White. 2010. "Reciprocal exchange and subsequent adoption of calves by two North Atlantic right whales (*Eubalaena glacialis*)." *Aquatic Mammals* 36:115–20.

Frère, C. H., M. Krützen, J. Mann, R. C. Connor, L. Bejder, and W. B. Sherwin. 2010b. "Social and genetic interactions drive fitness variation in a free-living dolphin population." *Proceedings of the National Academy of Sciences of the United States of America* 107:19949–54.

Frère, C. H., M. Krützen, J. Mann, J. Watson-Capps, Y. J. Tsai, E. M. Patterson, R. Connor,

L. Bejder, and W. B. Sherwin. 2010a. "Home range overlap, matrilineal and biparental kinship drive female associations in bottlenose dolphins." *Animal Behaviour* 80:481–86.

Fripp, D., C. Owen, E. Quintana-Rizzo, A. Shapiro, K. Buckstaff, K. Jankowski, R. Wells, and P. Tyack. 2005. "Bottlenose dolphin (*Tursiops truncatus*) calves appear to model their signature whistles on the signature whistles of community members." *Animal Cognition* 8:17–26.

Funk, W. C., J. K. McKay, P. A. Hohenlohe, and F. W. Allendorf. 2012. "Harnessing genomics for delineating conservation units." *Trends in Ecology and Evolution* 27:489–96.

Galef, B. G. 1992. "The question of animal culture." *Human Nature* 3:157–78.

———. 2001. "Where's the beef? evidence of culture, imitation, and teaching, in cetaceans?" *Behavioral and Brain Sciences* 24:335.

Galef, B. G., and K. N. Laland. 2005. "Social learning in animals: empirical studies and theoretical models." *Bioscience* 55:489–99.

Garamszegi, L. Z., S. Calhim, N. Dochtermann, G. Hegyi, P. L. Hurd, C. Jørgensen, N. Kutsukake, M. J. Lajeunesse, K. A. Pollard, and H. Schielzeth. 2009. "Changing philosophies and tools for statistical inferences in behavioral ecology." *Behavioral Ecology* 20:1363–75.

Gardner, H. E. 2000. *Intelligence Reframed: Multiple Intelligences for the 21st Century.* New York: Basic Books.

Garland, E. C., A. W. Goldizen, M. L. Rekdahl, R. Constantine, C. Garrigue, N. D. Hauser, M. M. Poole, J. Robbins, and M. J. Noad. 2011. "Dynamic horizontal cultural transmission of humpback whale song at the ocean basin scale." *Current Biology* 21:687–91.

Gavrilov, A. N., R. D. McCauley, and J. Gedamke. 2012. "Steady inter and intra-annual decrease in the vocalization frequency of Antarctic blue whales." *Journal of the Acoustical Society of America* 131:4476–80.

Gazda, S. K., R. C. Connor, R. K. Edgar, and F. Cox. 2005. "A division of labour with role specialization in group-hunting bottlenose dolphins (*Tursiops truncatus*) off Cedar Key, Florida." *Proceedings of the Royal Society of London*, ser. B 272:135–40.

Gedamke, J., D. P. Costa, and A. Dunstan. 2001. "Localization and visual verification of a complex minke whale vocalization." *Journal of the Acoustical Society of America* 109:3038–47.

Geissmann, T. 1984. "Inheritance of song parameters in the gibbon song, analyzed in 2 hybrid gibbons (*Hylobates pileatus* x *H. lar*)." *Folia Primatologica* 42:216–35.

George, J. C., J. Bada, J. Zeh, L. Scott, S. E. Brown, T. O'Hara, and R. Suydam. 1999. "Age and growth estimates of bowhead whales (*Balaena mysticetus*) via aspartic acid racemization." *Canadian Journal of Zoology* 77:571–80.

George, J. C., and J. Bockstoce. 2008. "Two historical weapon fragments as an aid to estimating the longevity and movements of bowhead whales." *Polar Biology* 31:751–54.

George, J. C., C. Clark, G. M. Carroll, and W. T. Ellison. 1989. "Observations on the ice-breaking and ice navigation behavior of migrating bowhead whales (*Balaena mysticetus*) near Point Barrow, Alaska, spring 1985." *Arctic* 42:24–30.

Gero, S. 2012a. "The dynamics of social relationships and vocal communication between individual and social units of sperm whales." PhD thesis, Dalhousie University.

————. 2012b. "The surprisingly familiar family lives of sperm whales." *Journal of the American Cetacean Society* 42:16–20.

Gero, S., L. Bejder, H. Whitehead, J. Mann, and R. C. Connor. 2005. "Behaviourally specific preferred associations in bottlenose dolphins, *Tursiops* sp." *Canadian Journal of Zoology* 83:1566–73.

Gero, S., D. Engelhaupt, and H. Whitehead. 2008. "Heterogeneous social associations within a sperm whale, *Physeter macrocephalus*, unit reflect pairwise relatedness." *Behavioral Ecology and Sociobiology* 63:143–51.

Gero, S., J. Gordon, and H. Whitehead. 2013. "Calves as social hubs: dynamics of the social network within sperm whale units." *Proceedings of the Royal Society of London*, ser. B, 280: 20131113.

Gintis, H. 2011. "Gene-culture coevolution and the nature of human sociality." *Philosophical Transactions of the Royal Society of London*, ser. B 366:878–88.

Glockner, D. A., and S. Venus. 1983. "Determining the sex of humpback whales (*Megaptera novaeangliae*) in their natural environment." In *Communication and Behavior of Whales*, edited by R. Payne, 447–64. Boulder, CO: Westview Press.

Goldbogen, J. A., N. D. Pyenson, and R. E. Shadwick. 2007. "Big gulps require high drag for fin whale lunge feeding." *Marine Ecology Progress Series* 349:289–301.

Gonzalvo, J., M. Valls, L. Cardona, and A. Aguilar. 2008. "Factors determining the interaction between common bottlenose dolphins and bottom trawlers off the Balearic Archipelago (western Mediterranean Sea)." *Journal of Experimental Marine Biology and Ecology* 367:47–52.

Goodall, J. 1968. "Behaviour of free-living chimpanzees of the Gombe Stream Reserve." *Animal Behaviour Monograph* 1:163–311.

————. 2005. "Do chimpanzees have souls?" In *Spiritual Information: 100 Perspectives on Science and Religion*, edited by C. L. Harper, 275–78. West Conshohocken, PA: Templeton Press.

Gowans, S., H. Whitehead, and S. K. Hooker. 2001. "Social organization in northern bottlenose whales (*Hyperoodon ampullatus*): not driven by deep water foraging?" *Animal Behaviour* 62:369–77.

Gowans, S., B. Würsig, and L. Karczmarski. 2007. "The social structure and strategies of delphinids: predictions based on an ecological framework." *Advances in Marine Biology* 53:195–294.

Grant, B. R., and P. R. Grant. 1996. "Cultural inheritance of song and its role in the evolution of Darwin's finches." *Evolution* 50:2471–87.

Grant, P. R., and B. R. Grant. 2009. "The secondary contact phase of allopatric speciation in Darwin's finches." *Proceedings of the National Academy of Sciences of the United States of America* 106:20141–48.

Gray, P. M., B. Krause, J. Atema, R. Payne, C. Krumhansl, and L. Baptista. 2001. "The music of nature and the nature of music." *Science* 291:52–54.

Green, S. R., E. Mercado III, A. A. Pack, and L. M. Herman. 2011. "Recurring patterns in the songs of humpback whales (*Megaptera novaeangliae*)." *Behavioural Processes* 86:284–94.

Greggor, A. L. 2012. "A functional paradigm for evaluating culture: an example with cetaceans." *Functional Zoology* 58:271-86.

Grillo, R. D. 2003. "Cultural essentialism and cultural anxiety." *Anthropological Theory* 3:157-73.

Guinee, L. N., and K. B. Payne. 1988. "Rhyme-like repetitions in songs of humpback whales." *Ethology* 79:295-306.

Guinet, C. 1991. "Intentional stranding apprenticeship and social play in killer whales (*Orcinus orca*)." *Canadian Journal of Zoology* 69:2712-16.

Guinet, C., L. G. Barrett-Lennard, and B. Loyer. 2000. "Co-ordinated attack behavior and prey sharing by killer whales at Crozet Archipelago: strategies for feeding on negatively-buoyant prey." *Marine Mammal Science* 16:829-34.

Guinet, C., and J. Bouvier. 1995. "Development of intentional stranding hunting techniques in killer whale (*Orcinus orca*) calves at Crozet Archipelago." *Canadian Journal of Zoology* 73:27-33.

Guinet, C., P. Domenici, R. De Stephanis, L. Barrett-Lennard, J. K. B. Ford, and P. Verborgh. 2007. "Killer whale predation on bluefin tuna: exploring the hypothesis of the endurance-exhaustion." *Marine Ecology Progress Series* 347:111-19.

Guttridge, T., A. Myrberg, I. Porcher, D. Sims, and J. Krause. 2009. "The role of learning in shark behaviour." *Fish and Fisheries* 10:450-69.

Guttridge, T., S. van Dijk, E. Stamhuis, J. Krause, S. Gruber, and C. Brown. 2012. "Social learning in juvenile lemon sharks, *Negaprion brevirostris*." *Animal Cognition* 16:55-64.

Hagen, E., and G. Bryant. 2003. "Music and dance as a coalition signaling system." *Human Nature* 14:21-51.

Hain, J. H. W., G. Carter, S. Kraus, C. Mayo, and H. Winn. 1982. "Feeding behavior of the humpback whale in the Western North Atlantic." *Fishery Bulletin US* 80:259-68.

Hairston, N. G., S. P. Ellner, M. A. Geber, T. Yoshida, and J. A. Fox. 2005. "Rapid evolution and the convergence of ecological and evolutionary time." *Ecology Letters* 8:1114-27.

Hakeem, A. Y., C. C. Sherwood, C. J. Bonar, C. Butti, P. R. Hof, and J. M. Allman. 2009. "Von Economo neurons in the elephant brain." *Anatomical Record: Advances in Integrative Anatomy and Evolutionary Biology* 292:242-48.

Hall, A., and S. Manabe. 1997. "Can local linear stochastic theory explain sea surface temperature and salinity variability?" *Climate Dynamics* 13:167-80.

Hall, K. R. L., and G. B. Schaller. 1964. "Tool-using behavior of the California sea otter." *Journal of Mammalogy* 45:287-98.

Halley, J. M. 1996. "Ecology, evolution and 1/f noise." *Trends in Ecology and Evolution* 11:33-37.

Hamilton, M. J., B. T. Milne, R. S. Walker, O. Burger, and J. H. Brown. 2007. "The complex structure of hunter-gatherer social networks." *Proceedings of the Royal Society of London*, ser. B 274:2195-2203.

Hamilton, W. D. 1964. "The genetical evolution of social behaviour." *Journal of Theoretical Biology* 7:1-52.

Hamlin, J. K., K. Wynn, and P. Bloom. 2007. "Social evaluation by preverbal infants." *Nature* 450:557-59.

Hamlin, J. K., K. Wynn, P. Bloom, and N. Mahajan. 2011. "How infants and toddlers react to antisocial others." *Proceedings of the National Academy of Sciences of the United States of America* 108:19931–36.

Harrison, R. K. 2000. *Introduction to the Old Testament*. Grand Rapids, MI: William B Eerdmans.

Hartman, K. L., F. Visser, and A. J. E. Hendriks. 2008. "Social structure of Risso's dolphins (*Grampus griseus*) at the Azores: a stratified community based on highly associated social units." *Canadian Journal of Zoology* 86:294–306.

Harvey, P. H., and M. D. Pagel. 1991. *The Comparative Method in Evolutionary Biology*. Oxford: Oxford University Press.

Hawkes, K., J. F. O'Connell, N. G. Blurton Jones, H. Alvarez, and E. L. Charnov. 1998. "Grandmothering, menopause, and the evolution of human life histories." *Proceedings of the National Academy of Sciences of the United States of America* 95:1336–39.

Hawkins, E. R. 2010. "Geographic variations in the whistles of bottlenose dolphins (*Tursiops aduncus*) along the east and west coasts of Australia." *Journal of the Acoustical Society of America* 128:924–35.

Healy, S. D., and C. Rowe. 2007. "A critique of comparative studies of brain size." *Proceedings of the Royal Society of London*, ser. B 274:453–64.

Heimlich-Boran, J. R. 1993. "Social organization of the short-finned pilot whale *Globicephala macrorhynchus*, with special reference to the comparative social ecology of delphinids." PhD thesis, Cambridge University.

Hekkert, P., D. Snelders, and P. C. W. Wieringen. 2003. "'Most advanced, yet acceptable': Typicality and novelty as joint predictors of aesthetic preference in industrial design." *British Journal of Psychology* 94:111–24.

Henrich, J. 2004a. "Cultural group selection, coevolutionary processes and large-scale cooperation." *Journal of Economic Behavior and Organization* 53:3–35.

———. 2004b. "Demography and cultural evolution: how adaptive cultural processes can produce maladaptive losses—the Tasmanian case." *American Antiquity* 69:197–214.

Henrich, J., and R. Boyd. 1998. "The evolution of conformist transmission and the emergence of between-group differences." *Evolution and Human Behavior* 19:215–41.

Henrich, J., and N. Henrich. 2010. "The evolution of cultural adaptations: Fijian food taboos protect against dangerous marine toxins." *Proceedings of the Royal Society of London*, ser. B 277:3715–24.

Henshilwood, C. S., F. d'Errico, K. L. van Niekerk, Y. Coquinot, Z. Jacobs, S. Lauritzen, M. Menu, and R. García-Moreno. 2011. "A 100,000-year-old ochre-processing workshop at Blombos Cave, South Africa." *Science* 334:219–22.

Herman, L. M. 1979. "Humpback whales in Hawaiian waters: a study in historical ecology." *Pacific Science* 33:1–15.

———. 2002a. "Vocal, social, and self-imitation by bottlenosed dolphins." In *Imitation in Animals and Artifacts*, edited by K. Dautenhahn and C. L. Nehaniv, 63–108. Cambridge, MA: MIT Press.

———. 2002b. "Exploring the cognitive world of the bottlenosed dolphin." In *The Cognitive*

鲸鱼海豚有文化：探索海洋哺乳动物的社会与行为

Animal: Empirical and Theoretical Perspectives in Animal Cognition, edited by M. Bekoff, C. Allen, and G. M. Burghardt, 275–83. Cambridge, MA: MIT Press.

Herman, L. M., S. L. Abichandani, A. N. Elhajj, E. Y. Herman, J. L. Sanchez, and A. A. Pack. 1999. "Dolphins (*Tursiops truncatus*) comprehend the referential character of the human pointing gesture." *Journal of Comparative Psychology* 113:347–64.

Herman, L. M., and A. A. Pack. 2001. "Laboratory evidence for cultural transmission mechanisms." *Behavioral and Brain Sciences* 24:335–36.

Herzing, D. L. 2011. *Dolphin Diaries: My 25 Years with Spotted Dolphins in the Bahamas.* New York: St. Martin's Press.

Hewlett, B. S., H. N. Fouts, A. H. Boyette, and B. L. Hewlett. 2011. "Social learning among Congo Basin hunter-gatherers." *Philosophical Transactions of the Royal Society of London,* ser B 366:1168–78.

Heyes, C. M. 1994. "Social learning in animals: categories and mechanisms." *Biological Reviews* 69:207–31.

———. 2012. "What's social about social learning?" *Journal of Comparative Psychology* 126:193–202.

Hill, K. 2009. "Animal 'culture.'" In *The Question of Animal Culture,* edited by K. N. Laland and B. G. Galef Jr., 269–87. Cambridge, MA: Harvard University Press.

———. 2010. "Experimental studies of animal social learning in the wild: trying to untangle the mystery of human culture." *Learning and Behavior* 38:319–28.

Hill, K. R., R. S. Walker, M. Božičević, J. Eder, T. Headland, B. Hewlett, A. M. Hurtado, F. Marlowe, P. Wiessner, and B. Wood. 2011. "Co-residence patterns in hunter-gatherer societies show unique human social structure." *Science* 331:1286–89.

Hill, R. A., R. A. Bentley, and R. I. M. Dunbar. 2008. "Network scaling reveals consistent fractal pattern in hierarchical mammalian societies." *Biology Letters* 4:748–51.

Hlista, B., H. Sosik, L. Traykovski, R. Kenney, and M. Moore. 2009. "Seasonal and interannual correlations between right-whale distribution and calving success and chlorophyll concentrations in the Gulf of Maine, USA." *Marine Ecology Progress Series* 394:289–302.

Hoelzel, A. R. 1991. "Killer whale predation on marine mammals at Punta Norte, Argentina: food sharing, provisioning and foraging strategy." *Behavioral Ecology and Sociobiology* 29:197–204.

Hoelzel, A. R., E. M. Dorsey, and S. J. Stern. 1989. "The foraging specializations of individual minke whales." *Animal Behaviour* 38:786–94.

Hoelzel, A. R., C. W. Potter, and P. B. Best. 1998. "Genetic differentiation between parapatric 'nearshore' and 'offshore' populations of the bottlenose dolphin." *Proceedings of the Royal Society of London,* ser. B 265:1177–83.

Hof, P. R., and D. G. Van. 2007. "Structure of the cerebral cortex of the humpback whale, *Megaptera novaeangliae* (Cetacea, Mysticeti, Balaenopteridae)." *Anatomical Record: Advances in Integrative Anatomy and Evolutionary Biology* 290:1–31.

Hofstede, G. 1981. "Culture and organizations." *International Studies of Management and Organization* 10:15–41.

Hohn, A. A., D. S. Rotstein, C. A. Harms, and B. L. Southall. 2006. *Report on Marine Mammal Unusual Mortality Event UMESE0501Sp: Multispecies Mass Stranding of Pilot Whales* (Globicephala macrorhynchus), *Minke Whale* (Balaenoptera acutorostrata), *and Dwarf Sperm Whales* (Kogia sima) *in North Carolina on 15–16 January 2005*. NOAA Technical Memorandum NMFS-SEFSC-53716217. Miami: U.S. Dept. of Commerce, National Oceanic and Atmospheric Administration, National Marine Fisheries Service, Southeast Fisheries Science Center.

Holmes, B. J., and D. T. Neil. 2012. "Gift giving by wild bottlenose dolphins (*Tursiops* sp.) to humans at a wild dolphin provisioning program, Tangalooma, Australia." *Anthrozoos* 25:397–413.

Holthuis, L. B. 1987. "The scientific name of the sperm whale." *Marine Mammal Science* 3:87–89.

Hoppitt, W., and K. N. Laland. 2008. "Social processes influencing learning in animals: a review of the evidence." *Advances in the Study of Behavior* 38:105–65.

———. 2013. *Social Learning: An Introduction to Mechanisms, Methods, and Models.* Princeton, NJ: Princeton University Press.

Hoppitt, W. J. E., G. R. Brown, R. Kendal, L. Rendell, A. Thornton, M. M. Webster, and K. N. Laland. 2008. "Lessons from animal teaching." *Trends in Ecology and Evolution* 23:486–93.

Horn, H. S., and D. I. Rubenstein. 1984. "Behavioural adaptations and life history." In *Behavioural Ecology: An Evolutionary Approach*, edited by J. R. Krebs, and N. B. Davies, 279–98. 2nd ed. Oxford: Blackwell Science Publications.

Hoyt, E. 1991. *Orca, the Whale Called Killer.* 3rd ed. Richmond Hill, ON: Firefly Books.

Hucke-Gaete, R., L. P. Osman, C. A. Moreno, K. P. Findlay, and D. K. Ljungblad. 2004. "Discovery of a blue whale feeding and nursing ground in southern Chile." *Proceedings of the Royal Society of London*, ser. B 271:S170–S173.

Huffman, M. A. 1984. "Stone-play of *Macaca fuscata* in Arashiyama B troop: transmission of a non-adaptive behavior." *Journal of Human Evolution* 13:725–35.

———. 1996. "Acquisition of innovative cultural behaviors in nonhuman primates: a case study of stone handling, a socially transmitted behavior in Japanese macaques." In *Social Learning in Animals*, edited by C. M. Heyes and B. G. Galef, 267–89. San Diego: Academic Press.

Huffman, M. A., C. A. D. Nahallage, and J. Leca. 2008. "Cultured monkeys: social learning cast in stones." *Current Directions in Psychological Science* 17:410–14.

Huffman, M. A., C. Spiezio, A. Sgaravatti, and J. Leca. 2010. "Leaf swallowing behavior in chimpanzees (*Pan troglodytes*): biased learning and the emergence of group level cultural differences." *Animal Cognition* 13:871–80.

Humphrey, N. K. 1976. "The social function of intellect." In *Growing Points in Ethology*," edited by P. P. G. Bateson and R. A. Hinde, 303–17. Cambridge: Cambridge University Press.

Hunt, G. R., and R. D. Gray. 2003. "Diversification and cumulative evolution in New Caledonian crow tool manufacture." *Proceedings of the Royal Society of London*, ser. B 270:867–74.

Huntley, M. E., and M. Zhou. 2004. "Influence of animals on turbulence in the sea." *Marine Ecology Progress Series* 273:65–79.

Husson, A. M., and L. B. Holthuis. 1974. "*Physeter macrocephalus* Linnaeus, 1758, the valid name for the sperm whale." *Zoologische Mededelingen* 48:205–17.

Huxley, J. S. 1942. *Evolution: The Modern Synthesis*. London: Allen & Unwin.

Inchausti, P., and J. Halley. 2002. "The long-term temporal variability and spectral colour of animal populations." *Evolutionary Ecology Research* 4:1033–48.

Ingebrigtsen, A. 1929. "Whales caught in the North Atlantic and other areas." *Conseil Permanent International pour l'Exploration de la Mer, Rapports et Proces-Verbaux des Reunions* 55:1–26.

Ingold, T. 2001. "The use and abuse of ethnography." *Behavioral and Brain Sciences* 24:337.

———. 2004. "Beyond biology and culture: the meaning of evolution in a relational world." *Social Anthropology* 12:209–21.

Isack, H. A., and H. U. Reyer. 1989. "Honeyguides and honey gatherers: interspecific communication in a symbiotic relationship." *Science* 243:1343–46.

Jaakkola, K., E. Guarino, and M. Rodriguez. 2010. "Blindfolded imitation in a bottlenose dolphin (*Tursiops truncatus*)." *International Journal of Comparative Psychology* 23:671–88.

Jaakkola, K., E. Guarino, M. Rodriguez, and J. Hecksher. 2013. "Switching strategies: a dolphin's use of passive and active acoustics to imitate motor actions." *Animal Cognition* 16:701–9.

Jackson, J. B. C., M. X. Kirby, W. H. Berger, K. A. Bjorndal, L. W. Botsford, B. J. Bourque, R. H. Bradbury, R. Cooke, J. Erlandson, and J. A. Estes. 2001. "Historical overfishing and the recent collapse of coastal ecosystems." *Science* 293:629–38.

Janik, V. M. 2000a. "Food-related bray calls in wild bottlenose dolphins (*Tursiops truncatus*)." *Proceedings of the Royal Society of London*, ser. B 267:923–27.

———. 2000b. "Whistle matching in wild bottlenose dolphins (*Tursiops truncatus*)." *Science* 289:1355–57.

———. 2001. "Is cetacean social learning unique?" *Behavioral and Brain Sciences* 24:337–38.

Janik, V. M., L. S. Sayigh, and R. S. Wells. 2006. "Signature whistle shape conveys identity information to bottlenose dolphins." *Proceedings of the National Academy of Sciences of the United States of America* 103:8293–97.

Janik, V. M., and P. J. B. Slater. 1997. "Vocal learning in mammals." *Advances in the Study of Behavior* 26:59–99.

———. 1998. "Context-specific use suggests that bottlenose dolphin signature whistles are cohesion calls." *Animal Behaviour* 56:829–38.

Jefferson, T. A., P. J. Stacey, and R. W. Baird. 1991. "A review of killer whale interactions with other marine mammals: predation to co-existence." *Mammal Review* 4:151–80.

Jensen, M. N. "Whales' cultural revolution." *Science NOW*, November 29, http://news.sciencemag.org/2000/11/whales-cultural-revolution.

Jerison, H. J. 1973. *Evolution of the Brain and Intelligence*. New York: Academic Press.

———. 1986. "The perceptual world of dolphins." In *Dolphin Cognition and Behavior: A Comparative View*, edited by R. J. Schusterman, J. A. Thomas, and F. G. Wood, 141–66. Hillsdale, NJ: Lawrence Erlbaum Associates.

Johnson, D. H. 1999. "The insignificance of statistical significance testing." *Journal of Wildlife Management* 63:763–72.

Johnson, M. P., and P. L. Tyack. 2003. "A digital acoustic recording tag for measuring the response of wild marine mammals to sound." *IEEE Journal of Ocean Engineering* 28:3–12.

Johnstone, R. A., and M. A. Cant. 2010. "The evolution of menopause in cetaceans and humans: the role of demography." *Proceedings of the Royal Society of London*, ser. B 277:3765–71.

Jurasz, C., and V. Jurasz. 1979. "Feeding modes of the humpback whale, *Megaptera novaeangliae*, in southeast Alaska." *Scientific Reports of the Whales Research Institute of Tokyo* 31:69–83.

Kako, E. 1999. "Elements of syntax in the systems of three language-trained animals." *Animal Learning and Behavior* 27:1–14.

Karczmarski, L. 1999. "Group dynamics of humpback dolphins (*Sousa chinensis*) in the Algoa Bay region, South Africa. *Journal of Zoology* 249:283–93.

Karczmarski, L., B. Würsig, G. Gailey, K. W. Larson, and C. Vanderlip. 2005. "Spinner dolphins in a remote Hawaiian atoll: social grouping and population structure." *Behavioral Ecology* 16:675–85.

Kasuya, T. 1975. "Past occurrence of *Globicephala melaena* in the western North Pacific." *Scientific Reports of the Whales Research Institute* 27:95–110.

———. 1995. "Overview of cetacean life histories: an essay in their evolution." In *Whales, Seals, Fish and Man*, edited by A. S. Blix, L. Walløe, and O. Ulltang, 481–97. Amsterdam: Elsevier Science.

———. 2008. "The Kenneth S. Norris lifetime achievement award lecture: presented on 29 November 2007 Cape Town, South Africa." *Marine Mammal Science* 24:749–73.

Kasuya, T., and H. Marsh. 1984. "Life history and reproductive biology of the short-finned pilot whale, *Globicephala macrorhynchus*, off the Pacific coast of Japan." *Reports of the International Whaling Commission (Special Issue)* 6:259–310.

Kawai, M. 1965. "Newly acquired pre-cultural behavior of the natural troop of Japanese monkeys on Koshima Inlet." *Primates* 2:1–30.

Kelley, L. A., and S. D. Healy. 2010. "Vocal mimicry in male bowerbirds: who learns from whom?" *Biology Letters* 6:626–29.

Kelly, E. 2002. "Hate crime: the struggle for justice in Scotland." *Criminal Justice Matters* 48:16–17.

Kim, P. S., J. E. Coxworth, and K. Hawkes. 2012. "Increased longevity evolves from grandmothering." *Proceedings of the Royal Society of London*, ser. B 279:4880–84.

King, S. L., and V. M. Janik. 2013. "Bottlenose dolphins can use learned vocal labels to address each other." *Proceedings of the National Academy of Sciences* 110:13216–21.

King, S. L., L. S. Sayigh, R. S. Wells, W. Fellner, and V. M. Janik. 2013. "Vocal copying of individually distinctive signature whistles in bottlenose dolphins." *Proceedings of the Royal Society of London*, ser. B 280:20130053.

Kirby, S., H. Cornish, and K. Smith. 2008. "Cumulative cultural evolution in the laboratory: an experimental approach to the origins of structure in human language." *Proceedings of the National Academy of Sciences of the United States of America* 105:10681–86.

Kirby, S., M. Dowman, and T. L. Griffiths. 2007. "Innateness and culture in the evolution of language." *Proceedings of the National Academy of Sciences of the United States of America* 104:5241–45.

Klatsky, L. J., R. S. Wells, and J. C. Sweeney. 2007. "Offshore bottlenose dolphins (*Tursiops truncatus*): movement and dive behavior near the Bermuda Pedestal." *Journal of Mammalogy* 88:59–66.

Kline, M. A., and R. Boyd. 2010. "Population size predicts technological complexity in Oceania." *Proceedings of the Royal Society of London*, ser. B 277:2559–64.

Koblmüller, S., M. Nord, R. K. Wayne, and J. A. Leonard. 2009. "Origin and status of the Great Lakes wolf." *Molecular Ecology* 18:2313–26.

Kooyman, G. L. 1989. *Diverse Divers*. Berlin: Springer-Verlag.

Kopps, A. M., C. Y. Ackermann, W. B. Sherwin, S. J. Allen, L. Bejder, and M. Krützen. 2014. "Cultural transmission of tool use combined with habitat specializations leads to fine-scale genetic structure in bottlenose dolphins." *Proceedings of the Royal Society of London*, ser. B 281:1782 20133245.

Kopps, A. M., and W. B. Sherwin. 2012. "Modelling the emergence and stability of a vertically transmitted cultural trait in bottlenose dolphins." *Animal Behaviour* 84:1347–62.

Krahn, M. M., P. R. Wade, S. T. Kalinowski, M. E. Dahlheim, B. L. Taylor, M. B. Hanson, G. M. Ylitalo, R. P. Angliss, J. E. Stein, and R. S. Waples. 2002. *Status Review of Southern Resident Killer Whales* (Orcinus orca) *under the Endangered Species Act*. NOAA Technical Memorandum NMFS-NWFSC-5416219. [Seattle]: U.S. Dept. of Commerce, National Oceanic and Atmospheric Administration, National Marine Fisheries Service [Northwest Fisheries Science Center].

Kraus, S. D., and J. J. Hatch. 2001. "Mating strategies in the North Atlantic right whale (*Eubalaena glacialis*)." *Journal of Cetacean Research and Management Special Issue* 2:237–44.

Kraus, S. D., and R. M. Rolland. 2007a. "Right whales in an urban ocean." In *The Urban Whale: North Atlantic Right Whales at the Crossroads*, edited by S. D. Kraus and R. M. Rolland, 1–38. Cambridge, MA: Harvard University Press.

———. 2007b. "The urban whale syndrome." In *The Urban Whale: North Atlantic Right Whales at the Crossroads*, edited by S. D. Kraus and R. M. Rolland, 488–513. Cambridge, MA: Harvard University Press.

Krause, J., and G. Ruxton. 2002. *Living in Groups*. Oxford: Oxford University Press.

Kremers, D., A. Lemasson, J. Almunia, and R. Wanker. 2012. "Vocal sharing and individual acoustic distinctiveness within a group of captive orcas (*Orcinus orca*)." *Journal of Comparative Psychology* 126:433–45.

Kroeber, A. L. 1948. *Anthropology*. New York: Harcourt, Brace.

Kroodsma, D. E. 2005. *The Singing Life of Birds: The Art and Science of Listening to Birdsong*. Vol. 1. Boston: Houghton Mifflin Harcourt.

Krützen, M., J. Mann, M. R. Heithaus, R. C. Connor, L. Bejder, and W. B. Sherwin. 2005. "Cultural transmission of tool use in bottlenose dolphins." *Proceedings of the National Academy of Sciences of the United States of America* 102:8939–43.

Krützen, M., E. Willems, and C. van Schaik. 2011. "Culture and geographic variation in orangutan behavior." *Current Biology* 21:1808–12.

Kuczaj, S. A. 2010. "Research with captive marine mammals is important: an introduction to the special issue." *International Journal of Comparative Psychology* 23:225–26.

Kuhn, T. S. 1962. *The Structure of Scientific Revolutions*. Chicago: University of Chicago Press.

Lahdenperä, M., V. Lummaa, S. Helle, M. Tremblay, and A. F. Russell. 2004. "Fitness benefits of prolonged post-reproductive lifespan in women." *Nature* 428:178–81.

Laland, K. N., and G. R. Brown. 2011. *Sense and Nonsense: Evolutionary Perspectives on Human Behaviour*. 2nd ed. Oxford: Oxford University Press.

Laland, K. N., and B. G. Galef. 2009a. "Introduction." In *The Question of Animal Culture*, edited by K. N. Laland and B. G. Galef Jr., 1–18. Cambridge, MA: Harvard University Press.

———. 2009b. *The Question of Animal Culture*. Cambridge, MA: Harvard University Press.

Laland, K. N., and W. Hoppitt. 2003. "Do animals have culture?" *Evolutionary Anthropology* 12:150–59.

Laland, K. N., and V. M. Janik. 2006. "The animal cultures debate." *Trends in Ecology and Evolution* 21:542–47.

Laland, K. N., J. R. Kendal, and R. L. Kendal. 2009. "Animal culture: problems and solutions." In *The Question of Animal Culture*, edited by K. N. Laland and B. G. Galef Jr., 174–97. Cambridge, MA: Harvard University Press.

Laland, K. N., J. Odling-Smee, and M. W. Feldman. 2000. "Niche construction, biological evolution and cultural change." *Behavioral and Brain Sciences* 23:131–75.

Laland, K. N., J. Odling-Smee, and S. Myles. 2010. "How culture shaped the human genome: bringing genetics and the human sciences together." *Nature Reviews Genetics* 11:137–48.

Laland, K. N., and K. Williams. 1998. "Social transmission of maladaptive information in the guppy." *Behavioral Ecology* 9:493–99.

Lambert, O., G. Bianucci, K. Post, C. de Muizon, R. Salas-Gismondi, M. Urbina, and J. Reumer. 2010. "The giant bite of a new raptorial sperm whale from the Miocene epoch of Peru." *Nature* 466:105–8.

Lane, J. D., H. M. Wellman, S. L. Olson, J. LaBounty, and D. C. R. Kerr. 2010. "Theory of mind and emotion understanding predict moral development in early childhood." *British Journal of Developmental Psychology* 28:871–89.

Langergraber, K. E., C. Boesch, E. Inoue, M. Inoue-Murayama, J. C. Mitani, T. Nishida, A. Pusey, et al. 2011. "Genetic and 'cultural' similarity in wild chimpanzees." *Proceedings of the Royal Society of London*, ser. B 278:408–16.

Laws, R. M. 1970. "Elephants as agents of habitat and landscape change in East Africa." *Oikos* 21:1–15.

Leatherwood, S., and R. R. Reeves. 1990. *The Bottlenose Dolphin*. San Diego: Academic Press.

Le Boeuf, B. J., D. P. Costa, A. C. Huntley, and S. D. Feldkamp. 1988. "Continuous, deep diving in female northern elephant seals, *Mirounga angustirostris*." *Canadian Journal of Zoology* 66:446–58.

Le Boeuf, B. J., D. P. Costa, A. C. Huntley, G. L. Kooyman, and R. W. Davis. 1986. "Pattern and depth of dives in northern elephant seals, *Mirounga angustirostris*." *Journal of Zoology* 208:1–7.

鲸鱼海豚有文化：探索海洋哺乳动物的社会与行为

Leca, J., N. Gunst, and M. A. Huffman. 2007. "Japanese macaque cultures: inter- and intra-troop behavioural variability of stone handling patterns across 10 troops." *Behaviour* 144:251–81.

Leeuwenburgh, O., and D. Stammer. 2001. "The effect of ocean currents on sea surface temperature anomalies." *Journal of Physical Oceanography* 31:2340–58.

Lehmann, L., M. W. Feldman, and K. R. Foster. 2008. "Cultural transmission can inhibit the evolution of altruistic helping." *American Naturalist* 172:12–24.

Letteval, E., C. Richter, N. Jaquet, E. Slooten, S. Dawson, H. Whitehead, J. Christal, and P. McCall Howard. 2002. "Social structure and residency in aggregations of male sperm whales." *Canadian Journal of Zoology* 80:1189–96.

Levin, P. S., E. E. Holmes, K. R. Piner, and C. J. Harvey. 2006. "Shifts in a Pacific Ocean fish assemblage: the potential influence of exploitation." *Conservation Biology* 20:1181–90.

Lewis, H. M., and K. N. Laland. 2012. "Transmission fidelity is the key to the build-up of cumulative culture." *Philosophical Transactions of the Royal Society of London*, ser. B 367:2171–80.

Lewis, J. S., and W. W. Schroeder. 2003. "Mud plume feeding, a unique foraging behavior of the bottlenose dolphin in the Florida Keys." *Gulf of Mexico Science* 21:92–97.

Liebenberg, L. 2006. "Persistence hunting by modern hunter gatherers." *Current Anthropology* 47:1017–26.

Lilly, J. C. 1965. "Vocal mimicry in *Tursiops:* ability to match numbers and durations of human vocal bursts." *Science* 147:300–301.

———. 1978. *Communication between Man and Dolphin: The Possibilities of Talking with Other Species.* New York: Crown.

Lindenbaum, S. 2008. "Review: Understanding kuru: the contribution of anthropology and medicine." *Philosophical Transactions of the Royal Society of London*, ser. B 363:3715–20.

Lopez, B. D. 2012. "Bottlenose dolphins and aquaculture: interaction and site fidelity on the north-eastern coast of Sardinia (Italy)." *Marine Biology* 159:2161–72.

Lopez, J. C., and D. Lopez. 1985. "Killer whales (*Orcinus orca*) of Patagonia, and their behavior of intentional stranding while hunting nearshore." *Journal of Mammalogy* 66:181–83.

Luck, G. W., G. C. Daily, and P. R. Ehrlich. 2003. "Population diversity and ecosystem services." *Trends in Ecology and Evolution* 18:331–36.

Lumsden, C. J., and E. O. Wilson. 1981. *Genes, Mind, and Culture: The Coevolutionary Process.* Cambridge, MA: Harvard University Press.

Lusseau, D. 2007. "Evidence for social role in a dolphin social network." *Evolutionary Ecology* 21:357–66.

Lusseau, D., and M. E. J. Newman. 2004. "Identifying the role that animals play in social networks." *Proceedings of the Royal Society of London*, ser. B 271: S477–481.

Lyons, S. 2010. Review of *Wild Justice*, by Mark Bekoff and Jessica Pierce. *Philosophy Now* 79:36–37.

Lyrholm, T., O. Leimar, and U. Gyllensten. 1996. "Low diversity and biased substitution patterns in the mitochondrial DNA control region of sperm whales: implications for estimates of time since common ancestry." *Molecular Biology and Evolution* 13:1318–26.

参考文献

Lyrholm, T., O. Leimar, B. Johanneson, and U. Gyllensten. 1999. "Sex-biased dispersal in sperm whales: contrasting mitochondrial and nuclear genetic structure of global populations." *Proceedings of the Royal Society of London*, ser. B 266:347–54.

Mackintosh, N. A. 1965. *The Stocks of Whales*. London: Fishing News (Books) Ltd.

Madden, J. R., T. J. Lowe, H. V. Fuller, K. K. Dasmahapatra, and R. L. Coe. 2004. "Local traditions of bower decoration by spotted bowerbirds in a single population." *Animal Behaviour* 68:759–65.

Madsen, P. T. 2002. "Sperm whale sound production—in the acoustic realm of the biggest nose on record." In "Sperm Whale Sound Production," 1–39. PhD Thesis, University of Aarhus.

———. 2012. "Foraging with the biggest nose on record." *Journal of the American Cetacean Society* 41:9–15.

Madsen, P. T., D. A. Carder, W. W. L. Au, P. E. Nachtigall, B. Mohl, and S. H. Ridgway. 2003. "Sound production in neonate sperm whales (L)." *Journal of the Acoustical Society of America* 113:2988–91.

Madsen, P., R. Payne, N. Kristiansen, M. Wahlberg, I. Kerr, and B. Møhl. 2002. "Sperm whale sound production studied with ultrasound time/depth-recording tags." *Journal of Experimental Biology* 205:1899–1906.

Mann, J., R. C. Connor, L. M. Barre, and M. R. Heithaus. 2000. "Female reproductive success in bottlenose dolphins (*Tursiops* sp.): life history, habitat, provisioning, and group size effects." *Behavioral Ecology* 11:210–19.

Mann, J., and B. Sargeant. 2003. "Like mother, like calf: the ontogeny of foraging traditions in wild Indian Ocean bottlenose dolphins (*Tursiops* sp.)." In *The Biology of Traditions: Models and Evidence*, edited by D. M. Fragaszy and S. Perry, 236–66. Cambridge: Cambridge University Press.

Mann, J., B. L. Sargeant, J. Watson-Capps, Q. A. Gibson, M. R. Heithaus, R. C. Connor, and E. Patterson. 2008. "Why do dolphins carry sponges?" *PLoS ONE* 3:e3868.

Mann, J., M. Stanton, E. M. Patterson, E. J. Bienenstock, and L. O. Singh. 2012. "Social networks reveal cultural behaviour in tool-using using dolphins." *Nature Communications* 3:980.

Mann, J., and J. Watson-Capps. 2005. "Surviving at sea: ecological and behavioural predictors of calf mortality in Indian Ocean bottlenose dolphins, *Tursiops* sp." *Animal Behaviour* 69:899–909.

Mann, N. I., K. A. Dingess, and P. J. B. Slater. 2006. "Antiphonal four-part synchronized chorusing in a Neotropical wren." *Biology Letters* 2:1–4.

Marcoux, M., L. Rendell, and H. Whitehead. 2007. "Indications of fitness differences among vocal clans of sperm whales." *Behavioural Ecology and Sociobiology* 61:1093–98.

Marcoux, M., H. Whitehead, and L. Rendell. 2006. "Coda vocalizations recorded in breeding areas are almost entirely produced by mature female sperm whales (*Physeter macrocephalus*)." *Canadian Journal of Zoology* 84:609–14.

———. 2007. "Sperm whale feeding variation by location, year, social group and clan: evidence from stable isotopes." *Marine Ecology Progress Series* 333:309–14.

Marean, C. W., M. Bar-Matthews, J. Bernatchez, E. Fisher, P. Goldberg, A. I. R. Herries,

Z. Jacobs, et al. 2007. "Early human use of marine resources and pigment in South Africa during the Middle Pleistocene." *Nature* 449:905–8.

Marino, L. 1998. "A comparison of encephalization between odontocete cetaceans and anthropoid primates." *Brain, Behaviour and Evolution* 51:230–38.

———. 2006. "Absolute brain size: did we throw the baby out with the bathwater?" *Proceedings of the National Academy of Sciences of the United States of America* 103:13563–64.

———. 2011. "Brain structure and intelligence in cetaceans." In *Whales and Dolphins: Cognition, Culture, Conservation and Human Perceptions*, edited by P. Brakes and M. P. Simmonds, 115–28. London: Earthscan.

Marino, L., C. Butti, R. C. Connor, R. E. Fordyce, L. M. Herman, P. R. Hof, L. Lefebvre, D. Lusseau, B. McCowan, and E. A. Nimchinsky. 2008. "A claim in search of evidence: reply to Manger's thermogenesis hypothesis of cetacean brain structure." *Biological Reviews* 83:417–40.

Marino, L., and T. Frohoff. 2011. "Towards a new paradigm of non-captive research on cetacean cognition." *PLoS ONE* 6:e24121.

Marino, L., D. W. McShea, and M. D. Uhen. 2004. "Origin and evolution of large brains in toothed whales." *Anatomical Record: Advances in Integrative Anatomy and Evolutionary Biology* 281A:1247–55.

Marino, L., M. D. Uhen, N. D. Pyenson, and B. Frohlich. 2003. "Reconstructing cetacean brain evolution using computed tomography." *Anatomical Record: Advances in Integrative Anatomy and Evolutionary Biology* 272B:107–17.

Marks, J. 2002. *What It Means to Be 98% Chimpanzee: Apes, People, and Their Genes*. Berkeley: University of California Press.

———. 2012. "The biological myth of human evolution." *Contemporary Social Science* 7:139–57.

Marsh, A. A., H. A. Elfenbein, and N. Ambady. 2007. "Separated by a common language: nonverbal accents and cultural stereotypes about Americans and Australians." *Journal of Cross-Cultural Psychology* 38:284–301.

Marsh, H., and T. Kasuya. 1984. "Changes in the ovaries of the short-finned pilot whale, *Globicephala macrorhynchus*, with age and reproductive activity." *Reports of the International Whaling Commission (Special Issue)* 6:311–35.

———. 1986. "Evidence for reproductive senescence in female cetaceans." *Reports of the International Whaling Commission (Special Issue)* 8:57–74.

Martin, A. R., V. M. F. da Silva, and P. Rothery. 2008. "Object carrying as sociosexual display in an aquatic mammal." *Biology Letters* 4:243–45.

Martindale, C. 1990. *The Clockwork Muse: The Predictability of Artistic Change*. New York: Basic Books.

Mate, B. R., S. L. Nieukirk, and S. D. Kraus. 1997. "Satellite-monitored movements of the northern right whale." *Journal of Wildlife Management* 61:1393–1405.

Mathias, D., A. Thode, J. Straley, and K. Folkert. 2009. "Relationship between sperm whale (*Physeter macrocephalus*) click structure and size derived from videocamera images of a depredating whale." *Journal of Acoustical Society of America* 125:3444–53.

Matkin, C., and J. Durban. 2011. "Killer whales in Alaskan waters." *Journal of the American Cetacean Society* 40:24–29.

Matkin, C. O., D. R. Matkin, G. M. Ellis, E. Saulitis, and D. McSweeney. 1997. "Movements of resident killer whales in southeastern Alaska and Prince William Sound, Alaska." *Marine Mammal Science* 13:469–75.

Maynard Smith, J. 1989. *Evolutionary Genetics*. Oxford: Oxford University Press.

Maynard Smith, J., and J. Haigh. 1974. "The hitch-hiking effect of a favourable gene." *Genetics Research* 23:23–35.

Maynard Smith, J., and E. Szathmáry. 1995. *The Major Transitions in Evolution*. Oxford: Oxford University Press.

———. 1999. *The Origins of Life: From the Birth of Life to the Origin of Language*. Oxford: Oxford University Press.

Mayo, C. A., and M. K. Marx. 1990. "Surface foraging behavior of the North Atlantic right whale and associated plankton characteristics." *Canadian Journal of Zoology* 68:2214–20.

McAuliffe, K., and H. Whitehead. 2005. "Eusociality, menopause and information in matrilineal whales." *Trends in Ecology and Evolution* 20:650.

McComb, K., G. Shannon, S. M. Durant, K. Sayialel, R. Slotow, J. Poole, and C. Moss. 2011. "Leadership in elephants: the adaptive value of age." *Proceedings of the Royal Society of London*, ser. B 278:3270–76.

McComb, K., G. Shannon, K. Sayialel, and C. Moss. 2014. "Elephants can determine ethnicity, gender, and age from acoustic cues in human voices." *Proceedings of the National Academy of Sciences of the United States of America*

McComb, K., C. Moss, S. M. Durant, L. Baker, and S. Sayialel. 2001. "Matriarchs as repositories of social knowledge in African elephants." *Science* 292:491–94.

McCowan, B., and D. Reiss. 2001. "The fallacy of 'signature whistles' in bottlenose dolphins: a comparative perspective of 'signature information' in animal vocalizations." *Animal Behaviour* 62:1151–62.

McDonald, M. A., J. Calambokidis, A. M. Teranishi, and J. A. Hildebrand. 2001. "The acoustic calls of blue whales off California with gender data." *Journal of the Acoustical Society of America* 109:1728–35.

McDonald, M. A., J. A. Hildebrand, and S. Mesnick. 2009. "Worldwide decline in tonal frequencies of blue whale songs." *Endangered Species Research* 9:13–21.

McDonald, M. A., S. L. Mesnick, and J. A. Hildebrand. 2006. "Biogeographic characterization of blue whale song worldwide: using song to identify populations." *Journal of Cetacean Research and Management* 8:55–65.

McDougall, C. 2009. *Born to Run: A Hidden Tribe, Superathletes, and the Greatest Race the World Has Never Seen*. New York: Knopf Doubleday.

McElreath, R., R. Boyd, and P. Richerson. 2003. "Shared norms and the evolution of ethnic markers." *Current Anthropology* 44:122–30.

McGowen, M. R., M. Spaulding, and J. Gatesy. 2009. "Divergence date estimation and a comprehensive molecular tree of extant cetaceans." *Molecular Phylogenetics and Evolution* 53:891–906.

McGrew, W. C. 1987. "Tools to get food—the subsistants of Tasmanian aborigines and Tanzanian chimpanzees compared." *Journal of Anthropological Research* 43:247–58.

———. 1992. *Chimpanzee Material Culture: Implications for Human Evolution*. Cambridge: Cambridge University Press.

———. 1998. "Culture in nonhuman primates?" *Annual Review of Anthropology* 27:301–28.

———. 2003. "Ten dispatches from the chimpanzee culture wars." In *Animal Social Complexity: Intelligence, Culture, and Individualized Societies*, edited by F. B. M. de Waal and P. L. Tyack, 419–39. Cambridge, MA: Harvard University Press.

———. 2004. *The Cultured Chimpanzee: Reflections on Cultural Primatology*. Cambridge: Cambridge University Press.

———. 2009. "Ten dispatches from the chimpanzee culture wars, plus postscript (revisiting the battlefronts)." In *The Question of Animal Culture*, edited by K. N. Laland and B. G. Galef, 41–69. Cambridge, MA: Harvard University Press.

McGrew, W. C., and C. E. G. Tutin. 1978. "Evidence for a social custom in wild chimpanzees?" *Man* 13:234–51.

McLaren, I. A., and T. G. Smith. 1985. "Population ecology of seals: retrospective and prospective views." *Marine Mammal Science* 1:54–83.

McSweeney, D. J., R. W. Baird, S. D. Mahaffy, D. L. Webster, and G. S. Schorr. 2009. "Site fidelity and association patterns of a rare species: pygmy killer whales (*Feresa attenuata*) in the main Hawaiian Islands." *Marine Mammal Science* 25:557–72.

McSweeney, D. J., K. C. Chu, W. F. Dolphin, and L. N. Guinee. 1989. "North Pacific humpback whale songs: a comparison of southeast Alaskan feeding ground songs with Hawaiian wintering ground songs." *Marine Mammal Science* 5:139–48.

Mead, T. 1961. *Killers of Eden: The Story of the Killer Whales of Twofold Bay*. Sydney: Angus and Robertsony.

Melville, H. (1851) 1972. *Moby Dick; or, The Whale*. London: Penguin.

Mesnick, S., N. Warner, J. Straley, V. O'Connell, M. Purves, C. Guinet , J. E. Dyb, C. Lunsford, C. Roche, and N. Gasco. 2006. "Global sperm whale (*Physeter macrocephalus*) depredation of demersal longlines." Abstract. Paper presented at Symposium on Fisheries Depredation by Killer and Sperm Whales: Behavioural Insights, Behavioural Solutions, Pender Island, British Columbia, October 2–5.

Mesnick, S. L., B. L. Taylor, R. G. Le Duc, S. E. Treviño, G. M. O'Corry-Crowe, and A. E. Dizon. 1999. "Culture and genetic evolution in whales." *Science* 284:2055a.

Mesoudi, A., A. Whiten, and K. N. Laland. 2006. "Towards a unified science of cultural evolution." *Behavioral and Brain Sciences* 29:329–46.

Mikhalev, Y. A. 1997. "Humpback whales *Megaptera novaeangliae* in the Arabian Sea." *Marine Ecology Progress Series* 149:13–21.

Miksis, J. L., P. L. Tyack, and J. R. Buck. 2002. "Captive dolphins, *Tursiops truncatus*, develop signature whistles that match acoustic features of human-made model sounds." *Journal of the Acoustical Society of America* 112:728–39.

Miller, G. F. 2000. "Evolution of human music through sexual selection." In *The Origins of Music*, edited by N. L. Wallin, B. Merker, and S. Brown, 360. Cambridge, MA: MIT Press.

Miller, P. J. O., A. D. Shapiro, P. L. Tyack, and A. R. Solow. 2004. "Call-type matching in vocal exchanges of free-ranging resident killer whales, *Orcinus orca*." *Animal Behaviour* 67:1099–1107.

Mirceta, S., A. V. Signore, J. M. Burns, A. R. Cossins, K. L. Campbell, and M. Berenbrink. 2013. "Evolution of mammalian diving capacity traced by myoglobin net surface charge." *Science* 340:1234192.

Mithven, S. 1999. "Imitation and cultural change: a view from the Stone Age, with specific reference to the manufacture of handaxes." *Symposia of the Zoological Society, London* 72:389–99.

Møhl, B., P. T. Madsen, M. Wahlberg, W. W. L. Au, P. E. Nachtigall, and S. H. Ridgway. 2003. "Sound transmission in the spermaceti complex of a recently expired sperm whale calf." *Acoustics Research Letters Online* 4:19–24.

Møhl, B., M. Wahlberg, P. T. Madsen, L. A. Miller, and A. Surlykke. 2000. "Sperm whale clicks: directionality and source level revisited." *Journal of the Acoustical Society of America* 107:638–48.

Moll, H., and M. Tomasello. 2007. "Cooperation and human cognition: the Vygotskian intelligence hypothesis." *Philosophical Transactions of the Royal Society of London*, ser. B 362:639–48.

Moller, L. M., L. B. Beheregaray, R. G. Harcourt, and M. Krutzen. 2001. "Alliance membership and kinship in wild male bottlenose dolphins (*Tursiops aduncus*) of southeastern Australia." *Proceedings of the Royal Society of London*, ser. B 268:1941–47.

Monroe, K. R. 1991. "John Donne's people: explaining differences between rational actors and altruists through cognitive frameworks." *Journal of Politics* 53:394–433.

Montgomery, S. H., J. H. Geisler, M. R. McGowen, C. Fox, L. Marino, and J. Gatesy. 2013. "The evolutionary history of cetacean brain and body size." *Evolution* 67:3339–53.

Moore, A. 1992. *Cultural Anthropology: The Field Study of Human Beings.* San Diego: Collegiate Press.

Morete, M., A. Freitas, M. Engel, R. M. Pace III, and P. Clapham. 2003. "A novel behavior observed in humpback whales on wintering grounds at Abrolhos Bank (Brazil)." *Marine Mammal Science* 19:694–707.

Morgan, C. L. 1894. *An Introduction to Comparative Psychology.* London: Walter Scott.
———. 1903. *An Introduction to Comparative Psychology.* 2nd ed. London: Walter Scott.

Morin, P. A., F. I. Archer, A. D. Foote, J. Vilstrup, E. E. Allen, P. Wade, J. Durban, K. Parsons, R. Pitman, and L. Li. 2010. "Complete mitochondrial genome phylogeographic analysis of killer whales (*Orcinus orca*) indicates multiple species." *Genome Research* 20:908–16.

Morisaka, T., M. Shinohara, F. Nakahara, and T. Akamatsu. 2005. "Geographic variations in the whistles among three Indo-Pacific bottlenose dolphin *Tursiops aduncus* populations in Japan." *Fisheries Science* 71:568–76.

Moura, A. E., C. J. van Rensburg, M. Pilot, A. Tehrani, P. B. Best, M. Thornton, S. Plön, P. J. N. de Bruyn, K. C. Worley, R. A. Gibbs, M. E. Dahlheim, and A. R. Hoelzel. 2014. "Killer whale nuclear genome and mtDNA reveal widespread population bottleneck during the last glacial maximum." *Molecular Biology and Evolution.* Published electronically February 4, 2014. doi: 10.1093/molbev/msu058.

Mourier, J., J. Vercelloni, and S. Planes. 2012. "Evidence of social communities in a spatially structured network of a free-ranging shark species." *Animal Behaviour* 83:389–401.

Mousseau, T. A., and C. W. Fox. 1998. "The adaptive significance of maternal effects." *Trends in Ecology and Evolution* 13:403–7.

Mundinger, P. C. 1980. "Animal cultures and a general theory of cultural evolution." *Ethology and Sociobiology* 1:183–223.

Murray, A., S. Cerchio, R. McCauley, C. S. Jenner, Y. Razafindrakoto, D. Coughran, S. McKay, and H. Rosenbaum. 2012. "Minimal similarity in songs suggests limited exchange between humpback whales (*Megaptera novaeangliae*) in the southern Indian Ocean." *Marine Mammal Science* 28: E41–E57.

Myers, R. A., J. K. Baum, T. D. Shepherd, S. P. Powers, and C. H. Peterson. 2007. "Cascading effects of the loss of apex predatory sharks from a coastal ocean." *Science* 315:1846–50.

Nei, M., T. Maruyama, and R. Chakraborty. 1975. "The bottleneck effect and genetic variability in populations." *Evolution* 29:1–10.

Neil, D. T. 2002. "Cooperative fishing interactions between Aboriginal Australians and dolphins in eastern Australia." *Anthrozoos* 15:3–18.

Nemiroff, L. 2009. "Structural variation and communicative functions of long-finned pilot whale (*Globicephala melas*) pulsed calls and complex whistles." MSc thesis, Dalhousie University.

Nerini, M. K., H. W. Braham, W. M. Marquette, and D. J. Rugh. 1984. "Life history of the bowhead whale, *Balaena mysticetus* (Mammalia: Cetacea)." *Journal of Zoology* 204:443–68.

Nettle, D. 1999. "Language variation and the evolution of societies." In *The Evolution of Culture*, edited by R. I. M. Dunbar, C. Knight, and C. Power, 214–27. Piscataway, NJ: Rutgers University Press.

Noad, M. J., D. H. Cato, M. M. Bryden, M. N. Jenner, and K. C. S. Jenner. 2000. "Cultural revolution in whale songs." *Nature* 408:537.

Norris, K. S. 1991. *Dolphin Days: The Life and Times of the Spinner Dolphin*. New York: Norton.

———. 1994. "Comparative view of cetacean social ecology, culture, and evolution." In *The Hawaiian Spinner Dolphin*, edited by K. S. Norris, B. Würsig, R. S. Wells, and M. Würsig, 301–44. Berkeley: University of California Press.

Norris, K. S., and T. P. Dohl. 1980. "The structure and functions of cetacean schools." In *Cetacean Behavior: Mechanisms and Functions*, edited by L. M. Herman, 211–61. New York: Wiley-Interscience.

Norris, K. S., and C. R. Schilt. 1988. "Cooperative societies in three-dimensional space: on the origins of aggregations, flocks and schools, with special reference to dolphins and fish." *Ethology and Sociobiology* 9:149–79.

Northcutt, R. G. 1977. "Elasmobranch central nervous system organization and its possible evolutionary significance." *American Zoologist* 17:411–29.

Nowacek, D. P., B. M. Casper, R. S. Wells, S. M. Nowacek, and D. A. Mann. 2003. "Intraspecific and geographic variation of West Indian manatee (*Trichechus manatus* spp.) vocalizations (L)." *Journal of the Acoustical Society of America* 114:66–93.

Oftedal, O. T. 1997. "Lactation in whales and dolphins: evidence of divergence between baleen- and toothed-species." *Journal of Mammary Gland Biology and Neoplasia* 2:205–30.

Olesiuk, P., M. A. Bigg, and G. M. Ellis. 1990. "Life history and population dynamics of resident killer whales (*Orcinus orca*) in the coastal waters of British Columbia and Washington State." *Reports of the International Whaling Commission (Special Issue)* 12:209–43.

Orr, H. A. 2009. "Fitness and its role in evolutionary genetics." *Nature Review Genetics* 10:531–39.

Osborne, R. W. 1999. "A historical ecology of Salish Sea 'resident' killer whales (*Orcinus orca*): with implications for management." PhD thesis, University of Victoria.

Oswald, J. N., W. W. L. Au, and F. Duennebier. 2011. "Minke whale (*Balaenoptera acutorostrata*) boings detected at the Station ALOHA Cabled Observatory." *Journal of the Acoustical Society of America* 129:3353–60.

Ottensmeyer, C. A., and H. Whitehead. 2003. "Behavioural evidence for social units in long-finned pilot whales." *Canadian Journal of Zoology* 81:1327–38.

Packard, A. 1972. "Cephalopods and fish: the limits of convergence." *Biological Reviews* 47:241–307.

Palsbøll, P. J., P. J. Clapham, D. K. Matilla, F. Larsen, R. Sears, H. R. Siegismund, J. Sigurjónsson, O. Vasquez, and P. Arctander. 1995. "Distribution of mtDNA haplotypes in North Atlantic humpback whales: the influence of behaviour on population structure." *Marine Ecology Progress Series* 116:1–10.

Palsbøll, P. J., M. P. Heide-Jørgensen, and M. Bérubé. 2002. "Analysis of mitochondrial control region nucleotide sequences from Baffin Bay belugas (*Delphinapterus leucas*): detecting pods or sub-populations?" In *Belugas in the North Atlantic and Russian Arctic*, edited by M. P. Heide-Jørgensen and Ø. Wiig, 39–50. NAMMCO Scientific Publication 4. Tromsø, Norway: North Atlantic Marine Mammal Commission.

Palsbøll, P. J., M. P. Heide-Jørgensen, and R. Dietz. 1997. "Population structure and seasonal movements of narwhals, *Monodon monoceros*, determined from mtDNA analysis." *Heredity* 78:284–92.

Pangerc, T. 2010. "Baleen whale acoustic presence around South Georgia." Ph.D. thesis, University of East Anglia.

Paredes, R., I. L. Jones, and D. J. Boness. 2006. "Parental roles of male and female thick-billed murres and razorbills at the Gannet Islands, Labrador." *Behaviour* 143:451–81.

Parks, S. E. 2003. "Response of North Atlantic right whales (*Eubalaena glacialis*) to playback of calls recorded from surface active groups in both the North and South Atlantic." *Marine Mammal Science* 19:563–80.

Parsons, K. M., J. W. Durban, and D. E. Claridge. 2003. "Male-male aggression renders bottlenose dolphin (*Tursiops truncatus*) unconscious." *Aquatic Mammals* 29:360–62.

Parsons, K. M., J. W. Durban, D. E. Claridge, K. C. Balcomb, L. R. Noble, and P. M. Thompson. 2003. "Kinship as a basis for alliance formation between male bottlenose dolphins, *Tursiops truncatus*, in the Bahamas." *Animal Behaviour* 66:185–94.

Parsons, K. M., J. W. Durban, D. E. Claridge, D. L. Herzing, K. C. Balcomb, and L. R. Noble.

2006. "Population genetic structure of coastal bottlenose dolphins (*Tursiops truncatus*) in the northern Bahamas." *Marine Mammal Science* 22:276–98.

Pastene, L. A., J. Acevedo, M. Goto, A. N. Zerbini, P. Acuna, and A. Aguayo-Lobo. 2010. "Population structure and possible migratory links of common minke whales, *Balaenoptera acutorostrata*, in the Southern Hemisphere." *Conservation Genetics* 11:1553–58.

Patriquin, K. P. 2012. "The causes and consequences of fission-fusion dynamics in female northern long-eared bats (*Myotis septentrionalis*)." PhD thesis, Dalhousie University.

Patterson, I. A. P., R. J. Reid, B. Wilson, K. Grellier, H. M. Ross, and P. M. Thompson. 1998. "Evidence for infanticide in bottlenose dolphins: an explanation for violent interactions with harbour porpoises?" *Proceedings of the Royal Society of London*, ser. B 256:1167–70.

Payne, K. 2000. "The progressively changing songs of humpback whales: a window on the creative process in a wild animal." In *The Origins of Music*, edited by N. L. Wallin, B. Merker, and S. Brown, 135–50. Cambridge, MA: MIT Press.

Payne, K., and R. S. Payne. 1985. "Large-scale changes over 17 years in songs of humpback whales in Bermuda." *Zeitschrift Fur Tierpsychologie* 68:89–114.

Payne, K., P. Tyack, and R. Payne. 1983. "Progressive changes in the songs of humpback whales (*Megaptera novaeangliae*): a detailed analysis of two seasons in Hawaii." In *Communication and Behavior of Whales*, edited by R. Payne, 9–57. Boulder, CO: Westview Press.

Payne, R. 1976. "At home with right whales." *National Geographic* 149:322–41.

———. 1995. *Among Whales*. New York: Simon and Schuster.

Payne, R., and E. M. Dorsey. 1983. "Sexual dimorphism and aggressive use of callosities in right whales (*Eubalaena australis*)." In *Communication and Behavior of Whales*, edited by R. Payne, 295–329. Boulder, CO: Westview Press.

Payne, R., and S. McVay. 1971. "Songs of humpback whales." *Science* 173:587–97.

Payne, R. S., and D. Webb. 1971. "Orientation by means of long-range acoustic signaling in baleen whales." *Annals of the New York Academy of Sciences* 188:110–42.

Pearson, H. C. 2011. "Sociability of female bottlenose dolphins (*Tursiops* spp.) and chimpanzees (*Pan troglodytes*): understanding evolutionary pathways toward social convergence." *Evolutionary Anthropology: Issues, News, and Reviews* 20:85–95.

Pearson, H. C., and D. E. Shelton. 2010. "A large-brained social animal." In *The Dusky Dolphin: Master Acrobat off Different Shores*, edited by B. Würsig, and M. Würsig, 333–53. Amsterdam: Elsevier/Academic Press.

Pelletier, J. 1997. "Analysis and modeling of the natural variability of climate." *Journal of Climate* 10:1331–42.

Peoples, J., and G. Bailey. 1997. *Humanity: An Introduction to Cultural Anthropology*. Belmont, CA: West/Wadsworth.

Perry, G. H., N. J. Dominy, K. G. Claw, A. S. Lee, H. Fiegler, R. Redon, J. Werner, et al. 2007. "Diet and the evolution of human amylase gene copy number variation." *Nature Genetics* 39:1256–60.

Perry, P., M. Baker, L. Fedigan, J. Gros-Louis, K. Jack, K. C. MacKinnon, J. H. Manson,

M. Panger, K. Pyle, and L. Rose. 2003. "Social conventions in wild white-faced capuchin monkeys." *Current Anthropology* 44:241–68.

Perry, S. 2009. "Are non-human primates likely to exhibit cultural capacities like those of humans?" In *The Question of Animal Culture*, edited by K. N. Laland and B. G. Galef Jr., 247–68. Cambridge, MA: Harvard University Press.

Perry, S., and J. H. Manson. 2003. "Traditions in monkeys." *Evolutionary Anthropology* 12:71–81.

Pershing, A. J., L. B. Christensen, N. R. Record, G. D. Sherwood, and P. B. Stetson. 2010. "The impact of whaling on the ocean carbon cycle: why bigger was better." *PLoS ONE* 5:e12444.

Pinker, S. 1994. *The Language Instinct*. New York: William Morrow.

Pitman, R. L. 2011a. "Antarctic killer whales: top of the food chain at the bottom of the world." *Journal of the American Cetacean Society* 40:39–45.

———. 2011b. "An introduction to the world's premier predator." *Journal of the American Cetacean Society* 40:2–5.

———, ed. 2011c. "Killer Whale: The Top, Top Predator." Special issue, *Whalewatcher*, vol. 40, no. 1.

Pitman, R. L., L. T. Balance, S. L. Mesnick, and S. Chivers. 2001. "Killer whale predation on sperm whales: observations and implications." *Marine Mammal Science* 17:494–507.

Pitman, R. L., and S. J. Chivers. 1999. "Terror in black and white." *Natural History* 107:26–29.

Pitman, R. L., and J. W. Durban. 2009. "Save the seal! whales act instinctively to save seals." *Natural History* 9:48–48.

———. 2010. "Killer whale predation on penguins in Antarctica." *Polar Biology* 33:1589–94.

———. 2012. "Cooperative hunting behavior, prey selectivity and prey handling by pack ice killer whales (*Orcinus orca*), type B, in Antarctic Peninsula waters." *Marine Mammal Science* 28:16–36.

Pitman, R. L., and P. Ensor. 2003. "Three forms of killer whales (*Orcinus orca*) in Antarctic waters." *Journal of Cetacean Research and Management* 5:131–39.

Poole, J. H., P. L. Tyack, A. S. Stoeger-Horwath, and S. Watwood. 2005. "Animal behaviour: elephants are capable of vocal learning." *Nature* 434:455–56.

Popper, K. R. 2002. *Conjectures and Refutations: The Growth of Scientific Knowledge*. London: Routledge & Kegan.

Powell, A., S. Shennan, and M. G. Thomas. 2009. "Late Pleistocene demography and the appearance of modern human behavior." *Science* 324:1298–1301.

Premack, D., and M. D. Hauser. 2001. "A whale of a tale: calling it culture doesn't help." *Behavioral and Brain Sciences* 24:350–51.

Premack, D., and A. J. Premack. 1996. "Why animals lack pedagogy and some cultures have more of it than others." In *Handbook of Education and Human Development: New Models of Learning, Teaching and Schooling*, edited by D. R. Olson and N. Torrance, 302–23. Oxford: Blackwell Press.

Pryor, K. W. 2001. "Cultural transmission of behavior in animals: how a modern training technology uses spontaneous social imitation in cetaceans and facilitates social imitation in horses and dogs." *Behavioral and Brain Sciences* 24:352.

Psarakos, S., D. L. Herzing, and K. Marten. 2003. "Mixed-species associations between

鲸鱼海豚有文化：探索海洋哺乳动物的社会与行为

Pantropical spotted dolphins (*Stenella attenuata*) and Hawaiian spinner dolphins (*Stenella longirostris*) off Oahu, Hawaii." *Aquatic Mammals* 29:390–95.

Putland, D. A., J. A. Nicholls, M. J. Noad, and A. W. Goldizen. 2006. "Imitating the neighbours: vocal dialect matching in a mimic-model system." *Biology Letters* 2:367–70.

Quick, N. J., and V. M. Janik. 2012. "Bottlenose dolphins exchange signature whistles when meeting at sea." *Proceedings of the Royal Society of London*, ser. B 279:2539–45.

Raihani, N. J., and A. R. Ridley. 2008. "Experimental evidence for teaching in wild pied babblers." *Animal Behaviour* 75:3–11.

Rankin, S., and J. Barlow. 2005. "Source of the North Pacific 'boing' sound attributed to minke whales." *Journal of the Acoustical Society of America* 118:3346–51.

Rasmussen, K., D. M. Palacios, J. Calambokidis, M. T. Saborío, L. Dalla Rosa, E. R. Secchi, G. H. Steiger, J. M. Allen, and G. S. Stone. 2007. "Southern Hemisphere humpback whales wintering off Central America: insights from water temperature into the longest mammalian migration." *Biology Letters* 3:302–5.

Read, A. J. 2005. "Bycatch and depredation." In *Marine Mammal Research: Conservation beyond Crisis*, edited by J. E. Reynolds, W. F. Perrin, R. R. Reeves, S. Montgomery, and T. J. Ragen, 5–17. Baltimore: Johns Hopkins University Press.

Read, D. W. 2011. *How Culture Makes Us Human: Primate Social Evolution and the Formation of Human Societies*. Walnut Creek, CA: Left Coast Press.

Reader, S., and D. Biro. 2010. "Experimental identification of social learning in wild animals." *Learning and Behavior* 38:265–83.

Reeves, R. R., W. F. Perrin, B. L. Taylor, C. S. Baker, and M. Mesnick. 2004. *Report of the Workshop on Shortcomings of Cetacean Taxonomy in Relation to Needs of Conservation and Management, April 30–May 2, 2004, La Jolla, California*. NOAA technical memorandum NOAA-TM-NMFS-SWFSC 363. La Jolla, CA: U.S. Department of Commerce, National Oceanic and Atmospheric Administration, National Marine Fisheries Service, Southwest Fisheries Science Center.

Reeves, R. R., T. D. Smith, and E. A. Josephson. 2007. "Near-annihilation of a species: right whaling in the North Atlantic." In *The Urban Whale: North Atlantic Right Whales at the Crossroads*, edited by S. D. Kraus and R. M. Rolland, 39–74. Cambridge, MA: Harvard University Press.

Reiss, D. 1990. "The dolphin: an alien intelligence." In *First Contact: The Search for Extraterrestrial Intelligence*, edited by B. Bova and B. Preiss, 31–39. New York: NAL Books.

Reiss, D., and B. McCowan. 1993. "Spontaneous vocal mimicry and production by bottlenose dolphins (*Tursiops truncatus*): evidence for vocal learning." *Journal of Comparative Psychology* 107:301–12.

Rendell, L. 2012. "Sperm whale communications and culture." *Journal of the American Cetacean Society* 41:21–27.

Rendell, L., R. Boyd, M. Enquist, M. W. Feldman, L. Fogarty, and K. N. Laland. 2011a. "How copying affects the amount, evenness and persistence of cultural knowledge: insights from the social learning strategies tournament." *Philosophical Transactions of the Royal Society of London*, ser. B 366:1118.

Rendell, L., L. Fogarty, W. J. E. Hoppitt, T. J. H. Morgan, M. M. Webster, and K. N. Laland.

2011b. "Cognitive culture: theoretical and empirical insights into social learning strategies." *Trends in Cognitive Sciences* 15:68–76.

Rendell, L., L. Fogarty, and K. N. Laland. 2011. "Runaway cultural niche construction." *Philosophical Transactions of the Royal Society of London*, ser. B 366:823–35.

Rendell, L., S. L. Mesnick, M. L. Dalebout, J. Burtenshaw, and H. Whitehead. 2012. "Can genetic differences explain vocal dialect variation in sperm whales, *Physeter macrocephalus*?" *Behavior Genetics* 42:332–43.

Rendell, L., and H. Whitehead. 2001a. "Cetacean culture: still afloat after the first naval engagement of the culture wars." *Behavioral and Brain Sciences* 24:360–73.

———. 2001b. "Culture in whales and dolphins." *Behavioral and Brain Sciences* 24:309–24.

———. 2003. "Vocal clans in sperm whales (*Physeter macrocephalus*)." *Proceedings of the Royal Society of London*, ser. B 270:225–31.

———. 2004. "Do sperm whales share coda vocalizations? insights into coda usage from acoustic size measurement." *Animal Behaviour* 67:865–74.

———. 2005. "Spatial and temporal variation in sperm whale coda vocalisations: stable usage and local dialects." *Animal Behaviour* 70:191–98.

Reynolds, J. E., III, and J. R. Wilcox. 1986. "Distribution and abundance of the West Indian manatee *Trichechus manatus* around selected Florida power plants following winter cold fronts: 1984–1985." *Biological Conservation* 38:103–13.

Rice, D. W. 2009. "Baleen." In *Encyclopedia of Marine Mammals*, edited by W. F. Perrin, B. Würsig, and J. G. M. Thewissen, 78–80. 2nd ed. San Diego: Academic Press.

Richards, D. G. 1986. "Dolphin vocal mimicry and vocal object labelling." In *Dolphin Cognition and Behaviour: A Comparative Approach*, edited by F. G. Wood, 273–88. Hillsdale, NJ: Lawrence Erlbaum.

Richerson, P. J., and R. Boyd. 2005. *Not by Genes Alone: How Culture Transformed Human Evolution*. Chicago: Chicago University Press.

———. 2013. "Rethinking paleoanthropology: a world queerer than we supposed." In *Evolution of Mind*, edited by G. Hatfield and H. Pittman, 263–302. Philadelphia: University of Pennsylvania Museum of Archaeology and Anthropology. Distributed by University of Pennsylvania Press.

Richerson, P. J., R. Boyd, and J. Henrich. 2010. "Gene-culture coevolution in the age of genomics." *Proceedings of the National Academy of Sciences of the United States of America* 107:8985–92.

Ridgway, S. H., and W. W. L. Au. 1999. "Hearing and echolocation: dolphin." In *Elsevier's Encyclopedia of Neuroscience*, edited by G. Adelman and B. H. Smith, 858–62. Amsterdam: Elsevier Science.

Ridgway, S., D. Carder, M. Jeffries, and M. Todd. 2012. "Spontaneous human speech mimicry by a cetacean." *Current Biology* 22:R860–R861.

Riesch, R., L. G. Barrett-Lennard, G. M. Ellis, J. K. B. Ford, and V. B. Deecke. 2012. "Cultural traditions and the evolution of reproductive isolation: ecological speciation in killer whales?" *Biological Journal of the Linnean Society* 106:1–17.

Riesch, R., J. K. B. Ford, and F. Thomsen. 2006. "Stability and group specificity of

鲸鱼海豚有文化：探索海洋哺乳动物的社会与行为

stereotyped whistles in resident killer whales, *Orcinus orca*, off British Columbia." *Animal Behaviour* 71:79–91.

Ritchie, E. G., and C. N. Johnson. 2009. "Predator interactions, mesopredator release and biodiversity conservation." *Ecology Letters* 12:982–98.

Ritter, F. 2007. "Behavioral responses of rough-toothed dolphins to a dead newborn calf." *Marine Mammal Science* 23:429–33.

Rizzolatti, G., and L. Craighero. 2004. "The mirror-neuron system." *Annual Review of Neuroscience* 27:169–92.

Robineau, D. 1995. "Upon the so-called symbiosis between the imragen fishermen of Mauritania and the dolphins." *Mammalia* 59:460–63.

Robson, F. D. 1988. *Pictures in the Dolphin Mind*. Auckland: Reed Methuen.

———. 1984. *Strandings: Ways to Save Whales—a Humane Conservationist's Guide.* Johannesburg: Science Press.

Robson, F. D., and P. J. H. van Bree. 1971. "Some remarks on a mass stranding of sperm whales, *Physeter macrocephalus*, near Gisborne, New Zealand, on March 18, 1970." *Zeitschrift für Saugetierkunde* 36:55–60.

Rogers, A. R. 1988. "Does biology constrain culture?" *American Anthropologist* 90:819–31.

Rossbach, K. A., and D. L. Herzing. 1997. "Underwater observations of benthic-feeding bottlenose dolphins (*Tursiops truncatus*) near Grand Bahama Island, Bahamas." *Marine Mammal Science* 13:498–504.

Rothenberg, D. 2010. *Thousand Mile Song: Whale Music in a Sea of Sound*. New York: Basic Books.

Rowlands, M. 2012. "The kindness of beasts." *Aeon*, October 24, http://www.aeonmagazine .com/being-human/mark-rowlands-animal-morality/.

Ryan, S. J. 2006. "The role of culture in conservation planning for small or endangered populations." *Conservation Biology* 20:1321–24.

Sacks, B. N., D. L. Bannasch, B. B. Chomel, and H. B. Ernest. 2008. "Coyotes demonstrate how habitat specialization by individuals of a generalist species can diversify populations in a heterogeneous ecoregion." *Molecular Biology and Evolution* 25:1384–94.

Samuels, A., and P. Tyack. 2000. "Flukeprints: a history of studying cetacean societies." In *Cetacean Societies*, edited by J. Mann, R. C. Connor, P. L. Tyack, and H. Whitehead, 9–44. Chicago: University of Chicago Press.

Sapolsky, R. M., and L. J. Share. 2004. "A pacific culture among wild baboons: its emergence and transmission." *Public Library of Science Biology* 2:534–41.

Sargeant, B. L., and J. Mann. 2009. "From social learning to culture: intrapopulation variation in bottlenose dolphins". In *The Question of Animal Culture*, edited by K. N. Laland and B. G. Galef Jr., 152–73. Cambridge, MA: Harvard University Press.

Sargeant, B. L., J. Mann, P. Berggren, and M. Krützen. 2005. "Specialization and development of beach hunting, a rare foraging behavior, by wild bottlenose dolphins (*Tursiops* sp.)." *Canadian Journal of Zoology* 83:1400–1410.

Sargeant, B. L., A. J. Wirsing, M. R. Heithaus, and J. Mann. 2007. "Can environmental heterogeneity explain individual foraging variation in wild bottlenose dolphins (*Tursiops* sp.)?" *Behavioral Ecology and Sociobiology* 61:679–88.

Saulitis, E. 2013. *Into Great Silence: A Memoir of Discovery and Loss among Vanishing Orcas.* Boston: Beacon Press.

Sayigh, L. S., H. C. Esch, R. S. Wells, and V. M. Janik. 2007. "Facts about signature whistles of bottlenose dolphins, *Tursiops truncatus.*" *Animal Behaviour* 74:1631–42.

Sayigh, L. S., P. L. Tyack, R. S. Wells, and M. D. Scott. 1990. "Signature whistles of free-ranging bottlenose dolphins, *Tursiops truncatus:* stability and mother-offspring comparisons." *Behavioural Ecology and Sociobiology* 26:247–60.

Sayigh, L. S., P. L. Tyack, R. S. Wells, M. D. Scott, and A. B. Irvine. 1995. "Sex difference in signature whistle production of free-ranging bottlenose dolphins, *Tursiops truncatus.*" *Behavioural Ecology and Sociobiology* 36:171–77.

Schorr, G. S., E. A. Falcone, D. J. Moretti, and R. D. Andrews. 2014. "First long-term behavioral records from Cuvier's beaked whales (*Ziphius cavirostris*) reveal record-breaking dives." *PLoS ONE* e92633.

Schultz, E. A., and R. H. Lavenda. 2009. *Cultural Anthropology: A Perspective on the Human Condition.* 7th ed. New York: Oxford University Press.

Schulz, T. M., H. Whitehead, S. Gero, and L. Rendell. 2008. "Overlapping and matching of codas in vocal interactions between sperm whales: insights into communication function." *Animal Behaviour* 76:1977–88.

———. 2010. "Individual vocal production in a sperm whale (*Physeter macrocephalus*) social unit." *Marine Mammal Science* 27:149–66.

Schusterman, R. J. 1978. "Vocal communication in pinnipeds." In *Behavior of Captive Wild Animals*, edited by H. Markowitz and V. J. Stevens, 247–308. Chicago: Nelson-Hall.

Schusterman, R. J., R. F. Balliet, and S. St. John. 1970. "Vocal displays under water by the gray seal, the harbor seal, and the Steller sea lion." *Psychonomic Science* 18:303–5.

Scott, T. M., and S. S. Sadove. 1997. "Sperm whale, *Physeter macrocephalus*, sightings in the shallow shelf waters off Long Island, New York." *Marine Mammal Science* 13:317–21.

Seppänen, J. T., and J. T. Forsman. 2007. "Interspecific social learning: novel preference can be acquired from a competing species." *Current Biology* 17:1248–52.

Sergeant, D. E. 1982. "Mass strandings of toothed whales (Odontoceti) as a population phenomenon." *Scientific Reports of the Whales Research Institute* 34:1–47.

Sharpe, F. 2001. "Social foraging of the Southeast Alaskan humpback whale." PhD thesis, Simon Fraser University.

Sharpe, F., and L. Dill. 1997. "The behavior of Pacific herring schools in response to artificial humpback whale bubbles." *Canadian Journal of Zoology* 75:725–30.

Sheldon, R. W., A. Prakash, and W. H. Sutcliffe. 1972. "The size distribution of particles in the ocean." *Limnology and Oceanography* 17:327–40.

Sherry, D. F., and B. G. Galef Jr. 1984. "Cultural transmission without imitation: milk bottle opening by birds." *Animal Behaviour* 32:937–38.

Shettleworth, S. J. 1998. *Cognition, Evolution and Behaviour.* New York: Oxford University Press.

Siemann, L. A. 1994. "Mitochondrial DNA sequence variation in North Atlantic long-finned pilot whales, *Globicephala melas.*" PhD thesis, Massachusetts Institute of Technology.

Sigler, M. F., C. R. Lunsford, J. M. Straley, and J. B. Liddle. 2008. "Sperm whale depredation of sablefish longline gear in the northeast Pacific Ocean." *Marine Mammal Science* 24:16–27.

Silber, G. K., and D. Fertl. 1995. "Intentional beaching by bottlenose dolphins (*Tursiops truncatus*) in the Colorado River Delta, Mexico." *Aquatic Mammals* 21:183–86.

Silva, M. A., R. Prieto, S. Magalhães, R. Cabecinhas, A. Cruz, J. Gonçalves, and R. Santos. 2003. "Occurrence and distribution of cetaceans in the waters around the Azores (Portugal), Summer and Autumn 1999–2000." *Aquatic Mammals* 29:77–83.

Similä, T., and F. Ugarte. 1993. "Surface and underwater observations of cooperatively feeding killer whales in northern Norway." *Canadian Journal of Zoology* 71:1494–99.

Simmonds, M. P. 1991. "Cetacean mass mortalities and their potential relationship with pollution." In *Symposium: Whales: Biology—Threats—Conservation*, edited by J. J. Symoens, 217–45. Brussels: Royal Academy of Overseas Sciences.

———. 1997. "The meaning of cetacean strandings." *Bulletin de l'Institut Royal des Sciences Naturelles de Belgique Biologie* 67-SUPPL: 29–34.

Simões-Lopes, P. C., M. E. Fabián, and J. O. Menegheti. 1998. "Dolphin interactions with the mullet artisanal fishing on southern Brazil: a qualitative and quantitative approach." *Revista Brasileira de Zoologia* 15:709–26.

Simon, M., M. B. Hanson, L. Murrey, J. Tougaard, and F. Ugarte. 2009. "From captivity to the wild and back: an attempt to release Keiko the killer whale." *Marine Mammal Science* 25:693–705.

Simon, M., F. Ugarte, M. Wahlberg, and L. A. Miller. 2006. "Icelandic killer whales *Orcinus orca* use a pulsed call suitable for manipulating the schooling behaviour of herring *Clupea harengus*." *Bioacoustics* 16:57–74.

Sjare, B., and I. Stirling. 1996. "The breeding behavior of Atlantic walruses, *Odobenus rosmarus rosmarus*, in the Canadian High Arctic." *Canadian Journal of Zoology* 74:897–911.

Slagsvold, T., and K. L. Wiebe. 2011. "Social learning in birds and its role in shaping a foraging niche." *Philosophical Transactions of the Royal Society of London*, ser. B 366:969–77.

Slater, P. J. B. 2001. "There's CULTURE and 'Culture.'" *Behavioral and Brain Sciences* 24:356–57.

Smith, F. A., A. G. Boyer, J. H. Brown, D. P. Costa, T. Dayan, S. K. M. Ernest, A. R. Evans, et al. 2010. "The evolution of maximum body size of terrestrial mammals." *Science* 330:1216–19.

Smith, J. N., A. W. Goldizen, R. A. Dunlop, and M. J. Noad. 2008. "Songs of male humpback whales, *Megaptera novaeangliae*, are involved in intersexual interactions." *Animal Behaviour* 76:467–77.

Smith, K., and S. Kirby. 2008. "Cultural evolution: implications for understanding the human language faculty and its evolution." *Philosophical Transactions of the Royal Society of London*, ser. B 363:3591–3603.

Smolker, R., and J. W. Pepper. 1999. "Whistle convergence among allied male bottlenose dolphins (Delphinidae, *Tursiops* sp.)." *Ethology* 105:595–617.

Smolker, R. A., A. F. Richards, R. C. Connor, J. Mann, and P. Berggren. 1997. "Spongecarrying by Indian Ocean bottlenose dolphins: possible tool-use by a delphinid." *Ethology* 103:454–65.

Sober, E. 2005. "Comparative psychology meets evolutionary biology: Morgan's canon and cladistic parsimony." In *Thinking with Animals: New Perspectives on Anthropomorphism*, edited by L. Daston and G. Mitman, 85–99. New York: Columbia University Press.

Sousa-Lima, R., A. P. Paglia, and G. A. B. Da Fonseca. 2002. "Signature information and individual recognition in the isolation calls of Amazonian manatees, *Trichechus inunguis* (Mammalia: Sirenia)." *Animal Behaviour* 63:301–10.

Spector, D. A. 1994. "Definition in biology: the case of 'bird song.'" *Journal of Theoretical Biology* 168:373–81.

Sperber, D. 2006. "Why a deep understanding of cultural evolution is incompatible with shallow psychology." In *Roots of Human Sociality*, edited by N. Enfield and S. Levinson, 431–49. New York: Berg.

Springer, A. M., J. A. Estes, G. B. van Vliet, T. M. Williams, D. F. Doak, E. M. Danner, K. A. Firney, and B. Pfister. 2003. "Sequential megafaunal collapse in the North Pacific Ocean: a legacy of industrial whaling?" *Proceedings of the National Academy of Sciences of the United States of America* 100:12223–28.

Stafford, K. M., C. G. Fox, and D. S. Clark. 1998. "Long-range acoustic detection and localization of blue whale calls in the northeast Pacific Ocean." *Journal of the Acoustical Society of America* 104:3616–25.

Stafford, K. M., S. E. Moore, K. L. Laidre, and M. Heide-Jørgensen. 2008. "Bowhead whale springtime song off West Greenland." *Journal of the Acoustical Society of America* 124:3315–23.

Stearns, S. C., and R. F. Hoekstra. 2000. *Evolution*. Oxford: Oxford University Press.

Steele, J. H. 1985. "A comparison of terrestrial and marine ecological systems." *Nature* 313:355–58.

Sterelny, K. 2009. "Peacekeeping in the culture wars." In *The Question of Animal Culture*, edited by K. N. Laland and B. G. Galef Jr., 288–304. Cambridge, MA: Harvard University Press.

Stevens, J. D., R. Bonfil, N. K. Dulvy, and P. A. Walker. 2000. "The effects of fishing on sharks, rays, and chimaeras (chondrichthyans), and the implications for marine ecosystems." *ICES Journal of Marine Science: Journal du Conseil* 57:476–94.

Stevick, P. T., B. J. McConnell, and P. S. Hammond. 2002. "Patterns of movement." In *Marine Mammal Biology: An Evolutionary Approach*, edited by A. R. Hoelzel, 185–216. Oxford: Blackwell.

Stewart, R. E. A., and F. H. Fay. 2001. "Walrus." In *The New Encyclopedia of Mammals*, edited by D. MacDonald, 174–79. 2nd ed. Oxford: Oxford University Press.

Strager, H. 1995. "Pod-specific call repertoires and compound calls of killer whales (*Orcinus orca* Linnaeus 1758), in the waters off northern Norway." *Canadian Journal of Zoology* 73:1037–47.

Straley, J. 2012. "Sperm whales and fisheries: an Alaskan perspective of a global problem." *Journal of the American Cetacean Society* 41:38–41.

Strimling, P., M. Enquist, and K. Eriksson. 2009. "Repeated learning makes cultural evolution unique." *Proceedings of the National Academy of Sciences of the United States of America* 106:13870–74.

Sullivan, J. J. 2013. "One of us." *Lapham's Quarterly* 6:191–98.

Suzuki, R., J. R. Buck, and P. L. Tyack. 2006. "Information entropy of humpback whale songs." *Journal of the Acoustical Society of America* 119:1849–66.

Svensson, E., J. Abbott, and R. Härdling. 2005. "Female polymorphism, frequency dependence, and rapid evolutionary dynamics in natural populations." *American Naturalist* 165:567–76.

Swartz, S. 1986. "Gray whale migratory, social and breeding behavior." *Reports of the International Whaling Commission (Special Issue)* 8:207–29.

Számadó, S., and E. Szathmáry. 2006. "Selective scenarios for the emergence of natural language." *Trends in Ecology and Evolution* 21:555–61.

Tayler, C. K., and G. S. Saayman. 1973. "Imitative behaviour by Indian Ocean bottlenose dolphins (*Tursiops aduncus*) in captivity." *Behaviour* 44:286–98.

Teaney, D. O. 2004. "The insignificant killer whale: a case study of inherent flaws in the wildlife services' distinct population segment policy and a proposed solution." *Environmental Law* 34:647–1247.

Tebbich, S., M. Taborsky, B. Fessl, and D. Blomqvist. 2001. "Do woodpecker finches acquire tool-use by social learning?" *Proceedings of the Royal Society of London*, ser. B 268:2189–93.

Templeton, C. N., A. A. Ríos-Chelén, E. Quirós-Guerrero, N. I. Mann, and P. J. B. Slater. 2013. "Female happy wrens select songs to cooperate with their mates rather than confront intruders." *Biology Letters* 9:20120863.

Terkel, J. 1996. "Cultural transmission of feeding behavior in the black rat (*Rattus rattus*)." In *Social Learning in Animals: The Roots of Culture*, edited by C. M. Heyes and B. G. Galef Jr., 17–47. San Diego: Academic Press.

Tervo, O. M., S. E. Parks, M. F. Christoffersen, L. A. Miller, and R. M. Kristensen. 2011. "Annual changes in the winter song of bowhead whales (*Balaena mysticetus*) in Disko Bay, Western Greenland." *Marine Mammal Science* 27:E241–E252.

Texier, P., G. Porraz, J. Parkington, J. Rigaud, C. Poggenpoel, C. Miller, C. Tribolo, et al. 2010. "A Howiesons Poort tradition of engraving ostrich eggshell containers dated to 60,000 years ago at Diepkloof Rock Shelter, South Africa." *Proceedings of the National Academy of Sciences of the United States of America* 107:6180–85.

Thewissen, J. 2009. "Archaeocetes, archaic." In *Encyclopedia of Marine Mammals*, edited by W. F. Perrin, B. Würsig and J. G. M. Thewissen, 46–48. 2nd ed. San Diego: Academic Press.

Thinh, V. N., C. Hallam, C. Roos, and K. Hammerschmidt. 2011. "Concordance between vocal and genetic diversity in crested gibbons." *BMC Evolutionary Biology* 11:36.

Thompson, P. O., L. T. Findley, and O. Vidal. 1992. "20-Hz pulses and other vocalizations of fin whales, *Balaenoptera physalus*, in the Gulf of California, Mexico." *Journal of the Acoustical Society of America* 92:3051–57.

Thomsen, F., D. Franck, and J. K. Ford. 2002. "On the communicative significance of whistles in wild killer whales (*Orcinus orca*)." *Naturwissenschaften* 89:404–7.

Thornton, A., and K. McAuliffe. 2006. "Teaching in wild meerkats." *Science* 313:227–29.

Thornton, A., and N. J. Raihani. 2008. "The evolution of teaching." *Animal Behaviour* 75:1823–36.

Thorpe, W. H. 1961. *Bird-Song: The Biology of Vocal Communication and Expression in Birds.* Oxford: Oxford University Press.

Tiedemann, R., and M. Milinkovitch. 1999. "Culture and genetic evolution in whales." *Science* 284:2055a.

Timmermann, A., M. Latif, R. Voss, and A. Grötzner. 1998. "Northern hemispheric interdecadal variability: a coupled air-sea mode." *Journal of Climate* 11:1906–31.

Tint Tun. 2004. "Irrawaddy dolphins in Hsthe-Mandalay segment of the Ayeyawady River and cooperative fishing between Irrawaddy dolphin, *Orcaella brevirostris*, and cast-net fishermen in Myanmar." Report to the Wildlife Conservation Society, Bronx, NY 16195. Available at https://sites.google.com/site/tinttunmm/irrawaddydolphin.

———. 2005. "Castnet fisheries in cooperation with Irrawaddy dolphins (Ayeyawady Dolphins) at Hsthe, Myitkangyi and Myazun Villages, Mandalay Division, in Myanmar." Report to the Wildlife Conservation Society, Bronx, NY 16194. Available at https://sites.google.com/site/tinttunmm/irrawaddydolphin.

Tishkoff, S. A., F. A. Reed, A. Ranciaro, B. F. Voight, C. C. Babbitt, J. S. Silverman, K. Powell, et al. 2007. "Convergent adaptation of human lactase persistence in Africa and Europe." *Nature Genetics* 39:31–40.

Tomasello, M. 1994. "The question of chimpanzee culture." In *Chimpanzee Cultures*, edited by R. W. Wrangham, W. C. McGrew, F. B. M. de Waal, and P. G. Heltne, 301–17. Cambridge, MA: Harvard University Press.

———. 1999a. *The Cultural Origins of Human Cognition*. Cambridge, MA: Harvard University Press.

———. 1999b. "The human adaptation for culture." *Annual Review of Anthropology* 28:509–29.

———. 2009. "The question of chimpanzee culture, plus postscript." In *The Question of Animal Culture*, edited by K. N. Laland and B. G. Galef Jr., 198–221. Cambridge, MA: Harvard University Press.

Tomasello, M., M. Carpenter, and U. Liszkowski. 2007. "A new look at infant pointing." *Child Development* 78:705–22.

Torres, L. G., and A. J. Read. 2009. "Where to catch a fish? the influence of foraging tactics on the ecology of bottlenose dolphins (*Tursiops truncatus*) in Florida Bay, Florida." *Marine Mammal Science* 25:797–815.

Torres, L. G., P. E. Rosel, C. D'Agrosa, and A. J. Read. 2003. "Improving management of overlapping bottlenose dolphin ecotypes through spatial analysis and genetics." *Marine Mammal Science* 19:502–14.

Tost, J., ed. 2008. *Epigenetics*. Norfolk, UK: Caister Academic Press.

Traill, L. W., C. J. A. Bradshaw, and B. W. Brook. 2007. "Minimum viable population size: a meta-analysis of 30 years of published estimates." *Biological Conservation* 139:159–66.

Trivers, R. 1985. *Social Evolution*. Menlo Park, CA: Benjamin/Cummings.

Tyack, P. 1983. "Differential response of humpback whales, *Megaptera novaeangliae*, to playback of song or social sounds." *Behavioural Ecology and Sociobiology* 13:49–55.

———. 1986. "Whistle repertoires of two bottlenosed dolphins, *Tursiops truncatus*: mimicry of signature whistles?" *Behavioural Ecology and Sociobiology* 18:251–57.

———. 2001. "Cetacean culture: humans of the sea?" *Behavioral and Brain Sciences* 24:358–59.

Tyack, P. L., and E. H. Miller. 2002. "Vocal anatomy, acoustic communication and echolocation." In *Marine Mammal Biology: An Evolutionary Approach*, edited by A. R. Hoelzel, 142–84. Oxford: Blackwell.

Tyack, P., and H. Whitehead. 1983. "Male competition in large groups of wintering humpback whales." *Behaviour* 83:132–54.

Tylor, E. B. 1871. *Primitive Culture*. London: Murray.

Tyne, J. A., N. R. Loneragan, A. M. Kopps, S. J. Allen, M. Krützen, and L. Bejder. 2012. "Ecological characteristics contribute to sponge distribution and tool use in bottlenose dolphins *Tursiops* sp." *Marine Ecology Progress Series* 444:143–53.

Uhen, M. D. 2007. "Evolution of marine mammals: back to the sea after 300 million years." *Anatomical Record: Advances in Integrative Anatomy and Evolutionary Biology* 290:514–22.

———. 2010. "The origin(s) of whales." *Annual Review of Earth and Planetary Sciences* 38:189–219.

Urian, K. W., S. Hofmann, R. S. Wells, and A. J. Read. 2009. "Fine-scale population structure of bottlenose dolphins (*Tursiops truncatus*) in Tampa Bay, Florida." *Marine Mammal Science* 25:619–38.

Valenzuela, L. O., M. Sironi, V. J. Rowntree, and J. Seger. 2009. "Isotopic and genetic evidence for culturally inherited site fidelity to feeding grounds in southern right whales (*Eubalaena australis*)." *Molecular Ecology* 18:782–91.

van Schaik, C. 2006. "Why are some animals so smart?" *Scientific American* 294 (4): 64–71.

van Schaik, C. P., M. Ancrenaz, G. Borgen, B. Galdikas, C. D. Knott, I. Singleton, A. Suzuki, S. S. Utami, and M. Merrill. 2003. "Orangutan cultures and the evolution of material culture." *Science* 299:102–5.

Vaughn, R. L., M. Degrati, and C. J. McFadden. 2010. "Dusky dolphins foraging in daylight." In *The Dusky Dolphin: Master Acrobat off Different Shores*, edited by B. G. Würsig and M. Würsig, 115–32. Amsterdam: Elsevier/Academic Press.

Visser, I. N. 1999. "Benthic foraging on stingrays by killer whales (*Orcinus orca*) in New Zealand waters." *Marine Mammal Science* 15:220–27.

Vygotsky, L. 1978. *Mind in Society*. Cambridge, MA: Harvard University Press.

Warner, R. R. 1988. "Traditionality of mating-site preferences in a coral reef fish." *Nature* 335:719–21.

Watkins, W. A., M. A. Daher, J. E. George, and D. Rodriguez. 2004. "Twelve years of tracking 52-Hz whale calls from a unique source in the North Pacific." *Deep Sea Research Part 1: Oceanographic Research Papers* 51:1889–1901.

Watkins, W. A., and W. E. Schevill. 1977. "Sperm whale codas." *Journal of the Acoustical Society of America* 62:1486–90.

Watkins, W. A., P. Tyack, K. E. Moore, and J. E. Bird. 1987. "The 20-Hz signals of finback whales (*Balaenoptera physalus*)." *Journal of the Acoustical Society of America* 82:1901–12.

Watwood, S. L., P. O. Miller, M. Johnson, P. T. Madsen, and P. L. Tyack. 2006. "Deep-diving foraging behaviour of sperm whales (*Physeter macrocephalus*)." *Journal of Animal Ecology* 75:814–25.

Watwood, S. L., P. L. Tyack, and R. S. Wells. 2004. "Whistle sharing in paired male bottlenose dolphins, *Tursiops truncatus*." *Behavioral Ecology and Sociobiology* 55:531–43.

Weihs, D. 2004. "The hydrodynamics of dolphin drafting." *Journal of Biology* 3:1–16.

Weilgart, L. S. 2007. "The impacts of anthropogenic noise on cetaceans and implications for management." *Canadian Journal of Zoology* 85:1091–1116.

Weilgart, L. S., and H. Whitehead. 1988. "Distinctive vocalizations from mature male sperm whales (*Physeter macrocephalus*)." *Canadian Journal of Zoology* 66:1931–37.

Weinrich, M. T. 1991. "Stable social associations among humpback whales (*Megaptera novaeangliae*) in the Southern Gulf of Maine." *Canadian Journal of Zoology* 69:3012–18.

Weinrich, M. T., H. Rosenbaum, C. S. Baker, A. L. Blackmer, and H. Whitehead. 2006. "The influence of maternal lineages on social affiliations among humpback whales (*Megaptera novaeangliae*) on their feeding grounds in the Southern Gulf of Maine." *Journal of Heredity* 97:226–34.

Weinrich, M. T., M. R. Schilling, and C. R. Belt. 1992. "Evidence for acquisition of a novel feeding behaviour: lobtail feeding in humpback whales, *Megaptera novaeangliae*." *Animal Behaviour* 44:1059–72.

Weller, D. W., B. Würsig, H. Whitehead, J. C. Norris, S. K. Lynn, R. W. Davis, N. Clauss, and P. Brown. 1996. "Observations of an interaction between sperm whales and short-finned pilot whales in the Gulf of Mexico." *Marine Mammal Science* 12:588–94.

Wellings, H. P. 1964. *Shore Whaling at Twofold Bay: Assisted by the Renowned Killer Whales.* Eden, Australia: Magnetic Voice.

Wellman, B. 2001. "Computer networks as social networks." *Science* 293:2031–34.

Wellman, H. M., and J. G. Miller. 2008. "Including deontic reasoning as fundamental to theory of mind." *Human Development* 51:105–35.

Wells, R. S., K. Bassos-Hull, and K. S. Norris. 1998. "Experimental return to the wild of two bottlenose dolphins." *Marine Mammal Science* 14:51–71.

Wells, R. S., M. D. Scott, and A. B. Irvine. 1987. "The social structure of free-ranging bottlenose dolphins." In *Current Mammalogy*, edited by H. H. Genoways, 1:247–305. New York: Plenum Press.

West, M. J., A. P. King, and D. J. White. 2003. "Discovering culture in birds: the role of learning and development." In *Animal Social Complexity: Intelligence, Culture, and Individualized Societies*, edited by F. B. M. de Waal and P. L. Tyack, 470–92. Cambridge, MA: Harvard University Press.

West, S. A., C. El Mouden, and A. Gardner. 2011. "Sixteen common misconceptions about the evolution of cooperation in humans." *Evolution and Human Behavior* 32:231–62.

Wheatcroft, D., and T. D. Price. 2013. "Learning and signal copying facilitate communication among bird species." *Proceedings of the Royal Society of London*, ser. B 280:20123070.

Wheeler, P. E. 1991. "The thermoregulatory advantages of hominid bipedalism in open equatorial environments: the contribution of increased convective heat loss and cutaneous evaporative cooling." *Journal of Human Evolution* 21:107–15.

White, T. I. 2007. *In Defense of Dolphins: The New Moral Frontier.* Malden, MA: Blackwell.

Whitehead, H. 1983. "Structure and stability of humpback whale groups off Newfoundland." *Canadian Journal of Zoology* 61:1391–97.

———. 1996. "Babysitting, dive synchrony, and indications of alloparental care in sperm whales." *Behavioural Ecology and Sociobiology* 38:237–44.

———. 1998. "Cultural selection and genetic diversity in matrilineal whales." *Science* 282:1708–11.

———. 1999. "Variation in the visually observable behavior of groups of Galápagos sperm whales." *Marine Mammal Science* 15:1181–97.

———. 2002. "Estimates of the current global population size and historical trajectory for sperm whales." *Marine Ecology Progress Series* 242:295–304.

———. 2003a. "Society and culture in the deep and open ocean: the sperm whale." In *Animal Social Complexity: Intelligence, Culture and Individualized Societies*, edited by F. B. M. de Waal and P. L. Tyack, 444–64. Cambridge, MA: Harvard University Press.

———. 2003b. *Sperm Whales: Social Evolution in the Ocean.* Chicago: Chicago University Press.

———. 2005. "Genetic diversity in the matrilineal whales: models of cultural hitchhiking and group-specific non-heritable demographic variation." *Marine Mammal Science* 21:58–79.

———. 2007. "Learning, climate and the evolution of cultural capacity." *Journal of Theoretical Biology* 245:341–50.

———. 2009a. "Estimating abundance from one-dimensional passive acoustic surveys." *Journal of Wildlife Management* 73:1000–1009.

———. 2009b. "How might we study culture? a perspective from the ocean." In *The Question of Animal Culture*, edited by K. N. Laland and B. G. Galef Jr., 125–51. Cambridge, MA: Harvard University Press.

———. 2010. "Conserving and managing animals that learn socially and share cultures." *Learning and Behavior* 38:329–36.

———. 2011. "The cultures of whales and dolphins." In *Whales and Dolphins: Cognition, Culture, Conservation and Human Perceptions*, edited by P. Brakes and M. P. Simmonds, 149–65. London: Earthscan.

———, ed. 2012. "Sperm Whale: Whale of Extremes." Special issue, *Whalewatcher*, vol. 41, no. 1.

Whitehead, H., R. Antunes, S. Gero, S. N. P. Wong, D. Engelhaupt, and L. Rendell. 2012. "Multilevel societies of female sperm whales (*Physeter macrocephalus*) in the Atlantic and Pacific: why are they so different?" *International Journal of Primatology* 33:1142–64.

Whitehead, H., and C. Carlson. 1988. "Social behaviour of feeding finback whales off Newfoundland: comparisons with the sympatric humpback whale." *Canadian Journal of Zoology* 66:221.

Whitehead, H., and C. Glass. 1985. "Orcas (killer whales) attack humpback whales." *Journal of Mammalogy* 66:183–85.

Whitehead, H., and D. Lusseau. 2012. "Animal social networks as substrate for cultural behavioural diversity." *Journal of Theoretical Biology* 294:19–28.

Whitehead, H., C. D. MacLeod, and P. Rodhouse. 2003. "Differences in niche breadth among some teuthivorous mesopelagic marine mammals." *Marine Mammal Science* 19:400–406.

Whitehead, H., and J. Mann. 2000. "Female reproductive strategies of cetaceans." In *Cetacean Societies*, edited by J. Mann, R. Connor, P. L. Tyack, and H. Whitehead, 219–46. Chicago: University of Chicago Press.

Whitehead, H., and R. Reeves. 2005. "Killer whales and whaling: the scavenging hypothesis." *Biology Letters* 1:415–18.

Whitehead, H., and L. Rendell. 2004. "Movements, habitat use and feeding success of cultural clans of South Pacific sperm whales." *Journal of Animal Ecology* 73:190–96.

Whitehead, H., L. Rendell, R. W. Osborne, and B. Würsig. 2004. "Culture and conservation of non-humans with reference to whales and dolphins: review and new directions." *Biological Conservation* 120:431–41.

Whitehead, H., and P. Richerson. 2009. "The evolution of conformist social learning can cause population collapse in realistically variable environments." *Evolution and Human Behavior* 30:261–73.

Whitehead, H., P. J. Richerson, and R. Boyd. 2002. "Cultural selection and genetic diversity in humans." *Selection* 3:115–25.

Whiten, A. 2001. "Imitation and cultural transmission in apes and cetaceans." *Behavioral and Brain Sciences* 24:359–60.

———. 2011. "The scope of culture in chimpanzees, humans and ancestral apes." *Philosophical Transactions of the Royal Society of London*, ser. B 366:997–1007.

Whiten, A., J. Goodall, W. C. McGrew, T. Nishida, V. Reynolds, Y. Sugiyama, C. E. G. Tutin, R. W. Wrangham, and C. Boesch. 1999. "Cultures in chimpanzees." *Nature* 399:682–85.

———. 2001. "Charting cultural variation in chimpanzees." *Behaviour* 138:1481–516.

Whiten, A., V. Horner, C. Litchfield, and S. Marshall-Pescini. 2004. "How do apes ape?" *Learning and Behaviour* 32:36–52.

Whiten, A., V. Horner, and de Waal, F. B. M. 2005. "Conformity to cultural norms of tool use in chimpanzees." *Nature* 437:737–40.

Whiten, A., N. McGuigan, S. Marshall-Pescini, and L. M. Hopper. 2009. "Emulation, imitation, over-imitation and the scope of culture for child and chimpanzee." *Philosophical Transactions of the Royal Society of London*, ser. B 364:2417–28.

Whiten, A., A. Spiteri, V. Horner, K. E. Bonnie, S. P. Lambeth, S. Schapiro, and F. B. M. de Waal. 2007. "Transmission of multiple traditions within and between chimpanzee groups." *Current Biology* 17:1038–43.

Wilkinson, A., K. Kuenstner, J. Mueller, and L. Huber. 2010. "Social learning in a non-social reptile (*Geochelone carbonaria*)." *Biology Letters* 6:614–16.

Williams, R., and D. Lusseau. 2006. "A killer whale social network is vulnerable to targeted removals." *Biology Letters* 2:497–500.

Wilson, D. S., and L. A. Dugatkin. 1997. "Group selection and assortative interactions." *American Naturalist* 149:336–51.

Wilson, E. O. 1975. *Sociobiology: The New Synthesis.* Cambridge, MA: Belknap Press.

———. 1979. *On Human Nature.* Cambridge, MA: Harvard University Press.

———. 1994. *Naturalist.* Washington, DC: Island Press.

Wiszniewski, J., S. Corrigan, L. B. Beheregaray, and L. M. Möller. 2012. "Male reproductive success increases with alliance size in Indo-Pacific bottlenose dolphins (*Tursiops aduncus*)." *Journal of Animal Ecology* 81:423–31.

Wiszniewski, J., L. Beheregaray, S. Allen, and L. Möller. 2010. "Environmental and social influences on the genetic structure of bottlenose dolphins (*Tursiops aduncus*) in Southeastern Australia." *Conservation Genetics* 11:1405–19.

Worm, B., and R. A. Myers. 2003. "Meta-analysis of cod-shrimp interactions reveals top-down control in oceanic food webs." *Ecology* 84:162–73.

Worm, B., M. Sandow, A. Oschlies, H. K. Lotze, and R. A. Myers. 2005. "Global patterns of predator diversity in the open oceans." *Science* 309:1365–69.

Würsig, B. 2008. "Intelligence and cognition." In *Encyclopedia of Marine Mammals*, edited by W. F. Perrin, B. Würsig, and J. G. M. Thewissen, 616–23. 2nd ed. San Diego: Academic Press.

Würsig, B., and C. W. Clark. 1993. "Behavior." In *The Bowhead Whale*, edited by J. J. Burns, J. J. Montague, and C. J. Cowles, 157–99. Lawrence, KS: Society for Marine Mammalogy.

Würsig, B., E. M. Dorsey, M. A. Fraker, R. S. Payne, and W. J. Richardson. 1985. "Behavior of bowhead whales, *Balaena mysticetus*, summering in the Beaufort Sea: a description." *Fishery Bulletin* 83:357–77.

Würsig, B., and M. Würsig. 1980. "Behavior and ecology of the dusky dolphin, *Lagenorhynchus obscurus*, in the South Atlantic." *Fishery Bulletin* 77:871–90.

———. "Preface." In *The Dusky Dolphin: Master Acrobat off Different Shores*, edited by B. Würsig and M. Würsig, ix–xiii. Amsterdam: Elsevier/Academic Press.

Xitco, M., J. Gory, and S. Kuczaj. 2001. "Spontaneous pointing by bottlenose dolphins (*Tursiops truncatus*)." *Animal Cognition* 4:115–23.

———. 2004. "Dolphin pointing is linked to the attentional behavior of a receiver." *Animal Cognition* 7:231–38.

Yano, K., and M. E. Dahlheim. 1995. "Killer whale, *Orcinus orca*, depredation on long-line catches of bottomfish in the southeastern Bering Sea and adjacent waters." *Fishery Bulletin* 93:355–72.

Young Harper, J., and B. A. Schulte. 2005. "Social interactions in captive female Florida manatees." *Zoo Biology* 24:135–44.

Yurk, H., L. Barrett-Lennard, J. K. B. Ford, and C. O. Matkin. 2002. "Cultural transmission within maternal lineages: vocal clans in resident killer whales in southern Alaska." *Animal Behaviour* 63:1103–19.

Zachariassen, M. 1993. "Pilot whale catches in the Faroe Islands, 1709–1992." *Reports of the International Whaling Commission (Special Issue)* 14:69–88.

Zappes, C. A., A. Andriolo, P. C. Simoes-Lopes, and A. Di Beneditto Paula Madeira. 2011.

"Human-dolphin (*Tursiops truncatus* Montagu, 1821) cooperative fishery and its influence on cast net fishing activities in Barra de Imbe/Tramandai, Southern Brazil." *Ocean and Coastal Management* 54:427-32.

Zhou, W., D. Sornette, R. A. Hill, and R. I. M. Dunbar. 2005. "Discrete hierarchical organization of social group sizes." *Proceedings of the Royal Society of London*, ser. B 272:439-44.

Ziliak, S. T., and D. N. McCloskey. 2008. *The Cult of Statistical Significance: How the Standard Error Costs Us Jobs, Justice, and Lives*. Ann Arbor: University of Michigan Press.